핵심 지리교육학

Key Contents in Geography Education

핵심 지리교육학

Key Contents in Geography Education

초판 1쇄 발행 2018년 3월 15일
초판 3쇄 발행 2021년 3월 10일

지은이 조철기

펴낸이 김선기
펴낸곳 (주)푸른길
출판등록 1996년 4월 12일 제16-1292호
주소 (08377) 서울시 구로구 디지털로 33길 48 대륭포스트타워 7차 1008호
전화 02-523-2907, 6942-9570-2
팩스 02-523-2951
이메일 purungilbook@naver.com
홈페이지 www.purungil.co.kr

ISBN 978-89-6291-442-9 93980

핵심 지리교육학

Key Contents in Geography Education

조철기 지음

푸른길

이 책이 담고 있는 내용은 완전히 새로운 것이 아니다. 저자가 2014년에 출판한 『지리교육학』을 근간으로 한다. 『지리교육학』은 거의 900페이지에 이르는 방대한 책이다. 그렇게 된 배경에는 무엇보다도 교육의 주체인 학생들이 지리교육학이라는 학문을 자기주도적으로 학습할 수 있도록 하는 데 초점을 맞추다 보니 그렇게 되었다. 핵심적인 개념과 더불어 이를 보다 잘 이해할 수 있도록 많은 사례를 제시하고, 임용시험을 준비하는 학생들에게 도움을 주기 위해 각 장마다 기출문제와 해석을 싣다 보니 분량이 계속 늘어났다.

『지리교육학』이 학부생들의 자기주도적 학습을 위한 개론서에 충실하게 집필되었다면, 이 책 『핵심 지리교육학』은 그중에서 핵심적인 내용만을 엄선하여 고르고, 새로운 내용을 일부 보완하여 재구성하였다. 정확하게 말하면, 저자가 학부 학생들을 대상으로 한 지리교육학 강의를 위해 만든 파워포인트 자료를 손질한 것이다.

따라서 이 책의 장점은 지리교육학의 핵심적 내용을 보다 체계적으로 접근할 수 있도록 했다는 것이다. 그리고 임용시험과 관련한 필수적인 내용을 엄선하여 이를 대비하는 데도 도움이 되도록 하였다. 하지만 핵심개념 및 내용만을 뽑아 내고 그것을 다시 재구성하다 보니, 다양한 사례들이 빠져 다소 이해하는 데 어려움이 있을 것으로 생각된다. 그럴 경우, 『지리교육학』의 도움을 받기를 권한다.

이 책 『핵심 지리교육학』과 『지리교육학』이 서로 보완재 역할을 하여, 지리교사가 되고자 노력하는 학생들에게 조금이라도 도움이 되기를 희망한다. 혹시 저자가 내용을 제대로 파악하지 못하였거나 내용을 제대로 전달하지 못한 부분이 있다면, 언제든지 조언과 비판을 해 주기를 바라며 적극 수용하여 반영할 것을 약속드린다.

2018년 2월 경북대학교에서

조 철 기

차 례

제4장 학습이론 *71*

제1장

지리교육의
이데올로기와
패러다임

1. 교육의 이데올로기

교육에는 다양한 사고의 형식을 반영하는 이데올로기와 언어가 존재한다. 이데올로기(ideology)는 세계에 대한 우리 자신, 우리 자신에 대한 세계를 설명하기 위해 작동하는 일련의 가치와 신념이다. 쉽게 말하면, 이데올로기란 세계를 바라보는 총체적인 방법을 제공하는 다양한 신념과 가치체계이다.

패러다임(paradigm)은 어떤 한 시대 사람들의 견해나 사고를 근본적으로 규정하고 있는 테두리로서의 인식의 체계 또는 사물에 대한 이론적인 틀이나 체계이다.

우리가 교육 및 지리교육의 이데올로기와 패러다임에 주목한다면, 교육 및 지리교육을 바라보는 다양한 관점을 이해할 수 있다. 여러 학자들은 교육 및 지리교육의 이데올로기와 패러다임 분류를 시도하였는데, 그들은 궁극적으로 이전의 이데올로기 및 패러다임을 비판하면서 마지막 분류에 초점을 두는 경향이 있다.

1) 하버머스의 분류

독일의 철학자 하버머스(Habermas, 1972)는 우리 인간이 기울이는 관심의 영역을 기술적 관심(technical interest), 실천적 관심(practical interest), 해방적 관심(emancipatory interest)으로 분류한 후, 이에 각각 상응하는 세 가지 유형의 지식, 즉 경험·분석적 지식(experiential and analytic knowledge), 해석학적 지식(hermeneutical knowledge), 비판적 지식(critical knowledge)을 제시하였다(표 1-1). 이러한 지식의 분류는 교육 및 지리교육의 이데올로기와 패러다임을 이해하는 데 많은 도움을 준다.

표 1-1. 하버머스의 인간의 관심과 지식의 유형

인간의 관심	지식의 유형	특징
기술적 관심	경험·분석적 지식	• 자연적 세계에 대한 정복과 통제 • 확실성과 기술적 통제에 관심 • 도구적 지식으로서의 수단적 교육 • 교육의 직업적/신고전적 기원

실천적 관심	해석학적 지식	• 사회적 세계를 형성하는 문화적 전통에 대한 이해와 참가 • 생활세계 속 개인의 상호주관적 의미의 이해에 관심 • 인간의 개인적이고 사회적 개발에 초점을 두는 교육 • 교육의 자유적/진보적 기원
해방적 관심	비판적 지식	• 무지에 대한 억압, 인간 이성에 대한 권위와 전통의 속박으로부터 벗어나려는 욕망 • 인간의 허구적인 의식과 제도에 대한 비판을 통해 인간 해방을 목적으로 함 • 사회정의와 민주적 원칙에 따라 사고하고 행동하도록 함 • 교육의 사회비판적 기원

(Habermas, 1972)

2) 파이너의 분류

파이너(Pinar, 1975)는 교육에 대한 이데올로기적 접근을 시도하였다. 그는 교육의 이데올로기를 다음과 같이 3가지로 제시하였다.

- 전통주의자: 교육에 대한 전통적이고 보수적인 접근을 하는 사람들을 지칭한다. 이러한 전통주의자에 비판적 입장을 견지하는 사람들로 보다 철학적이고 사회·경제적인 맥락에서 교육을 바라보는 새로운 경향을 가진 사람들을 재개념주의자라고 한다. 재개념주의자는 아래와 같이 실존적 재개념주의자와 구조적 재개념주의자로 나뉜다.
- 실존적 재개념주의자: 실존주의와 정신분석학에 이론적 바탕을 두고 개인의 교육적 경험의 분석과 의미의 추구에 관심을 둔다.
- 구조적 재개념주의자: 마르크스주의에 바탕을 두고 교육과정의 정치적, 사회적 맥락의 분석과 이데올로기에 초점을 둔다.

3) 아이즈너의 분류

엘리어트 아이즈너(Eisner, 1979)는 교육 및 교육과정에 있어서의 이데올로기를 다음과 같이 4가지로 분류하였다.

- 자유주의적 인문주의 전통(the liberal humanitarian tradition): 지식의 형식에로의 입문으로서의 교육, 교육의 내재적 가치를 강조한다. 그리고 전통적인 인문주의 교육(7자유주의 교과)

을 중시한다(피터스, 허스트, 오크쇼트 등의 자유주의 교육학자).
- 아동 중심(진보주의) 전통(the child-centred tradition): 아동의 경험을 중시하며, 아동의 흥미를 고려한 전인적 발달을 강조한다(듀이).
- 실용주의 전통(the utilitarian tradition): 교육의 수단적/도구적 목적(외재적 가치)을 중시하며, 좋은 직업을 구하는 데 도움이 되는 쓸모(유용성)로서의 교육을 강조한다.
- 재건주의 전통(the reconstructionist tradition): 교육의 불평등 해소에 초점을 두며, 사회 변화와 사회정의 실현을 교육의 목적으로 간주한다(아이즈너, 파이너).

2. 지리교육의 이데올로기

1) 존스톤의 분류

영국의 지리학자 존스톤(Johnston, 1986)은 지리교육에 대한 이데올로기적 접근을 시도하지는 않았지만, 하버머스(Habermas)의 지식의 유형의 관점에 토대하여 지리학의 패러다임을 다음과 같이 분류하였다. 이러한 3가지 범주가 일반적으로 지리교육에 대한 이데올로기적 접근의 기초가 된다.
- 기술적 통제로서의 지리(geography as technical control): '실증주의' 지리학을 의미하는 것으로 세계를 예측하고 조작할 수 있는 능력을 강조하는 지리지식의 관점이다.
- 상호적 이해로서의 지리(geography as mutual understanding): '인간주의' 지리학을 의미하며, 세계에 대한 인식과 이해를 강조하는 지리지식의 관점이다.
- 해방으로서의 지리(geography as emancipation): '실재론 또는 구조주의' 지리학과 관련되며, 세계를 구성하는 영향력에 대한 비판적 이해를 강조하는 지리지식의 관점이다.

2) 월포드의 분류

영국의 지리교육학자 월포드(Walford, 1981: 215-222)는 미국의 교육학자 아이즈너(Eisner,

표 1-2. 월포드의 지리교육 이데올로기

자유주의적 인문주의 전통에 따른 지리교육	• 피터스(Peters), 허스트(Hirst), 오크쇼트(Oakeshott) 등 자유주의 교육학자들이 주장하는 것처럼 교사가 가치있다고 여겨지는 지리적 지식을 학생들에게 전수하여 입문하도록 하는 주지주의 교육을 말한다.
아동 중심 전통에 따른 지리교육	• 듀이(Dewey)와 같은 진보주의 교육학자가 주장하는 것처럼 아동의 일상적인 경험을 중시하고 아동의 자아발달과 성숙한 인간 육성을 목표로 한다. • 학생 중심 지리교육 또는 (일상)생활 중심 지리교육의 이론적 기반을 제공한 인간주의 지리교육과 밀접하게 관련된다.
실용주의 전통에 따른 지리교육	• 교육의 쓸모(직업을 얻기 위한)를 강조하며, 교육을 사회적·국가적 요구를 실현하기 위한 도구적(수단적) 가치로 간주한다.
재건주의 전통에 따른 지리교육	• 교육을 사회적·공간적 불평등을 해소하여 사회정의를 실현하기 위한 해방적 가치로 간주한다.

1979)가 범주화한 교육적 이데올로기[자유주의적 인문주의 전통, 아동 중심(진보주의) 전통, 실용주의 전통, 재건주의 전통]에 기반하여 지리 교육과정 및 지리교수에 영향을 미치는 이데올로기를 표 1-2와 같이 4가지로 제시하였다.

3) 슬레이터의 분류

슬레이터(Slater, 1992: 103-104) 역시 아이즈너(Eisner, 1979)의 교육적 이데올로기에 기반하여 지리교육 이데올로기 및 패러다임을 보다 구체적으로 제시하였다. 즉, '실증주의 지리학'을 '실용주의'와, '인간주의 지리학'을 '진보주의 및 자유주의'와 '급진적 구조주의 지리학'을 '재건주의'와 각각 연계시켜 지리교육적 이데올로기를 상정하고 각각의 특징을 논의하였다.

특히, 그녀는 피터스(Peters)의 지식의 형식(forms of knowledge)과 입문(initiation)으로서의 교육관에 기초하여, 지리교육적 이데올로기의 범주화의 의의를 설명한다. 지리교육적 이데올로기는 각각 상이한 개념군과 검증방법을 가지는 일종의 지식의 형식으로서, 지리교육은 이러한 상이한 이데올로기와 언어를 수용하여 다른 관점으로 나아가야 한다는 것이다. 그렇게 될 때 지리교육은 학생들로 하여금 다른 관점으로 나아가도록 할 수 있으며, 그들로 하여금 새로운 관점을 발견할 수 있도록 기여한다는 것이다.

슬레이터(Slater, 1992: 97)에 의하면, 지리교육적 이데올로기는 서로 다른 가치와 견해를 반

표 1-3. 지역지리학 이후 지리학의 패러다임

패러다임 입장	우선사항/가치 강조	개념/언어	
과학적(실증주의) 패러다임	• 일반화 • 추론 • 예측 • 모델링	• 공간 • 패턴 • 분석 • 법칙	• 변수 • 가설 검증 • 문제해결
인간주의 패러다임	• 개인적 이해 • 개인적 의미 • 해석	• 장소, 인간 • 장소감 • 아름다운 장소 • 추악한 장소	• 느낌 • 표현 • 장소 상실
진보적/급진주의적 패러다임	• 사회를 이해하기 • 사회를 비판하기	• 사회, 구조 • 조직 • 권력 • 기득권	• 집단 • 압력단체 • 이기주의 • 평등/불평등

(Slater, 1992)

영하는 명백한 언어와 어휘를 사용하고 있기 때문에 지리교육이 나아갈 방향과 범위를 제공한다. 또한 상이한 지리교육적 이데올로기는 각각의 개념군과 검증방법이 있기 때문에 교사들이 어떤 이데올로기적 관점을 갖고 수업을 계획하느냐에 따라 교수전략이 달라져야 한다.

표 1-4. 지리교육에서의 이데올로기와 언어

지리교육의 이데올로기		개념군	검증방법(설명과 이해의 방법)
전통적·보수적 접근	실증주의	공간, 공간패턴, 공간관계, 공간프로세스, 인간과 환경의 상호작용, 집합적 행동	분석, 예측과 모델링, 일반화와 법칙, 연역적 추론, 가설 검증, 문제해결, 지각과 결정 분석, 의사결정
자유주의적· 해석학적 접근	인간주의	장소, 인간과 장소, 장소감, 장소의 혼, 사적지리	개인적 이해, 개인적 의미, 해석, 성찰, 감정이입, 내부자와 외부자의 입장, 개인적 반응의 분석
사회비판적 접근	구조주의	사회, 구조, 이익집단, 권력, 시·공간에서의 기득권적 이해관계, 사회복지, 사회정의, 급진적 이해, 사회·역사적 이해	비판적 분석, 비판이론, 사회이론과 분석, 사회·정치적 분석, 해석, 비판적 성찰
	포스트모던	장소의 복합적 실재, 공간 실천, 텍스트로서의 경관, 점이적 장소, 차이의 공간, 장소와 정체성, 사회·문화적 특징, 공간에 대한 감각적 경험	비판적 분석, 해석, 성찰, 해체, 공간의 실재와 표상의 이해

(Slater, 1992: 103; Slater, 1994: 150; Slater, 1996: 209의 것을 토대로 재구성함)

표 1-5. 지리교육의 이데올로기 비교

	실증주의		인간주의	구조주의
하버머스	기술적 관심		실천적 관심	해방적 관심
파이너	전통주의자		실존적 재개념주의자	구조적 재개념주의자
존스턴	기술적 통제로서의 지리		상호적 이해로서의 지리	해방으로서의 지리
아이즈너	자유주의	실용주의	진보주의	재건주의
월포드	자유주의적 인문주의 전통에 따른 지리교육	실용주의 전통에 따른 지리교육	아동 중심 전통에 따른 지리교육	재건주의 전통에 따른 지리교육
슬레이터	과학으로서의 지리		개인적 반응으로서의 지리	
브루너	패러다임적 사고		내러티브적 사고	

* 실증주의와 실용주의는 어느 정도 공통점도 있지만 차이점도 많음.

3. 지리교육의 패러다임

1) 실증주의: 공간과학으로서의 지리교육

(1) 목적: 지리적 설명(사회를 예측하고 조작할 수 있는 능력)

경험주의와 실증주의 과학은 경험의 세계에서 작동하고 중립성을 가정한다. 즉 관찰자 외부에 존재하는 데이터의 수집을 중요시한다. 실증주의 과학은 획득된 데이터를 사용하여 일반적인 법칙을 구축한다. 이렇게 구축된 법칙들은 사건을 설명하고 예측하는 데 사용된다. 따라서 실증주의 과학이 추구하는 목적은 '지리적 설명(geographical explanation)'에 있다.

실증주의는 경험적·분석적 지식을 중요시하며, 기술적 통제(technical control)의 이데올로기와 연결된다. 이런 지식은 본질적으로 보수적인 것으로 간주된다. 왜냐하면 기존의 사회조직을 주어진 그대로 받아들이기 때문이다.

(2) 사례

실증주의에 입각한 지식이 중등학교 지리교육에 사용된 사례로는 도시구조모델[버제스

(Burgess)의 동심원이론, 호이트(Hoyt)의 선형이론 등], 공간이론[베버(Weber)의 공업입지론과 크리스탈러(Christaller)의 중심지이론 등], 계량화(최근린지수, 중력모형 등) 등이 대표적이다. 그리고 미국의 1970년대 고등학교 지리 프로젝트였던 HSGP 역시 실증주의 지리교육의 실현과 밀접한 관련이 있다.

실증주의 지리교육은 교수학적인 측면에서 개념, 원리, 법칙, 일반화 등에 초점을 두는 '개념학습'에 대한 관심을 불러일으켰다. 그리고 브루너가 주장한 발견학습을 비롯하여, 문제제기-가설설정-자료 수집-자료 분석-가설 검증-결론 도출(일반화)로 이어지는 '과학적 탐구학습' 또는 '사실탐구'가 주요 교수학습 방법으로 자리잡게 되었다.

(3) 비판

이러한 일반화하고 법칙추구적인 공간과학으로서의 지리교육은 기존의 개성기술적인 연구로서의 지역지리에 대한 비판을 제기하였다. 지역지리에 기반한 지리교육은 많은 지리적 사실들을 순전히 반복적으로 제시하여 암기하도록 함으로써 학생들에게 지적인 자극과 도전을 거의 제공하지 못했다는 비판을 받았다. 그리하여 공간과학으로서의 지리교육은 구체적이고 특수한 사실보다는 보편적이고 일반적인 공간과 관련한 개념, 법칙, 일반화, 이론 등을 가르치는 데 주안점을 두게 되었다. 그러나 이러한 공간과학으로서의 지리교육은 이후에 논의할 여러 대안적 접근들에 의해 또 다른 비판에 직면하게 된다.

2) 인간주의(인본주의): 학생 중심 지리교육

(1) 목적: 자기인식과 상호이해(세계에 대한 상호인식과 이해)

공간과학으로서의 지리교육에 대한 대안적 접근 중의 하나는 인간주의 지리교육이다. 현상학에 기초한 인간주의 지리교육은 학생들을 표준적이고 보편적인 공적지리를 받아들이는 수동적인 행위자로 간주하는 것을 거부한다(McEwen, 1986). 인간주의 지리교육의 목적은 인간과 장소에 대한 '자기인식(self awareness)'과 '상호이해(mutual understandings)'에 있다. 인간주의 지리교육은 특히 다양한 인간의 삶에 대한 존중과 관용, 감정이입(empathy)과 장소감(sense of place)에 초점을 둔다.

(2) 개인지리 또는 사적지리

인간주의 지리교육의 출발점은 학생들이 일상적으로 경험하여 체득한 개인지리 또는 사적지리이다. 학생들은 각각 자신의 직접적인 경험뿐만 아니라 다른 사람들이나 미디어를 통해 간접적으로 세계를 이해한다. 이것은 바로 그들의 사적지리 또는 개인지리를 형성한다. 사람들이 그들이 살고 있는 문화 속에서 세계에 대해 상이한 경험을 가지고 있는 것처럼, 개인지리는 사람마다 다르다. 그리고 개인지리는 끊임없이 재형성되며, 그러한 개인지리는 심상지도, 장소에 대한 무수한 이미지와 기억, 사물들이 존재하는 방식에 대한 아이디어, 장소와 쟁점에 관한 느낌 등으로 구성된다.

학생들의 개인지리는 그들이 세계를 바라보는 방식을 결정짓는다. 즉, 학생들의 개인지리는 그들이 본 것, 주의를 기울이는 것, 당연하게 여기는 것, 그것을 설명하는 방식에 영향을 준다. 학생들이 장소에 대해 기억하는 것은 선택적인 경향이 있다. 개인지리는 학생들이 그들의 환경 내에서 어떻게 행동하며, 상호작용하는 문화 내에서 문화를 형성하는 데 우리 자신이 어떻게 기여하는가에 영향을 준다.

(3) 학습자 중심 교수법

교육과정 설계에서 이러한 사적지리 또는 개인지리는 내용구성을 위한 원리로 작동하며, 지리수업은 이를 더욱 풍요롭게 해 주는 것이다. 따라서 인간주의 지리교육은 교수학적 측면에서 학습자의 일상생활에 근거한 학습자 중심 교수법을 강조하게 된다. 이러한 현상학적 태도는 세계에 대한 학생들의 관점과 경험을 중심적인 것으로 간주하기 때문에 지리교사들은 세계에 대한 그러한 학생들의 관점과 일치하는 방법으로 가르칠 필요가 있다. 한편 인간주의 지리교육은 인간의 다양한 가치와 관점에 대한 존중을 강조함으로써, 가치교육에 대한 관심을 불러일으키는 계기가 되었다.

3) 실증주의 지리교육 vs 인간주의 지리교육

(1) 슬레이터: 과학으로서의 지리 vs 개인적 반응으로서의 지리

슬레이터(Slater, 1993)는 지리를 '과학으로서의 지리(geography as science)'와 '개인적 반응

표 1-6. 과학으로서의 지리와 개인적 반응으로서의 지리

과학으로서의 지리	• 실증주의 패러다임에 근거한 지리 → 객관적 지식에 초점 • 공간에 대한 객관적이고 분석적인 탐구를 강조 • 추상화된 현실의 모형 작성, 추론하는 기술 강화 • 대부분의 학교교육에서 잘 정립되어 있으며, 계속해서 지리교육에서 중요한 역할을 수행할 것으로 보임
개인적 반응으로서의 지리	• 인간주의 패러다임에 근거한 지리 → 주관적 지식에 초점 • 장소에 대한 인간의 주관적이고 개인적인 의미를 강조 • 장소와 경관에 대한 개인적인 내면 성찰과 장소와 경관에 대한 개인적인 정서적 유대감에 초점 • 우리의 경험과 일상생활의 해석에 관심

으로서의 지리(geography as personal response)'로 구분한다(표 1-6).

(2) 로웬탈: 공적지리 vs 사적지리(개인지리)

로웬탈(Lowenthal, 1961)은 인간 개개인이 가지고 있는 환경적 신념, 선호, 동기의 본질과 기원에 관해 곰곰이 생각했다. 그는 우리 인간 각자가 개인화한 환경적 지식과 가치를 '사적지리(private geography)'라 불렀다. 그는 비록 각각의 사적지리는 독특하지만, 다양하게 공유된 지각력을 통해 지구의 자연적 실재를 인식할 수 있는 우리의 공통된 역량에 기초해 공유한 지각적 경험을 모든 사적지리의 공통적인 기초로 보았다. 공적지리(public geography) 또는 학문지리(academic geography)와 대비되는 사적지리 또는 개인지리(personal geography)를 지리교육에 최초로 도입한 사람은 오스트레일리아 지리교육학자 피엔(Fien, 1983)이다.

표 1-7. 공적지리와 사적지리

	공적지리/학문지리 (public/academic geography)	사적지리/개인지리 (private/personal geography)
인식론	• 객관화되고 일반화된 세계에 대한 견해를 제공 → 공유된 공적 의미 강조	• 세계에 대한 개인적·문화적 견해로 구성
강조점	• 모학문의 지식의 구조 강조(학문 중심 교육과정) • 실증주의 지리학에서 구축했던 지식의 구조나 공간 개념에 주목	• 아동의 체험된 경험 강조(진보주의 교육과정) • 인간주의 지리학에서 대상으로 하는 장소에 주목
목표	• 행동목표와 밀접한 관련(타일러, 블룸)	• 아이즈너의 표현적 목표(결과)와 밀접한 관련
지식	• 명제적·명시적 지식과 관련	• 암묵적 지식과 관련

(3) 브루너: 패러다임적 사고 vs 내러티브적 사고

브루너(Bruner, 1996)는 인간의 두 가지 사고양식을 상정하면서 '패러다임적 사고(paradig-matic mode of thought)'와 '내러티브적 사고(narrative mode of thought)'를 구분하였다. 이러한 패러다임적 사고와 내러티브적 사고는 각각 실증주의 지리학(과학으로서의 지리)과 인간주의 지리학(개인적 반응으로서의 지리)에 조응된다.

표 1-8. 패러다임적 사고와 내러티브적 사고

패러다임적 사고	• 실증주의 지리학(과학으로서의 지리), 추상적·보편적 • 절대 불변의 객관적 지식이 있다고 보고, 그것을 학생들에게 전달하여 습득하도록 함 • 지식이란 주체에게 제시되는 대상을 과학적 탐구방법에 의해 정확히 파악할 때 얻어질 수 있음 • 설명식 텍스트
내러티브적 사고	• 인간주의 지리학(개인적 반응으로서의 지리), 구체적·경험적 • 삶의 요구들을 반영하는 인간적 세계를 이해하려 함 → 수많은 관점과 다양한 세계를 고려 • 구체적인 경험을 통해서 의미를 가지게 됨 → 개별적인 의미 강조 • 내러티브 텍스트

글상자 1.1

내러티브와 지리교육

1. 내러티브의 의미

내러티브는 스토리를 가진 이야기, 즉 시간적 연쇄로 이루어진 일련의 사건들이다(Polkinghorne, 1988). 이러한 내러티브에는 소설, 수필 등 문학작품과 영화, 텔레비전 쇼, 신화, 일화, 뮤직 비디오, 만화, 회화, 광고, 전기 그리고 뉴스 기사 등이 포함된다.

2. 내러티브 담론 vs 설명적 담론

내러티브 담론/텍스트(narrative discourse/text)와 설명적 담론/텍스트(expository discourse/text)의 차이점은 다음과 같다.

내러티브 담론과 설명적 담론의 차이점

내러티브 담론	• 과거형 시제를 통해 연대순으로 진술되어 있으며, 1인칭 또는 3인칭의 행위자(화자)에 초점이 맞추어져 있다. • 플롯을 통해 이야기하는 다양한 상황과 사건이 시간의 흐름에 따라 주제와 함께 결합되면서 갈등, 불확실한 결과, 상반된 관점, 긴장의 순간 등을 구체화한다. • 내러티브 담론의 목적은 언어 또는 문자를 사용하여 픽션 또는 논픽션의 이야기를 말하는 것이다.

설명적 담론	• 연대순이라기보다는 논리적 순서에 의해 진술된다. • 사실, 주제, 개념, 원리에 초점이 맞추어져 있으며, 무엇보다 행위자(화자)가 없는 비인칭의 주술관계를 이루고 있다. • 설명적 담론의 목적은 기술 또는 설명을 제공하는 것이다.

3. 내러티브의 지리교육적 가치

맥파트랜드(McPartland, 1998)는 내러티브의 지리교육적 가치를 다음과 같이 5가지로 제시한다.

내러티브의 지리교육적 가치

지리적 상상력의 발달	• 지리적 상상력이란 장소와 그곳에 거주하는 사람들의 이미지를 구성하거나 재구성하는 능력이다(McPartland, 1998: 346). • 인간과 장소에 대한 개인의 경험과 타인의 경험이 표상된 내러티브를 통한 학습은, 학생들로 하여금 특별한 장소와 상호작용하고 특정한 인간의 이미지를 구성하거나 재구성하도록 함으로써 지리적 상상력을 연습하도록 도와준다.
감정이입적/ 공감적 이해의 발달	• 감정이입적/공감적 이해란 내러티브에 등장하는 행위자의 의도와 사상, 감정 등을 이해하는 것이다. • 감정이입은 학생들로 하여금 타인의 입장에서 지리적 현상에 대해 생각하도록 해 주며, 지리적 현상을 다양한 시각에서 바라보도록 도와준다.
지리적 지식과 이해의 발달	• 내러티브는 기본적으로 지리적 사실을 쉽게 기억하기 위한 전략으로 활용될 수 있다. 지리학습에서 지리적 사실은 설명과 이해에 앞서 인지해야 할 기본이 되는 요소이다. • 이야기는 특히 마음 속에 깊은 인상을 주기 위해 강력한 이미지를 만들기 때문에, 상대적으로 대중의 마음 속에 오랜 기억으로 남게 된다(Egan, 1986).
사고기능의 발달	• 내러티브를 지리수업에서 어떻게 활용하느냐에 따라(예: 불일치 자료 전략) 지리적 사고를 촉진할 수 있다.
지리 수업자료와 교수내용지식(PCK) 으로서의 역할	• 내러티브는 교사가 내용을 전달하는 주요한 수단이나 방식, 즉 '교수내용지식'으로서 기능하기도 한다. • 교사가 알고 있는 이야기들은 내러티브를 통해 교수내용지식으로 변형된다(Gudmundsdottir, 1995).

4) 구조주의(급진주의): 사회비판 지리교육

(1) 배경

사회비판 지리교육은 실재론 또는 구조주의 지리학을 배경으로 한다. 실재론 또는 구조주의 지리학은 사람들에게 세계를 구축하는 메커니즘과 기저에 놓여 있는 영향력에 대한 이해를 제공한다. 구조주의는 인간 세계에서 발생하는 모든 일들은 개인에 의해서가 아니라 우리 자신의 통제와 실행 범위를 넘어서 있는 익명의 구조에 의해서 그것의 형태와 기능이 궁극적으로 결정된다고 주장하는 철학이다. 예를 들면, 우리는 개별적인 여자와 남자로서 도시 주변에서 행동하고 이동할지 모르지만, 우리 활동의 본질은 우리의 삶을 구성하는 젠더 관계라는 보다 심층적인 구조에 의해 결정된다는 것이다(Morgan and Lambert, 2005).

(2) 목적: 사회 변화 또는 사회정의

사회비판 지리교육의 목적은 학생들로 하여금 공간적 현상을 비판적으로 인식하도록 하고, 사람들의 삶을 억제하는 메커니즘을 확인하며 그러한 것을 제거하거나 대체하도록 함으로써 학생들을 잘못된 이데올로기로부터 자유롭게 '해방(emancipation)'시키는 것이다. 달리 말하면, 사회비판 지리교육의 목적은 사회적·공간적 모순 또는 불평등을 해결하는 '사회 변화(social change)', 즉 '사회정의(social justice)'의 실현에 두는 것이다.

(3) 특징

사회비판 지리교육은 공간과학으로서의 지리교육이 공간적 결과에만 치중한 나머지 사회는 거의 전적으로 무시되었다고 비판한다(Slater, 1992: 106). 즉, 공간과학으로서의 지리교육을 통해 공간과 관련한 일반적인 이론, 원리, 법칙은 배울 수 있겠지만, 그러한 공간이 어떻게 형성되고, 그렇게 형성된 공간이 무엇을 의미하는지, 그리고 이와 같은 공간에서 우리는 어떻게 행동해야 하는지와 관련해서는 외면해 버리는 결과를 초래한다는 것이다. 따라서 사회비판 지리교육이 더 이상 공간적 결과를 가르칠 것이 아니라, 이러한 공간적 결과의 사회적 프로세스를 밝힐 수 있는 방향으로 나아가도록 촉구한다.

사회비판 지리교육은 또한 인간주의 지리교육에서의 개인주의에 대해서도 비판적이다. 사회비판 지리교육은 인간주의 지리교육이 공간 및 지역의 사회문제를 '개인'의 차원에서만 접근한다고 비판한다. 즉, 개인의 환경 인식과 의사결정 및 공간 행동이 순전히 개인의 '자율적 선택의 문제'라기보다는, 사회구조적으로 형성되고 재생산된다는 점을 강조하는 것이다(Fien, 1988: 124).

5) 포스트모더니즘: 다양성과 지리교육

포스트모더니즘은 지식이 세계에 대한 '진실한' 설명을 제공할 수 있다는 사고를 거부하는 '반 정초주의(anti-foundation)'에 근거한다(Morgan, 2002: 21). 실증주의, 인간주의, 급진주의(구조주의)에서 다루어지는 지식의 차이에도 불구하고, 이들은 모두 객관적이고 '실제(real)' 세계를 기술하거나 설명하고 있다는 점에서 모두 모던적이다. 그들은 모두 세계에 대한 '진리(truth)'를 파헤치려고 한다는 점에서 지식에 대해 정초주의적(foundational)인 것으로 간주될 수 있다. 단지 이들 사이에는 '진리'의 본질, 그리고 접근방법에 차이가 있을 뿐이다.

포스트모던적 관점은 일반적이고 보편적인 진리에 접근할 수 있다는 사고를 거부하는 것으로 '다양성'과 '차이'로의 전환을 의미한다. 이론이란 단지 공간에 대한 특정한 이야기를 들려주는 하나의 '텍스트(texts)' 또는 '서사(narratives)'에 지나지 않는 것으로서 부분적 지식으로 간주된다. 따라서 포스트모던적 관점에 의하면, 모든 지식과 이론은 부분적이며 맥락적이다. 즉, 그것은 인종, 젠더, 계급, 국적, 연령 등에 따라 다르게 부여되는 인간의 산물에 지나지 않는다. 세계에 대한 중립적이고 명백한 표상으로서의 텍스트는 존재하지 않으며, 지식은 특정한 관점과 맥락에서 유래되며, 지식의 생산은 그러한 관점에서 상대적인 것으로 간주될 수 있다.

표 1-9. 포스트모던적 전환이 지리교육에 주는 함의

- 일반적 프로세스(이론과 법칙 등 보편적 모형)에 대한 관심으로부터 장소의 지리적, 역사적 특수성에 대한 관심으로의 전환이다.
- 다양한 스케일(scale)의 사회적 구성(social construction)에 대한 인식이다. 모든 사건은 그것들이 연구되는 스케일에 따라 다른 의미를 가진다는 것을 중요시한다.
- 상대주의(relativism)의 수용이다. 지식은 사회적 또는 문화적으로 구성되는 것으로, 진리는 상대적이라는 것이다.
- 사회생활의 특징으로서 다원론(pluralism)과 다양성(diversity)의 인식이다.
- 문화에 대한 포스트모던의 강조와 '텍스트(text)'로서 장소를 강조한다.

(Morgan, 1996: 63-67)

제2장
지리교육의 목적과 목표

1. 지리교육의 가치와 중요성

1) 자유주의 교육에서 본 지리교육의 가치

피터스(Peters, 1965)와 같은 고전적 자유주의 교육학자들은 교육적 경험이 사람을 변화시킬수 있기 때문에, 교육적 경험 그 자체를 소중히 하였다. 그리고 교육은 가치있는 세계, 지식의 형식에 입문하는 것이다. 달리 말하면, 교육의 외재적인 동기(extrinsic motives)보다는 내재적인동기(intrinsic motives)를 더욱 소중히 하였다. 지리교육의 관점에서 보면, 지리 교육과정은 어떠한 외재적 목적을 가질 수 없으며, 지리를 가르치고 배우는 활동은 그 자체로 가치있기 때문에학교에서 가르치는 것이다. 지리교수·학습이 가치있는 활동이라고 간주되는 이유는 지리가 학생들에게 인간과 환경의 관계에 대한 지식이나 지리적 안목을 제공해 주는 내재적 목적을 가지고 있기 때문이다(Lambert and Balderstone, 2000).

교육이 교육답다는 것, 즉 가치있다는 것은 피터스(Peters, 1965)에 따르면 적어도 규범적 준거, 인지적 준거, 과정적 준거를 갖추어야 한다. 따라서 지리교육은 적어도 이러한 세 가지 기준을 만족할 때 교육으로서 가치있다고 할 수 있을 것이다.

표 2-1. 가치로운 교육이 갖추어야 할 조건

규범적 준거	• 규범적 준거란 '교육목적'에 관한 것으로 교육이 실현하고자 하는 '가치있는 상태'가 무엇인가를 제시해 주는 것이다. 즉 교육은 교육의 개념 속에 내포된 '내재적 가치'를 추구해야 한다는 것을 밝혀 주는 기준이다. • 교육은 가치있는 것을 전달함으로써 그것에 헌신하는 사람을 만들어야 한다. • 교육은 인간을 인간답게 하는 것을 목적으로 해야지 교육이 수단이 되어서는 안 된다는 것을 의미한다. 즉 교육을 외재적 가치 또는 도구적 가치로 바라보아서는 안 된다는 것이다.
인지적 준거	• 인지적 준거는 내재적 가치를 실현하기 위한 '교육내용'을 밝히는 것으로, 피터스는 지식의 이해, 지적 안목의 형성을 위한 '지식의 형식'이 교육내용이 되어야 한다고 보았다. • 지식의 형식이란 인간의 경험을 체계화, 구조화한 것이다. 즉 교육은 지적 안목을 길러 주는 것이어야 한다.
과정적 준거	• 과정적 준거는 '교육방법'을 제시한 것으로 피터스(Peters)는 도덕적으로 온당한 방법이 교육의 과정적 준거가 된다고 보았다. • 교육은 교육받는 사람의 의식과 자발성을 존중하여 그들이 스스로 어떤 사태와 현상에 대하여 독립적으로 사고할 수 있도록 도와주는 활동이어야 한다. • 학생들에게 적당히 높은 점수를 얻도록 하는 결과로서의 교육이 아니라 세상을 다른 시각으로 볼 수 있도록 도와줄 수 있는 교육이 되어야 한다.

2) 지리교육의 내재적 정당화

자유주의 교육학자인 피터스(Peters, 1965; 1981)는 교육을 교사가 그들의 교과에서 내재적으로 가치있다고 여기는 지식의 형식에 학생들을 입문시키는 것으로 보았다. 이러한 관점에서 보면, 지리교육은 지리를 통하여 가치있는 세계에 입문(initiation)하도록 하는 것이다.

여기서 지식의 형식(forms of knowledge)이란 학문을 성격이 비슷한 것끼리 묶어 놓은 것이다. 이러한 지식의 형식이 갖추어야 할 조건은 크게 내적 조건과 외적 조건으로 구분된다. 내적 조건은 고유한 개념과 진위 검증방식을 가져야 하고, 외적 조건은 다른 지식으로 환원되지 않는 환원불가능성을 가져야 한다. 그는 이러한 지식의 형식 조건을 갖추고 있는 교과로 우리가 흔히 말하는 7자유주의 교과인 논리학, 수학, 자연과학, 인문과학, 역사학, 종교학, 문학과 예술, 철학을 제시하였다.

따라서 자유주의 교육사상가들의 입장에서는, 지리는 하나의 교과가 될 수 없다. 즉 지리는 지식의 형식으로서 내적·외적 조건을 충족시키지 못하므로 지식의 한 분야에 불과하다는 것이다. 지리는 내적으로 지리만이 가지는 고유한 개념이 없으며, 이러한 개념을 검증할 수 있는 방법도 없다. 그리고 외적으로 지리학의 지식은 환원되어버린다. 예를 들면, 경제지리학은 경제학에서 개념을 빌려온 것이므로, 경제학으로 환원가능하다. 따라서 지리는 지식의 한 분야에 불과하다는 것이다. 그러나 이에 대한 반론도 만만치 않다. 자유주의 사상가들의 주장처럼 교과가 굳이 지식의 형식이 될 필요는 없다는 것이다. 예를 들면, 지리교육학자 그레이브스(Graves, 1984: 78)는 지리는 인문과학, 자연과학, 수학에 동시에 입문할 수 있음을 강조한다.

2. 지리교육의 목적

1) 내재적 목적

(1) 의미

지리교육의 내재적 목적은 지리를 배우는 경험 그 자체가 가치있는 학습—지리적 안목을 길러 주고, 지리적 지식과 이해의 발달을 도모하는 등—이라는 것을 진술하는 것이다. 피터스(Peters)를 비롯한 자유주의 교육학자들이 이를 강조한다. 이는 지리 교과 고유의 목적으로 교육의 학문적 요구와 밀접한 관련을 가진다. 따라서 지리교육의 내재적 목적은 지리적 안목, 지리적 통찰력, 지리적 사고력, 지리적 상상력 등의 육성과 밀접한 관련을 가진다.

(2) 유형

서태열(2005)은 지리교육의 내재적 목적이 '지리적 안목'의 육성에 있다고 보았다. 이는 전통적으로 '장소 및 지역 탐구', '공간 탐구', '인간과 자연과의 관계 탐구'의 측면에서 접근한 것이며, 최근에는 '지리도해력'이 중요해지고 있다고 주장한다. 그리하여 그는 지리교육의 내재적 목적을 '장소감', '공간능력의 형성', '공간적 의사결정능력', '지리도해력', '인간-사회-환경과의 관계'로 제시하면서 표 2-2와 같이 설명하고 있다(서태열, 2005: 68).

표 2-2. 지리교육의 내재적 목적

장소감	지리는 장소와 지역에 대한 지식과 이해, 그 안에 거주하는 인간이 부여한 의미체계, 이들이 결합하여 생성되는 일체감, 소속감, 애착과 입지감, 영역감 등이 총체적 형태로 나타나는 것을 가르치는 것을 목적으로 한다.
공간능력	지리는 패턴의 지각 및 비교능력, 정향능력, 시각화 능력을 포함한 통찰력과 안목을 의미하는 공간능력을 형성하도록 한다.
공간적 의사소통능력	지리는 공간능력을 바탕으로 지리적 문제, 쟁점, 질문에 대한 의사결정을 하거나 공간적 의사결정 및 문제해결능력을 함양하도록 한다.
지리도해력	지리는 지도, 지구의를 비롯한 시각적 자료의 표현, 이를 이용한 공간정보의 수집, 획득, 조직, 분석, 해석의 과정을 통한 의사소통의 능력, 즉 지리도해력을 발달시킨다.
인간-사회-환경과의 관계	자연에 대한 경외감을 포함하여 '사회환경과 인간이 환경을 어떻게 이용하고 남용하는가'에 이르기까지 '인간-사회-환경과의 관계'에 대한 인식을 고양하고, 이를 통해 올바른 관계와 가치를 모색하도록 한다.
지리적 상상력	지리적 상상력이란 라이트 밀즈(Wright Mills, 1959)가 주장한 사회적 상상력과 대비되는 개념이다. 데이비드 하비(David Harvey, 1973)에 의하면, 지리적 상상력이란 장소와 공간에 대한 감수성이다.

(서태열, 2005)

2) 외재적 목적

(1) 의미

외재적 목적은 도구적 또는 수단적 목적으로 진술된다. 이는 교육의 사회적 요구, 국가적 요구, 국제적 요구와 밀접한 관련을 가진다. 특히 지리교육에 대한 중요성이 침체된 때에는 지리교육이 유용하다는 것을 사회에 알릴 필요성으로 인해 외재적 목적 또는 도구적 목적이 강조되는 경향이 있는 것으로 나타났다.

지리교육의 외재적 목적은 국제적 이해를 촉진하거나, 향토애, 국토애, 시민성 함양 등으로 표현된다. 예를 들면, 페어그리브(Fairgrieve, 1926)가 "지리는 사회적·정치적 문제들에 대해 건전하게 생각할 수 있는 미래시민의 자질을 길러 준다."라고 한 것은 외재적 목적 또는 도구적 목적을 언급한 것이다.

(2) 유형

지리교육의 외재적 목적을 대표하는 시민성은 스케일에 따라 지역(로컬) 시민성(또는 능동적 시민성, 향토애), 국가 시민성(국토애), 세계(글로벌) 시민성(인류애), 다중시민성 등으로 구별되며, 이에 더해 최근에는 다문화 시민성, 생태 시민성 등도 강조된다.

① 국가 시민성

근대 국민국가(nation-state)에서는 시민들에게 '국가 시민성(national citizenship)'을 요구했다. 국가 시민성은 한 국가의 구성원 전체, 즉 국민 모두에게 동일하게 요구되는 자질을 말한다. 오늘날 국민국가는 여전히 시민성을 부여하는 공식적인 기초 단위다(Turner, 1997). 한 국가의 시민은 그 국가의 영토에 기반하여 정치적, 법적 구조와 제도를 통해 어떤 권리와 의무를 부여받는다. 시민성은 국민국가라는 유럽적인 개념과 관계되며, 여전히 권리와 의무에 기반한 시민성에 매우 중요한 기제로 작용한다.

국가 시민성은 상상의 산물이다(Anderson, 1991). 국가가 상상의 공동체인 이유는, 국가는 작은 동네나 마을처럼 모든 시민끼리 서로 알고 지내거나 만나서 대화를 나누는 것이 불가능하기 때문이다. 그러므로 국가적 통합과 동포애(애국심, 국토애)는 본래부터 존재하는 것이 아니라 상상적으로 구성되는 것이다. 국가는 상상의 산물이지만, 그렇다고 국가 자체가 속임수이거나 거짓은 아니다.

20세기 후반 세계화와 지역화가 진전되면서 새로운 형태의 시민성, 즉 '세계 시민성'과 '지역 시민성'이 요구되고 있다.

② 로컬(지역) 시민성

로컬(지역) 시민성(local citizenship)은 지역사회(또는 공동체) 또는 지방자치단체의 구성원, 즉 지역 주민에게 요구되는 자질이다. 지역 시민성은 지역화에 대응하는 시민의 자질로서 자신이 속한 지역의 정체성을 확립하고 공동체가 추구하는 목적을 실현하기 위해 자발적으로 참여하는 시민성이다. 자신이 속한 집단과 공동체가 직면한 문제를 자신의 문제로 인식하고 합리적으로 해결하기 위해 능동적으로 참여함으로써 공동체의 선과 복지를 향상시키기 위해 헌신하는 태도이다. 지역 시민성에서는 정체성의 획득과 공동체에 대한 자발적 참여가 강조된다. 로컬 시민성은 일종의 향토애라고 할 수 있으며, 가장 능동적인 참여가 강조된다는 점에서 '적극적 또는 능동적 시민성(active citizenship)'이라고도 불린다.

③ 세계 시민성(글로벌 시민성)

'세계 시민성(global citizenship)'은 한 국가의 구성원이 아니라 세계 공동체의 구성원, 즉 세계 시민에게 요구되는 자질이다. 세계 시민성은 세계화에 대응하는 시민의 자질로서 특정한 집단이나 국가의 이해관계를 초월하여 보편적 가치를 추구하고 그것을 실천하는 시민성이라 할 수 있다. 즉, 인권, 환경과 기후, 전쟁과 평화, 핵과 대량살상무기, 빈곤과 기아, 전염병 등의 문제와 관련하여 특정한 집단이나 국가의 입장을 초월하여 인류 전체의 보편적 관점에서 접근하고 해결하기 위해 적극 참여하는 시민의 자질이다. 한마디로 세계 시민성은 보편적 가치를 추구하는 초집단적·초국가적인 반성과 참여로 특징지어진다.

④ 다중시민성

최근 세계화와 지역화가 급속하게 진전되면서 현대사회에서 요구되는 시민성의 개념과 성격도 변화하고 있다. 근대 국민국가 시대와 달리, 세계화와 지역화 시대에 각 시민은 지역사회, 국

표 2-3. 시민의 다중적 지위와 다중시민성

시민의 다중적 지위	다중시민성
국민	• 국가 시민성(national citizenship) －한 국가의 구성원 전체에게 동일하게 요구되는 자질 －국가적 정체성, 애국심, 국가적 문제의 해결능력
세계시민	• 세계 시민성(global citizenship) －세계 공동체의 구성원에게 요구되는 자질 －보편적 가치를 추구하는 초집단적·초국가적인 반성과 참여
지역 주민	• 지역 시민성(local citizenship) －지역사회의 구성원에게 요구되는 자질 －지역의 정체성 획득과 공동체에 대한 참여

(박상준, 2009: 48-50)

가, 세계 공동체의 수준에서 다중적인 지위를 중첩적으로 갖게 되고, 각 공동체는 구성원들에게 서로 다른 자질과 덕목을 요구하고 있다.

세계화와 지역화 시대에 살고 있는 개인은 한 국가의 '국민(national citizen)'이고, 동시에 세계 공동체의 '세계시민(global citizen)'이면서 특정한 지역사회의 '지역 주민(local citizen)'이다. 그래서 한 시민에게 국민으로서의 자질과 행위양식, 세계시민으로서의 자질과 행위양식, 지역 주민으로서의 자질과 행위양식이 동시에 요구된다. 세계화와 지역화가 동시에 진행되면서, 한 사람이 국민, 세계시민, 지역 주민이라는 다중적인 지위를 동시에 갖게 되고, 국가, 세계 공동체, 지역사회는 각 구성원에게 서로 다른 시민의 자질을 요구한다. 이렇게 여러 가지 공동체의 수준에서 다중적인 지위를 갖는 한 시민에게 요구되는 다양한 형태의 시민의 자질을 '다중시민성 (multiple citizenship)'이라고 부른다. 다중시민성은 한 개인에게 서로 다른 수준의 지위들이 부여되고, 다중적인 지위에 대해 다양한 형태의 자질이 요구되는 것을 가리킨다.

⑤ 다문화 시민성

세계화로 인한 초국적 이주는 전 세계적으로 국민국가 내부의 다양성을 증가시키고 있을 뿐만 아니라 인종, 문화, 언어, 종교, 민족 등의 관점에서 다양성에 대한 인식도 높아지고 있다. 그리하여 국가 간 이주의 증가, 민주국가 내부에 존재하는 구조적 불평등에 대한 인식의 확대, 그리고 국제 인권에 대한 인식과 정당성의 확산으로 전 세계 국가들, 특히 서구 민주국가에서 시민성 및 시민성교육과 관련한 복잡한 문제들이 대두되었다.

다문화사회(multicultural society)는 시민들의 다양성을 반영하는 동시에, 모든 시민이 헌신할 수 있는 보편적인 가치, 이상, 목표를 보유하는 국민국가를 건설해야 하는 문제에 직면해 있다. 정의 및 평등과 같은 민주적 가치를 중심으로 국가가 통합되어야만 다양한 문화, 인종, 언어, 종교집단의 권리를 보호할 수 있고, 그들의 문화적 민주주의와 자유를 누릴 수 있다. 캐나다 정치학자인 킴리카(Kymlicka, 1995)와 뉴욕대학의 인류학자인 로살도(Rosaldo, 1997)는 다양성과 시민성에 대한 이론을 구축하였다. 이들이 공통적으로 주장하는 바는, 민주사회에서는 민족집단들과 이민자집단들이 국가의 시민문화에 참여할 권리뿐만 아니라 자기 고유의 문화와 언어를 유지할 수 있는 권리를 가져야 한다는 것이다. 킴리카(Kymlicka)는 이러한 개념을 '다문화 시민성(multicultural citizenship)'으로, 로살도(Rosaldo)는 '문화적 시민성(cultural citizenship)'으로 표현하였다.

⑥ 생태 시민성

지구적인 환경문제의 확산이라는 현시대적 상황은 공간적 영역이 제한된 전통적인 시민성에서 탈피하여 생태적으로 재구성된 새로운 유형의 시민성을 요구하고 있다. 이러한 전 지구적인 환경문제에 대한 각성으로 새롭게 등장한 개념이 '생태 시민성(ecological citizenship)'이다(Dobson, 2000; 김병연, 2011).

생태 시민성의 특징은 크게 세 가지로 제시할 수 있다(Dobson, 2000; 김병연, 2011). 첫째, 생태 시민성의 주요한 차원은 비영역성(non-territoriality)으로, 이는 기후 변화와 같이 전 지구적 성격을 가지는 환경문제와 생태 시민성을 연계시키는 중요한 특징이며 상호연계성과 상호의존성에 기반하고 있다.

둘째, 생태 시민성은 권리보다 책임과 의무를 강조하고, 생태시민에게 요구되는 책임과 의무는 비호혜적이며, 시·공간적 및 물질적 관계성에 기반하고 있다. 생태시민의 의무는 다른 사람들에게 영향을 미칠 수 있는 모든 개인적 행위에 대한 책임으로 설명할 수 있고, 이러한 책임은 자신과 상호작용을 통해 영향을 받게 되는 비인간 생물종에게까지 확장된다.

셋째, 생태 시민성은 공적 영역뿐 아니라 사적 영역에서 발생되는 환경문제를 중요하게 고려하고 있다. 그래서 사적 영역에서의 생태적 덕목을 중요한 자질로 요구하고 있다. 환경문제를 일으키는 동시에 그 문제를 해결해야 할 책임의 중심에 '개인'이 서게 된 상황에서 공적 영역에만 국한되었던 시민의 활동 장소가 사적 영역으로 침투하게 된 것이다.

3. 지리 수업목표

1) 수업목표

수업목표는 교사가 한 차시의 수업을 위해 진술하는 구체적이고 명세적인 목표이다. 수업목표는 '의도된 학습결과'와 유사한 의미로 사용되며, 일반적으로 행동적 목표로 진술된다. 사실상 보다 명세적이고 단기적인 행동적 목표일수록 '의도된 학습결과'가 성취될 가능성이 높다고 할 수 있다. 특히 수업목표가 간단한 지식 또는 인지적 목표일 경우에는 의도된 학습결과를 더욱 더 쉽게 알아 볼 수 있다.

수업목표가 의도된 학습결과이지만, 실제 많은 수업에서는 의도되지 않은 학습결과들이 나타날 수 있다. 이것은 교사가 수업목표를 달성하는 데 실패했다는 것을 의미하는 것은 아니다. 왜냐하면 학생들은 교사가 관심을 두지 않았던 문제를 유심히 볼 수도 있으며, 교사가 가르친 사고를 더 발전시켜 두세 단계 더 전개해 나아갈 수도 있기 때문이다. 또한 어떤 학생들은 과목 전체를 꿰뚫는 통찰력을 가졌을 수도 있다. 이러한 사례는 수업목표를 행동적 목표 또는 의도된 학습결과로 진술하는 것의 한계를 보여 주는 것이다. 이러한 행동적 수업목표 진술의 한계에도 불구하고, 교사들은 여전히 학생들의 학습활동이 자신들이 설정한 학습목표에 맞추어 진행되어야 한다고 믿고 있고 실제 수업에서도 그렇게 하고 있다.

2) 지리 수업목표의 하위 분류

교사가 교육에 대해 어떤 관점을 가지고 있든지 간에, 매일매일 달성하고자 의도하는 단기적인 수업목표를 상세화할 필요가 있다(Pring, 1973). 많은 학자들은 단기적인 수업목표를 분류하기 위해 고심하여 왔다. 가장 간단하게 분류하는 방식은 지식, 기능, 가치와 태도로 구분하는 것

표 2-4. 지리 수업목표 진술을 위한 하위 영역

영역	내용
지식	지리학과 경험에서 도출된 지식(사실, 개념, 원리, 법칙 등)
기능	정보활용(처리)능력, 의사소통능력(구두표현력, 문해력, 수리력, 도해력), 탐구능력, 문제해결능력, 의사결정능력, 사고기능
가치·태도	시민성, 갈등/쟁점의 합리적 해결 태도, 바람직한 자세
행동·실천	의사결정의 실천, 문제해결을 위한 행동과 실천

이다. 이러한 분류는 매우 유용하지만, 실제로 목표를 설정할 경우 지식, 기능, 가치와 태도 등은 별개의 것이 아니라 동시에 고려되어야 할 것이다. 최근에는 지리적 문제를 이해하고 합리적으로 해결하기 위한 참여와 실천이 강조되고 있다. 따라서 지리수업의 목표는 지식, 기능, 가치와 태도, 행동과 실천의 관점에서 진술될 수 있다(표 2-4).

3) 행동주의와 수업목표

(1) 블룸의 교육목표분류학

2차 세계대전 이후 미국의 심리학자와 교육학자들은 명세적인 '교육목표분류학(taxonomy of educational objectives)'을 만들기 위해 공동작업을 수행하였다. 이들이 교육목표분류학을 만들게 된 동기는 학생들이 어떤 유형의 지식을 성취하였고, 어떤 유형의 지식을 성취하지 못하였는가를 확인하는 데 있었다.

이를 위해서는 목표를 분류할 필요성이 제기되었다. 교육목표는 인지적 영역, 정의적 영역, 운동기능적 영역으로 구분되고, 다시 각각의 영역은 하위 영역으로 구분되었다. 인지적 영역이 지식과 능력에 관심을 둔 목표라면, 정의적 영역은 감정적(정서적) 상태나 태도와 관련된 목표이고, 운동기능적 목표는 기계적 혹은 조작적 기능과 관련된 목표이다. 여기서는 인지적 영역과 정의적 영역에 대해서만 간단하게 살펴본다.

① 인지적 영역

블룸(Bloom, 1956)은 인지적 영역(cognitive domain)을 '지식', '이해', '적용', '분석', '종합', '평

표 2-5. 블룸의 교육목표분류학의 '인지적 영역'의 장단점

장점	• 위계적인 교육목표분류학을 사용하면, 수업목표들이 얼마나 균형있게 진술되었는지를 판단할 수 있기 때문에 유용하다. • 교육목표분류학은 진술된 목표가 학생들의 능력 수준에 비추어 얼마나 어려운지 어느 정도는 판단해 낼 수도 있다.
단점	• 교육목표분류학은 인지적 단계가 간단한 것에서부터 복잡한 것으로 위계적으로 설정되어 있고, 높은 단계들이 아래 단계들을 포섭하도록 되어 있는데, 여기에서 학생들 개개인이 지니고 있는 교육적 경험을 배제할 가능성을 내포하고 있다. • 인지적 과정이 단순한 것에서 복잡한 것으로 나아가는 단순한 구조로서, 이전 단계들을 완벽히 마스터해야만 더 복잡한 단계를 숙달할 수 있다는 일차원적이고 나선형적 구조를 띠고 있다. 이는 학생들의 다양성을 간과하는 오류를 범할 수 있다.

가' 등 6개의 하위 분야로 나누고, 각 분야를 다시 하위 요소들로 세분하였다. 이들은 서로 위계 관계를 가지고 있는데, '지식'과 '이해'를 하등정신과정(lower-mental process)으로 보고, '적용', '분석', '종합', '평가'를 고등정신과정(higher-mental process)으로 보았다. '이해'를 위해서는 하위 단계의 '지식'이 있어야 하고, 상위 수준의 '적용' 능력이 생기기 위해서는 반드시 '지식'과 '이해'를 전제 조건으로 하여야 한다. 따라서 학생들에게 어떤 것을 '평가'하라고 요구하는 것은 다른 범주의 목표들을 모두 포함한 작업을 수행하라고 요구하는 것과 마찬가지이다(Graves, 1984).

그리고 상위 수준으로 올라갈수록 높은 차원의 복잡한 행동이 이루어진다. 이 여섯 가지 목표 가운데서 '지식' 수준은 가장 단순한 것에 속하며 '이해', '적용', '분석', '종합'의 순서로 점차 복잡해져서 '평가'가 가장 복잡한 지적 조작을 요하는 것으로 가정된다. 그리고 '지식'부터 '이해력', '적용력', '분석력', '종합력', '평가력'까지 각 유목들은 독립성과 계열성을 전제로 하고 있다.

② 정의적 영역

블룸의 인지적 영역(affective domain)의 하위 범주들은 수업목표 또는 평가목표를 진술하는 데 많이 활용되는 데 비해서, 정의적 영역은 실제적으로 활용 빈도가 매우 낮다. 왜냐하면, 지리를 비롯한 사회과에서는 전통적으로 정의적 영역을 '가치와 태도'라는 하나의 범주로 다루기 때문이다. 그리고 정의적 영역은 하위 범주로 구분하기가 인지적 영역보다 훨씬 더 어렵기 때문이기도 하다. 교육에서 정의적 영역이 중요하다는 것은 누구나 인식하는 것이지만, 교사들이 수업

활동을 전개할 때는 좀 더 쉽게 식별할 수 있고 측정할 수 있는 인지적 영역에 집중하려는 경향성도 무시할 수 없다.

크레스호올 등(Krathwohl et al., 1964)은 정의적 영역을 위계적 순서에 따라 '수용(주의)', '반응', '가치화', '조직화', '인격화' 등 5개의 하위 분야로 나누고, 각 분야를 다시 하위 요소들로 세분하였다. 이 5개의 위계 수준은 내면화 정도에 기초한 것이다. 따라서 '수용(주의)'에서 가장 고차적인 '인격화'로 갈수록 내면화 정도가 매우 높은 목표라고 할 수 있다.

이러한 정의적 영역은 인간주의 지리교육에 의한 가치교육에 관심이 집중되면서 더욱 더 주목받게 되었다. 슬레이터(Slater, 1993)가 인간주의 지리교육을 환경에 대한 '개인적 반응으로서의 지리(geography as personal response)'라고 명명한 것에서도 정의적 영역에 대한 강조점을 읽을 수 있다. 인간주의 지리교육에서 강조하는 개인지리 또는 사적지리, 그리고 장소감은 환경에 대한 개인적 반응으로서의 지리가 발현된 것으로, 학생들의 환경과 장소에 대한 경험, 즉 느낌, 지각, 가치와 태도 그 자체이다.

(2) 블룸의 신교육목표분류학

블룸의 교육목표분류학의 한계를 극복하기 위해 크레스호올(Krathwohl, 2002)은 기존 블룸의 교육목표분류학의 범주를 유지하면서 새로운 교육목표분류학을 고안하였는데, 이를 신교육목표분류학이라 부른다.

신교육목표분류학은 기존의 교육목표분류학의 6개 범주(지식, 이해, 적용, 분석, 종합, 평가) 중 '지식'을 독립된 명사로 이루어진 '지식 차원'과 동사로 이루어진 '기억하다'로 분화시켰다. 그리고 이해, 적용, 분석은 그대로 유지하되, 동사의 형태로 '이해하다, 적용하다, 분석하다'로 각각 변환시켰다. 종합은 '창안하다', 평가는 '평가하다'라는 동사 형태로 변환되었는데, 이들은 서로 위계가 바뀌었다(그림 2-1).

그리하여 신교육목표분류학은 명사로 이루어

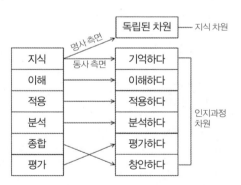

그림 2-1. 블룸(Bloom)의 교육목표분류학과
신교육목표분류학의 비교
(Krathwohl, 2002)

표 2-6. 블룸의 신교육목표분류학표

인지과정 차원 지식 차원	기억 하다	이해 하다	적용 하다	분석 하다	평가 하다	창안 하다
A. 사실적 지식						
B. 개념적 지식						
C. 절차적 지식						
D. 메타인지 지식						

(Krathwohl, 2002)

진 '지식 차원'과 동사로 이루어진 '인지과정 차원(cognitive process dimension)'으로 구성된 이차원적 구조를 이룬다. 지식 차원은 사실적 지식, 개념적 지식, 절차적 지식, 메타인지 지식 등의 하위 범주로, 인지과정 차원은 기억하다, 이해하다, 적용하다, 분석하다, 평가하다, 창안하다 등의 하위 범주로 구성된다(표 2-6).

① 지식 차원

먼저 블룸의 신교육목표분류학표의 y축에 해당되는 지식 차원을 살펴보면, 사실적 지식, 개념적 지식, 절차적 지식, 메타인지 지식 등으로 구분되며, 각각 2-3개의 하위 유형으로 이루어져 있다. 4개의 지식 차원은 각각 표 2-7과 같이 정의된다. 사실적 지식과 개념적 지식은 내용, 절차적 지식은 방법과 관련된다.

표 2-7. 지식 차원

사실적 지식	• 교과나 교과의 문제를 해결하기 위해 학생들이 반드시 알아야 하는 기본적 요소와 관련된 지식 • 전문용어에 대한 지식, 구체적 사실과 요소에 대한 지식
개념적 지식	• 기본 요소들 사이의 상호관계에 관한 지식 → 지식의 유목과 분류, 그리고 그들 사이의 관계에 대한 보다 복잡하고 조직화된 지식 • 분류와 유목에 대한 지식, 원리와 일반화에 대한 지식, 이론·모형·구조에 대한 지식
절차적 지식	• 어떤 것을 수행하는 방법에 관한 지식 • 교과의 특수한 기능과 알고리즘에 관한 지식, 교과의 특수한 기법과 방법에 대한 지식, 적절한 절차의 사용시점을 결정하기 위한 준거에 대한 지식
메타인지 지식	• 지식의 인지에 대한 지식, 지식과 인지 전반에 대한 지식 • 전략적 지식, 인지과제에 대한 지식(적절한 맥락적, 조건적 지식), 자기지식

② 인지과정 차원

기억하다는 파지(retention)와 관련되며, 나머지 5개(이해하다, 적용하다, 분석하다, 평가하다, 창안하다)는 전이와 관련된다.

표 2-8. 인지과정 차원

기억하다	• 장기기억으로부터 관련된 지식을 인출하는 것 • 재인하기(지식을 장기기억 속에 넣음), 회상하기(장기기억으로부터 지식을 인출)
이해하다	• 수업메시지로부터 의미를 구성하는 것으로, 자신이 알고 있는 지식과 새로 습득한 지식을 서로 관련짓는 것 • 해석하기, 예증하기, 분류하기, 요약하기, 추론하기, 비교하기, 설명하기
적용하다	• 특정한 상황에서 어떤 절차들을 사용하거나 시행하는 것 → 절차적 지식과 관련이 높음 • 집행하기(어떤 절차를 유사한 과제에 적용), 실행하기(어떤 절차를 친숙하지 못한 과제에 적용)
분석하다	• 자료를 구성부분으로 나누고, 그 부분들 간의 관계, 그리고 부분과 전체 구조가 어떻게 되어 있는지 결정 • 구별하기(자료를 중요한 부분과 중요하지 않은 부분으로 구별), 조직하기(요소들이 구조 내에서 어떻게 기능하는지를 결정), 귀속하기(제시된 자료를 기반으로 하는 관점, 편견, 가치, 의도를 결정)
평가하다	• 준거나 기준에 따라 판단하는 것 • 점검하기(내적 일관성에 따라서), 비판하기(외적 기준의 불일치 탐지)
창안하다	• 요소들을 일관되거나 기능적인 전체로 형성하기 위해 새로운 구조로 재조직하는 것 • 생성하기(문제에 대한 대안적 해결책 창출), 계획하기(과제 성취를 위한 절차 고안), 산출하기(목표를 만족시키는 산출물 창안)

4) 행동목표의 대안: 표현적 목표(결과)

어떤 학습 분야는 의도된 학습결과를 행동적 또는 세부적인 목표로 진술하기가 매우 어렵다. 엘리엇 아이즈너(Elliot Eisner, 1969)는 행동적 수업목표에 대한 대안으로서 '표현적 목표(표현적 결과: expressive objectives)'를 제시하였다. 표현적 목표란 학생들이 무엇을 배우게 되는지를 정확하게 처방할 수는 없으나, 학생들이 문제를 갖고 직면하게 되는 '교육적 만남(상황)(educational encounter)'을 기술하는 것이다. 그러나 이러한 상황에서 여러 문제들과 부딪쳐서 학생들이 얻게 되는 지식, 기능, 가치와 태도가 무엇인지 정확하게 알 수는 없다.

앞에서 보았듯이, 슬레이터(Slater, 1993)는 환경에 대한 '개인적 반응으로서의 지리'를 강조한다. 개인적 반응으로서의 지리에 근거한 질문에 대한 답변의 결과는, 교사들이 과제를 어떻게 구조화하였는지보다는 학생들이 자신의 생각과 반응을 어떻게 구조화하는지에 따라서 훨씬 더 많이 좌우된다. 따라서 환경에 대한 개인적 반응으로서의 지리에서 질문은 아이즈너의 표현적 목표나 표현적 결과(Eisner, 1969)를 반영한다. 여기서 학생들에게는 '교육적 만남(상황)'이 주어진다. 공식적인 학습내용의 관점에서는 학생들이 무엇을 학습할지 정확히 진술하거나 알 수는 없다. 그러나 이러한 환경에 대한 개인적 반응으로서의 지리가 개인적 의미와 이해를 개발하는 데에는 건설적이고 유익하다고 판단된다. 중요한 것은 탐구 과정과 개인적인 환경 지식, 환경 경험을 탐색할 수 있는 기회이다.

학생들 스스로 발견한 새로운 상황들 또는 교육적 만남은 훨씬 더 흥미와 창의성을 유발할 가능성이 많다. 따라서 학생들의 학습과정을 통해 나타나는 표현적 목표(결과)는 학생들마다 상당히 다양하고 독특할 수밖에 없다. 그러므로 수업목표 또는 평가목표에 근거하여 평가하는 방법과 동일한 방식으로 학생들의 다양한 표현적 목표의 성취를 측정하는 것은 불가능하다.

제3장
지리 교육과정의 내용조직 및 특징

1. 지리 교육과정의 내용조직 원리

교육과정을 조직하는 데 있어서 중요하게 고려해야 할 요소는 '범위(scope)'와 '계열 (sequence)'이다. 여기서 '범위'가 무엇을 얼마나 깊이 가르칠 것인가의 문제라고 한다면, '계열' 은 무엇을 어느 학년에 가르칠 것인가의 문제라고 할 수 있다.

계열화 원리는 교과에 따라 차이가 있다. 지리 교과의 경우 계열화 원리로 가장 많이 사용되는 것이 학문적 접근에 따라 구분하는 '지역적 방법'과 '계통적 방법'이다. 경우에 따라서는 이 두 가 지 방식을 절충한 '지역-주제 방식'이 채택되기도 한다. 그리고 학자에 따라서는 이러한 구분에

표 3-1. 지리 교육과정의 내용조직 원리

유형	특징
지역적 방법	• 대륙 중심의 전통적인 지역 구분 또는 경제권, 문화권 등 지역 구분 • 대표적 사례: 우리나라 제7차 교육과정에 의한 「사회 1」, 「세계지리」, 2015 개정 교육과 정에 의한 「세계지리」의 일부 단원
계통적 방법	• 모든 학년에서 학습해야 할 핵심적인 지식, 개념, 주제를 선택하여 그것의 복잡성과 깊이 를 점증하도록 구성하는 방식 • 대표적 사례: HSGP, 2009 개정 교육과정에 의한 중학교 「사회」, 고등학교 「한국지리」, 「세계지리」, 2015 개정 교육과정에 의한 중학교 「사회」, 고등학교 「한국지리」
지역-주제 방법	• 지역적 방법과 계통적 방법의 결합 • 대표적 사례: 2007 개정 교육과정 「세계지리」의 일부 단원
쟁점 또는 문제 중심 방법	• 쟁점(issues) 또는 문제를 중심으로 내용구성 • 일반적으로 각각의 쟁점이 가장 전형적으로 나타나는 지역을 사례로 전개하게 된다. 따라 서 일종의 지역-주제(쟁점) 방식이라고도 할 수 있다. • 대표적 사례: GIGI(Geographical Inquiry into Global Issues)
역량 중심 방법	• 핵심역량 중심의 내용구성 • 범교과적 핵심역량과 교과의 핵심역량이 유기적으로 결합되도록 구성함 • 대표적 사례: 캐나다 퀘벡 주, 프랑스, 독일, 뉴질랜드 등의 교육과정, 2015 개정 교육과정
환경확대법(지평확대법, 동심원확대법)	• 학생이 경험하는 공간의 범위를 점차 확대하며 구성하는 방식 • 대표적 사례: 우리나라 초등 사회과, 미국 사회과
통합 교육과정	• 여러 학문에서 공통된 주제(개념) 또는 사회적 문제(쟁점)를 중심으로 통합적으로 구성하 는 방식 • 대표적 사례: 2015 개정에 의한 고등학교 「통합사회」
교육과정의 지역화	• 학생이 경험하는 지역의 특성을 반영하여 교육내용과 방법을 구성하는 방식 • 대표적 사례: 초등학교 3학년과 4학년 사회의 지역화 교과서 「사회과 탐구」(예, 남구의 생활, 대구의 생활 등)

더하여 패러다임 방법, 개념 중심 방법, 원리 중심 방법 등을 제시하기도 하나, 이들은 넓은 의미에서 보면 계통적 방법에 포함된다고 할 수 있다.

이러한 지리 교과의 모학문인 지리학의 분류체계에 기반한 내용조직 원리 이외에도 다양한 원리들이 개발되어 왔다. 미국의 경우 사회과의 내용조직 원리로 '지평(환경)확대법'이 널리 채택되고 있다. 또한 학생들이 일상적인 생활 속에서 경험하게 되는 지리적 '쟁점'이나 '문제'를 중심으로 내용을 구성하기도 한다. 최근에는 선진국을 중심으로 지식기반 사회에서 학생들에게 절실하게 요구되는 '핵심역량'을 중심으로 내용을 구성하는 '역량기반 교육과정'을 채택하고 있다.

2. 지역적 방법

지역적 방법은 실증주의 패러다임에 의한 신지리학 또는 공간조직론이 확산되기 이전까지는 가장 일반적이고 보편적인 내용조직 원리였다. 물론 현재까지도 지역적 방법은 여전히 지리교육 내용조직 원리의 한 축을 형성하고 있지만, 1960년대 이전에 비하면 그 영향력은 다소 감소하고 있다고 할 수 있다. 지역적 방법은 지역성 또는 지역적 차이(regional differentiation)를 종합적으로 이해하기 위한 내용조직 방식이라고 할 수 있다.

1) 지역/권역 구분 방법

지역적 방법의 내용체계는 먼저 세계를 대륙별(5대양 6대주)로, 국가를 지역별로 구분한 후, 각각의 하위 지역을 구성한다. 예를 들면, 세계를 아시아, 유럽, 아프리카, 아메리카, 오스트레일리아, 극 지방 등으로 구분한 후, 아시아의 경우 동부 아시아, 동남 아시아, 서남 아시아, 중앙 아시아 등과 같이 하위 지역으로 세분한다. 국가의 경우 우리나라를 예로 들면 중부 지방, 남부 지방, 북부 지방 등으로 구분한 후, 중부 지방을 수도권, 관동 지방, 충청 지방 등과 같이 세분한다.

여기에서 주의해야 할 것은, 세계나 국가의 하위 지역을 구분할 때 사용되는 지역구분 방식이 다양하다는 것이다. 지리적 지역구분 방식이 주로 사용되지만, 경우에 따라서는 자연지역(예를 들면, 건조기후지역, 사바나기후지역), 정치지역(=행정구역. 예를 들면, 국가, 충청 지방), 경제

표 3-2. 2015 개정 교육과정에 의한 『세계지리』의 지역지리 내용*

영역	내용 요소
몬순아시아와 오세아니아	• 자연환경에 적응한 생활 모습 • 주요 자원의 분포 및 이동과 산업 구조 • 최근의 지역 쟁점: 민족(인종) 및 종교적 차이
건조 아시아와 북부 아프리카	• 자연환경에 적응한 생활 모습 • 주요 자원의 분포 및 이동과 산업 구조 • 최근의 지역 쟁점: 사막화의 진행
유럽과 북부 아메리카	• 주요 공업 지역의 형성과 최근 변화 • 현대 도시의 내부 구조와 특징 • 최근의 지역 쟁점: 지역의 통합과 분리 운동
사하라 이남 아프리카와 중·남부 아메리카	• 도시 구조에 나타난 도시화 과정의 특징 • 다양한 지역 분쟁과 저개발문제 • 최근의 지역 쟁점: 자원 개발을 둘러싼 과제

(교육부, 2015: 176)

지역(예를 들면, 선벨트지역, 남동임해공업지역), 문화지역(예를 들면, 앵글로아메리카, 영남 지방)으로 구분되기도 한다.

한편, 2015 개정 교육과정에 의한 『세계지리』에서는 지역구분 방식이 이전의 대륙 중심 방식과 다소 상이한 점을 취하고 있다. 지역 또는 권역을 크게 4개로 구분하고 있는데, 몬순아시아와 오세아니아, 건조 아시아와 북아프리카, 유럽과 북부 아메리카, 사하라 이남 아프리카와 중·남부 아메리카가 그것이다. 몬순아시아와 오세아니아는 경제권, 건조 아시아와 북아프리카는 기후권과 문화권, 유럽과 북부 아메리카 그리고 사하라 이남 아프리카와 중·남부 아메리카는 개발도상국과 선진국이라는 대비를 보여 준다(표 3-2).*

2) 지역적 방법의 사례

이러한 지역적 방법을 이용한 대표적인 사례는 우리나라 제7차 교육과정에 의한 중학교 『사회 1』이었으며(표 3-3), 가까운 일본의 중학교 지리 교육과정도 아직까지 지역적 방법을 채택하고

---

* 2015 개정에 의한 『세계지리』의 지역지리 단원은 대단원명만 지역지리에 기반하고 있으며, 중단원은 빅 아이디어(big idea)에 기반하고 있다. 따라서 엄밀한 의미에서는 지역적 방법에 의한 내용구성으로 보기에는 한계가 있다.

표 3-3. 제7차 교육과정에 의한 중학교 『사회1』(지리 영역)의 내용체계

(1) 지역과 사회탐구	(가) 지역의 지리적 환경 (나) 지역사회의 변화와 발전 (다) 지역사회의 문제와 해결
(2) 중부 지방의 생활	(가) 우리나라의 중앙부 (나) 인구와 산업이 집중된 수도권 (다) 관광 자원이 풍부한 관동 지방 (라) 발전하는 충청 지방
(3) 남부 지방의 생활	(가) 해양 진출의 요지 (나) 농업과 공업이 함께 발달하는 호남 지방 (다) 임해 공업이 발달한 영남 지방 (라) 관광 산업이 발달한 제주도
(4) 북부 지방의 생활	(가) 대륙의 관문 (나) 북부 지방의 중심지 관서 지방 (다) 문호를 개방하는 관북 지방
(5) 아시아 및 아프리카의 생활	(가) 경제가 성장하는 동부 아시아 (나) 문화가 다양한 동남 및 남부 아시아 (다) 석유 자원이 풍부한 서남 아시아와 북부 아프리카 (라) 발전이 기대되는 중·남부 아프리카
(6) 유럽의 생활	(가) 일찍 산업화를 이룬 서부 및 북부 유럽 (나) 관광 산업이 발달한 남부 유럽 (다) 민족과 문화가 다양한 동부 유럽과 러시아
(7) 아메리카 및 오세아니아의 생활	(가) 선진 지역 앵글로아메리카 (나) 자원이 풍부한 라틴아메리카 (다) 발전 가능성이 큰 오세아니아와 극 지방

있다. 그 이외에도 여러 국가에서 아직도 이 방법을 사용하고 있다.

3) 지역적 방법의 장단점

다수의 학자들은 지역지리학이말로 지리학의 본질이라고 주장한다. 뿐만 아니라 지리교사들 역시 지역적 방법으로 구현된 지리 교육과정이야말로 지리 교과의 정수라고도 한다(Graves, 1984; 서태열, 2005). 그럼에도 불구하고, 지역적 방법은 지역지리학이 가지고 있는 구조적인 한계로 인하여 이후 유행하게 되는 계통적 방법을 선호하는 학자들과 교사들에 의해 여러 문제가 제기되었다.

표 3-4. 지역적 방법의 장단점

장점	• 특정 지역을 종합적으로 다룰 수 있다. • 지역이 내용조직을 위한 구조 또는 제목이 되기 때문에 내용조직이 용이하다. • 지역별로 정리된 교재나 참고자료가 풍부하다. • 비전문가도 쉽게 가르칠 수 있다.
단점	• 학습내용이 주로 지리적 사실을 백과사전식으로 나열하여 학습량이 너무 많다. • 유의미한 학습이 되지 못하고 기계적인 암기학습이 될 가능성이 높다. • 교수의 초점이 지역성 또는 지역적 차이의 규명에 있기 때문에, 지역 간의 유사성과 지역 간의 관계에 대한 학습이 이루어지지 않을 가능성이 높다. • 지역적 차이를 단순히 환경결정론적 관점에서 기술하는 경향이 있다.

(Graves, 1984; 서태열, 2005)

3. 계통적 또는 주제적 방법

1) 등장 배경

지역적 방법에 기초한 지리교육의 내용구성은 1950년대 이후 급속하게 발전하는 지리학의 지식들을 반영하기 어려운 한계점을 드러냈다. 그래서 지리교육학자들은 지리 교육과정의 내용구성을 새롭게 구성하도록 요구받았으며, 브루너가 제시한 지식의 구조와 나선형 교육과정에서 그 해결책을 찾고자 했다. 1950년대 이후의 학문 중심 교육과정과 신사회과교육의 영향으로 미국의 지리교육계에서는 지리 교육과정을 주제적 또는 계통적 방법으로 구성하려는 시도가 이루어졌는데, 그것이 결실을 맺은 것이 고등학교 지리 프로젝트인 HSGP(High School Geography Project)이다. HSGP는 신사회과교육의 영향으로 사회과학으로서의 지리를 표방하게 되어 자연지리를 제외한 인문지리(도시의 지리, 제조업과 농업, 문화지리, 정치지리, 주거와 자원)와 사례지역(일본)으로 내용을 선정하여 기존의 지역적 방법에서 계통적 방법으로 내용구성을 전환했을 뿐만 아니라, 교수·학습 방법 역시 기존의 기계적 암기학습 위주에서 탐구학습(역할극, 시뮬레이션 등을 포함)으로 전환하게 하는 혁신적인 교육과정으로 평가받는다. 이후 여러 국가에서는 지리 교육과정의 내용구성을 주제적 또는 계통적 방법으로 전환하게 된다.

2) 계통적 또는 주제적 방법의 사례

계통적 방법(systematic approach)은 앞에서 살펴본 지역적 방법과는 대비되는 것으로 사용되며, 주제적 방법(thematic approach), 개념적 방법(conceptual approach), 원리 중심의 방법과 거의 유사한 의미로 사용된다. 왜냐하면 계통적 방법에 대한 강조는 1950년대 이후 지역지리학에 대한 반작용으로 등장하여 개념, 이론, 원리, 법칙 등에 초점을 둔 신지리학 또는 공간조직론에서 그 기원을 찾을 수 있기 때문이다. 이러한 신지리학으로 대변되는 계통지리학은 사실보다는 계통지리의 주제와 잘 결합될 수 있는 개념, 원리, 법칙 등을 중요시한다. 특히, 계통적 방법또는 주제적 방법은 학문 중심 교육과정에서 강조하는 지식의 구조를 중심으로 한 개념 중심의나선형 교육과정과 가장 잘 부합한다.

(1) 개념 중심의 나선형 교육과정

① 의미

개념 중심의 나선형 교육과정을 구성하기 위해 지리교육학자들은 지리학의 기본개념(basic concepts) 또는 핵심개념(key concepts)을 파악하는 데 심혈을 기울였다. 지리 교육과정의 범위와 계열을 추출된 지리적 개념에 의거하여 나선형으로 조직하는 것이 개념 중심의 나선형 교육과정이다.

이와 같이 '개념 중심 나선형 교육과정(spiral conceptual curriculum)'을 구성하기 위해서는초·중등학교에서 배워야 할 '핵심개념(key concepts)'을 선택해야 한다. 핵심개념은 지리적 현상을 종합적으로 이해하기 위한 기초적인 것이며, 많은 주제와 정보를 포함하는 개념이어야 한다. 그래서 핵심개념은 지리학에서 지리적 현상을 파악하는 데 기초가 되는 주요 개념들에서 추출된다. 1960년대 이후 신지리학에서 지리적 현상을 파악하는 데 기초가 되는 공간과 관련된 주요 개념들이 많이 제시되었고, 일부 지리교육학자들은 이러한 개념들 중에서 핵심개념[예를 들면, 공간적 입지, 공간적 결합, 공간적 상호작용, 공간조직]을 추출하여 나선형 교육과정을 구성하기도 했다. 그러나 이들 사례들은 주로 지리교육학자 개인에 의해 주장된 것이며, 현재의 지리적 지식(개념)을 반영하지 못하는 한계를 지닌다.

② 핵심개념 선정 기준

다양한 지리학적 지식들에서 핵심개념을 선정하는 기준은 무엇인가? 타바(Taba, 1962)는 개념 중심 교육과정을 구성하기 위한 핵심개념의 선정 기준을 5가지로 제시했다.

- 타당성: 그 개념이 도출되는 학문 분야의 개념들을 적절하게 대표할 수 있는가?
- 유의미성: 그 개념이 세계의 중요한 부분(현상)들을 잘 설명할 수 있는가?
- 적합성: 그 개념이 학생의 필요, 흥미, 성숙도에 적합하게 가르칠 수 있는가?
- 지속성: 그 개념의 중요성이 오랫동안 지속되는가?
- 균형성: 그 개념이 교육과정의 범위와 계열의 전개에 적절한가?

③ 사례

영국은 2007 국가교육과정(National Curriculum)의 개정을 통해, 중등학교 모든 교과의 학습 프로그램(PoS)을 '핵심개념(key concepts)'과 '핵심프로세스(key processes)' 중심으로 재조직하였다. 지리 교과의 경우 제시된 핵심개념은 '장소', '공간', '스케일', '상호의존성', '자연적·인문적 프로세스', '환경적 상호작용과 지속가능한 개발', '문화적 이해와 다양성'이다. 핵심개념이 선택되면 그것과 관련된 주요한 일반화들이 선정되고, 주요 일반화와 관련된 하위 개념들이 선정된다. 이렇게 선택된 핵심개념과 일반화들은 각 학년마다 연속적으로 조직되고, 학년이 올라갈 때마다 더 깊이 더 폭넓게 학습하도록 구성된다. 한편, 핵심프로세스는 핵심개념을 이해하고 탐구하기 위한 일종의 핵심기능 또는 방법적 역량이라고 할 수 있다. 핵심프로세스에는 지리탐구, 야외조사와 야외학습, 도해력과 비주얼 리터러시, 지리적 의사소통 등이 있으며, 이들은 핵심개념과 유기적으로 결합될 필요가 있다.

한편, 우리나라 지리 교육과정은 아직까지 핵심개념에 기반한 개념 중심의 나선형 교육과정을 실현하지는 못했다. 그러나 2015 개정 교육과정에 의한 사회-지리 영역, 고등학교 통합사회는 핵심개념을 중심으로 한 교육과정을 일부 실현하고 있다(표 3-5).

표 3-5. 2015 개정 교육과정에 의한
통합사회의 영역 및 핵심개념

영역	핵심개념
삶의 이해와 환경	행복 자연환경 생활공간
인간과 공동체	인권 시장 정의
사회 변화와 공존	문화 세계화 지속가능한 삶

④ 문제점

이와 같이 영국의 2007 국가교육과정의 교과별 학습프로그램은 핵심개념과 핵심프로세스만
을 제시함으로써 내용구성에 있어서 교사들에게 더 많은 자율성을 부과하였다. 그렇지만 이러
한 교육과정의 대강화는 때로는 교사들에게 또 다른 부담으로 작용하기도 했다.

이처럼 나선형 교육과정에 따라 지리 교육내용을 조직하기 위해서는 지리적 현상을 종합적으
로 이해하는 데 필요한 핵심개념을 선정하는 것이 무엇보다 중요하다. 영국의 경우에도 지리 교
과의 핵심개념을 무엇으로 선정할 것인지를 놓고 치열한 공방이 있었다. 현재 일부 지리교육학
자들은 국가교육과정에서 제시하고 있는 핵심개념과 다른 사례들을 제시하기도 한다.

사실, 지리학자와 지리교육학자를 비롯한 지리교육 관련 단체는 지리 교과에서 중요하게 다
루어져야 할 핵심개념[빅 개념(big concepts) 또는 빅 아이디어(big ideas)]을 제시하려는 일련의
노력들을 다방면으로 기울여 오고 있다. 앞에서도 언급했지만, 지리 교과를 대표하는 중요한 핵
심개념을 추출하기는 쉽지 않은데, 그 이유는 핵심개념에 대한 합의는 사람에 따라, 그리고 목적
에 따라 달라지기 때문이다. 특히 지리 교육과정에서 다루어져야 할 핵심개념을 추출하는 작업
은 더 많은 관련 요인들을 고려해야 하기 때문에 더욱 어렵다.

(2) 계통적 또는 주제적 방법의 사례

우리나라의 2015 개정 사회과 교육과정에서 중학교 『사회』와 고등학교 『한국지리』[단 '7단원
우리나라의 지역 이해'(이 단원은 북한 지역, 수도권, 영서 및 영동 지방, 충청 지방, 호남 지방, 영
남 지방, 제주도 등 지역적 방법으로 조직되어 있음) 제외]는 계통적 방법 또는 주제 중심의 접근
법을 사용하고 있다(표 3-6). 엄밀한 의미에서 핵심개념을 추출하여 구성한 개념 중심의 나선형
교육과정과 거리가 있지만, 계통적 방법에서는 개념에 대한 학습이 강조되므로 일종의 개념 중
심 방법으로도 간주할 수 있다.

3) 계통적 또는 주제적 방법의 장단점

주제적 또는 계통적 방법은 기존의 지역적 방법이 가지는 한계를 극복하기 위한 방편으로 도
입되었지만, 이 역시 장단점을 가지고 있다. 주제적 또는 계통적 방법이 가지는 단점은 계통지리

표 3-6. 2015 개정 지리 교육과정과 내용조직

중학교 『사회』	고등학교 『한국지리』
(1) 내가 사는 세계	(1) 국토 인식과 국토 통일
(2) 우리와 다른 기후, 다른 생활	(2) 지형 환경과 인간 생활
(3) 자연으로 떠나는 여행	(3) 기후 환경과 인간 생활
(4) 다양한 세계, 다양한 문화	(4) 거주 공간의 변화와 지역 개발
(5) 지구 곳곳에서 일어나는 자연재해	(5) 생산과 소비 공간
(6) 자원을 둘러싼 경쟁과 갈등	(6) 인구 변화와 다문화 공간
(7) 인구 변화와 인구문제	(7) 우리나라의 지역 이해
(8) 사람이 만든 삶터, 도시	
(9) 글로벌 경제활동과 지역 변화	
(10) 환경문제와 지속가능한 환경	
(11) 세계 속의 우리나라	
(12) 더불어 사는 세계	

표 3-7. 계통적 또는 주제적 방법의 장단점

장점	• 학문의 구조와 교육내용의 계열성을 유지할 수 있다. • 학생의 인지발달 단계에 맞게 교육내용을 심화시킬 수 있다. • 개념, 원리, 법칙 등 전이력이 높은 지식을 가르칠 수 있다. • 학습의 흥미를 높일 수 있다.
단점	• 몇 개의 핵심개념으로 복잡 다양한 지리적 현상을 모두 설명하기 어렵다. • 지리는 지역을 대상으로 하는만큼, 지역을 종합적으로 바라볼 수 있는 안목을 길러 주는 데 한계가 있다. • 핵심개념을 추출하는 것도 어려울 뿐만 아니라 추출된 핵심개념을 학생들의 발달 수준에 맞게 계열화 하기도 쉽지 않다. 자칫 동일한 개념이 계속 반복되어 흥미와 학습의욕을 떨어뜨릴 수도 있다. • 일상생활에서 접할 수 있는 지리적 쟁점 또는 문제를 해결할 수 있는 문제해결력과 의사결정력을 기르는 데 한계가 있을 수 있다.

학이 지역지리학과 대비하여 가지는 한계점이기도 하다.

4. 지역-주제 방법

1) 지역적 방법과 주제적 방법의 절충

지역적 방법과 계통적 방법은 늘 긴장 관계를 유지하고 있으며, 이는 지리 교과의 정체성의 문제와도 직결된다. 따라서 이러한 지역적 방법과 계통적 방법의 균형을 유지하기 위한 일련의 시도들이 있어 왔다. 이는 지역적 방법과 계통적 방법을 절충한 것으로서 편의상 '지역-주제 방법'이라고 명명한다.

지역-주제 방법은 지리 교육과정의 내용으로 먼저 세계, 대륙, 국가, 지역 등을 선정하고, 이에 계통적 요소[자연(지형, 기후…), 인문(도시, 인구, 문화…)]를 결합하는 것이다. 사실, 나중에 다룰 지평(환경)확대법 또는 동심원확대법 역시 지역과 주제가 결합된 방식이라고 할 수 있다.

서태열(2005)에 의하면, 지역-주제 방법은 전통적 대륙 중심의 지역적 방법의 한계에 대한 반성으로 등장하였으며, 지역을 중심으로 내용을 구성하되 새로이 등장한 계통지리학의 발전과 변화를 수용한 것이다. 즉, 지역의 틀 아래에 계통적 주제나 지리적 쟁점을 활용하여 지역성을 파악하는 것이다. 그러나 최근에는 지역-주제 방법을 다소 유연하게 사용하고 있다.

2) 지역과 주제가 결합되는 두 가지 방식

테일러(Talyor, 2004)는 지리교사들이 모든 지역의 모든 양상을 가르칠 수 없기 때문에, 다양한 스케일에서 학습할 수 있는 지역을 선택하여 초점을 맞추어야 한다고 주장한다. 그녀는 지역-주제 방법을 좀 더 유연하게 접근하여, 지역과 주제가 결합될 수 있는 방식을 크게 두 가지로 제시한다.

(1) 주제 선정 후, 지역기반 사례학습

첫째는, 특정 주제를 먼저 선정한 후, 이 주제를 가장 잘 보여 줄 수 있는 여러 지역들을 선정하여 결합하는 방식이다. 다시 말하면, 지리적 주제가 탐구 계열을 위한 중심 조직자가 되게 하는 것이며, 그후 지역기반 사례학습은 이 주제에 대한 이해를 구축하기 위해 다양한 스케일에서 다양한 지역으로부터 선택된다(그림 3-1). 예를 들면, 자연재해에 관해 탐구하는 동안 다양한 지역기반 사례학습 중의 하나로서 일본의 지진 예측 방법에 대해 학습할 수 있다. 이 모델은 지리적 지식에 대한 잘 정돈된 이해를 촉진시키지만, 세계에 관한 파편화된 지식을 심어줄 위험이 있다.

그림 3-1. 주제 선정 후, 지역기반 사례학습

(Taylor, 2004)

(2) 지역 선정 후, 주제기반 사례학습

둘째는, 지역을 먼저 선정한 후, 이 지역과 관련된 여러 주제들을 선정하여 결합하는 방식이다. 다시 말하면, 특정 지역(보통 국가)의 생활에 대해 개관한 후, 다수의 주제기반 사례학습으로 구성할 수 있다(그림 3-2). 예를 들면, 일본에 초점을 둔 탐구를 하는 동안 다양한 지리적 주제 중의 하나로서 일본의 지진 예측 방법에 대해 학습할 수도 있다. 이 모델은 학생들이 특정 국가를 아주 확실하게 알 수 있도록 도와주지만, 그후 큰 지리적 개념에 관한 지식을 형성하는 것이 어렵다.

3) 지역-주제 방법의 장단점

지역-주제 방법의 장점은 각 지역의 특성을 특정 주제를 통하여 보다 분명히 제시함으로써 지역 학습의 초점을 유지할 수 있다는 것이다. 그리고 계통적 방법과 지역적 방법의 결합은 종래의 정태적 지역지리에서 벗어나 동적인 지역지리에 가까워지도록 한다.

그림 3-2. 지역 선정 후, 주제기반 사례학습

(Taylor, 2004)

지역-주제 방법의 단점은 개별 지역의 다양한 모습을 이해하지 못하게 한다는 것이다. 계통지리가 지나치게 강조되어 지역이 하나의 사례나 단원의 도입을 위한 절차에 지나지 않도록 만드는 경우도 있다(서태열, 2005).

5. 쟁점 또는 문제 중심 방법

1) 쟁점과 문제란?

쟁점(이슈, issues) 또는 문제(problems)는 유사한 의미로 사용하지만 서로 간에 다소 차이가 있다. 쟁점 또는 이슈는 한 가지 사안에 대해 의견의 일치를 보지 못하고, 서로 다른 생각을 가지는 것을 의미한다. 예를 들어, 환경쟁점(환경 이슈)이란, 그 원인이나 해결방안을 서로 다르게 생각하는 환경문제를 의미한다. 환경문제는 다양한 요인이 복합적으로 작용하여 발생하는 경우가 많다. 따라서 이를 분석하는 방법이나 집단의 이해관계에 따라 발생 원인을 다르게 주장할 수 있고, 그에 따른 해결책도 차이가 있기 때문에 환경쟁점이 발생하게 된다.

이러한 쟁점 또는 문제 중심의 내용조직은, 논쟁적 쟁점 또는 문제를 선정하고 그것을 비판적으로 분석하고 합리적으로 해결할 수 있는 비판적 사고력, 문제해결력과 의사결정력을 기르도록 교육내용을 재구성하는 것이다. 논쟁적인 지리적 쟁점은 개발 쟁점, 공간적 불평등문제, 젠더문제, 교통문제, 소수자문제, 빈곤문제, 갈등, 전쟁, 인구문제, 환경문제 등 매우 다양하다. 쟁점 또는 문제 중심 내용조직 방식은 이러한 지리적인 논쟁적 쟁점들을 내용으로 구성하여, 이 쟁점 또는 문제를 해결하는 데 필요한 지식, 기능, 가치와 태도를 가르쳐야 한다는 것이다.

이러한 쟁점 또는 문제 중심의 내용구성 방법은 학생들이 일상생활을 통해 실제로 경험하게 되는 쟁점 또는 문제를 교육과정으로 끌어온다는 측면에서 시민성을 실현하기 위한 유용한 방안으로 간주된다. 그러나 쟁점 또는 문제 중심의 내용구성을 위해서는 어떤 쟁점과 문제를 선정하고 그 쟁점과 문제의 해결방법을 어느 정도 깊이있게 다룰 것인가에 대한 합의가 필요하다. 이러한 제반의 어려움으로 인하여 아직까지 우리나라 지리 교육과정에서는 쟁점 중심의 내용구성이 이루어지지 못했다. 그리고 쟁점 중심의 지리 교과서가 개발된 사례도 없다. 그러나 미국,

영국, 일본 등의 국가에서는 특히 글로벌 쟁점 중심의 지리 교육과정 및 교과서 개발이 이루어졌다.

2) 쟁점 또는 문제 중심 내용조직 사례

쟁점 또는 문제 중심의 내용구성 방법으로 만들어진 가장 대표적인 지리 교육과정은 미국의 중등 지리교육 프로젝트인 『지구적 쟁점에 대한 지리탐구(GIGI: Geographic Inquiry into Global Issues)』이다. 이는 '글로벌 쟁점'이라는 지리적 지식과 '지리탐구'라는 지리적 기능을 유기적으로 결합하고 있다. GIGI는 표 3-8과 같이 10개의 주요 사례 탐구지역에 대해 각각 2개의 쟁점 중심 모듈을 개발하여 총 20개의 모듈로 구성되어 있다.

표 3-8. 『지구적 쟁점에 대한 지리탐구(GIGI)』의 사례지역과 모듈

주요 사례 탐구 지역	모듈, 초점, 지역	
남부 아시아	**인구와 자원** 세계 인구성장은 자원 이용가능성에 어떻게 영향을 미치는가? 방글라데시, 아이티	**종교 갈등** 종교적 차이가 갈등을 초래하는 곳은 어디인가? 카슈미르, 북 아일랜드, 미국
동남 아시아	**지속가능한 농업** 세계는 어떻게 지속가능한 농업을 성취할 수 있는가? 말레이시아, 카메룬, 미국의 서부	**인권** 이동의 자유는 얼마나 기본적인 인권인가? 캄보디아, 쿠바, 미국
일본	**자연재해** 자연재해의 영향이 장소마다 어떻게 다른가? 일본, 마다가스카르, 미국	**세계 경제** 세계 경제는 인간과 장소에 어떻게 영향을 미치는가? 일본, 콜롬비아, 미국
구소련	**환경오염** 환경 악화의 결과는 무엇인가? 아랄 해, 마다가스카르, 미국	**다양성과 민족주의** 국가는 문화적 다양성에 어떻게 대처하는가? 미국, 캐나다
동(부) 아시아	**정치 변화** 정치 변화는 인간과 장소에 어떻게 영향을 미치는가? 홍콩, 한국, 타이완, 싱가포르, 중국, 캐나다	**인구 성장** 인구 증가는 어떻게 관리되는가? 중국, 미국

오스트레일리아/ 뉴질랜드/ 태평양	**지구적 기후 변화** 지구온난화는 어떻게 해서 일어나는가? 오스트레일리아, 뉴질랜드, 개발도상국, 미국, 걸프 만	**상호의존성** 지구적 상호의존성의 원인과 결과는 무엇인가? 오스트레일리아, 포클랜드 군도, 미국
북아프리카/ 서남아시아	**기근** 사람들은 왜 굶주리고 있는가? 수단, 인도, 캐나다	**석유와 사회** 석유가 풍부한 국가들은 어떻게 변화되어 왔나? 사우디아라비아, 베네수엘라, 미국(알래스카)
사하라 이남의 아프리카	**영아, 유아 사망률** 왜 그처럼 많은 아이들이 열악한 건강상태로 고통받는가? 중앙 아프리카, 미국	**새로운 민족국가** 민족국가는 어떻게 건설되는가? 나이지리아, 남 아프리카, 쿠르드
라틴 아메리카	**개발** 개발은 사람과 장소에 어떻게 영향을 미치는가? 아마존 강 유역, 동부 유럽, 미국(테네시 강 유역)	**도시성장** 급속한 도시화와 도시성장의 원인과 결과는 무엇인가? 멕시코, 미국
유럽	**폐기물 관리** 왜 폐기물 관리는 지역적 관심사이자 동시에 지구적 관심사인가? 서부 유럽, 일본, 미국	**지역통합** 지역통합의 이익은 무엇이며, 지역통합의 장애는 무엇인가? 유럽, 미국, 멕시코, 캐나다

(Hill et al., 1995; Hill and Natori, 1996: 171)

한편, 국가 수준의 교육과정에서도 쟁점 또는 문제 중심의 내용구성을 채택하고 있는 사례가 있다. 특히 일본의 지리 교육과정에서 고등학교는 쟁점 중심에 초점을 두고 있으며, 지리A는 쟁점 중심으로, 지리B는 계통, 지역지리, 쟁점이 각각 단원으로 구성되어 있다. 사실 1999년 교육과정까지는 이 체제가 잘 지켜졌으나, 최근에 개정된 2009 교육과정에서는 쟁점 중심 교육과정이 지리A에서만 일부 유지되고, 지리B에서는 완전히 사라졌다.

3) 쟁점 또는 문제 중심 방법의 장단점

이상과 같은 쟁점 또는 문제 중심의 내용조직 방식은 지리적 쟁점 또는 문제를 비판적으로 이해하고 합리적 해결방법을 찾는 비판적 사고력, 문제해결력, 의사결정력의 발달에 기여할 수 있다. 그리고 현대사회에서 전 지구적으로 쟁점이 되고 있는 시사적 내용으로 학습자들에게 학습의 흥미를 유발할 수 있다.

그러나 이 방법은 몇 가지 한계도 지니고 있다. 첫째, 지리학에서 구축된 지리적 현상에 대한 체계적인 지식의 구조를 가르치기 어렵다. 둘째, 지리 교육과정을 통해 가르쳐야 할 지리적 쟁점 또는 문제를 선정하는 데 어려움이 있다. 셋째, 지리적 쟁점 또는 문제는 고정적인 것이 아니라 시간의 흐름과 사회의 변화에 따라 가변적인 성격을 가지기 때문에 교육과정을 자주 개정해야 하는 문제가 발생한다.

6. 지평확대법과 그 대안들

1) 지평확대법/환경확대법/동심원확대법

(1) 지평확대법의 원리

지평확대법은 환경확대법 또는 동심원확대법이라고도 불린다. 지평확대법은 아동의 경험이 자신의 가까운 곳에서 점차 먼 곳으로 지평이 확대되어 가는 것에 기초하여, 가르칠 내용을 자기 동네, 자기 고장, 자기 지방, 자기 나라, 자기 대륙, 세계의 순으로 구성하는 방법을 말한다. 일반적으로 지리에서는 동심원확대법으로, 사회과에서는 지평확대법 또는 환경확대법으로 불리었다(Marsden, 2001: 16).

지평확대법 또는 환경확대법은 1940년대 초반에 미국의 한나(Hanna)에 의해 사회과(social studies)의 범위와 계열을 설정하는 원리로 정교화되었다. 한나의 환경확대법은 가족, 학교, 이웃, 주, 국가, 세계 순으로 개인이 접할 수 있는 지역의 범위를 동심원적으로 확대시키며 사회과의 계열을 구성하는 방식이다. 이러한 환경확대법은 학생들이 친숙한 가까운 지역부터 배워야 그것을 가장 잘 이해할 수 있다고 가정한다. 학생들은 가까운 지역인 집(가정), 가정, 학교, 이웃, 지역사회에서 출발하여 점차 경험이 성장함에 따라 지역의 범위를 확대해서 배워야 한다는 것이다. 이것은 학습은 '가까운 곳에서 먼 곳으로, 쉬운 것에서 어려운 것으로, 단순한 것에서 복잡한 것으로' 이루어져야 한다는 자연주의 교육사상가들의 원리와 유사하다(서태열, 2005).

이러한 지평확대법 또는 환경확대법은 최근 많은 비판을 받고 있지만, 여전히 사회과의 범위와 계열을 구성하는 일반적인 방식으로 사용되고 있다. 미국의 많은 주와 우리나라의 사회과는 기본적으로 지평확대법 또는 환경확대법의 틀을 유지하면서 다양한 방식으로 사회과의 범위와 계열을 구성하고 있다.

(2) 지평확대법에 대한 비판

이러한 지평확대법으로 인해 미국 사회과에서는 지리의 존립이 크게 훼손된 것으로 평가된다. 서태열(2005)에 의하면, 지리는 미국에서 사회과의 지평확대법에 공간적 차원을 빌려줌으로써 사회과에 흡수되어 7, 8학년의 세계지리 정도로 축소되었다. 그리하여 미국 사회과에서 지리는 지역적 방법으로 구성된 7, 8학년의 세계지리만이 겨우 명맥을 유지하고, 계통지리는 지평확대법에 의해 존립마저 어렵게 되었다. 그리고 이러한 지평확대법은 사회과 교육과정의 범위와 계열을 조직하는 일반적인 원리로 활용되고 있으나 표 3-9와 같이 많은 비판에 직면하고 있다.

표 3-9. 지평확대법의 문제점

- 정보사회가 되면서 다양한 미디어의 발달로 물리적으로 먼 지역에 대한 정보를 쉽게 접할 수 있게 되었다. 따라서 학생들이 직접적으로 경험하는 가까운 지역을 먼저 공부해야 한다는 지평확대법의 가정에 의문이 제기되고 있다.
- 세계화와 지역화가 동시에 일어나고 있는 이 시점에서 지역을 분절적·파편적으로 이해하는 것은 의미가 없다. 이제 지역을 모자이크로 파악하던 관점에서 시스템, 나아가 네트워크로 바라보아야 한다는 주장이 설득력을 얻고 있다(다중적 스케일과 관계적 사고).
- 가깝고 작은 스케일인 로컬(지역사회)이라고 하여 국가나 세계보다 단순하지 않다는 것이다. 일례로 초등학교 4학년에서 시군구에 대해서 배우게 되는데, 지방자치단체의 기능과 역할에 대한 이해보다 국가나 정부의 기능과 역할을 훨씬 더 쉽게 접하며 이해하기 쉽다.
- 초등학교 저학년에서 집, 학교, 지역사회를 학습하게 되는데, 너무 내용 반복이 많으며 주로 사회적 필수기능에만 집중하여 논쟁적 쟁점과 문제를 적극적으로 다루지 못한다.

(서태열, 2005)

2) 탄력적 환경확대법

탄력적 환경확대법은 앞에서 제시한 지평확대법에 대한 두 번째 비판으로부터 등장했다. 즉, 세계화와 지역화가 동시에 진행되는 시점에서 다중스케일적(multiscalar) 접근의 중요성이 떠오르고 있기 때문이다.

세계화와 정보화 시대에 지구촌의 여러 지역 간 상호작용이 증가하면서, 우리가 생활하는 지역과 공간이 중첩되는 양상을 띠고 있다. 또한 학생이 경험하는 공간은 주변 지역뿐만 아니라 다른 지역이나 국가, 지구촌으로 확대되고 있다. 따라서 학생이 주변 지역의 생활모습을 객관적으로 이해하고 지역문제를 해결하도록 도와주기 위해서, 사회과는 여러 지역들의 상호의존성을 파악할 수 있도록 구성할 필요가 생겼다.

그래서 이영희는 3-4학년에서는 다른 지역이나 국가와의 상호 관계 속에서 고장 및 지역사회의 생활 모습을 다루고, 5-6학년에서는 자신의 주변 지역, 다른 지역과 국가, 지구촌의 상호의존 관계 속에서 자기 나라의 사회현상을 이해하고 사회문제를 해결하도록 구성하는 '탄력적 환경확대법'을 제시하였다(이영희, 2005: 24-41). 이런 논의에 따라 2007 개정 사회과 교육과정에서는 3, 4학년에서 고장 및 지역과 관련된 우리나라 또는 다른 나라의 환경 및 생활 모습을 다룰 수 있도록 함으로써 환경확대법을 탄력적으로 적용하였다.

3) 지평확대 역전방법

한편, 류재명(2003)과 서태열(2003)은 대한지리학회 회보에 기고한 글에서 일명 '환경 역전모형 또는 지평확대 역전모형'을 주장하고 있다. 즉, 세계(글로벌)를 먼저 가르치고 향토(로컬)를 가르치자는 것이다. 이러한 지평확대 역전모형을 주장하는 배경으로는 다양한 미디어의 발달에 의한 정보사회로의 진입, 교통통신의 발달로 인한 이동성의 증대와 공간적 거리 제약의 극복이 제시되고 있다. 이로 인해 우리가 경험하는 것이 작은 스케일에서 큰 스케일로 확장되는 것이 아니라 동시적으로 이루어지고 있는 것이다. 특히 미디어의 발달로 인해 어린이들은 작은 스케일에서 나타나는 정보보다 국가나 세계에 대한 정보를 쉽게 접할 수 있다.

인지발달이론의 측면에서 볼 때, 10세(초등학교 4학년) 이후가 되면 공간포섭관계에 대한 이해수준이 국가나 세계에 이른다. 특히 중학교에서는 국가를 넘어 세계에 이르게 되므로, 중학교부터는 세계를 먼저 가르치는 것이 가능하게 된다. 일례로, 오스트레일리아 뉴사우스웨일즈(NSW) 주의 경우 Stage 4에서 '글로벌 지리(Global Geography)'를 학습하고 Stage 5에서 '오스트레일리아 지리(Australia Geography)'를 학습하는데, 이는 중학교 수준에서의 지평확대 역전모형이라고 할 수 있다. 또한 일본의 경우 학령에 따른 지평확대 역전모형이 적용되는 것은 아니지만, 동일한 학령을 대상으로 하는 지리 교과서 내에서 내용구성이 세계지리를 먼저 배우고 나서, 세계 속에서의 일본의 위상과 역할에 대해 학습하는 구조로 되어 있다. 그리고 최종적으로 세계 속에서 일본의 발전 방향을 모색하고 있다.

그림 3-3. (가) 지평확대법, (나) 탄력적 환경확대법, (다) 지평확대 역전방법

7. 핵심역량 중심 방법

1) 핵심역량

새로운 시대는 새로운 교육을 요구한다. 21세기 지식기반 사회에 적합한 인재 양성을 위해 세계 여러 나라들이 최근 개인의 성공적인 삶과 사회의 발전을 위해 요구되는 핵심역량을 길러 줄수 있는 교육으로의 전환을 꾀하고 있다. 핵심역량의 등장은 종래의 지식 중심, 전달 위주의 학교교육에서 학습자가 지식과 정보를 실제로 활용할 수 있는 능력을 함양하고 자기주도적 학습을 할 수 있도록 하는 교육으로의 전환이 필요하다는 인식에 기초하고 있다(김현미, 2014).

역량은 불명확하고 혼란스러운 개념들 중 하나이다. 어느 맥락에서 누가 이야기하는가에 따라 그 용어가 가리키는 바가 의미나 내용 면에서 다를 수 있을 뿐만 아니라, 한편으로는 동일한 의미를 가리키는데 서로 다른 용어들(예: competence, competency, skills 등)을 사용하고 있는 상황이 발생할 수도 있다(김현미, 2013; Roberts, 2013).

역량이 직업교육이나 인적자원개발의 맥락에서는 배타적·독점적·경쟁우위적 성격을 띤 우수한 수행을 가리킨다면, 학교교육의 맥락에서는 교육받은 학생들이라면 누구나 공통적으로 갖추어야 할 보편적 기본 역량을 의미한다.

역량은 직업역량 또는 핵심역량이라는 개념으로 1960년대부터 인적자원개발이나 직업교육 분야에서 사용되었다. 이는 주로 기업이나 작업장에서 효과적이고 우수한 수행과 관련된 특성, 즉 직무를 성공적으로 수행할 수 있도록 하는 개인의 자질(특성)을 의미하는 용어였다.

역량은 단순한 지식과 기술 그 이상이다. 역량은 특정 상황에서 사회심리적인 자원(기능과 태도를 포함하는)을 활용함으로써 복잡한 요구를 충족시킬 수 있는 능력이다(Ananiandou and Claro, 2009, 8).

핵심역량을 제시한 대표적인 것이 DeSeCo(Definition and Selection of Key Competence) 프로젝트로, 이는 OECD에서 수행한 '핵심역량의 정의 및 선정 프로젝트'이다. 또한 P21(the Partnership for 21st Century Skills)은 기능과 지리를 포함한 핵심 교과의 통합을 추진하는 미국의 기관이다. P21에서는 지리를 포함한 9개의 핵심 교과(Core Subject)와 더불어 '21세기 역량(21st Century Skills)'을 규정하였다(www.p21.org). 마지막으로, ATC21S(Assessment and Teaching of Twenty-First Century Skills Project)는 오스트레일리아의 멜버른에 본부를 두고 오스트레일리아, 핀란드, 싱가포르, 미국, 코스타리카, 네덜란드 등 10개의 국가에서 200명 이상

표 3-10. OECD DeSeCo 프로젝트, P21, ATC21S에서 제안한 21세기 핵심역량

OECD DeSeCo 프로젝트의 핵심역량	P21의 21세기 역량		ATC21S의 21세기 역량	
자율적으로 행동하기	학습과 혁신 역량	• 비판적 사고와 문제해결 • 의사소통과 협동 • 창의성과 혁신	사고 방법	• 창의력과 혁신능력 • 비판적 사고력, 문제해결력, 의사결정능력 • 학습하는 방법의 학습, 메타인지(상위인지력)
도구를 상호적으로 활용하기	디지털 문해력 역량	• 정보문해력 • 미디어 문해력 • ICT 문해력	작업 방법	• 의사소통능력 • 협동능력
이질적인 집단과 상호작용하기	직업 및 생활 역량	• 유연성과 적응력 • 진취성과 자기주도성 • 사회성과 타문화와의 상호작용능력 • 생산성과 책무성 • 리더십과 책임감	작업 도구	• 정보문해력 • ICT능력
			세상 속의 삶	• 지역 및 세계시민의식 • 생애발달능력 • 개인과 사회적 책무성

(김현미, 2013)

의 연구자들이 참여하는 다국적 연구 프로젝트이다. 이들이 각각 제시한 21세기 핵심역량은 표 3-10과 같다.

2) 핵심역량기반 교육과정의 사례

영국, 프랑스, 오스트레일리아(빅토리아 주), 캐나다(퀘벡 주), 독일(헤센 주), 뉴질랜드 등 세계 여러 국가들은 전통적인 학교교육에서 강조하던 지식의 축적이 아니라, 지식을 발견·활용하며 새롭게 창출할 수 있는 능력을 갖출 수 있는 역량기반 교육과정을 채택하고 있다. 그러나 이들 국가들은 국가별로 다양하게 핵심역량의 종류나 범주를 설정하고 있다. 이는 곧 핵심역량이 고정적 의미를 갖거나 어떤 역량이 다른 역량에 비해 절대적인 견지에서 더 큰 중요성을 갖는 것이 아니라, 오히려 선택의 문제라는 것을 나타낸다.

그렇지만 각국이 지향하고 있는 핵심역량에 기반한 교육과정은 훌륭한 삶, 잘 사는 삶을 영위하는 데 필요한 개인적 측면과 사회적 측면의 능력을 아우르면서, 동시에 사고능력으로 대표되는 지성의 계발을 적절히 연계하려는 시도로 나타나고 있다. 이렇게 본다면 핵심역량 교육과정이 기존의 교육과정을 대체할 새로운 어떤 것이라기보다는, 전통적인 교과 중심 교육과정을 실제 삶에 보다 부합하는 형태로 개선하고 다양한 삶의 영역에 폭 넓게 적용하고자 하는 시도라고 말할 수 있다(이근호 외, 2012: 134-135).

3) 2015 개정 사회과 교육과정과 핵심역량

2015 개정 사회과 교육과정의 주요한 변화는 창의융합형 인재 양성과 핵심역량기반 교육과정이다. 이는 인문학적 상상력과 과학·기술 창조력을 두루 갖추고 바른 인성을 겸비해 새로운 지식을 창조·융합하여 가치화할 수 있는 인재 양성에 초점을 둔 것이다. 그리고 창의융합형 인재가 갖추어야 할 핵심역량을 제시하고 있다. 따라서 각 과목마다 핵심역량이 무엇인지 파악하는 게 중요하다. 뿐만 아니라 단편지식보다는 핵심개념과 원리를 제시하고 학습량을 적정화하여, 토의·토론 수업, 실험·실습 활동 등 학생들이 수업에 직접 참여하면서 역량을 함양하도록 하는 데 초점을 두고 있다.

68

(1) 총론에 제시된 핵심역량

총론에서는 자기관리 역량, 지식정보처리 역량, 창의융합사고 역량, 심미적 감성 역량, 의사소통 역량, 공동체 역량 등 6가지의 핵심역량을 제시하고 있다.

표 3-11. 2015 개정 교육과정의 총론에 제시된 핵심역량

자기관리 역량	자아정체성과 자신감을 가지고 자신의 삶과 진로에 필요한 기초능력과 자질을 갖추어 자기주도적으로 살아갈 수 있는 능력
지식정보처리 역량	문제를 합리적으로 해결하기 위하여 다양한 영역의 지식과 정보를 처리하고 활용할 수 있는 능력
창의융합사고 역량	폭넓은 기초 지식을 바탕으로 다양한 전문 분야의 지식, 기술, 경험을 융합적으로 활용하여 새로운 것을 창출하는 능력
심미적 감성 역량	인간에 대한 공감적 이해와 문화적 감수성을 바탕으로 삶의 의미와 가치를 발견하고 향유할 수 있는 능력
의사소통 역량	다양한 상황에서 자신의 생각과 감정을 효과적으로 표현하고 다른 사람의 의견을 경청하며 존중하는 능력
공동체 역량	지역, 국가, 세계 공동체의 구성원에게 요구되는 가치와 태도를 가지고 공동체 발전에 적극적으로 참여하는 능력

(2) 중학교 사회 과목 핵심역량

중학교 사회 과목 역량은 창의적 사고력, 비판적 사고력, 문제해결력 및 의사결정력, 의사소통 및 협업능력, 정보활용능력 등 5가지로 제시되고 있다.

표 3-12. 2015 개정 교육과정에 의한 사회 과목의 핵심역량

창의적 사고력	새롭고 가치있는 아이디어를 생성하는 능력
비판적 사고력	사태를 분석적으로 평가하는 능력
문제해결력 및 의사결정력	다양한 사회적 문제를 해결하기 위해 합리적으로 의사결정하는 능력
의사소통 및 협업능력	자신의 견해를 분명하게 표현하고 타인과 효과적으로 상호작용하는 능력
정보활용능력	다양한 자료와 테크놀로지를 활용하여 정보를 수집, 해석, 활용, 창조할 수 있는 능력

(3) 고등학교 통합사회 핵심역량

고등학교 통합사회는 인간, 사회, 국가, 지구 공동체 및 환경을 개별 학문의 경계를 넘어 통합적인 관점에서 이해하고, 이를 기반으로 기초 소양과 미래사회의 대비에 필요한 역량을 함양하

는 과목이다. 초·중학교 사회의 기본 개념과 탐구방법을 바탕으로 지리, 일반사회, 윤리, 역사의 기본적 내용을 대주제 중심의 통합적 접근을 통해 사회현상을 종합적으로 이해할 수 있도록 구성되어 있다. 통회사회 과목 핵심역량은 비판적 사고력 및 창의성, 문제해결능력과 의사결정능력, 자기 존중 및 대인관계능력, 공동체적 역량, 통합적 사고력 등 5가지로 제시되어 있다.

표 3-13. 2015 개정 교육과정에 의한 통합사회 과목의 핵심역량

비판적 사고력 및 창의성	자료, 주장, 판단, 신념, 사상, 이론 등을 합당한 근거에 기반을 두고 그 적합성과 타당성을 평가하는 능력과 새롭고 가치있는 아이디어를 생성해 내는 능력
문제해결능력과 의사결정능력	다양한 문제를 인식하고 그 원인과 현상을 파악하여 합리적인 해결방안들을 모색하고 가장 나은 의견을 선택하는 능력
자기 존중 및 대인관계능력	자기 자신을 존중하고 자신의 삶을 주체적으로 관리하며, 나와 다른 사람들과의 관계의 중요성에 대한 인식을 토대로 다른 사람을 존중·배려하고, 다양성을 인정하고 갈등을 조정하여 원만한 대인 관계를 유지하고 협력하는 능력
공동체적 역량	지역, 국가, 세계 등 다양한 공동체의 구성원으로 필요한 지식과 관점을 인식하고, 가치와 태도를 내면화하여 실천하면서 공동체의 문제해결 및 발전을 위해 자신의 역할과 책임을 다 하는 능력
통합적 사고력	시간적, 공간적, 사회적, 윤리적 관점에 대한 폭넓은 기초 지식을 바탕으로 자신, 사회, 세계의 다양한 현상을 통합적으로 탐구하는 능력

제4장

학습이론

1. 학습에 대한 4가지 관점

교사는 다양한 학습이론을 함께 사용하여 다양한 학생들을 위한 생산적인 학습환경을 만들 수 있다. 표 4-1에 제시된 주요 학습이론은 교수를 위한 세 기둥(구성주의, 인지적-정보처리, 행동주의)으로 간주할 수 있다(Woolffolk, 2007). 학생들은 먼저 재료에 대해 이해하고 알아야 한다(구성주의). 그 다음에 그들이 이해한 것을 기억해야 한다(인지적-정보처리). 그리고 학생들은 새로 습득한 기능과 이해를 좀 더 유창하고 자동적인 것이 되도록 만들기 위해 연습하고 적용해야 한다(행동주의). 이 과정 중에서 어느 한 부분이라도 실패한다면, 학습의 질은 낮아질 것이다.

표 4-1. 학습에 대한 네 가지 관점

	인지적		구성주의	
	행동주의 (Skinner)	정보처리 (J. Anderson)	심리적/개인적 (Piaget)	사회적/상황적 (Vygotsky)
지식	• 획득하는 고정된 지식체계 • 외부로부터 자극을 받음	• 획득되는 고정된 지식체계 • 외부로부터 자극을 받음 • 선행지식이 정보의 처리 방식에 영향을 미침	• 지식체계는 변화하며 사회적 세계에서 개인적으로 구성됨 • 학습자가 가지고 있는 것을 기초로 하여 형성됨	• 사회적으로 구성된 지식 • 구성원들이 기여하는 바를 기초로 하여 공동으로 구성함
학습	• 사실, 기술, 개념의 습득 • 훈련과 연습을 통해 일어남	• 사실, 기술, 개념 및 전략들의 습득 • 효과적으로 전략을 적용함으로써 일어남	• 선행지식을 재구조화하는 능동적 구성 • 이미 알고 있는 것과 연결되는 여러 차례의 기회와 다양한 과정들을 통해 일어남	• 사회적으로 정의된 지식과 가치를 협동적으로 구성함 • 사회적으로 만들어진 기회들을 통해 일어남
교수	• 전달, 제시(말해 줌)	• 전달 • 학생들을 더 정확하고 완전한 지식으로 안내	• 더 완전한 이해를 할 수 있도록 사고를 이끌어가고 도전함	• 학생들과 함께 지식을 구성함
교사의 역할	• 감독자 • 관리자 • 잘못된 답을 수정해 줌	• 효율적인 전략을 가르치고 시범 보임 • 잘못된 생각을 수정해 줌	• 촉진자, 안내자 • 학생이 현재 가지고 있는 생각과 아이디어에 귀를 기울임	• 촉진자, 안내자, 공동 참여자 • 지식에 대한 각기 다른 해석들을 함께 만들어 냄, 사회적으로 구성된 개념들에 귀를 기울임
또래의 역할	• 보통 고려되지 않음	• 필요하지 않지만 정보처리에 영향을 줄 수 있음	• 필요하지 않지만, 사고를 자극할 수 있음	• 지식구성 과정의 일상적인 부분임

| 학생의
역할 | • 정보의 수동적인 수용
• 능동적 청취자, 지시를 따르는 사람 | • 능동적 정보처리자, 전략 사용자
• 정보의 조직자, 재조직자
• 정보를 기억하는 사람 | • 능동적으로 구성(마음 속으로)
• 능동적으로 사고하고, 설명하고, 해석하고, 의문을 제기함 | • 다른 사람과 능동적인 공동구성을 함
• 능동적으로 사고하고, 설명하고, 해석하고, 의문을 제기함
• 능동적인 사회적 참여자 |

(Marshall, 1992: 김아영 외, 2007 재인용)

2. 가네의 위계학습이론

1) 위계학습이론이란?

위계학습이론이란 학습이 문자 그대로 위계적 단계, 즉 귀납적 일반화 과정에 따라 이루어진다는 것을 의미한다. 더욱이, 가네(Gagné)는 관찰이야말로 개념학습을 위한 가장 기본적인 기능이자 일반화를 위한 탐구의 시작으로 간주한다. 그는 이러한 가정을 전제로 감각적 지각을 변별하고, 그 결과로 얻어진 자료를 조직하며, 그것으로부터 일반화를 추론하고, 추론된 결과를 검증하는 등의 일련의 단계를 거치면서 학습이 일어난다고 주장한다.

2) 학습의 유형

가네는 학습을 누적적인 과정으로 인식하고, 위계적 단계에 따른 수업의 과정을 암시한다. 가네는 행동에 따라 학습형태를 신호학습, 자극반응학습, 언어연합학습, 연쇄학습, 변별학습, 개념학습, 규칙학습, 문제해결학습 등 8가지로 제시하였다. 그리고 기본적인 학습을 신호학습, 자극반응학습, 언어연합학습, 연쇄학습의 네 가지 유형으로 나누고, 이보다 더 고차적인 학습유형을 변별학습, 개념학습, 규칙학습, 문제해결학습으로 세분화한다. 그리고 각 학습유형마다 학습이 일어날 수 있는 조건을 내적 조건(학습자의 상태: 학습자의 선행학습능력, 내부 인지과정, 학습동기, 자아 개념, 주의력)과 외적 조건(강화, 접근, 연습)으로 나누어 제시한다. 또한 가네는 각 학습유형은 위계적 순서에 따라야 한다고 말한다.

표 4-2. 가네의 '개념학습'의 정의 및 학습의 조건

• 개념학습은 일련의 자극을 같은 유목의 자극으로 인식하고 어느 자극에나 동일한 반응을 나타낼 때 일어남
• 학생들은 이러한 반응을 통해서 사물이나 사건을 범주화하거나 유목화함으로써 개념이라는 학습의 결과를 얻음
• 개념학습은 학습할 개념이 지니는 추상성의 정도에 따라서 다시 '구체적 개념학습'과 '정의적 개념학습'으로 나뉨

구체적 개념학습	정의적 개념학습
−피상적으로는 서로 다르게 보이는 일군의 현상적 사물에 대해서 그 사물의 공통적인 속성에 따라 동일하게 반응할 때의 학습 −구체적 사물과 사건들을 어떤 공통적 준거 속성에 따라 분류할 때 일어남 −가네는 이러한 구체적 개념학습이 모든 학습상황에서 일어나는 것은 아니라고 강조함 −구체적 개념학습의 내적 조건: 학습자가 가지고 있는 변별능력 → 구체적 개념을 학습하기 위해서, 학습자는 여러 가지 자극들 중에서 그 개념과 관련이 있는 자극과 관련이 없는 자극을 구분할 수 있는 능력을 갖추고 있어야 함 −구체적 개념학습의 외적 조건: 학습될 개념의 본질적 속성에 대한 서술 및 표현, 그 개념의 '실례' 또는 '비실례(비예)'가 되는 사건, 현상 및 사물 등의 제시, 그리고 반응에 따라 주어지는 강화 등	−정의에 의해서 개념이 획득되는 학습 −정의적 개념은 관찰할 수 있는 구체적 속성이나 지칭할 수 있는 가시적 대상이 없는 추상적인 속성으로서, 반드시 정의에 의해서 기술할 수밖에 없는 개념 −정의적 개념은 학습자가 직접 지각할 수 있는 특징을 나타내는 '실례'나 '비실례'를 제시하기가 어려울 뿐만 아니라, 그런 교수법에 의해서는 쉽게 학습되지 않음 −정의적 개념학습의 내적 조건: 학습될 개념과 관련이 있는 사물의 개념 또는 이름과 관련이 있는 개념들 사이의 관계를 나타내는 개념들로서 학습자가 이미 알고 있는 것들임 −정의적 개념학습의 외적 조건: 그 중에서도 중요한 것으로서 언어나 텍스트에 의한 정의와 그 개념의 '실례'와 '비실례'

• 인간의 학습된 능력은 차원이 낮은 단계에서 높은 단계로 축적되어 왔다.
• 차원이 높은 수준의 지식이나 기술을 학습하려면 반드시 차원이 낮은 단계를 먼저 습득해야 가능하다.
• 주어진 학습과제는 그 복잡성의 정도에 따라 위계적으로 상이한 수준의 학습능력이 필요하다.
• 위계적으로 상이한 수준의 학습과제를 학습하기 위해서는 학습유형이 달라야 한다.

3) 학습의 결과

가네는 이러한 인간 학습의 결과로 얻어지는 산출물을 다섯 가지의 능력[언어정보, 지적 기능{변별학습, 개념학습, 하위규칙(법칙), 상위규칙(법칙) 또는 문제해결}, 인지적 전략, 운동기능,

태도]으로 분류하고, 그 각각의 능력들을 바로 교수활동을 통해 가르쳐야 하는 목표로 보고 있다. 학습형태와 방법 및 절차(학습사태)는 수업목표가 무엇인가에 따라 달라지기 때문에, 다섯 가지 다양한 수업목표에 따라 학습조건이 달라질 수밖에 없다. 이러한 이유로 가네의 수업이론을 목표별 수업이론이라고도 부른다. 목표별 수업이론은 목표에 따라 학습조건이 달라지기 때문에 학습조건적 수업모형이라고도 하며, 또는 학습위계이론, 과제분석이론이라고도 한다.

4) 위계학습이론이 지리학습에 미친 영향

(1) 실증주의 지리교육

가네의 위계학습이론은 특히 1970년대 이후 영국의 지리교육에 상당한 영향을 미쳤다. 특히, 가네가 분류한 학습의 유형 중, '개념학습'이 지리교육에 큰 영향을 미쳤다. 이 당시 영국 지리교육계는 실증주의에 기반한 신지리학의 지리적 지식을 중등학교 교육과정으로 끌어오던 시기로, 사실 중심의 지역지리교육에서 벗어나 개념에 기반한 지리 교육과정의 내용구성과 교수·학습을 강조했기 때문이다.

개념은 복잡한 환경을 축소하여 유사한 속성들을 간단히 요약한 것으로 이전의 학습을 새로운 경험 또는 학습과 연결시켜 환경을 이해하는 데 도움을 준다. 즉 개념은 사실보다 훨씬 더 전이력이 높아 학습의 효율성을 높일 수 있다. 이러한 측면에서 개념학습에 대한 관심이 더욱 증가하게 되었다.

(2) 관찰에 의한 개념 vs 정의에 의한 개념

영국의 지리교육학자인 네이쉬(Naish, 1982)와 그레이브스(Graves, 1982)의 경우, 가네(Gagné, 1966)가 구분한 '관찰에 의한 개념(concepts by observation)'과 '정의에 의한 개념(concepts by definition)'을 지리의 개념 분류에 적용했다(표 4-3).

(3) 학습내용의 계열적 조직

이러한 '관찰에 의한 개념 또는 구체적인 개념'과 '정의에 의한 개념 또는 추상적 개념'의 구분은 학습내용을 계열적으로 조직하기 위한 하나의 방편으로 사용되었다. 관찰에 의한 개념은 지

표 4-3. 관찰에 의한 개념과 정의에 의한 개념의 비교

관찰에 의한 개념	• 구체적 개념이라고도 한다. • 쉽게 볼 수 있거나 관찰될 수 있으며, 지시하는 대상물을 표현하는 구체적인 개념이다. • 대개 구체적인 사물이나 사건을 지칭한다. • 예: 하천, 해변, 운하, 언덕, 농장, 가게, 가로, 항구도시 등 • 상대적으로 이해하기 쉽다. 왜냐하면 구체적인 사례를 관찰하고 대조함으로써 개념을 학습하기 때문이다.
정의에 의한 개념	• 추상적 개념이라고도 한다. • 사물이나 사건의 전체 속성이 관찰될 수 없는 경우에 쓰인다. • 직접적으로 관찰되거나 경험하기 어려운 것들이다. • 예: 금융시장, 대륙, 인구밀도, 상대습도, 입지계수, 배후지 등 • 상대적으로 획득하기 어렵다.

적 발달의 초기단계에서 학습하게 되지만, 정의에 의한 개념은 학습자가 가설–연역적인 방법으로 추리하는 정신발달의 단계에 이르러야 언어나 다른 기호(예: 수학적 기호)에 의해 공식적으로 이해하게 된다. 따라서 높은 수준의 개념을 이해하기 위해서는 구체적이고 관찰가능한 개념을 먼저 학습하도록 교육과정을 작성하는 것이 바람직하다(Graves, 1984). 이에 따라 학령이 낮은 단계의 학생들에게는 구체적인 관찰에 의한 개념을 제시하고, 학령이 높아질수록 추상성이 높은 정의에 의한 개념을 계열적으로 조직한다. 뿐만 아니라 교육과정을 계획할 때 '쉬운' 개념은 교육과정의 맨 앞 부분에, '어려운' 개념은 중간에, '매우 어려운' 개념들은 맨 끝에 위치시킨다(그림 4-1).

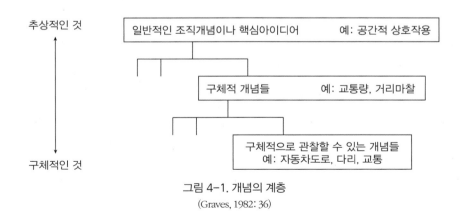

그림 4-1. 개념의 계층
(Graves, 1982: 36)

(4) 가네의 8가지 학습유형의 지리적 사례

앞에서 살펴보았듯이, 가네는 각기 다른 학습조건을 요구하는 8가지 학습유형을 제안하였다. 각 학습유형은 복합성의 순서에 따라 최하위의 신호학습에서 최상위의 문제해결의 단계까지 위계적으로 배열되어 있다. 이에 착안하여, 그레이브스는 가네가 제시한 8가지의 학습유형과 관련이 깊은 지리적 사례들을 제시하였다. 표 4-4는 1번에서 5번까지 개념학습 이전의 학습유형이 개념학습을 위해서 얼마나 필요한가를 보여 주고 있고, 개념들이 원리학습과 문제해결학습에는 어떻게 적용되는가를 보여 주고 있다(Graves, 1982).

표 4-4. 가네의 학습유형과 지리 교과의 사례

학습유형	지리 교과의 사례	조언
1. 신호학습	학생이 지리부도에 대해서 즐거운 반응을 한다.	감정적 반응, 흔히 조건화의 결과 좋은 반응은 동기 유발에 도움을 준다.
2. 자극-반응학습	교사는 말로 화면에 투사된 그림이나 지도를 보고 묻는다. 교사는 구체적인 질문을 통해서 학생들의 지각이 맞는지 알아 보려 한다.	질문은 자극이다. 학생들의 대답은 반응이다. 교사는 정답을 강조한다.
3. 연쇄	초기 정착자들이 어떤 유형의 거주지를 선호했는지 생각해 보도록 일련의 자극과 반응이 연속된다.	전에 학습한 2개 이상의 자극-반응이 연결될 때 일어난다. 한 반응은 다른 반응을 위한 자극이 될 수 있다.
4. 언어연합	용어들의 연결이 이루어진다. 예: '주택도시', '도시 계층'(더 복잡한 연합을 가져온다. 예: '대도시 중심은 주택도시를 가진다')	학습의 공통적인 형식, 연쇄성의 변종 언어를 가지고 인간의 재능을 실험할 수 있다. 말은 지각을 상징한다.
5. 변별학습	학습자는 여러 도시 지역들의 건축양식들을 식별할 수 있다.	이것은 분류를 돕기 때문에 개념학습의 기초이다. 대상, 사건, 생각의 유사한 속성들의 식별도 포함한다.
6. 개념학습	'교외 지역의 주택유형'의 개념을 안다.	추상화된 속성으로 자극을 분류한다. 1-5까지의 학습유형을 포함하고 있다. 선별한 추상적인 속성으로 경험을 분류한다.
7. 규칙학습	학생들은 '단독주택이 수입이 높은 교외지역에서 발견되는 경향이 있음'을 학습한다.	법칙은 관계를 표현하는 2개 이상의 개념들을 연계시킨 것이다.
8. 문제해결	학생들은 도시 내에서 공간적으로 높은 수입 지역을 정의하는 방법을 알려고 한다.	관찰하고자 하는 새로운 상황을 살펴보기 위해서 개념과 법칙을 사용한다.

(Graves, 1982: 41-43; 이경한 역, 61; 이희연 역, 231-234)

(5) 개념학습

이와 같이 개념의 중요성이 강조되면서, 지리교사의 역할은 학생들에게 지리적 사실을 알려주기보다는, 개념학습에 적절한 경험을 제공하는 것이 강조된다. 그러나 학생들이 사전적 정의를 통해 개념을 충분히 이해할 수 없기 때문에, 귀납적인 교수방법을 사용하게 된다. 그러므로 교사들은 학생들이 의문을 갖는 개념들의 '실례(exemplars)'와 '비실례(non-exemplars)'를 토대로 분류, 구별, 명명, 비교할 수 있는 기회를 제공할 필요가 있다. 개념학습에 대해서는 7장에서 자세하게 살펴본다.

3. 피아제의 인지발달이론

1) 피아제이론의 특성과 주요 개념

피아제는 인지발달이 연령에 따라 네 단계를 거친다고 설명하는 단계적 인지발달이론을 제시하였다. 피아제에 의하면, 인간은 불변적인 '인지기능(cognitive function)'을 물려받는다. 그리고 이러한 인지기능은 '조직화(organization)'와 '적응(adaption)'의 두 가지로 나뉜다. 첫 번째 경향은 조직화를 추구하는 것이다. 즉, 행동과 사고를 결합 및 배열하여 일관성 있는 체계로 만들고자 하는 것이다. 두 번째 경향은 환경에 적응하고자 하는 것이다. 조직화와 적응은 정신적 경향성으로서, 인지발달에 직접적인 영향을 미치는 요소이다. 인지발달은 조직화의 원리에 의한 계속성과 적응에 의한 불연속성을 동시에 지닌다. 또한 조직화와 적응은 서로 상보적 관계를 맺고 있으며, 인지가 발달하는 전 과정을 통해 부단히 진행된다.

(1) 조직화

인간은 사고과정을 심리적 구조로 '조직화'하려는 경향을 가지고 태어난다. 이러한 심리적 구조는 세상을 이해하고 세상과 상호작용하기 위한 체계이다. 개인이 비교적 오랜 기간 동안 인지발달의 계속성을 유지하는 것은 조직화의 원리에 기인한다. 사물과 자연현상에 대한 아동의 설명 체계는 일정한 과정에 따라 점차적으로 복잡해지고 추상적인 수준의 구조로 계속 발달하는 데, 그 원인도 조직화의 기능에서 비롯된다.

피아제는 이러한 구조에 '도식(schemes)'이라는 특별한 이름을 붙였다. 도식은 인지구조 또는 사고의 기본단위이다. 도식은 우리가 주변세계의 사물과 사건을 정신적으로 표상하거나 그에 대해 생각하게 해 주는 조직화된 행동체계 또는 사고체계이다. 사고과정이 더 조직화되고 새로운 도식이 발달하면서 행동도 더 정교해지고 환경에 더 적합해진다. 도식은 동일한 행동을 반복적으로 수행하게 하는 기능을 한다.

(2) 적응: 동화와 조절

인간은 심리구조를 조직화하려는 경향뿐만 아니라, 환경에 '적응(adaption)'하려는 경향도 타고난다. 적응은 생물학적 적응과 비슷한 의미를 지닌다. 적응에는 '동화(assimilation)'와 '조절(accommodation)'이라는 두 가지 기본과정이 있다. 적응은 아동이 인지구조를 통해 주변 환경에서 일어나는 현상이나 사건을 다룸으로써, 외부세계의 현상과 사건을 내적 인지구조에 통합하여 조화된 평형 상태를 형성하는 과정 또는 그 원리이다. 적응은 동화와 조절의 두 가지 상보적 과정으로 대별된다. 사람들은 기존의 도식들이 효과가 있으면 이 도식들을 사용하고(동화), 새로운 것이 필요할 때에는 이 도식들을 수정 및 첨가함으로써(조절) 점점 복잡해지는 환경에 적응한다.

표 4-5. 동화와 조절

동화	• 기존의 도식을 사용해서 주변에서 일어나는 일들을 이해하고자 할 때 일어난다. • 동화는 새로운 어떤 것을 이미 알고 있는 것에 맞추어서 이해하고자 하는 것이다. • 동화는 자료 변환이나 자료 해석과 같은 탐구 과정에 특히 잘 나타난다. 예) 표로 제시된 자료를 그래프로 나타내는 것, 표나 그래프가 보여 주는 경향성을 말하는 것, 문장에 담겨진 의미를 찾아 자신의 말로 표현하는 것
조절	• 새로운 상황에 반응하기 위해 기존의 도식을 변화시켜야 할 때 일어난다. • 자료가 기존의 어떤 도식과도 부합될 수 없다면, 더 적절한 구조가 개발되어야 한다. • 새 정보를 우리의 사고에 맞추는 것이 아니라 우리의 사고를 새 정보에 맞추어 적응한다. 이와 같이 주어진 정보를 수용할 수 있도록 정보가 요구하는 인지적 수준과 범위에 맞게 도식 또는 인지구조가 변하는 과정을 조절이라고 한다. • 학생들의 직관적 사고나 일상적 경험을 통해 획득된 오개념이 정개념으로 바뀌는 과정도 조절의 한 유형이다.

(3) 평형화

피아제에 따르면, 조직화와 동화, 그리고 조절은 일종의 복잡한 균형잡기 행동으로 볼 수 있다. 그의 이론을 보면, 균형을 추구하는 행위인 '평형화(equilibration)' 과정에서 사고가 실제로 변화한다. 평형화는 동화와 조절을 통제하는 과정, 즉 동화와 조절 사이의 계속적인 재조정과정이다. 이는 인지구조가 항상성과 안정성을 유지하면서 연속하여 상위 단계로 변화, 발달, 성장하려는 원동력이 된다. 평형화는 생물과 인간이 주변 환경과 조화를 이루려는 내적 욕구, 또는 '인지적 갈등' 또는 '불평형(disequilibration)'을 해소하려는 타고난 성향이며, 인지발달 단계, 주요 개념 및 이론이 형성되는 지적 발달과정, 구체적인 학습과정 등을 통해 일어난다.

2) 아동의 인지발달 단계

피아제는 또한 인지적 발달과정을 질적으로 구분되는 네 단계(감각운동기, 전조작기, 구체적 조작기, 형식적 조작기)로 규정한다. 피아제는 모든 사람들이 동일한 네 단계를 정확하게 같은 순서로 거쳐 나간다고 믿었다. 이 단계들은 일반적으로 특정한 연령과 관련되어 있다. 하지만 특정 연령의 모든 아동들에게 해당되는 것이 아니라 일반적 지침에 불과하다(Brainerd, 1978). 그리고 인지발달 단계는 최소한 다음과 같은 특성을 지닌다.

- 각 단계는 질적으로 다른 인지구조로 구성되어 있다.
- 아동은 누구나 문화·사회·국가를 초월하여 반드시 감각운동 단계, 전조작 단계, 구체적 조작 단계, 형식적 조작 단계와 그 순서에 따라 발달한다.
- 상위 단계의 인지구조는 하위 단계의 인지구조를 바탕으로 형성된다.
- 특정 발달 단계를 이루는 여러 개의 도식과 다양한 인지구조가 하나의 전체적인 총화를 구성한다.

(1) 감각운동기

인지발달의 첫 시기를 '감각운동기(sensorimotor)'라 부르는데, 0–2세의 아동들이 이에 해당된다. 이 시기 아동들의 사고는 보고 듣고 움직이고 만지고 맛보는 것 등으로 이루어진다. 즉, 감각운동기란 감각과 운동 활동만을 포함하기 때문에 붙여진 시기이다. 이 시기에 나타나는 특성

표 4-6. 피아제의 인지발달 단계

단계	대략적 연령	특징
감각운동기	0-2세	• 전기호적(presymbolic), 전언어적(preverbal)인 감각적 활동이나 신체적인 활동 • 모방, 기억, 그리고 사고를 사용하기 시작한다. • 물체가 숨겨졌을 때 그 존재가 없어지는 것이 아님을 인식하기 시작한다(대상영속성). • 반사행동에서 목표지향적 행동으로 이동한다.
전조작기	2-7세	• 언어 사용 및 상징적 사고능력을 점진적으로 발달시킨다. • 한 방향으로 논리적 조작을 할 수 있다. • 다른 사람의 관점을 파악하기가 어렵다(자기중심적).
구체적 조작기	7-11세	• 구체적(실제의) 문제를 논리적 방식으로 해결할 수 있다. • 보존법칙을 이해하며, 분류와 서열화를 할 수 있다. • 가역성을 이해한다.
형식적 조작기	11세-성인	• 추상적 문제들을 논리적인 방식으로 해결할 수 있다. • 사고가 더 과학적이 된다. • 사회적 쟁점, 정체성에 관한 관심이 발달한다.

표 4-7. 감각운동기의 특징: 대상영속성과 목표지향 행동

대상영속성	• 물체가 자신의 지각 여부에 관계없이 환경 속에 존재한다는 것을 이해하는 것이다. 즉, 대상들이 독립적이고 영속적인 존재라고 이해한다.
목표지향 행동	• 감각운동기에는 목표를 향한 의도적인 행동을 하게 된다.

은 '대상영속성(object permanence)'과 '목표지향 행동(goal-directed actions)'이다.

(2) 전조작기

전조작기는 2-7세의 아동들이 이에 해당된다. 아동은 감각운동기가 끝날 무렵이면 많은 행동 도식을 사용할 수 있다. 그러나 이 도식들이 물리적 행위에 얽매여 있는 한, 과거를 회상하거나 정보를 기억해 두거나 계획을 세우는 데에는 전혀 쓸모가 없다. 이런 일들을 할 수 있기 위해서는 피아제가 '조작(operations)'*이라고 부른 것, 즉 물리적으로서가 아니라 정신적으로 수행되

---

* 경험이 내면화됨에 따라 인지구조가 발달하고, 인지구조가 발달할수록 환경에 대한 적응에 더욱 고차적인 사고가 요구된다. 피아제는 사고에 의한 환경에 대한 적응을 '조작(operation)'으로 부른다. 조작은 인지적·논리적 규칙을 따르며, 내적으로 표상화된 활동을 뜻하기도 한다. 조작은 논리적 사고의 기본단위이며, 논리적 추리를 통제하는 인지적

고 역전될 수 있는 행동(가역성)이 필요하다. 전조작기(preoperational)의 아동들은 이러한 정신적 조작들을 아직 숙달하지 못했지만, 숙달을 향해 나아가고 있다.

전조작기 아동은 행동도식을 '상징도식'으로 만든다. 단어, 몸짓, 신호, 심상 등의 상징을 형성하고 사용하는 능력이 발달하기 시작하며, 이는 다음 단계의 정신적 조작 숙달에 더 가까워지게 해 준다.

전조작기 아동은 또한 '자기중심적(egocentric)'인 경향이 있다. 그리하여 이 세상과 다른 사람들의 경험을 자기 자신의 관점에서 바라본다. 즉 '자기중심성'이란 다른 사람들도 세상을 자신이 경험하는 것과 같은 방식으로 경험한다고 가정하는 것이다.

(3) 구체적 조작기

구체적 조작기는 7–11세의 초등학생에 해당된다. 피아제는 이 단계의 실제적인 사고를 기술하기 위해 '구체적 조작(concrete operation)'이라는 용어를 만들어 냈다. 이 단계의 기본적 특징은 물리적 세계의 논리적 안정성에 대한 인식이다. 즉 구성요소들이 바뀌거나 변환된다 해도 원래의 특성들은 그대로 유지된다는 것을 깨달을 뿐 아니라, 이러한 변화가 역전될 수 있다는 것을 이해하는 것이다.

구체적 조작기에 이르면 보존문제 해결능력이 생긴다. 학생의 보존문제 해결능력은 추론의 세 가지 기본적 측면인 '동일성', '보상' 그리고 '가역성'에 대한 이해에 달려 있다.

구체적 조작기의 학생들은 보존, 분류, 서열화 같은 조작들을 다룰 수 있게 됨에 따라 마침내 대단히 논리적이고 완벽한 사고체계를 발달시킨다. 그러나 이 사고체계는 여전히 물리적 현실에 얽매여 있다. 구체적 조작기의 아동은 많은 요인들을 한꺼번에 통합해야 하는 가설적이고 추상적인 문제들에 대해서는 아직 추론하지 못한다.

(4) 형식적 조작기

형식적 조작기는 11세 이상의 학생들과 성인에 해당된다. '형식적 조작(formal operation)'이란 일상생활의 여러 상황에서 많은 변인이 상호작용하는 경우, 그 변인들을 통제하고 여러 가능

활동이다. 가장 고차적인 조작은 가설을 설정하여 검증할 수 있는 형식적 조작이다.

표 4-8. 구체적 조작기의 아동들이 가지는 특징

보존 (conservation)	• 사물의 양이나 수가 아무 것도 보태거나 빼내지 않는 한, 배열이나 외관이 변한다 해도 동일하게 유지된다는 원리이다. • 물체의 어떤 속성들은 외형이 변한다 해도 그대로 남아 있다는 원리이다.
가역성/ 가역적 사고 (reversibility)	• '거꾸로 생각'하거나 과제의 단계들을 어떻게 역전시킬지를 생각하는 것 • 일련의 단계를 거쳐 사고하고 그 단계들을 정신적으로 되돌려서 출발점으로 되돌아가는 능력이다. • 양의 보존 개념은 가역적 사고를 필요로 한다.
동일성(identity)	• 아무 것도 첨가하거나 제거하지 않는 한 그 물질은 동일한 상태로 남아 있다는 것.
보상(compensation)	• 한 방향의 변화가 다른 방향의 변화에 의해 보상될 수 있다는 것.
분류 (classification)	• 한 무리에 속하는 물체들의 한 가지 특성에 주목하고, 그 특성에 따라 물체들을 묶는 능력에 달려 있다. • 구체적 조작기의 학생들은 물체들을 분류하는 데 한 가지 이상의 방법이 있다는 것을 알게 된다. • 가역성과 관련이 있다.
서열화 (seriation)	• 대상들을 큰 것에서 작은 것으로 또는 그 반대의 순서에 따라 배열하는 과정이다. • 순서관계를 이해하게 되면 A⟨B⟨C(A는 B보다 작고 B는 C보다 작다)와 같은 논리적 연속체를 만들어 낼 수 있다. • 전조작기 아동과는 달리, 구체적 조작기의 아동은 B가 A보다는 크지만 C보다는 작다는 개념을 이해할 수 있다.

성을 검증해 볼 수 있는 사고체계를 말한다. 즉, 형식적 조작은 추상적으로 사고하고 많은 변인들을 통합하는 정신적 과업이다.

형식적 조작기에는 사고의 초점이 실제에서 가능성로 옮겨간다. 상황들을 직접 경험해야만 상상할 수 있는 것은 아니다. 형식적 조작을 습득한 학생들은 사실과 배치되는 질문에 대해서도 생각할 수 있다. 형식적 조작기 아동의 특징은 가설적 상황을 고려하여 연역적 추론을 하는 '가설연역적 추론(사고)'을 한다는 것이다. 가설연역적 추론은 문제에 영향을 줄 수 있는 모든 요인들을 파악하는 데서 시작하여, 특정한 해결책을 이끌어 내고 이를 체계적으로 평가하는 형식조작적 문제해결 전략이다. 형식적 조작에는 특정한 관찰로부터 일반적 원리를 규명해 내는 '귀납적 추론'도 포함된다.

3) 인지발달이론이 지리교육에 미친 영향

(1) 지리교육 내용의 계열성과 지리교수·학습

① 지리교육 내용조직: 지평확대법

피아제의 인지발달이론은 지리 교육과정의 내용을 계열적으로 조직하는 데 단서를 제공했다. '계열성'은 어떤 주제와 학습과제를 언제 또는 어느 학년에 제시해야 할 것인지에 관한 문제로서, 학습준비도의 한 요소이다. 앞에서 살펴본 지평확대법은 피아제의 인지발달단계이론에 근거하고 있다.

② 지리교수·학습: 구체적인 것 → 추상적인 것

페어그리브(Fairgrieve, 1926)는 피아제의 인지발달이론에 근거하여 지리교수·학습은 알고 있는 것에서 미지의 것으로, 특수한 것에서 일반적인 것으로, 구체적인 것에서 추상적인 것으로 나아가야 한다고 주장하였다. 이것은 직관과 경험을 기초로 한 것으로, 심지어 경험이 많은 성인들조차도 추상적이고 어려운 개념에 직면할 때 구체적인 사례가 가지는 가치를 알고 있다.

③ 인지발달 단계에 따른 학습활동 제시

교사가 하는 일 중에 가장 중요한 기능은 각 발달 단계에 적절한 학습활동을 제시하는 것이다. 예를 들어, 전조작기 단계는 학교 밖 야외활동과 함께 다양하고 자극적인 환경을 수업시간에 제시해야 한다. 왜냐하면 정신적 발달에는 자발적인 활동이 중요하므로, 교사는 학생들이 능동적으로 학습에 참여할 수 있는 환경을 제공해야 하기 때문이다. 따라서 브루너(Bruner)가 제시한 행동적 표상이 더욱 적절할 것이다. 그리고 구체적 조작 단계에서는 세계를 이해할 수 있도록 실생활의 구체적인 사례들을 학생들에게 제시할 필요가 있다. 브루너가 제시한 영상적 표상이 다른 것보다 더 적절할 것이다.

④ 오개념의 개념 변화

피아제의 인지발달이론에서 인지갈등과 비평형은 지리교수·학습에서 학생들이 가지게 되는 오개념의 발생 원인을 진단하고 이를 정개념으로 치유하기 위한 연구에 많은 영향을 끼쳤다. 여기에 대해서는 5장의 오개념 부분에서 자세하게 살펴본다.

(2) 환경지각과 공간적 개념화

① 환경지각: 심상지도 또는 인지도

1970년대 초에 '환경지각'에 관한 학문적 관심이 증가하였다. 학생들을 대상으로 한 환경지각 연구는 피아제의 인지발달이론으로부터 많은 아이디어를 끌어왔다. 이러한 연구들은 교사들이 학생들의 지리학습을 이해하는 데 많은 도움을 주었다. 특히 지리교육에서는 학생들의 환경지각을 파악하기 위해 '심상지도(mental map)' 또는 '인지도(cognitive maps)'를 많이 활용하였다.

학생들이 작성한 인지도는 지리교사들에게 학생들의 사전학습 정도, 현재의 지각상태, 학생들의 지각능력에 관한 지식을 제공해 준다. 그리고 인지도는 학생들의 환경지각에 영향을 주는 요인, 특히 가까운 지역과 먼 지역을 지각하는 데 영향을 주는 장애요인과 한계가 무엇인지를 이해할 수 있는 평가도구가 된다. 이러한 학생들의 공간인지와 환경지각에 대한 자세한 내용은 5장의 지리학습에서 자세하게 살펴본다.

② 공간적 개념화

학생들의 환경지각은 '공간적 개념화(spatial conceptualization)'를 형성하는 데 도움을 주며, 지도학습에 중요한 역할을 한다. 지리교사들은 학생들의 '공간능력'과 '공간적 개념화'를 발달시키는 데 많은 관심을 보였다. 지리교사들은 학생들의 공간능력을 신장시키기 위해 단순한 놀이, 제3자의 관점에서 대상 또는 물체를 바라보도록 하는 모형 조작, 인지도 작성, 3차원 모형을 2차원의 지도로 전환하는 연습 등의 활동을 고안하였다. 이러한 지리학습에서의 공간적 개념화를 발달시키기 위해 지리교육자들과 지리교사들은 피아제의 인지발달이론을 많이 활용하였다.

③ 엘리어트의 공간능력

지리교육에서는 피아제의 인지발달이론을 적용하여 학생들의 공간적 개념화를 공간입지, 공간분포, 공간관계 등의 관점에서 파악하려고 하였다. 엘리어트(Eliot, 1970)는 공간능력(spatial

표 4-9. 엘리어트의 공간능력

- 공간능력은 공간적 패턴을 정확하게 인식하고 상호비교할 수 있는 능력이다.
- 공간능력은 다양한 공간적 패턴이 제시되어도 혼돈하지 않는 능력이다.
- 공간능력은 추상적으로 대상을 다룰 수 있고, 공간 속의 대상들을 지각·인식·구별하고, 관련지을 수 있는 능력이다.

ability)을 표 4-9와 같이 3가지로 구분하면서 그 본질에 대해 많은 관심을 가졌다. 바로 이러한 공간능력이 공간적 개념화라고 주장하였다.

피아제의 인지발달이론에 따르면, 이러한 공간능력은 아동의 인지적 성장과 함께 발달한다. 학생들의 공간능력은 자기 주변의 '정태적·지각적 공간' 인식에서 '개념적 공간'에 대한 이해로 성장한다. 학생들은 먼저 자신이 실제로 보고서 알 수 있는 것을 지각 대상으로 한다. 그러나 학생들이 지각에 의존하던 것에서 벗어나 자유롭고 탄력적인 정신적 조작체계를 내면화할 때, 진정한 개념적 이해에 도달하게 된다. 여기에 도달하기 위해서 학생들은 자신의 관점으로만 사물을 바라보는 '자기중심적 공간관'을 포기하고, 추상적으로 사물을 바라볼 수 있는 '타인의 조망능력'을 가져야 한다. 이러한 조망능력은 어린 학생들에게 좌, 우, 상, 하, 전, 후와 같은 관계들을 이해하게 해 주고, 길이, 면적의 크기, 부피, 투영적 관계(projective relation)를 비교할 수 있게 해 준다. 또한 이러한 능력은 초등학생들에게 공간의 크기, 거리, 좌표체계를 알게 해 준다.

④ 캐틀링의 공간인지발달 단계

피아제의 인지발달이론은 아동들이 공간을 이해하는 발달 단계에 대한 기본적인 모형을 제공했다. 그리하여 흔히 공간인지발달이론이라고도 한다. 피아제는 아동의 공간인지발달을 3단계, 즉 '위상적(형상적) 관계(topological relation)', '투영적 관계(projective relation)', '기하학적(유클리디언) 관계(Euclidian relation)'로 제시하였다. 이러한 피아제의 공간인지발달이론은 지리교육을 연구하는 학자들에게 많은 영향을 미쳤다. 특히 캐틀링(Catling, 1973)은 피아제의 인지발달이론을 옹호하면서 이에 근거하여 아동들의 공간적 개념화의 발달 특성, 즉 공간인지발달 단계를 연구하였다. 그는 공간관계를 피아제가 제시한 '위상적 관계', '투영적 관계', '기하학적(유클리디언) 관계'라는 3가지 발달 패턴으로 살펴보았다(표 4-10).

캐틀링(Catling, 1973)은 이러한 피아제의 인지발달이론에 토대하여 아동의 공간인지발달 단

표 4-10. 피아제의 공간인지발달 단계

위상적(형상적) 관계	위상적 단계의 아동들은 장소들 간의 관계를 단순히 자기를 중심으로 연결된 것으로 기술할 수 있을 뿐이다. → 자기중심적
투영적 관계	투영적 단계의 아동들은 장소들 간의 관계를 자기중심에서 벗어나 타자중심적 관점에서 파악하기 시작하며, 좀 더 추상적인 용어로 표현할 수 있게 된다. → 타자중심적
기하학적(유클리디언) 관계	기하학적(유클리디언) 단계에 이르면, 아동들은 장소들 간의 관계를 자신과 타자 중심에서 벗어나 추상적인 준거틀(특히 좌표)을 사용하여 종합적으로 정확하게 이해하거나 설명할 수 있게 된다. → 추상적 준거틀

(Piaget and Inhelder, 1948)

표 4-11. 캐틀링의 아동의 공간인지발달 단계

단계	특징
감각운동기인 0-2세의 유아들	• 행동 공간 내에서 움직인다(Hart and Moore, 1973). • 학습은 주로 보거나 만지는 행위를 통해 지각적으로 이루어진다. • 처음으로 실제적인 공간 세계를 인식하기 시작한다. • 공간관은 전반적으로 자기중심적이다. • 약 2세경부터 아동은 지각적 이해 단계를 벗어나 정신적 공간 표상이나 개념화로 성장한다.
전조작기인 약 2-7세경 아동들	• '위상적 관계'를 이해하기 시작한다. • 근접성, 격리 정도, 순서의 개념이 발달한다. • 아동은 다른 사람의 관점에서 모형을 인식하기 어렵기 때문에 아직도 자기중심적인 관점을 지닌다. • 자기가 관심을 갖는 것이 자신의 작은 세계가 된다. • 점진적으로 개별적이고 연계가 없는 가정, 지표물, 친숙한 장소를 바탕으로 '고정된 준거체계'를 지니게 된다. • 아동은 '수직'과 '수평'을 인지해서 종합적 이해가 발달하기 시작한다.
구체적 조작기인 약 7세경 아동	• 공간관계를 조작하는 능력이 발달함에 따라서 '투영적 관계'에 대한 이해가 발달하기 시작한다. • 상대적 배치와 입지를 인식하고 대상들을 약간의 질서를 가지고 지도화할 수 있다. • 자신과 관계가 있는 지역에 우선권을 부여하고, 타인의 관점으로 대상들을 배열하기가 어렵다는 면에서 아직도 자기중심적이다. • 먼 지역 즉, 아동의 경험이 적은 지역을 다룬 지도보다 도로와 자기 집 주변을 다룬 지도를 쉽게 그리고 잘 이해한다.
약 9세 이후의 아동들	• '기하학적(유클리디언) 관계'에 대한 이해가 발달한다. • 좌표체계를 적용해서 공간관계를 이해할 수 있을 때 대상들의 위치를 알고 크기, 비율, 거리의 측면에서 대상들을 관련시킬 수 있으며, 전체적인 틀을 바탕으로 해서 대상들을 위치시킬 수 있게 된다. • 아동들은 지도 내 또는 관련된 지도 간의 상대적 위치, 그리고 타인의 관점을 고려한 전체적인 표현이 가능하게 되면서 인지적 조작과 정신적 조작체계가 발달하게 된다(Eliot, 1970). • 다른 관점으로 대상들을 상호관련시킬 수 있는 조망능력이 발달한다. • 형식적 조작이 발달해서 학생들은 구체적인 특성으로부터 정신적으로 추상화된 이론적 공간까지 인식할 수 있다.

① 위상적
매우 자기중심적: 집과 연관된 알려진 장소
전적으로 영상적: 방향거리, 정향
축척 없음: 좌표체계가 없는 지도

② 투영적 I
여전히 본질적으로 자기중심적
부분적으로 좌표체계, 알려진 장소와 연결
방향이 정확해지나, 축척과 거리는 부정확
도로는 평면 형태이지만 건물은 영상적:
조망적 관점의 미발달

③ 투영적 II
나아진 좌표체계
통로의 연속성: 약간의 평면적 형태의 건물
방향, 정향, 거리와 축척이 형성된 보다 나아
진 조망능력

④ 유클리디언
추상적으로 좌표화되고 위계적으로 통합된 지도
정확하고 세밀함: 방향, 정향, 거리, 형태, 크기, 스
케일이 대체로 정확함, 평면 형태의 지도, 영상적
심볼이 없어 단서가 필요함

    학생들이 표상한 인지도를 분석해서, 인지도 작성능력의 단계들을 알 수 있다.
    첫 단계인 감각운동기의 학생들은 아직 지도화 능력이 발달하지 않았고, 지도라기보다는 낙서에 가깝다.
    두 번째 단계는 **자기중심적인 공간지각 단계(투영적 단계)**로서, 경관 구성요소들의 상호관련성을 이해하지 못
한 채로 현상들을 묘사하는 단계이다. 가정이 중심이고 지도의 주요 내용은 도로이다. 학생들은 자기들의 경험
중 중요한 의미를 지니는 것만을 묘사한다. 이러한 투영적 단계는 다시 두 단계로 나눌 수 있다.
    객관적 공간인지 단계(투영적 단계 I) 학생들의 그림지도는 매우 자기중심적이나, 요소들 간의 관계가 좀 더 뚜
렷하게 표현되고 장소 간의 상호연계가 나타난다. 지도의 일부만 종합화되고, 개인적으로 중요하다고 생각되는
현상은 크기가 과장되어 있다.
    추상적 공간인지 단계[투영적 단계 II와 기하학적(유클리디언) 단계, 보통 11-12세경]의 학생들은 조감적 관
점(vertical viewpoint)이 반드시 필요하다는 것을 깨닫게 된다. 지도상의 요소들을 종합할 수 있고, 거리도 비
율을 고려해서 표현한다. 일부 요소들은 아직도 첫 단계처럼 그림으로 표현하기도 한다. 그리고 학생들 자신에게
편리한 형태와 상징을 사용하기도 하고, 지도의 내용물을 문자로 직접 표현하기도 한다. 이 단계를 지나면서 아
동은 점진적인 성장이 이루어지고, 학생들의 선별적, 목적적 성격을 이해하게 된다. 인지도의 작성능력과 공간적
개념화의 관계는 매우 밀접하다.

그림 4-2. 인지도 표현의 발달 단계, 아동의 지도화 개발 방법
(Catling, 1978; 이경한 역, 1995: 64 재인용)

계(즉, 공간관계에 대한 이해의 단계)를 표 4-11과 같이 제시하였다. 그리고 그는 아동의 공간능력의 발달을 그림 4-2와 같은 지도 그리기로 설명하였다.

⑤ 하트와 무어의 준거체계

하트와 무어(Hart and Moore, 1973)는 이상과 같은 공간인지발달 단계를 표 4-13과 같이 요약하여 제시하였다. 여기서 공간인지발단 단계와 관련하여 '준거체계(systems of reference)'를 제시하고 있다. 준거체계란 아동이 공간을 인식(인지, 지각)하는 데 기준이 되는 틀로서 자기 자신, 타자(또는 사물), 좌표 등이 이에 해당된다. 그는 이에 따라 준거체계를 '자기중심적 준거체계(egocentric systems of reference)', '고정된 준거체계[fixed(discrete areas) systems of reference]', '좌표화된(통합된) 준거체계(co-ordinated systems of reference)'로 구분하였다(표 4-12).

표 4-12. 하트와 무어의 준거체계

자기중심적 준거체계	고정된 준거체계	좌표화된(통합된) 준거체계
• 자기중심으로 공간을 인식(인지, 지각)하는 준거체계	• 자신과 분리되어 있는 고정된 지표물을 중심으로 공간을 인식하는 준거체계	• 공간을 자신과 완전히 분리하여 좌표를 활용하여 통합적으로 인식할 수 있는 준거체계

(Kitchin and Blades, 2002: 64-65 재인용)

(3) 구성주의 학습

피아제의 이론은 학생들의 사고에 대한 이해와 더불어 활동과 지식의 구성을 강조하였다. 피아제는 교육의 주된 목표가 아동이 학습하는 방법을 학습하도록 도와주는 것이어야 하며, 교육은 학생의 정신을 공급해 주는 것이 아니라 형성해 주어야 한다고 생각했다(Piaget, 1969: 70).

표 4-13. 공간인지발달 단계의 요약

연령	공간인지의 조직 수준	공간적 관계의 유형	표상 방법	준거체계	위상적 표현 형태
설명	공간적 이해는 피아제가 제안한 인지발달 단계와 관련이 있다.	공간 속에서 사물을 위치시키고 관련시키는 방법의 이해 단계	아동이 공간물을 표상하는 방법 (Bruner, 1967)	아동이 알고 있는 점들을 서로 연계시키는 준거 형태	아동이 자신의 인지도를 가지고 지도를 그리는 형태의 특성
11.5	형식적 조작기				
7–11.5	구체적 조작기				
2–7	전조작기				
0–2	감각운동기				

공간적 관계의 유형: 위상적 → 투영적 → 기하학적
표상 방법: 행동적 표상 → 영상적 표상 → 상징적 표상
준거체계: 자기중심적 준거체계 → 고정된 준거체계 → 좌표화된 준거체계
위상적 표현 형태: 나열식 → 조감도 → (즉, 일반지도)

(Hart and Moore, 1973; Graves, 1982: 46-47)

피아제는 우리가 아동의 말을 주의깊게 듣고 아동의 문제해결 방식에 세심한 주의를 기울임으로써, 아동이 어떻게 사고하는지에 대해 많은 것을 배울 수 있다는 것을 가르쳐주었다. 우리가 아동의 사고를 이해한다면, 아동이 현재 가지고 있는 지식과 능력에 교육방법을 더 잘 맞출 수 있을 것이다. 이러한 점에서 피아제의 이론은 급진적 구성주의의 모태가 된다.

4. 오수벨의 유의미학습이론

1) 학습의 유형

오수벨(Ausubel et al., 1978)은 학습의 주요 유형을 4가지로 분류하였다. 먼저 지식이 획득되는 방식에 따라 '수용학습(reception learning)'과 '발견학습(discovery learning)'으로 구분하였으며, 지식을 학습자 자신의 인지구조에 통합시키는 방식에 따라 '암기학습(또는 기계적 학습)(rote learning)'과 '유의미학습(meaningful learning)'으로 구분하였다(그림 4-3).

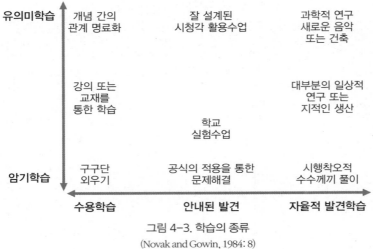

그림 4-3. 학습의 종류
(Novak and Gowin, 1984: 8)

(1) 수용학습과 발견학습

오수벨은 교육에서 수용학습의 역할을 매우 강조하였는데, 그렇다고 발견학습의 가치를 부정한 것은 아니다. 오수벨이 수용학습을 강조한 것은 학교교육이 대부분 수용학습의 형태로 이루어지는 실용적인 측면을 반영한 것이다. 수용학습에서는 교사가 학습할 모든 내용을 최종적 형태로 학습자에게 전달하며 학습자는 단지 이를 수용한다. 학습자에게는 스스로의 독립적인 발견이 허용되지 않으며, 단지 학습과제 또는 학습자료를 내면화하거나 통합하는 것만이 요구된다.

표 4-14. 수용학습과 발견학습의 차이

수용학습	• 수용학습은 유의미 수용학습이나 기계적 암기학습으로 연결될 수 있다. • 유의미 수용학습은 교사에 의해 주어진 잠재적으로 유의미한 학습과제나 학습자료가 학습자의 인지구조에 유의미하게 연결될 때의 수용학습을 말한다. • 기계적인 암기에 의한 수용학습의 경우에는 학습과제가 잠재적으로 유의미하지 않을 뿐 아니라, 내면화 과정을 통해 인지구조에 연결될 때도 유의미하게 연결되지 않는다.
발견학습	• 발견학습은 학습자가 학습할 주요 내용이 주어지지 않고 학습자 스스로 발견한다. • 학습자가 학습할 주요 내용을 내면화하기 이전에 먼저 발견해야 한다. • 발견학습은 학습자가 학습할 내용을 우선 발견하고, 그후에 수용학습에서처럼 발견한 내용을 내면화한다.

(2) 유의미학습과 암기학습

일반적으로 수용학습은 반드시 암기이고, 발견학습은 반드시 유의미하다고 인식하는 경우가 대부분이다. 그러나 오수벨은 학습이 일어나는 조건, 즉 지식이 인지구조에 통합되는 방식에 따라서 유의미학습과 암기학습으로 구분한다.

표 4-15. 유의미학습과 암기학습의 차이

유의미학습	• 유의미학습은 새로운 학습과제가 학습자의 기존 인지구조에 유의미하게 정착될 때 일어난다. • 유의미학습과정을 통해서 획득된 지식은 조직적이고 종합적인 지식체계를 이루어 관련된 후속 학습내용과 유의미하게 연결된다.
암기학습	• 기계적 암기학습은 학습자가 학습과제를 이해하지 못한 채 자신의 인지구조에 임의적으로 관련 짓거나, 단지 기계적인 반복을 통해서 암기할 때 일어난다. • 새로 획득된 정보와 이미 저장된 정보 사이에는 어떠한 상호작용도 이루어지지 않은 채, 학습자의 인지구조 내에 아무렇게나 저장된다. • 암기학습의 결과는 이미 파지하고 있는 인지구조와 독립적이고 단편적인 지식으로서 후속 학습에 뚜렷한 영향을 미치지 않는다.

2) 유의미 수용학습

(1) 유의미 수용학습의 의미

오수벨의 학습이론은 '유의미 언어학습' 또는 '유의미 수용학습'이라 불리며, '설명식 교수(expository teaching)'라고도 불린다. 오수벨은 학습에 가장 큰 영향을 미치는 것은 학습자가 이미 알고 있는 것이라고 하면서, 학습자가 기존에 가지고 있는 지식에 대해 가장 큰 의미를 부여하였다. 유의미학습은 바로 새로 학습할 내용이 학습자의 인지구조에 존재하고 있는 기존의 개념과 유기적으로 연관될 때 일어난다.

(2) 유의미 수용학습의 배경

오수벨(Ausubel, 1963)이 유의미 수용학습을 주장하게 된 배경은 다음과 같다. 당시 브루너(Bruner)가 주장한 발견학습은 구체적 사실에서 일반적 원리를 발견해 내는 '귀납적 추리'를 강조했는데, 실제로 교실수업에서는 이러한 학습이 많은 문제점을 가지고 제대로 이루어지지 않았다. 그런데 오수벨은 사람들이 기본적으로 발견이 아닌 수용을 통해 지식을 습득한다고 믿었다. 오수벨은 학습이 개념이나 원리에서 출발하여 구체적 사례로 나아가는 '연역적 추리'에 의해 이해되는 것이지, 구체적 사례들로부터 일반적 개념이 발견되는 귀납적 추리에 의해서 되는 것은 아니라고 보았던 것이다.

3) 유의미학습이론의 적용: 선행조직자 모형-연역적 추리

(1) 선행조직자

'선행조직자(advance organizer)'는 새롭게 학습할 학습과제와 학습자의 인지구조에 있는 선행지식을 연결하는 기능을 한다. 선행조직자는 새롭게 학습할 학습과제보다 더 추상적이고, 일반적이며, 포괄적이고, 선행지식과 관련되어 있는 아이디어나 개념이다. 특히 선행조직자는 학습자의 인지구조에 있는 관련 선행지식이 새롭게 소개되는 학습과제와 연결시키기 어려울 때 필요하다. 이러한 상황에서 제시되는 선행조직자는 이후 제시되는 학습과제와의 관련성뿐만 아니라 인지구조에 이미 존재하고 있는 개념과의 관련성을 증가시키는 매개체 기능을 한다. 이때의 선행조직자는 인지구조에 이미 존재하고 있는 개념을 수정(조절)하여 학습을 더욱 촉진시키는 기능도 한다. 따라서 선행조직자는 학습과제보다 먼저 제시해야 효과가 있다(Ausubel, 2000).

표 4-16. 선행조직자의 유형

비교 선행조직자	• 선행지식들 간의 관계, 비슷한 특성, 차이 등을 명료하게 드러냄으로써 선행지식들의 변별도를 증가시켜 서로 연결시키고, 선행지식의 적절한 위치에 학습과제를 고정시킨다. • 비교 선행조직자는 학생들이 이미 알고 있지만 현재 상황에 적절한 것임을 알아차리지 못하고 있는 정보를 일깨워준다. • 비교 선행조직자는 학생들에게 친숙한 학습과제에 효과적이다. • 비교 선행조직자가 선행지식들을 연결시키는 인지적 다리(cognitive bridge)의 역할을 하는 과정은 포괄적인 지식에 더 하위적인 지식이 통합되는 통합적 조정의 과정이다.
설명 선행조직자	• 하위적 학습(포섭)과 학생들에게 생소하거나 관련 선행개념을 가지고 있지 않은 내용의 학습에 특히 효과적이다. • 학생들이 새롭게 학습할 내용을 이해하는 데 필요한 새로운 지식을 제공한다. • 학습자가 새로운 학습과제를 이해하는 데 필요한 새로운 지식(개념 정의와 일반화)을 포함한다. • 새로운 학습과제와 직접 관련된 선행지식이 없을 때, 학습과제보다 먼저 제시된 설명 선행조직자는 포섭자가 되어 그보다 더 하위적 개념들로 선정·조직된 학습과제가 연결되는 개념이 된다. • 설명 선행조직자는 학습자의 인지구조에 있는 기존 개념의 포섭자가 되어 점진적으로 분화한다.

선행조직자는 비교 선행조직자와 설명 선행조직자로 구분된다(표 4-16). 그리고 선행조직자는 텍스트, 시각자료(사진, 그림, 지도, 도표, 삽화, 모형 등), 유추(새로운 개념을 학생이 이미 알고 있는 정보와 연결시킴으로써 가르침), 개념도, 실물, 모델화된 시범 등 다양한 형식으로 제시될 수 있다.

(2) 점진적 분화

오수벨의 유의미 언어학습의 관점에서 보면, 개념의 발달은 가장 일반적이고 포괄적이며 추상적인 선행조직자가 먼저 제시되고 그 다음에 구체적인 학습자료가 제시될 때 가장 잘 이루어진다. 따라서 학습자의 개념의 발달은 점진적으로 분화된다. 즉 포섭이 계속적으로 일어나면 학습자의 인지구조가 변화하는데, 학습자가 기존에 가지고 있는 개념이 새로운 정보에 의해서 바뀌는 것이다. 이와 같이 포섭과정을 통해서 관련 선행개념이 점점 변화되면서 분화되어가는 것을 '점진적 분화'라고 한다.

(3) 통합적 조정

개념의 분화가 일어나는 동안 하나 또는 그 이상의 개념에 대해 새로운 의미가 획득될 수 있다. 새로운 의미가 형성됨에 따라, 이전에는 지금 주어진 개념과 관련된 것으로 받아들여지지 않았던 정보가 적절하고 포섭적인 것으로 인정될 수 있다. 이와 같은 과정을 '통합적 조정'이라고 한다. 학습자가 서로 의미가 일치하지 않는 개념에 직면하면 인지적 불일치(부조화)를 경험하는데, 이러한 인지 불일치는 두 개념 사이의 관계가 명확해지는 통합적 조정의 과정을 통해서 해소된다.

(4) 수업의 절차

조이스와 웨일(Joyce and Weil, 1980)은 오수벨의 유의미학습이론을 바탕으로 선행조직자 모형의 교수·학습 단계를 그림 4-4와 같이 제시하였다. 이 모형은 선행조직자의 제시, 학습과제 및 자료의 제시, 학습자의 인지구조 강화 등의 3단계로 구성되어 있다.

선행조직자 교수·학습 모형은 먼저 제시되는 선행조직자가 가장 포괄적인 아이디어를 지닌 연역적 모형이다. 이 모형은 교사가 학생들에게 학습해야 할 주제를 위한 선행조직자를 제시하

제1단계 선행조직자의 제시	제2단계 학습과제 및 자료의 제시	제3단계 학습자의 인지구조 강화
• 수업목표를 명확히 한다. • '선행조직자'를 제시한다. • 학습자가 지니고 있는 사전 지식과 경험을 현재 수업 내용과 연결지을 수 있도록 자극한다. • 학습 의욕을 고취시킨다.	• 학습과제의 실사성과 구속성을 분명히 한다. • 학습자료의 논리적 조직을 명확히 한다. • 자료를 제시한다. • '점진적 분화'의 원리를 적용한다.	• 적극적이고 능동적인 수용학습을 유도한다. • '통합적 조정'의 원리를 이용한다. • 학습내용에 대한 비판적 접근을 유도한다. • 학습내용을 명료화한다.

그림 4-4. 선행조직자 모형의 교수·학습 단계

고, 논리적 개념 구조로 순서화된 상세한 학습자료를 지원한다. 그리고 학습과제와 내용을 다시 선행조직자와 연결시켜 학습자의 인지구조를 강화한다. 이러한 설명식 교수모형은 교사가 학생들에게 모든 것을 제시하는 일방적인 모형이 아니다. 이 모형을 성공적으로 실시하기 위해서는 교사와 학생 간의 규칙적인 상호작용이 필요하다는 것을 인식해야 한다.

① 1단계: 선행조직자의 제시

1단계는 수업목표를 명료화하고 선행조직자를 제시한다. 선행조직자는 학습될 자료를 제시하기 전에 학습자에게 제공되는 더욱 추상적인 아이디어나 개념들이다. 선행조직자는 다음에 제시될 학습과제들보다 더 높은 추상성, 일반성, 포괄성을 지니는 도입 자료의 역할을 한다. 또한 선행조직자는 새로운 학습을 교수할 수 있는 인지적 구조를 제공한다. 결국 선행조직자는 뒤따라오는 자료를 소개하고 요약해 주는 총괄적인 개념에 대한 진술문이다. 앞에서도 언급했듯이, 선행조직자에는 비교 선행조직자와 설명 선행조직자가 있다.

② 2단계: 학습과제 및 자료의 제시

2단계는 구조화된 논리적인 구조로 학습될 자료를 제시한다. 교사는 학생들에게 선행조직자를 제공한 후 새로운 자료를 제시한다. 여기서 중요한 것은 학습자료가 분명한 논리적 절차에 따라 구조화되어야 한다는 것이다. 그리고 구체적인 예를 들어가며 유사점과 차이점에 따라 내용을 제시한다. 이 단계에서 제시된 새로운 자료는 학생들에게 새로운 학습의 주요 요소들을 요약하도록 하고, 자료들 간의 차이점이나 유사점들을 진술하도록 요구하는 활동을 포함한다.

③ 3단계: 학습자의 인지구조 강화

3단계는 새로운 학습자료와 학생들의 기존 지식 간의 관계를 강조한다. 이 단계의 중요한 역할은 학습과제와 내용을 다시 선행조직자와 연결시키는 것이다. 학생들은 선행조직자를 다시 참고해야 하고, 선행조직자에서 발견한 명제들을 관련시켜 새로운 자료의 여러 측면들을 살펴보아야 한다. 그리하여 원래의 선행조직자를 확장시킬 수 있도록 해야 한다. 교사는 학생들에게 선행조직자와 새로운 자료 간의 중요한 관계들을 충분히 이해하도록 하기 위해 자료 내에서 표현된 아이디어들을 말로 표현하거나 새로운 학습을 부가적인 사례나 개념에 응용하도록 해야 한다. 여기서 학생들은 그들 앞에 있는 자료나 학습과제들을 명료화하기 위한 질문을 할 수 있다. 마지막 3단계는 교사와 학생에게 자료와 과제를 평가할 수 있는 기회를 제공한다.

4) 유의미학습이론의 지리교육에의 적용

오수벨의 유의미학습이론은 지리교육에 있어 설명식 수업과 개념도에 많은 영향을 주었다. 개념도와 관련하여서는 5장에, 설명식 수업과 관련하여서는 7장에서 자세하게 소개한다.

5. 브루너의 인지발달이론

1) 브루너의 지적 스팩트럼

브루너(Jerome Bruner)는 초기에는 경험주의 인식론 및 귀납적 추리, 행동주의 심리학, 피아제의 인지발달이론을 수용하여 아동의 사고 방법과 학습 방법을 설명하는 수업이론을 체계화하였다(Bruner, 1960; 1968). 그러나 1980년대 후반에는 이에 대한 한계를 인식하고 비고츠키의 사회문화적 구성주의를 수용하여 이를 확대 발전시켰다(Bruner, 1986).

브루너가 제시한 초기의 학습 또는 수업에 대한 관점은 지식의 구조와 발견학습, 그리고 전이를 비롯한 피아제의 인지발달이론을 근거로 학습 준비도(readiness for learning)와 나선형 교육과정(spiral curriculum: Bruner, 1960), 그리고 지식의 표상방식(mode of representation)과 계열(sequence: Bruner, 1968) 등을 제시하였다. 그리고 1980년대 후반에는 비고츠키의 이론으로 전환하면서 수업에서의 교사의 역할을 비계설정(scaffolding)에 비유하였다. 최근 브루너(Bruner, 1996)는 사고의 유형을 패러다임적 사고(paradigmatic mode of thought)와 내러티브적 사고(narrative mode of thought)로 구분하고, 패러다임적 사고에서 내러티브적 사고로 전환할 것을 주장하였다.

2) 인지 성장과 지식의 표상방식

브루너는 발달심리학자로서 인지성장이론(cognitive growth theory)을 체계화했다. 그는 피아제(Piaget)처럼 발달상의 변화를 인지구조와 연결시키지 않고, 아동이 지식을 표상하는 다양한 방식을 강조했다. 브루너는 인간발달의 기능적인 측면을 강조하고 있으며, 이는 교육과 학습에 대해 중요한 시사점을 제공해 준다. 브루너의 지식의 표상방식은 피아제의 발단 단계에서 학습자들이 개입하는 조작과 유사한 면이 있지만[예: 감각운동-행동적, 구체적 조작-영상적, 형

표 4-17. 브루너의 지식의 표상방식

표상방식	표상 유형
행동적 표상방식	• 운동 반응, 대상과 환경의 측면을 조작하는 방식이다. • 예를 들면, 자전거 타기, 운전하기, 매듭 만들기와 같은 행동은 주로 근육의 움직임으로 표현된다. • 자극은 행동을 부추기는 작용으로 정의된다. • 걸음마 단계에 있는 아동들에게 공(자극)은 던지고 튕기는 어떤 것(행동)으로 정의된다.
영상적 표상방식	• 행동이 없는 정신적 이미지, 변경할 수 있는 대상과 사건에 대한 시각적 특징이다. • 아동은 물리적으로 존재하지 않는 대상에 대해 생각할 수 있는 능력을 습득한다. • 정신적으로 대상을 변형하고 그 대상에 대해 어떤 행동을 할 수 있는지와는 별도로, 그 대상의 특성에 대해 생각한다. • 영상적 표상(예: 그림, 사진, 그래프, 지도, 아이콘 등의 시각 이미지)을 통해 대상을 인식할 수 있게 된다.
상징적 표상방식	• 상징체계(예: 언어, 수학기호)를 이해할 수 있으며, 언어적 지시의 결과로 상징적인 정보를 변경할 수 있다. • 상징적 표상은 마지막으로 발달하여 가장 선호되는 표상이지만, 사람들은 지식을 행동적 표상과 영상적 표상으로 표현하는 능력을 계속 보유한다. • 테니스공의 느낌을 경험하고, 공에 대한 정신적 그림을 그리며 단어로 설명할 수 있다. • 상징적 표상의 일반적인 장점은 학습자가 다른 양식에서보다 더 유연하고 강력하게 지식을 표상하고 변형할 수 있다는 점이다.

(Bruner, 1964)

식적 조작–상징적], 단계이론은 아니다. 브루너의 이론에 의하면, 개념은 동시에 여러 가지 방식으로 표상될 수 있다.

브루너(Bruner, 1964)에 의하면 사람들은 지식을 행동적(enactive), 영상적(iconic), 상징적(symbolic)인 세 가지 방식으로 표상한다. 이와 같은 지식의 표상방식(mode of representation)은 다양한 형식의 인지적 과정과 관련된다(표 4–17). 브루너가 주장한 가장 지적으로 요구되는 지식의 표상방식은 상징적으로 언어와 숫자를 통하여 표상하는 것이다. 만약 우리가 아이디어를 보다 쉽게 이해하도록 만들고 싶다면, 우리는 아이디어를 시각적으로 표상할 수 있다. 더욱이 우리가 아이디어를 훨씬 더 접근하기 쉽도록 만들고 싶다면, 우리는 아이디어를 행동적으로, 즉 행동을 통해 표상할 수 있다.

3) 나선형 교육과정

나선형 교육과정은 학생의 '학습 준비도(readiness for learning)', 즉 학습자의 발달과정과 지적 수준에 맞춘 교육과정을 말한다. 더 구체적으로 말하면, 나선형 교육과정은 학습자가 주제를 완전히 이해하기까지 학년에 맞는 소재를 반복적으로 제시하되 점차적으로 추상화 정도를 증가시키는 교육과정을 말한다. 교사의 교수는 아동의 인지능력과 부합해야 한다.

나선형 교육과정에서 중요한 것은 학습의 '계열(sequence)'이다. 계열화 원리는 학습자가 학습내용을 이해하고, 해석하며, 전이하는 과정에 유용한 과제를 적절한 순서로 조직하는 것이 원칙이다. 계열은 교육과정 내용을 학년이 올라감에 따라 단절하지 않고 계속적으로 연결시켜야 한다는 원칙적 특성인 '계속성'과 그것을 위계적 관계가 유지되도록 구성해야 한다는 '계열성'의 원리로 나뉜다. 계열성은 논리적 조직과 심리적 조직에 의해서 보장받는다. 논리적 조직은 지식 체계의 논리적 순서와 구조에 따른 조직이며, 심리적 조직은 학습자의 인지적 발달 수준과 심리적 상태에 따른 조직이다.

어떤 지리적 지식이든지 적절한 계열에 따라 제시할 때 그 구조는 쉽게 이해된다. 그러나 한 가지 내용을 모든 학습자가 쉽게 학습할 수 있는 보편적인 순서나 계열은 없다. 특정한 학습자를 위한 최적의 계열은 학습자가 겪은 과거의 학습경험, 발달 단계, 교수·학습 자료의 특성, 개인차 등에 의해서 결정된다. 브루너(Bruner, 1968)에 따르면, 일반적이고 기본적인 것을 제일 먼저 가르치는 것이 효과적이다. 또한 학습과제는 행동적 표상방식, 영상적 표상방식, 상징적 표상방식의 순서로, 그리고 적절한 수준의 불확실성이 계속 유지될 수 있도록 제시하는 것이 바람직하다.

4) 발견을 통한 개념 교수: 발견학습-귀납적 추리

브루너의 수업이론은 개념학습과 사고발달을 촉진하는 효과적인 교수·학습 전략으로 '발견학습(discovery learning)'을 강조한다. 브루너는 경험주의와 귀납적 추리를 받아들여 학습자 스스로 노력하여 새로운 정보를 얻는 과정을 발견으로 규정하고, 그에 효과적인 방법으로 귀납적 일반화 과정을 강조한다. 이러한 발견학습은 오수벨의 유의미학습이론에 영향을 받은 연역적 추리에 근거한 설명식 수업과 대조를 이룬다. 발견학습에 대해서는 7장에서 자세하게 살펴본다.

5) 브루너의 인지발달이론이 지리교육에 미친 영향

브루너의 인지발달이론에서 핵심적인 개념들인 지식의 구조, 지식의 표상방식, 나선형 교육과정, 발견학습, 직관적 사고, 그리고 그가 처음으로 사용한 비계(scaffolding), 내러티브적 사고 등은 지리교육에 상당한 영향을 미쳤다.

지리교육에서는 피아제의 인지발달이론의 도입과 함께, 특히 브루너의 지식의 표상방식에도 관심을 가졌다. 사실 피아제의 인지발달이론은 단계모델인 반면, 브루너의 세 가지 지식의 표상방식은 단계적으로 발달하는 단계모델이 아니다. 그럼에도 불구하고, 지리교육에서는 마치 브루너의 세 가지 표상방식을 피아제의 인지발달 단계와 대응시켜 단계모델인 것처럼 오인하기도 하였다. 물론, 전조작기에는 행동적 표상방식, 구체적 조작기에는 영상적 표상방식, 형식적 조작기에는 상징적 표상방식에 의존할 수 있다. 그러나 브루너는 어떤 발달 단계에 있든지 간에 이러한 세 가지의 표상방식을 잘 결합하여 사용하면 지식을 가르칠 수 있다고 보았다.

그레이브스(Graves, 1980)는 10대 학생들은 행동적 표상, 영상적 표상, 상징적 표상을 모두 사용할 수 있지만, 학생들의 학습에 필요한 경우에는 행동적 혹은 영상적 표상방식을 사용할 수 있다고 지적하였다. 예를 들어, 지리교사들이 학생들에게 순위-규모 법칙과 같은 상징적 모형을 가지고 추상적 개념을 이해하도록 시킬 때, 학생들의 이해를 돕기 위하여 영상적 모형을 이용한 구체적인 사례를 사용할 수도 있다. 구체적 조작 단계에 있는 아동들은 일반 법칙이나 이론을 이해할 수 없기 때문에, 특정한 사례나 경우를 이용한 직접적인 접근방법을 택해야 하는 것이다. 이는 아동에게 보다 더 구체적인 의미를 부여할 수 있는 접근방법의 필요성을 강조하는 것이다.

6. 비고츠키의 사회문화이론

사회문화적 구성주의는 러시아 심리학자 비고츠키(Lev Semenvivich Vygotsky)에 의해 주장되었다. 비고츠키는 인간의 활동이 문화환경 속에서 일어나며, 이러한 환경을 벗어나서는 이해될 수 없다고 생각했다. 그의 주요개념 중 하나는 사회적 상호작용으로, 이는 인지발달에 단순히 영향을 미치는 정도가 아니라 실제로 인지구조와 사고과정을 만들어 낸다. 이와 같은 비고츠키 이론의 요점은 표 4-18과 같다.

표 4-18. 비고츠키의 사회문화적 구성주의의 요점

- 사회적 상호작용은 중요하다. 지식은 둘 이상의 사람들 사이에서 함께 구성된다.
- 자기 규제는 행동의 내면화(내적 표상의 발달)와 사회적 상호작용 속에서 일어나는 정신적 작용을 통해 계발된다.
- 인간 발달은 언어나 상징과 같은 도구의 문화적 전수를 통해 일어난다.
- 언어는 가장 중요한 도구이다. 언어는 사회적 언어에서 개인적 언어, 그리고 내적 언어로 발달한다.
- 근접발달영역은 아동들이 스스로 할 수 있는 것과 타인의 도움으로 할 수 있는 것 간의 차이를 말한다. 근접발달영역 내의 어른 또는 또래와의 상호작용은 인지발달을 촉진한다.

(Meece, 2002: 169-170; 노석준 외, 2006 재인용)

1) 개인적 사고의 사회적 기원

비고츠키(Vygotsky, 1978: 57)는 "아동의 문화적 발달에서 모든 기능은 두 번 나타난다. 즉, 처음에는 사회적 수준에서, 그리고 나중에는 개인적 수준에서 나타나며, 처음에는 사람들 사이에서, 그 다음에는 아동 안에서 나타난다."라고 하였다. 다시 말해, 고등정신과정은 처음에는 아동이 다른 사람과 함께 활동하는 동안 공동으로 구성된다.

이러한 지식의 공동구성과정은 사람들이 상호작용하고 타협하여 이해에 이르게 되거나 문제를 해결하는 사회적 과정으로, 최종 결과물은 모든 참여자들이 만들어 낸다는 것이다. 그런 다음 이 과정이 아동에게 내면화되고 아동의 인지발달의 일부가 된다. 예를 들어, 아동은 다른 사람들과 함께 활동하면서 그들의 행동을 통제하기 위해 사회적 언어를 사용한다. 그러나 나중에는 사적 언어를 사용하여 자신의 행동을 통제할 수 있다. 따라서 비고츠키에게 사회적 상호작용은 문제해결과 같은 고등정신과정의 기원이 된다.

2) 문화적 도구와 인지발달

비고츠키에 의하면 아동은 성인이나 자신보다 유능한 또래들과 상호작용하게 되면서, 서로 생각을 교환하고 개념들에 대해 생각하거나 개념을 표상하는 방식을 주고받는다. 이처럼 상호작용을 통해 공동으로 만든 생각들이 아동에게 내면화된다. 아동들은 사회적 상호작용을 통해 세계를 이해하고 학습하는 문화적 도구를 발달시키기 시작한다.

비고츠키의 이론에서 언어는 문화적 도구 가운데 가장 중요한 상징체계이며, 다른 문화적 도구를 사용할 수 있는 기초가 된다. 따라서 언어는 인지발달에 대단히 중요하다. 언어는 생각을 표현하고 질문을 제기하는 수단을 제공해 주고, 사고를 하기 위한 범주와 개념들을 마련해 주며, 과거와 미래를 연결해 주기 때문이다.

비고츠키(Vygotsky, 1987: 120)는 사고는 말에 의존하고, 사고의 수단에 의존하며, 아동의 사회문화적 경험에 의존한다고 주장했다. 사실, 비고츠키는 '사적 언어(private speech)'가 인지발

표 4-19. 언어 발달에 대한 피아제와 비고츠키의 차이점

피아제	비고츠키
• 사적 언어 또는 자기중심적 언어는 아동의 인지적 미성숙을 드러내는 것이다.	• 사적 언어 또는 자기중심적 언어는 아동들이 자신의 생각과 문제해결을 계획하고 감독하고 이끌어가는 능력인 자기조절을 하게 만듦으로써 인지발달에 중요한 역할을 한다.
• 사회적·인지적으로 미성숙한 아동이 자기중심적 언어를 더 많이 사용한다. 그러므로 부정적이다.	• 사적 언어 또는 자기중심적 언어는 인지발달의 증거이므로 긍정적이다.
• 아동의 사적 언어 또는 자기중심적 언어가 먼저 발달하고, 아동이 성숙해감에 따라, 특히 또래와 의견이 불일치하게 되면서 사회적 언어가 발달한다.	• 다른 사람들과의 사회적 상호작용을 통해 사적 언어가 발달하며, 이러한 사적 언어는 점차 밖으로 소리내지 않게 되면서 내적 언어로 발달한다.

달을 이끌어간다고 믿었다. 여기서 사적 언어란 아동의 사고와 행동을 인도하는 아동의 혼잣말을 의미한다. 이러한 말은 궁극적으로 소리 없는 내적 언어로 내면화된다.

3) 근접발달영역(ZPD)과 비계(scaffolding)

(1) 근접발달영역(ZPD)

근접발달영역(ZPD: Zone of Proximal Development)은 독립적인 문제해결 시 드러나는 아동의 현재 발달 수준과 성인의 지도나 더 유능한 또래들과의 협력에 의해 아동이 달성할 수 있는

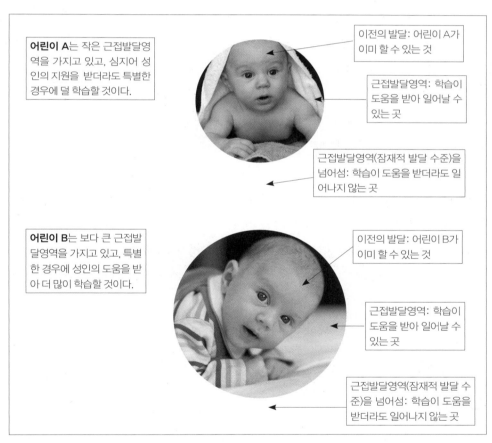

어린이 A는 작은 근접발달영역을 가지고 있고, 심지어 성인의 지원을 받더라도 특별한 경우에 덜 학습할 것이다.

이전의 발달: 어린이 A가 이미 할 수 있는 것

근접발달영역: 학습이 도움을 받아 일어날 수 있는 곳

근접발달영역(잠재적 발달 수준)을 넘어섬: 학습이 도움을 받더라도 일어나지 않는 곳

어린이 B는 보다 큰 근접발달영역을 가지고 있고, 특별한 경우에 성인의 도움을 받아 더 많이 학습할 것이다.

이전의 발달: 어린이 B가 이미 할 수 있는 것

근접발달영역: 학습이 도움을 받아 일어날 수 있는 곳

근접발달영역(잠재적 발달 수준)을 넘어섬: 학습이 도움을 받더라도 일어나지 않는 곳

그림 4-5. 두 어린이의 사례에 의해 묘사된 근접발달영역
(Roberts, 2003: 30)

표 4-20. 근접발달영역의 학습에 대한 함의

- 학생들이 수행해야 할 학습활동은 학생들이 이미 할 수 있는 것, 즉 그들의 '이전의 발달 영역'을 넘어서야 한다.
- 학생들이 수행해야 할 학습활동은 학생들이 이미 할 수 있는 것을 넘어서는, 즉 그들의 근접발달영역 내에서의 도전을 제공함으로써 학생들이 진보할 수 있도록 도와줄 필요가 있다.
- 근접발달영역은 학생에 따라 다르다.
- 학생들은 탐구활동에서 도움을 받을 필요가 있다. 그리고 이러한 도움은 점차 줄여 나가야 하며, 학생들이 독립적으로 탐구할 수 있도록 해야 한다.
- 학생들이 수행해야 할 학습활동은 학생들의 근접발달영역을 넘어서지 않아야 한다.

잠재적 발달 수준 사이의 영역이다(Vygotsky, 1978: 86). 근접발달영역은 실제로 학습이 이루어질 수 있는 영역이다.

근접발달영역은 집단행동이라는 마르크스주의 사상을 반영한 것으로, 보다 많은 지식을 지니거나 숙련된 사람이 상대적으로 부족한 사람에게 지식과 기능을 나누어 주며 과제를 수행하는 것을 일컫는다(Bruner, 1984). 이러한 근접발달영역은 그림 4-5에서처럼 아동 간에 차이가 있다.

(2) 비계(스캐폴딩: scaffolding)

비고츠키는 학생들이 그들의 현재 사고 수준을 넘어서는 근접발달영역 내에서 활동할 때, 고차적 사고를 성취하기 위해 교사 또는 또래의 도움을 필요로 한다는 것을 제안한다. 이와 같은 학습을 위한 약간의 도움(support or assistance)에 관한 비고츠키의 아이디어는 브루너를 비롯한 심리학자들(Wood, Bruner and Ross, 1976)에 의해 '비계(scaffolding)'로 명명되었다. 교육적 비계는 학생들이 도움 없이 할 수 있는 것보다 더 높은 이해의 수준을 성취하도록 지원한다.

표 4-21. 비계의 역할

- 비계는 대화를 포함하는 교사와 학습자 사이의 협동적인 상호작용의 과정이다.
- 학생들이 지식을 구성할 수 있도록 비계를 제공하기 위해 교사는 학생들이 무엇을 생각하고 있는지 알 필요가 있으며, 무엇을 잘못 이해하고 있는지도 알 필요가 있다.
- 비계는 학생들이 도움을 받을 수 없을 때보다 더 높은 이해에 도달하도록 할 수 있다.
- 일부 학생들은 다른 학생들보다 더 많은 비계를 필요로 한다.
- 비계의 궁극적인 목적은 학습자들이 비계에 대한 요구 없이 독립적으로 활동을 수행할 수 있도록 하는 것이다.

(Roberts, 2003)

궁극적인 목적은 학생들이 독립적으로 이러한 성취 수준들을 달성할 수 있도록 하는 것이다. 교사에 의한 비계는 크게 수업계획 단계에서 이루어질 수도 있으며—복잡한 주제를 간단히 하기, 개념적 구조 제시하기, 적절한 학습의 계열 계획하기 등을 통해—학습활동 중에 이루어질 수도 있다.

4) 비고츠키의 사회문화이론의 함의

(1) 근접발달영역과 비계

비계는 근접발달영역 안에서 잘 부합되는 용어이기는 하지만, 비고츠키이론의 공식적인 용어가 아니라는 것에 주의할 필요가 있다. 비계는 반두라(Bandura)의 '참여자 모델링 기법(participant modeling technique)'의 일부분이다. 참여자 모델링 기법이란 학습 초기에 교수자가 모델로서 기능을 보여 주고 도움을 제공하며, 학습자가 기능을 익혀감에 따라 학습 보조물을 점차적으로 제거하는 것이다. 이는 교수 보조 장치들을 이용하여 기능을 습득하기까지 여러 단계에 거쳐 안내한다는 점에서 '조형(shaping)'과 관련이 있기도 한다.

(2) 상보적 교수

비고츠키이론이 적용된 다른 예로 '상보적 교수(reciprocal teaching)'가 있다. 상보적 교수법은 교사와 학습자 소집단 간의 대화를 수반하는데, 교사가 먼저 학습활동을 시범으로 보여 주며 학습자들과 교사가 번갈아가며 교사의 역할을 맡는다. 예를 들어, 읽기를 하는 동안 질문하는 법을 배우는 중이라면, 교사가 자신의 이해도를 가늠하기 위해 질문을 던지는 방법을 보여 주는 것이다. 비고츠키이론의 관점에서 볼 때, 상보적 교수법은 학습자들이 기능을 익히기까지 사회적인 상호작용과 비계를 통해 이루어진다.

(3) 또래 협동

비고츠키이론의 또 다른 주요 적용 분야는 '또래 협동(peer collaboration)'으로서 집합 행동이라는 개념을 반영한다(Bruner, 1984). 또래가 함께 협력할 때, 공유된 사회적 상호작용이 교수 기능을 한다. 연구에 따르면 협력집단은 학습자 개개인이 역할을 부여받을 때 가장 효과적이며,

모든 학습자들이 역량을 갖추었을 때 다음 단계로 넘어갈 수 있다.

(4) 도제

비고츠키이론이 적용된 또 다른 사례는 '도제(apprenticeships)'를 통한 사회적 안내이다. 도제란 초보자가 전문가와 함께 작업 관련 활동을 하는 것으로, 학교나 대행 기관과 같은 문화적 기관에서 일어난다. 학습자의 인지발달을 돕는다는 점에서 근접발달영역과 잘 부합하며, 또한 능력 이상의 과업을 맡게 된다는 점에서 도제는 근접발달영역 내에서 작용한다고 할 수 있다. 초보자들은 전문가들과 일함으로써 중요한 과정에 대한 이해를 공유하고 이를 자신의 현재 지식과 통합하게 된다. 이러한 점에서 도제는 사회적인 상호작용에 크게 의존하는 변증법적 구성주의의 한 형태라고 할 수 있다.

(5) 보조된 학습 또는 안내된 발견

이상과 같은 사례들은 '보조된 학습(assisted learning)' 또는 '안내된 발견(guided discovery)'과 일맥상통한다(김아영 외, 2007). 보조된 학습 또는 안내된 발견이란 학습의 초기 단계에 전략적 도움을 주고 학생이 독립적이 되어감에 따라 이러한 도움을 점진적으로 줄여나가는 것이다. 보조된 학습 또는 안내된 발견을 하게 하려면, 적절한 때에 적절한 양의 정보와 격려를 제공해 주고 학생 스스로 점차 더 많은 부분을 감당하게 하는 비계가 필요하다. 교사는 자료나 문제를 학생의 현재 수준에 맞추거나, 기술이나 사고과정을 시범으로 보여 주거나, 학생들이 복잡한 문제의 단계들을 밟아나가게 하거나, 문제의 일부를 풀어주거나, 자세한 피드백을 주고 수정을 하게 하거나, 또는 학생이 주의의 초점을 바꾸게 만드는 질문을 던짐으로써 학습을 보조할 수 있다.

5) 사회문화적 구성주의와 지리교육

비고츠키의 사회문화적 구성주의는 최근 지리수업을 설계하는 주요 원리로 사용되고 있다. 비고츠키의 사회문화적 구성주의를 토대로 지리수업을 설계한 대표적인 사례로는 로버츠(Roberts, 2003)의 『Learning Through Enquiry』, 테일러(Taylor, 2004)의 『Representing Geography』, 마틴(Martin, 2006)의 『Teaching Geography in Primary Schools』 등이 있다. 특히 로버츠(Roberts, 2003)는 탐구를 통한 지리학습의 이론적 배경으로 비고츠키의 사회문화적 구성주의를 도입하면서 이에 대해 자세하게 다루고 있다.

로버츠(Roberts, 2003)는 '어린이들은 어떻게 학습하는가?: 사회적 구성주의(social constructivism)'라는 제목으로 이에 대해 집중적으로 조명을 하고 있다. 구성주의의 중심적 아이디어는 우리가 세계를 우리 스스로 능동적으로 이해함으로써 세계에 관해 학습할 수 있다는 것이다. 즉, 지식은 이미 주어진 것으로 우리에게 전달될 수는 없다. 우리가 서로 고립해서 살고 있지 않는 것처럼, 세계에 대한 우리의 지식은 우리가 살고 있는 맥락에서 '사회적으로 구성된다(socially constructed)'고 한다. 이것은 우리가 살고 있는 문화적 맥락(cultural contexts)에 의해 영향을 받고 그것에 기여하는 방법들을 통해 세계를 이해한다는 것을 의미한다.

제5장

지리학습

1. 학습 스타일

학생들은 모두 동일한 방식으로 학습하지 않는다. 학생들은 각자 자신의 경험에 비추어 지리를 학습하는 가장 성공적인 방법이 무엇인지를 구체화할 수 있다. 일련의 교육학자들은 특정 학습방법에 대한 학습자들의 선호를 기술하기 위해 상이한 학습 스타일을 구체화하려고 시도했다.

학습 스타일의 유형을 분류하는 목적은 학생들이 학습하는 다양한 방법들을 기술하는 것이지, 그들의 학습능력을 평가하는 것이 아니다. 어떤 유형의 학습 스타일이 다른 유형의 학습 스타일보다 뛰어난 것이라고 말할 수는 없다. 학습 스타일의 유형별로 각각의 장점과 단점을 가지고 있다. 실제로 대부분의 학생들은 이런 학습 스타일의 유형 중에서 단지 하나만을 따르는 것이 아니라, 이런 방법들의 조합을 통해 학습한다. 그리고 학생들은 종종 교과에 따라, 장소와 시간에 따라 다른 학습 스타일을 선호할 것이다.

1) 콜브의 학습 스타일

콜브(Kolb, 1976)는 학습자들이 선호하는 학습방법을 기술하기 위해 4가지 유형의 '학습 스타일 목록(Learning Style Inventories)'을 고안했다. 이러한 학습 스타일의 유형은 허니와 멈포드(Honey and Mumford, 1986)를 비롯하여 많은 다른 학자들에 의해 채택되어 발전하였다(표 5-1).

2) VAK 학습 스타일

학습 스타일의 또 다른 분류 방식으로 'VAK 학습 스타일', 즉 시각적 학습자(visual learners), 청각적 학습자(auditory learners), 운동기능적 학습자(kinaesthetic learners)가 있다. 시각적(Visual: V) 학습자들은 보는 것으로부터 학습하는 것을 선호하며, 청각적(Auditory: A) 학습자들은 듣는 것으로부터 학습하는 것을 선호하며, 운동기능적(Kinaesthetic: K) 학습자들은 이동하고, 행하고, 만져봄으로써 학습하는 것을 선호한다(Ferretti, 2007).

표 5-1. 학습 스타일 유형

조절자(역동적인 학습자)	확산자(상상력이 뛰어난 학습자)
• 독립적, 창의적 • 위험과 변화를 겪는 것을 좋아함 • 새로운 상황을 흥미있어 하고 잘 적응함 • 호기심이 많고 조사하는 것을 좋아함 • 창의적이고, 실험을 좋아함 • 진취성을 보여 줌 • 문제해결자 • 다른 사람을 참여시킴 • 다른 사람들의 의견과 느낌을 구함 • 충동적이고, '서두를 수 있음' • '시행착오'를 겪고, 본능적인 반응을 함 • 지원(도움) 네트워크에 의존함	• 상상력이 풍부하고 창의적임 • 유연하고, 많은 대안들을 볼 수 있음 • 다채로움(공상을 사용함) • 통찰을 사용함 • 새로운/상이한 상황에서 자신을 상상하는 데 익숙함 • 서두르지 않고, 격식을 차리지 않으며, 친절함 • 갈등을 피함 • 다른 사람들에게 귀 기울이고, 아이디어를 소수의 사람들과 공유함 • 모든 감각을 사용하여 해석함 • 귀 기울여 듣고, 관찰하고, 질문을 함 • 민감하고, 감성적이며, 감정이 풍부함 • 준비될 때까지 서두르지 않음
수렴자(상식적인 학습자)	동화자(분석적인 학습자)
• 조직적이고, 질서정연하며, 구조적임 • 실천적이고, '실제적 행위(hands-on)'를 함 • 세심하고 정확함 • 아이디어를 문제해결에 적용함 • 새로운 상황을 검증하고 그 결과를 평가함으로써 학습함 • 이론을 유용하게 만듦 • 목적을 충족시키기 위해 추론을 사용함 • 훌륭한 탐정기능, 즉 '검색과 해결' 기능을 가지고 있음 • 상황을 관리하는 것을 좋아함 • 독립적으로 행동하고, 그리고 나서 피드백을 받음 • 사실적인 데이터와 이론을 사용함	• 논리적이고 구조적임 • 지적이고, 학문적임 • 읽기와 조사하기를 좋아함 • 평가적이고, 훌륭한 종합자임 • 사색가이고 토론자임 • 정확하고, 철저하며, 신중함 • 조직적이고, 계획을 따르는 것을 좋아함 • 경험을 이론적 맥락에 두는 것을 좋아함 • 과거의 경험들을 찾아 그것으로부터 학습을 추출함 • 천천히 반응하고 사실을 원함 • 개연성을 추정함 • 너무 감성적이 되는 것을 피함 • 종종 경험을 기록하여 그것을 분석함

(Kolb, 1976; Fielding, 1992)

지니스(Ginnis, 2002)에 의하면, 일반적으로 사람들의 29%는 비주얼 학습자이고, 37%는 운동기능적 학습자이며, 34%는 청각적 학습자이다. 학생들이 상이한 방식으로 학습한다는 것을 이해하는 것은 중요하며, 이것을 지원하기 위한 다양한 자료와 교수전략을 사용하는 것 또한 매우 중요하다. 그러나 가장 성공적인 학생들은 다양한 방식으로 정보에 접근할 수 있는 사람이라는 것을 명심할 필요가 있다. 그러므로 교사들은 학생들이 항상 선호하는 학습 스타일로만 활동하도록 해서는 안 되며, 더 유연하고 보다 전방위 학습자가 되도록 상이한 학습 스타일의 발달을 격려해야 한다.

3) 가드너의 다중지능이론

가드너(Gardner, 1983)는 다중지능이론을 통해 8가지의 지능을 제시하였다. 그것은 논리·수학 지능(logical-mathematical intelligence), 언어 지능(linguistic intelligence), 공간 지능(spatial intelligence), 신체·운동 지능(bodily-kinesthetic intelligence), 음악 지능(musical intelligence), 대인관계 지능(interpersonal intelligence), 자기이해 지능(intrapersonal intelligence), 자연탐구 지능(natural intelligence)이다.

결론적으로, 가드너는 학습자들은 상이한 학습 도전에 상이한 방식으로 반응하며, 학생들이 학습할 때 다양한 스타일과 전략을 사용한다는 것을 보여 준다. 학습자의 학습 스타일은 그들의 특정한 학습경험에 직접적인 영향을 끼친다(Davidson, 2002). 이러한 학습 스타일의 차이는 학습자들에게 다양한 자료와 활동을 제공함으로써 상이한 방법으로 배울 수 있는 기회를 제공해야 한다는 것을 의미한다. 교사의 교수는 개별 학습자들의 요구를 충족시킬 수 있도록 교육과정 차별화 전략에 더욱 더 주의를 기울여야 한다(Battersby, 2000).

4) 개별화 학습/교육과정 차별화

'개별화 학습(personalized learning)'은 교사들이 각 학생의 환경, 능력, 동기, 선호하는 학습 스타일을 신중하게 고려함으로써 학생들의 학습요구를 가장 잘 충족시킬 수 있는 방법을 고안한 결과 출현한 개념이다. 개별화 학습은 교사가 교육과정과 교수방법을 각 학생의 특정한 학습요구에 어떻게 적절하게 맞출 수 있으며, 각 학생이 보다 효과적으로 학습에 접근하는 데 요구되는 기능들을 발달시킬 수 있는 개별화된 지원을 어떻게 제공할 수 있는지와 관련된다(Kyriacou, 2007: 45).

개별화 학습의 기원은 원래 성취수준이 낮은 학생들 사이의 불평을 방지하기 위한 방법으로 고안되었다. 그러나 개별화 학습은 점차 모든 학생들의 요구를 보다 잘 충족시키기 위한 훌륭한 실천이라는 관점으로 인식되기 시작했다. 많은 국가에서 개별화 학습은 교육의 질을 개선하고, 학생들의 성취를 향상시키기 위한 정책적 차원에서 실현되고 있다(Kyriacou, 2007: 45). 이러한 개별화 학습의 본질은 학생들이 학습 시, 그들의 요구에 적절하고 성공적으로 몰입할 수 있는 경

표 5-2. 지리학습의 개별화/차별화 방법

• 학습의 폭 – 더 유능한 학생은 더 폭넓은 학습에 대처할 수 있다.
• 학습의 깊이 – 더 유능한 학생은 더 깊이 있는 학습에 대처할 수 있다.
• 학습의 속도 – 더 유능한 학생은 더 빠른 속도에 대처할 수 있다.
• 과제 – 난이도가 다양한 과제가 상이한 수준의 학생을 위해 고안될 수 있다.
• 학습 선호 – 예를 들면, 시각적, 청각적, 운동기능적
• 결과 – 예를 들면, 고차능력을 가진 학생은 더 상세한/고차수준의 활동을 할 수 있다.
• 자극 자료 – 교사가 활동지 대신 신문기사를 사용함
• 교사의 지원 – 성취수준이 낮은 학생들에게 더 많은 지원을 제공한다.
• 젠더 – 남학생과 여학생의 개성과 관심을 반영하여 상이한 학습활동을 제공한다.

(Best, 2011)

험을 제공하는 것이다.

한편, 교육과정 차별화[differentiation, 교육과정 차별화가 필요한 학생들은 매우 유능한 학생들, 보다 낮은 능력을 가진 학생들, 특별한 교육적 요구를 가진 학생들이다]는 개별화 학습의 일부분으로 간주될 수 있다. 왜냐하면 교육과정 차별화는 특히 학습자들에게 제시되는 학습자료 및 과제의 유형에 관심을 기울이기 때문이다(Best, 2011).

이상과 같은 개별화 학습 또는 교육과정 차별화 전략에 대한 더 자세한 내용은 제8장에서 다룬다.

2. 지리적 지식

1) 지식이란 무엇인가?

지식이란 무엇인가? 지식은 정보, 이해와 어떻게 다른지 명료화할 필요가 있다. 지식, 정보, 이해를 구분하는 하나의 방법은 위계적 관점을 따르는 것이다. 사실과 정보는 지식의 피라미드에서 가장 낮은 곳에 위치한다. 그리고 사실과 정보는 종종 분리되고 연결되지 않으며 그 자체로는 거의 가치를 가지지 않는다. 사실과 정보는 분석, 비판적 사고, 심층적 이해 등을 포함하는 고차적 사고를 위한 기초를 제공한다. 그러나 이러한 구분을 기계적으로 받아들여서는 곤란하다. 허스트와 피터스(Hirst and Peters, 1970: 83)는 '지식과 이해'가 일반적으로 위계 패턴에 따라 벽돌을 쌓듯이 지어지지 않는다고 주장한다.

지식의 스펙트럼 한쪽 끝은 '정보 및 사실'과 관련되는데, 이는 '무기력한 사실적 지식(inert factual knowledge)'이다. 화이트헤드(Whitehead, 1929: 13)는 '무기력한 사실적 지식'이란 활용되거나 검증되거나 새롭게 조합되는 과정 없이 단순히 마음에 받아들여진 관념들이라고 정의한다. 그는 지식이 생성될 당시의 생명력을 잃고서 현학적이며 틀에 박힌 관념으로 전락한 지식은 유용하지 못할 뿐만 아니라 유해할 수도 있다는 점을 강조하면서, 교육은 '삶 자체'에 유용해야 한다고 주장한다.

한편 지식은 스펙트럼의 다른 한쪽 끝에서 발전하고 있는 '이해 및 의미'와 연결되는데, 이는 '강력한 지식(powerful knowledge)'이 된다(Scoffham, 2011). 강력한 지식은 기억을 강조하기보다는 패턴, 관계, 일반화에 더 중요성을 부과한다. 그리고 강력한 지식은 우리의 이전 경험을 구축하고, 우리가 새로운 방법으로 세계를 이해할 수 있도록 한다. 이러한 강력한 지식은 흥미있는 논쟁을 열어젖히고, 우리로 하여금 우리의 가치들을 명확히 표명하도록 한다. 뿐만 아니라, 이러한 사고는 학생들의 지적 능력을 조명하는 이점을 가진다.

영국은 2010년 연립정부가 탄생하면서 국가교육과정을 개정하였다. 여기서 '핵심지식(core knowledge)'이 뜨거운 관심사로 떠올랐다. 그렇다면 '지리적 핵심지식(geographical core knowledge)'이란 무엇인가? 핵심지식을 규정하는 것은 쉬운 과업이 아니다. 마틴과 오언스(Martin and Owens, 2011)는 '이해(understanding)'를 발달시키기 위해 요구되는 강력한 지식을 핵심지식으로 간주한다. 이해와 분리되어 발달된 핵심지식은 거의 가치가 없다. 마찬가지로, 핵심지식의 기초없이 이해를 발달시키는 것 또한 의미가 없다.

2) 선언적 지식, 조건적 지식, 절차적 지식

각 교과 또는 영역은 각각 고유한 지식을 가지고 있는데, 교육의 관점에서 지식은 크게 선언적 지식(declarative knowledge), 절차적 지식(procedural knowledge), 조건적 지식(conditional knowledge)으로 구분된다.

학생들이 어떤 학습과제를 수행하기 위해 필수 불가결한 선언적 지식과 절차적 지식을 가지고 있다고 해서, 그 학습과제를 잘 수행할 것이라고 보장할 수는 없다. 학습자들이 어떤 과제에 몰

표 5-3. 선언적 지식, 절차적 지식, 조건적 지식

선언적 지식	• 사실, 신념, 견해, 일반화, 이론, 가설, 세상사에 관한 태도, 언어정보, 주관적인 의견, 글, 조직화된 문장들로 이루어진 지식 • 명제적 지식이라고도 한다.
절차적 지식	• 다양한 인지 활동을 어떻게 수행하는가에 대한 지식 • 방법적 지식이라고도 한다.
조건적 지식	• 학습자들이 과제 목적에 맞는 선언적 지식과 절차적 지식을 언제, 그리고 왜 적용해야 하는지를 아는 지식 • 정보처리이론의 관점에서 볼 때, 조건적 지식은 대부분 정보처리 네트워크 속에 있는 명제들로서 장기기억에 표상되며, 그것이 적용되는 선언적 지식 및 절차적 지식과 연계된다.

입하기 전에 어떤 학습전략을 사용할 것인지 결정해야 한다. 이해력에 문제가 있다는 것이 인지되었을 때, 학습자들은 무엇이 더 효과적인 것으로 입증될 것인지에 관한 절차적 지식에 기초하여 자신들의 전략을 수정한다. 따라서 초보적 학습자와 전문적 학습자를 구별하는 것은 선언적 지식보다는 절차적 지식과 조건적 지식의 습득 정도에 달려 있다고 할 수 있다.

3) 명제적 지식과 방법적 지식

영국의 철학자 라일(Ryle, 1949)은 '명제적 지식'과 함께 '방법적 지식'이라는 용어를 고안하고 지식이라는 말을 명제에 한정하지 않고 능력과 기능에도 적용하였다(서태열, 2005). '지구가 둥글다.'라는 것을 아는 것이 명제적 지식이라면, '지구가 둥글다는 점을 이용하여 먼 바다를 항해할 줄 아는 것'은 방법적 지식에 해당된다. 여기서 알 수 있는 것은, 방법적 지식의 상당 부분은 명제적 지식의 습득을 통해서 얻을 수 있다는 것이다(서태열, 2005).

표 5-4. 명제적 지식과 방법적 지식

명제적 지식	• 명제적 지식은 선언적 지식이라고도 하며 학교가 아닌 다른 곳에서는 습득할 수 없는 일반적인 학문적 지식이다. • 사물에 대해 '무엇인가를 아는 것(know what)'을 명제로 표현한 지식이다. • 명제적 지식은 '어떤 것에 대한 지식'이라고 할 수 있다.
방법적 지식	• 방법적 지식은 절차적 지식, 실용적 지식, 수행적 지식, 실천적 지식 등 여러 이름으로 표현된다. • 방법적 지식은 실제 생활과 직업에서 필요한 실용적 지식이라고 할 수 있다. • 방법적 지식은 '어떻게 아는가(know how)'와 밀접한 관련을 지닌 것으로 능력과 기능에 더욱 초점을 둔다.

4) 명시적 지식과 암묵적 지식

명시적 지식과 암묵적 지식은 지식을 객관적·절대적 지식관과 상대적·주관적 지식관으로 구분하여 보는 입장이다. 상대적·주관적 지식관의 입장을 보이는 대표적인 인물이 폴라니(Polanyi, 1958)이다. 폴라니의 입장은 '암묵적 지식 혹은 개인적 지식'의 개념을 통해 제시된다. 폴라니는 '개인적 지식(personal knowledge)'이라는 용어를, 노나카 이쿠지로(野中 郁次郎)는 형식지(Explicit Knowledge)에 대비하여 '암묵지(식)(tacit knowledge)'라는 용어를 사용했다 (서태열, 2005).

지식은 어느 정도의 명시적 부분과 암묵적 부분으로 이루어져 있다. 즉, 지식의 명시적 부분이란 명제로서 언어화할 수 있는 부분을 의미하고, 암묵적 부분이란 명제로서 언어화할 수 없는 부분을 의미한다(서태열, 2005).

표 5-5. 명시적 지식과 암묵적 지식

명시적 지식	• 객관적·절대적 지식관 • 형식적 지식에 해당됨 • 명제로서 언어화할 수 있는 지식
암묵적 지식	• 상대적·주관적 지식관 • 개인적 지식, 묵시적 지식, 유기체적 지식, 당사자적 지식, 개인적 체득지로 불리기도 함 • 개인의 신체 내부에 있는 체험구조를 말하며, 명제로서 언어화할 수 없는 지식 • 인간주의 지리교육에서 강조하는 개인지리 또는 사적지리와 밀접한 관련을 가짐

(Fien, 1983: 44-55)

5) 신교육목표분류학과 지식의 유형

최근 지식은 2장에서 살펴보았던 앤더슨과 크레스호올(Anderson and Krathwohl, 2001)의 신교육목표분류학의 관점에서 '사실적 지식(factual knowledge)', '개념적 지식(conceptual knowledge)', '절차적 지식(procedural knowledge)', '메타인지적 지식(meta-cognitive knowledge)' 등 위계적으로 구분된다. 킨더와 램버트(Kinder and Lambert, 2011)는 표 5-6과 같이 이러한 지식의 유형을 지리 교과와 연계하여 설명하고 있다.

표 5-6. 신교육목표분류학에 의한 지식의 분류

사실적 지식	• 용어를 포함하는 사실적 지식 • 교과에서의 어휘
개념적 지식	• 조직적 구조와 모델, 원리와 일반화를 포함하는 개념적 지식 • 교과에서의 문법
절차적 지식	• 교과에서 학문적인 조사와 탐구를 하는 방법, 그리고 의사소통을 언급하는 지식 • 지리의 경우 도해력을 강조함
메타인지적 지식	• 사고, 분석적 또는 조직적 전략들의 적용을 포함하여 학습에서 개인의 자기효능감(self-efficacy)을 언급하는 지식

(Kinder and Lambert, 2011)

6) 사회적 실재론과 지식: 강력한 지식으로서 학문적 지식

지식에 대한 관점은 다양하다. 따라서 지식을 어떻게 개념화하느냐의 문제는 교육과정, 교수와 학습, 평가에 상이한 의미를 부여한다고 할 수 있다. 영국의 경우, 2010년 연립정부가 탄생하면서 교육 분야에서 지식에 대한 논쟁이 촉발되었다. 이러한 지식의 개념에 대한 논쟁은 소위 '지식의 전환(knowledge turn)'으로 간주되었다(Lambert, 2011). 이러한 사건은 기존의 신노동당 정부에 의해 지지되어 온 역량 및 기능에 대한 관심에서 지식에 대한 관심으로의 전환을 불러일으켰다. 이러한 일련의 지식에 대한 논쟁을 이해하기 위해서는 세 가지 지식의 개념화[절대주의(실증주의), 상대주의(사회적 구성주의/포스트더니즘), 실재론(사회적 실재론)]에 대한 이해가 필수적이다(표 5-7).

사회적 실재론자인 영(Young, 2011)은 표 5-8과 같이 3가지 유형의 '미래 지식(future knowledge)'을 제시하면서, 미래 지식 3의 도입을 적극 추천한다. 미래 지식 1은 실증주의에 기반한 보수적인 지식이며, 미래 지식 2는 상대주의에 기반하여 '학습하는 방법을 학습'하며 학습을 위한 평가와 사고기능을 중시하고, 교수내용보다 학습과정을 우선시한다. 미래 지식 3은 사회적 실재론에 기반한 지식으로 강력한 지식 또는 학문적 지식을 의미한다.

영국의 지식 논쟁을 주도한 교육사회학자인 영(Young, 2011)과 함께, 마틴과 오언스(Martin and Owens, 2011)는 지리적 지식을 '강력한 지식(powerful knowledge)', '일상적 지식(everyday knowledge)', '문화적 지식(cultural knowledge)', '편견을 가진 지식(biased knowl-

표 5-7. 절대주의, 상대주의, 사회적 실재론의 차이점

절대주의 (absolutism)	• 실증주의와 관련되며, 지식은 인간의 외부에 존재하고 보편적이라는 관점을 취한다. • 확고불변한 실재(reality)가 있으며, 중립적인 관찰자가 외부 세계를 객관적으로 관찰할 수 있다고 가정한다. • 개인은 앎에 대한 객관적인 방법을 가지고 있으며, 그것은 자신의 관심, 요구, 상황과 독립적으로 실재를 인식한다.
상대주의 (relativism)	• 사회적 구성주의, 포스트모더니즘과 관련되며, 절대주의와는 상반된 관점을 취한다. • 상대주의자들은 확고불변한 실재, 즉 절대적 진리를 부정한다. • 지식과 진리는 개인에 의해 구성되며, 특정한 개인, 문화, 시간, 장소에 따라 상대적이다. • 상대주의는 지식을 교육과정에 구조화하고 계열화하는 데 있어서 학습자의 경험과 관심에 근거해야 한다고 주장한다.
사회적 실재론 (social realism)	• 지식에 대한 절대주의적 입장을 취하는 절대주의와 지식의 사회적 구성을 강조하는 상대주의 모두에 대해 비판적이다. • 사회적 실재론에 의하면, 절대주의는 지식의 객관성을 강조하지만 지식의 사회적 기초를 무시하는 반면, 상대주의는 지식을 권력을 가진자들에 의해 재현된 것으로 간주하는 동시에 지식의 객관성을 거부한다.

(Firth, 2011 수정)

표 5-8. 미래 지식의 유형

유형	특징
미래 지식 1	• 교과 경계가 고정되고 엘리트주의 지식의 형식으로 유지된다. • 소수의 선택된 사람들을 위한 교과지식, 그 자체로 바람직한 목적으로서의 교과지식 • 절대주의/실증주의
미래 지식 2	• 교과 경계가 제거되거나 적어도 침투성이 있고, 유동적이다. • 학습하는 방법 또는 사고기능 중시 • 상대주의/사회적 구성주의
미래 지식 3	• 학문적 경계가 인정되고 유지되지만 새로운 지식의 생성과 습득을 위해 교차된다. • 사회적 실재론

(Young, 2011)

표 5-9. 지리적 지식의 유형 분류

강력한 지식	• 권력을 가진 사람들에 의해 정의되는 것이 아니라, 이러한 지식을 이해하고 있는 사람들에게 권력을 주기 때문에 강력하다. • 학생들이 세계를 이해하고 그 세계의 미래에 관한 논쟁에 참가할 수 있는 최선의 기회를 제공하는 과학, 사회과학, 인문학을 횡단하는 '학문적 지식' • 신뢰할 수 있고, 오류의 가능성이 있으나, 잠재적으로 정련할 수 있는 지식을 말한다. • 강력한 지식으로서 학문적 지식은 맥락독립적 지식이다. • 맥락독립적 지식은 삶의 특정한 사례와 연결되지 않는 학문의 개념적 지식으로 구체적인 맥락을 넘어서 보편성을 주장하는 일반화를 위한 기초를 제공한다.

일상적인 지식	• 모든 사람들이 일상적인 경험으로부터 형성한 지식으로 강력한 지식에 기여하고 강력한 지식에 의해 확장된다. • 어린이들의 일상적인 지식은 교육과정을 위한 중요한 출발점이 된다. • 사회적 지식으로도 불리며, 맥락의존적 지식이다. • 맥락의존적 지식은 개인에게 그들의 일상생활의 세세한 것에 대처하도록 한다.
문화적 지식	• 특정 문화적, 환경적 맥락 내에서 발달된 지식 • 비, 눈과 같은 현상이 어떻게 인지되는가 하는 것은 서로 다른 문화집단 간에 상이하다.
편견을 가진 지식	• 불완전하고 편견을 가지며, 오개념에 근거할 수 있는 지식 • 우세한 특정 개인 또는 집단의 관점을 반영하는 지식 • '권력을 가진 사람들의 지식'으로 교육과 삶에서 불평등을 영속화한다.

(Young, 2008, 2011; Martin and Owens, 2011)

edge)'으로 구분한다(표 5-9).

7) 실체적 지식과 구문론적 지식

1980년대 이후 교사교육에 종사한 학자들은 교사들이 자신의 교수에서 능력을 발휘하기 위해서는 많은 '지식의 기초(knowledge bases)'가 필요하다고 주장하였다. 로지 터너 비제트(Rosie

표 5-10. 실체적 지식, 구문론적 지식, 신념

실체적(존재적) 지식	• 실체적(존재적) 지식은 학문의 본질이다. • 어떤 교과의 사실과 개념이며, 이들 사실과 개념을 조직하기 위해 사용된 프레임워크이다. • 교수의 관점에서, '나는 무엇을 가르칠 것인가?' 또는 '어린이들은 무엇을 배워야 하는가?'라는 질문과 관련된다.
구문론적(통사적) 지식	• 구문론적(통사적) 지식은 실체적(존재적) 지식이 생성되고 확립되는 방법들과 관련된다. • 교과 공동체가 새로운 지식 또는 확립된 지식을 바라보는 새로운 방법을 생성하기 위해 행하는 프로세서에 대한 지식이다. 즉, 탐구방법에 관한 지식이다. • 교수의 관점에서, '나는 이것을 어떻게 가르칠 것인가?' 또는 '어린이들은 이것을 어떻게 하면 가장 잘 배울 수 있을까?'라는 질문과 관련된 지식이다.
신념	• 교과에 관한 '신념'은 지식의 본질적이고 구문론적인 양상들이 해석되는 방법과 어떤 교과지식이 어떻게 가르쳐질 수 있는가에 놓여 있는 가치에 영향을 준다. • 신념은 교사가 '나는 왜 이것을 가르칠 계획인가, 왜 이런 방식으로?' 또는 '어린이들은 이것을 그리고 이러한 방식으로 학습함으로써 어떤 이익을 얻을 수 있나?'라는 질문에 답하는 데 도움을 준다.

(Martin, 2006 재인용)

Turner-Bisset, 2001)는 교과 또는 내용 지식(subject or content knowledge)의 양상을 실체적(존재적) 지식(substantive knowledge, 본질적 지식), 구문론적 지식(syntactic knowledge, 통사적 지식), 신념(beliefs)이라는 3가지 지식으로 구체화하였다. 마틴(Martin, 2006)은 이들 3가지 지식을 표 5-10과 같이 설명한다.

3. 지리적 사고력

1) 사고력의 의미

'사고(thinking)'라는 말은 정신적 과정과 정신적 결과물 모두를 지칭한다. 사전에서 '사고'라는 단어의 뜻을 찾아보면 '생각하다, 믿다, 추측하다, 어림짐작하다, 가설, 증거, 추론, 평가하다, 계산하다, 의심하다, 이론화하다' 등 너무도 다양하여 간단하게 정의내리기 어렵다(조철기, 2014b, 513). 이러한 사전적 정의에서 알 수 있는 것은, '사고'란 단순한 사실의 암기에서부터 고도의 논리적·창의적 사고에 이르기까지 다양한 범위와 질적인 차이를 갖는 복합적인 속성을 지닌다는 것이다.

최근 교육의 주된 관심은 학생들에게 사고력 또는 사고기능(thinking skills)을 함양시키는 것이다. 사고력 또는 사고기능은 저절로 학습되기도 하지만, 교수와 학습을 통해 더욱 더 발달되고 확장될 수 있다. 이러한 사고기능이 충분히 학습되고 자동화되지 않는다면, 새로운 상황에 전이되기 어렵다.

2) 사고력의 유형

사고력은 일반적으로 저차사고력(lower-order thinking)과 고차사고력(high-order thinking)으로 구분된다. 저차사고력은 일상적이고 기계적이며 제한적인 정신의 사용이다. 저차사고력은 과거에 기억한 정보의 제시, 이미 학습한 공식에 숫자의 삽입, 각주의 규칙을 상황에 따라 응용하는 것 등과 같이 일반적으로 통상적인 사고 절차의 반복이라고 할 수 있다. 반면 고차사고력은 도전적이고 확장적인 정신 작용으로, 과거에 학습한 지식의 통상적인 응용으로는 문제가 해결되지 않기 때문에 새롭게 해석하고, 분석하고, 정보를 조정할 때 일어난다(Newman, 1991: 325-326). 블룸의 지식 분류의 관점에서 흔히 저차사고력이란 지식과 이해, 고차사고력이란 적용, 분석, 종합, 평가를 말한다.

특히 교수·학습의 관점에서 중요한 것은 고차사고력의 확장이다. 고차사고력의 유형은 학자나 기관에 따라 상이하기 때문에, 공통된 분모를 산출하기는 매우 어렵다. 그렇지만 고차사고력은 도전적이고 확장적인 정신의 사용으로, 대개 탐구 및 추론능력, 비판적 사고, 창의적 사고, 문제해결력, 의사결정력, 메타인지 등이 포함된다(강창숙·박승규, 2004). 그리고 학생들에게 고차사고력이나 사고기능을 길러 주기 위한 가장 적절한 교수·학습 방법은 구성주의에서 강조하는 토론에 기반한 모둠학습으로 간주된다.

3) 지리적 사고력

(1) 지리적 사고력의 의미와 유형

지리적 사고는 어떤 지리적 사실이나 현상으로부터 발생해서 어떤 지리적 결론을 내리게 되기까지 그 사이에서 일어나는 상상과정이라고 정의할 수 있다(임덕순, 1979: 197). 그러나 지리적

표 5-11. 지리(교육)학자들에 의해 제시된 지리적 사고력의 유형

이찬(1975)	분포적 사고, 관계적 사고, 지역적 사고
임덕순(1979)	공간적 상호작용에 관한 사고, 지역적 연관에 관한 사고, 자연과 인간 관계적 사고, 4차원적 사고
최석진 등(1989)	분포사고, 관계사고
이양우(1990)	분포적 사고, 관계적 사고, 지역적 사고, 종합적 사고
임덕순(1993)	기능상관적 사고, 지역관계적 사고, 추리적 사고, 개념 형성적 사고, 4차원적 사고
장의선(2007)	시스템 사고에 입각하여 지리적 사고력을 전일주의(홀리스틱) 사고, 연결망 사고, 피드백 사고, 조정적 사고로 구분한 후 그 하위 범주로 지역적 사고, 관계적 사고, 시·공간적 맥락적 사고, 인간과 자연의 조화 사고로 분류함
ACARA(2011)	비판적 사고, 창의적 사고, 메타인지적 사고, 홀리스틱 사고
Freeman and Morgan(2009)	비판적 사고, 창의적 사고, 배려적 사고, 시스템 사고, 미래 사고, 비주얼 사고

사고력의 유형은 지리(교육)학자들에 따라 다양하게 제시되고 있다(표 5-11). 여기서 제시되고 있는 사고력은 일부를 제외하면 지리적 사고력으로만 한정하기에는 무리가 있다. 즉, 대부분이 범교과적 사고력이라고 할 수 있다. 관계적/연결적 사고, 홀리스틱 사고는 범교과적 사고력이 될 수도 있지만, 지리학자나 지리 교육과정에서 특히 중요하게 간주된다(Massey, 1991; Jackson, 2006; Matthews and Herbert, 2004; ACARA, 2011).

(2) 공간적 사고

① 공간적 사고의 의미

지리 교과는 다양한 사고력을 함양하는 데 공헌할 수 있지만, 사고를 표상체계에 따라 구분했을 때 지리 교과가 다른 교과보다 중요시하는 사고가 있다면 그것은 바로 공간능력으로도 불리는 공간적 사고일 것이다. 거쉬멜(Gersmehl, 2008)은 공간적 사고를 다른 학문에서는 대체할 수 없는 지리학에서만 달성할 수 있는 독특한 사고로 간주한 바 있다. 공간적 사고란, 일반적으로 공간을 점유하고 있는 사물에 대한 공간 정보를 부호화하고, 공간적 이미지들을 표상하고 변환하며, 공간적 관계를 추론하고 의사결정을 내리는 일련의 정신적 활동을 의미한다(마경묵, 2011: 70).

② 공간적 사고의 구성요소

이와 같은 공간적 사고가 구체적으로 어떤 요소들로 구성되어 있는가에 대해서는 아직 일치된 견해가 없다. 공간적 사고나 공간능력이 연구되는 학과에 따라서 또 학자들마다 다양한 의견들을 제시하고 있으며 이에 대한 많은 연구들이 진행 중이다(표 5-12). 공간적 사고의 구성요소와 관련해서 학자와 교과에 따라 분류와 포함관계 그리고 강조에 있어서 약간의 차이가 존재하지만 일반적으로 공간적 시각화, 공간 정향, 공간 관계로 구성되어 있다고 정리할 수 있다(마경묵, 2011).

지리 분야에서도 공간적 사고의 구성요소에 대한 많은 논의들이 있었다. 이중에서 골리지와 스팀슨(Golledge and Stimson, 1997: 157)은 심리학에서의 주장과 가장 유사한 분류를 제시하고 있는데 그들은 공간능력이 공간적 시각화, 공간 정향(오리엔테이션), 공간 관계의 세 가지로

표 5-12. 공간적 사고의 구성요소

연구자	공간적 사고의 요소	의미
Michael et al. (1957)	공간적 시각화 공간 관계와 정향(오리엔테이션) 근운동감각적 이미지	• 공간적 시각화: 지시된 변형 과정 이후 물체의 모습이 어떠할 것인지를 예상하는 능력, 마음 속으로 2차원 혹은 3차원의 공간적 형상을 조작하고, 비틀고, 변환하는 능력 • 빠른 회전(공간 관계): 어떤 대상이 회전했을 때의 모습을 알아내는 능력 • 공간 관계: 개별 자극들 사이의 패턴, 모양, 배치, 위계, 연합을 분석하는 능력 • 공간 정향(오리엔테이션): 어떤 시각적 자극이 다른 각도에서 어떻게 달라 보일지를 상상하는 능력 • 종결(차폐) 속도(speed of closure): 사물의 일부만이 제시될 때 종합적인 모습을 인지하는 것 • 종결(차폐) 유연성(flexibility of closure): 복잡한 시각 맥락에서 숨겨진 자극을 찾아내는 것 • 시각 기억: 자극의 배열, 위치, 방향 기억과 관련됨 • 근운동감각적 이미지(운동감, kinesthetic): 왼쪽, 오른쪽을 빠르게 구분하는 능력
McGee (1979)	공간적 시각화 공간 정향(오리엔테이션)	
Lohman (1988)	공간적 시각화 빠른 회전(공간 관계) 종결(차폐)속도	
Carroll (1993)	공간적 시각화 공간 관계 종결(차폐) 속도 종결(차폐) 유연성 지각 속도 시각 기억	

(김민성, 2007; 마경묵, 2011 재구성)

구성되어 있다고 보았다.

마경묵(2011)은 공간적 사고의 기능들을 상세하게 분류한 셀프와 골리지(Self and Golledge, 1994: 156), CSTS(2006: 40-48), 거쉬멜(Gersmehl, 2008: 97) 등의 연구를 토대로 공간적 사고의 구성요소를 공간적 사고의 수준에 따라 공간적 시각화, 공간 정향, 공간 관계, 공간 추론으로 세분화하여 제시하였다(표 5-13).

(3) 관계적 사고

최근 지리학에서는 네트워크적 연결성을 강조하는 '관계적 전환(relation turn)'이라 불리는 학문적 경향이 등장하고 있다(박배균·김동완, 2013). 이른바 오늘날 우리의 생활공간을 해석하기 위해서는 '관계성(relationality)'에 주목할 필요가 있다(Massey, 2005). 이러한 관계성은 공간과 사회의 관계, 스케일 간의 관계, 자연과 인간의 관계, 이주 등의 관점에서 이해될 수 있다(박경환, 2014).

지리학에서의 관계적 전환은 본질적으로 '관계적 사고(relational thinking)'로 이어진다. 관계적 사고에 대한 강조는 지리학이 전통적으로 매몰되어 온 이분법적 사고(dualistic thinking)

표 5-13. 공간적 사고 구성요소의 상세화

공간적 사고의 구성요소		내용
공간적 시각화	1. 공간 정보의 표상	감각 기관을 통해 인식된 공간을 구성하는 요소들의 색, 크기, 형태, 위치, 조직, 방향, 윤곽 등을 인식하고, 기억하고, 정신적으로 그려내는 기능
	2. 공간 정보의 변환	감각 기관을 통해 인식된 사물을 정신적으로 표상해서 시점, 차원, 크기, 방향, 형태 등을 변환할 수 있는 능력
공간 정향	3. 오리엔테이션	준거체계 속에서 자신의 위치를 파악하고 주변 사물들의 배치나 방향들이 변해도 자신의 위치를 파악하는 능력
	4. 내비게이션	환경 속에서 자신의 위치를 파악하고 자신이 목적한 장소를 찾아가는 능력
공간 관계	5. 공간 특성 비교	공간을 구성하는 요소들의 상호작용으로 만들어진 공간의 배열적, 구조적, 기능적 특징을 파악하는 능력
	6. 공간 연계 이해	두 개 이상의 공간들 사이의 관계를 이해하는 능력
	7. 공간 패턴 이해	공간 분포의 규칙성을 발견하는 능력
	8. 공간 계층 이해	공간상에 나타나는 계층 구조를 이해하는 능력
	9. 공간 구분	공간을 일정한 기준에 따라 구분하는 능력
공간 추론	10. 공간 변화 추론	공간을 구성하는 요소들의 배열, 특성, 관계 등을 통해서 공간 특성의 변화를 판단하는 능력
	11. 공간적 의사결정	자신의 환경 속에서 획득한 정보를 바탕으로 공간과 관련해서 합리적 의사결정을 하는 능력
	12. 추상적 공간사고	비공간적 현상을 공간적 특성에 맞추어 사고하는 능력

(마경묵, 2011)

에 대한 반작용이다. 지리에는 다양한 이분법적 사고―인간과 비인간, 동물과 비동물, 육지와 물, 행위와 구조, 국가와 사회, 문화와 경제, 공간과 장소, 블랙과 화이트, 남자와 여자, 자연과 문화, 로컬과 글로벌, 시간과 공간―가 존재한다. 관계적 전환은 이러한 범주들이 이미 주어진 것이 아니라 사회적으로 구성된 것으로, 관계적으로 이해하고 사고할 것을 강조한다(Cloke and Johnston, 2005).

헨리 영(Henry Wai-chung Yeung, 2004)은 관계적 지리학에서 관계성의 본질을 그림 5-1과 같이 크게 3가지 측면에서 접근한다. '행위-구조 관계성'은 행위자 네트워크 이론(actor-network theory)과 네트워크적 사고, '스케일적 관계성'은 로컬, 지역, 국가, 글로벌이라는 스케일의 관계성 즉 관계적 스케일을, '사회-공간 관계성'은 사회공간 변증법과 관련된다. 이러한 관계성은 이분법적 관계가 다시 상상될 수 있게 한다. 예를 들어, 로컬(그리고 다른 공간적 스케일들)에 대한 글로벌의 관련성을 상정하지 않고서는 글로벌에 대해 생각하는 것은 불가능하다.

학습의 관점에서 관계적 사고의 중요성은 수학교육학자인 스켐프(Skemp, 1987)에 의해서도 강조되었다. 그는 이해의 양상을 도구적 이해(instrumental understanding)와 관계적 이해(relational understanding)로 구분한다. 도구적 이해란 '이유없는 법칙'처럼, 수학의 내용을 이해함에 있어 진정한 이해를 바탕으로 한 이해가 아닌 말 그대로 단순암기를 의미하는 것이다. 지리의 관점에서 보면, 도구적 이해는 지리적 현상이 분포하고 있는 사실(fact)을 단순히 암기하는 분포적 사고 또는 모자이크식 사고와 밀접한 관련이 있다고 할 수 있다. 반면, 관계적 이해란 이해를 함에 있어 단순히 암기를 바탕으로 한 이해가 아닌, 자신이 이해하고자 하는 내용이 '왜', '어떻게' 만들어졌는지에 대한 상호관계를 이해하는 진정한 의미의 이해라고 말할 수 있다. 즉, 관계적 이해는 학습자 자신이 가지고 있는 기존의 스키마(schema)에 대한 적절한 '동화와 조절'을 통해 진정한 이해를 만들어가는 과정인 것이다(김혜란, 2009).

지리수업을 통해 관계적 사고를 길러 주기 위한 방법으로는 상품사슬을 통한 추적활동이 대표적이다(Hartwick, 1998; Garlake, 2007: 114; Kalafsky and Conner, 2014). 다국적기업이 생산하는 상품사슬에 대한 탐구는 우리가 연결된 세계에 살고 있다는 것을 잘 보여 준다. 학생들은 특정 상품의 상품사슬에 대한 추적활동을 하면서 원료, 생산 및 가공, 유통, 소비를 통해 자연현상과 인문현상을 함께 만나게 되며, 그들이 소비하는 것이 글로벌 상호의존성을 함축하고 있다는 것을 배우게 된다. 그리고 학생들은 글로벌 상호의존성으로부터 누가 이익을 얻고 누가 이익을 잃는지를 탐구하게 된다. 이를 통해 학생들은 서구 자본주의의 횡포를 이해하고, 제3세계 국가를 위한 책임성을 가지게 된다.

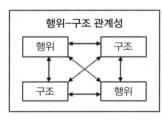 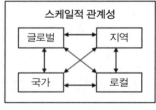 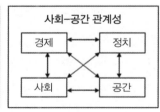

상호 연결과 긴장

그림 5-1. 관계적 지리학에서 본 관계성의 본질

(Henry Wai-chung Yeung, 2004: 43)

(4) 통합적(융합적) 사고력: 홀리스틱 사고

2015 개정 교육과정이 문이과 통합교육과정을 지향하면서, 통합사회와 통합과학에 대한 관심이 높아지고 있다. 이와 더불어 '통합적 사고력' 역시 주목을 받고 있다. 통합적 사고란 직관적 사고(감성)와 분석적 사고(이성)를 활용하여 다양한 학문 분야의 지식과 재료를 이해하고 넓은 관점에서 포괄하여 종합하는 사고능력이다. 이를 위해서는 여러 교과에 대한 호기심을 가지고 주의를 기울이려는 성향과 다양한 관점, 의견, 신념, 가치관 등에 대하여 이해, 존중, 수용하려는 열린 태도가 필요하다.

홀리즘(holism)의 어원은 그리스어의 '홀리스(holos, 전체)'이며, 홀리즘은 모든 현상이 서로 연관되어 있고 영속적인 진화의 과정 중에 있다고 보는 세계관 중의 하나이다.* 홀리스틱 이해는 학생들에게 다양한 주제들을 통합하고 종합하는 방법과 설명하는 방법을 학습하기 위한 기회를 제공한다.

지리적으로 사고하는 것은 관계적 또는 홀리스틱 틀 내에서 질문하는 것을 포함한다. 지리에서 홀리스틱 전통은 지리의 다양한 관심들을 통해 홀리스틱 설명을 성취하기 위한 시도이다. 지리는 '자연지리', '인문지리', '환경지리'를 포함하는 홀리스틱 학문이며 교과이다(Rawding, 2013). 간단히 말해, 홀리스틱 지리들은 지구의 모든 것을 포함하는 지리들인 것이다. 그렇지 않다면, 지리 교과를 통한 학습은 파편화된 하위 분야를 온전히 이해할 수 없다.

지리학에 있어서 홀리스틱 전통은 탐구주제와 관련한 많은 변수들 간의 상호연결을 이해하는 것이다. 예를 들어, 자연환경을 인간 활동과 관련지어 이해하는 것이 홀리스틱 접근이다. 홀리스틱 접근은 인간과 장소와의 복잡한 관계 예측을 위해 지도나 모형으로 단순화시키는 것에 반대한다. 홀리스틱 접근은 학생들로 하여금 복잡한 세계를 관계적 사고를 통해 이해하도록 하는 데 초점을 둔다. 지리적 토픽에 대한 홀리스틱 접근을 위해 요구되는 다양한 자료는 교사가 범교육과정 교과들 간의 연계를 설정할 수 있는 진정한 기회를 제공한다(Rawding, 2013: 51-52). 학습에 홀리스틱 접근을 도입함으로써 다양한 정보를 더 효과적으로 맥락화할 수 있고, 빠른 변화에

---

* 홀리즘이라는 단어는 1926년 남아프리카의 스머츠(Smuts)라는 철학자가 『홀리즘과 진화(Holism and Evolution)』라는 책에서 처음으로 사용했다. 스머츠는 "어느 부분을 아무리 쌓아가더라도 결코 전체에 도달할 수 없다. 왜냐하면 전체는 부분의 총화보다 훨씬 큰 것이기 때문이다"라고 하였다. 홀리즘에 의하면, 인간과 자연은 서로 분리된 존재가 아니라 유기체적으로 연결되어 있다고 본다.

직면한 환경에서 학생들이 평생학습을 위해 준비하도록 하는 일련의 기능들을 발달시킬 수 있다(Thompson and Clay, 2008).

4) 전이와 메타인지

(1) 전이

전이(transfer)는 매우 핵심적인 학습용어이며, 복잡한 인지적 과정을 포함한다. 전이는 지식을 새로운 상황에 새로운 방식으로 적용하거나, 다른 내용을 옛 위치에 적용하는 것을 지칭한다. 전이는 또한 선행학습이 후행학습에 어떻게 영향을 미치는가를 설명한다. 전이를 위해서는 인지적 역량이 중요하다. 그 이유는 전이가 없다면 모든 학습이 상황적 맥락에 의존하며, 많은 교수시간을 새로운 상황에 맞게 다시 가르치는 데 소비해야 하기 때문이다.

인지적 관점에서 볼 때, 전이는 기억 네트워크 속에 있는 지식들을 활성화시키는 것과 관련이 있다. 이러한 전이에는 상이한 유형들이 있다. 여기서는 중요한 몇 가지를 살펴본다(표 5-14).

(2) 메타인지

메타인지(metacognition)란 인지적 활동에 관한 의도적인 의식적 통제를 지칭한다(Brown, 1987). 메타인지의 핵심적 의미가 '인지에 대한 인지(cognition about cognition)'이기 때문에,

표 5-14. 전이의 유형

정적 전이 (positive transfer)	• 선행학습이 후행학습을 촉진할 때 일어난다.
부적 전이 (negative transfer)	• 선행학습이 후행학습에 지장을 주거나, 그것을 더 어렵게 만드는 것을 의미한다.
무전이(zero transfer)	• 어떤 형태의 학습이 후행학습에 별다른 영향력을 미치지 않음을 의미한다.
근접 전이 (near transfer)	• 상황들 간에 많은 중첩이 있고, 원래의 맥락과 전이 맥락이 매우 유사한 것을 말한다. • 예를 들면, 분수법을 가르친 후, 학습자에게 동일한 형식의 내용에 관해 시험을 보는 것이다.
원격 전이 (far transfer)	• 상황들 간에 중첩이 적고, 원래의 맥락과 전이 맥락이 유사하다. • 예를 들면, 분수법을 명시적으로 배운 적도 없이, 완전히 다른 상황에 적용해 보도록 하는 경우가 해당된다.

(노석준 외, 2004)

초인지 또는 상위인지라고 불리기도 한다. 메타인지는 스스로 자기가 하는 사고가 잘 되고 있는지 어떤지, 또는 잘못되고 있다면 어떻게 하면 잘 되게 할 수 있는지 등을 반성하는 정신 작용이다.

브루너(Bruner, 1996: 88)는 메타인지를 '반성하기[going meta, 반성(reflection)과 동일한 의미]' 또는 '학습해 온 것을 돌아보기(turning around on what one has learned)'라고 말한다. '반성하기'는 학생들이 자신의 사고과정을 알도록 하는 것과 관련된다. 이러한 학생들의 '반성하기'는 학습을 향상시킬 수 있다(Bruner, 1996; Leat and Nichols, 1999). 학생들로 하여금 '반성(going meta)'하도록 격려하는 것은 탐구과정 내내 일어날 수 있다. 따라서 수업의 마지막 활동인 결과보고(debriefing activities) 단계에 국한될 필요는 없다.

사람이 하는 사고는 완벽한 것이 아니며, 특히 현대사회에서의 사고는 언제나 새로운 증거로 인해 바뀌는 것이 당연하다. 이러한 사고의 전환은 자기가 지금까지 해 온 사고가 어떠했는가를 정확하게 판단할 수 있을 때만 가능하다. 예를 들어, 어떤 문제를 해결하기 위하여 가설을 세우고, 증거를 수집하여 결론을 내리는 탐구과정을 거치는 것이 탐구력이라면, 여기에 지금까지 자기가 한 탐구과정 전체에 오류가 없었는지를 다시 사고하는 것이 메타인지이다. 따라서 고차사고력을 잘 발휘하는 사람은 이미 메타인지를 잘 하고 있는 경우가 많다.

메타인지는 두 가지의 관련된 기능들로 구성되어 있다.

첫째, 사람들은 어떤 과제가 어떤 기능과 전략, 그리고 자원들을 필요로 하는가를 이해해야 한다. 메타인지는 과제 또는 문제를 덜 충동적이고 더 현명하게 해결하려는 경향과 관련이 깊다. 만약 한 학생이 지리적 쟁점 또는 문제에 직면하게 될 때 스스로 '이것은 무엇에 관한 거지? 내가 어떻게 하면 그것이 나에게 도움이 될까?'라고 묻는다면, 그는 메타인지를 사용하는 것이다.

둘째, 사람들은 그 과제가 성공적으로 완수되었는지를 확신하기 위하여, 이들 기능들과 전략들을 어떻게 그리고 언제 사용할지를 알아야 한다. 어린이들은 메타인지를 통해 그들 자신의 수행을 평가하고, 그들이 무엇을 학습했다고 느낀 것뿐만 아니라 그들이 사용한 어떤 전략들이 도움이 됐는지 그렇지 않았는지를 구체화한다. 따라서 메타인지 활동은 선언적 지식, 절차적 지식, 조건적 지식을 과제에 전략적으로 적용해 보는 것이라고 할 수 있다.

5) 비판적 사고와 창의적 사고

(1) 비판적 사고

현대사회에는 수많은 정보가 넘쳐흐른다. 그리하여 이러한 수많은 정보의 진위, 유용성, 적합성, 신뢰성, 타당성 등을 분석하고 평가할 수 있는 능력이 요구된다. 이러한 능력을 '비판적 사고력(critical thinking)'이라고 한다. 이러한 비판적 사고력은 사회현상을 과학적으로 조사하기 위해, 수집한 자료의 타당성이나 적합성을 분석하고 평가하는 데 필요하다. 그리고 사회문제나 쟁점을 해결하기 위한 대안의 합리성과 적합성을 평가할 때에도 비판적 사고력이 필요하다.

비판적으로 사고한다는 것은 어떤 것을 그대로 받아들이지 않고 의문을 제기하는 것이다. 이는 특정 대상의 신뢰성과 타당성을 분석하고 평가하는 질문을 제기하는 것에서 시작된다. 비판적 사고력은 객관적인 근거에 의거해 대상을 합리적으로 분석하고 평가하는 모든 과정을 포함한다(차경수·모경환, 2008; 박상준, 2009; Martin, 2006).

비판적 사고력은 탐구력이나 문제해결력 등과 유사한 측면을 가지고 있다. 그러나 그 본질은 어떤 사물이나 상황, 지식 등의 순수성이나 정확성 여부, 어떤 지식이 허위인가 진실인가 등을 평가하는 정신적 능력이다. 이것은 곧 이성적인 판단(합리적 판단, 논리적 판단)을 의미한다는 점에서, 다른 고차사고력과 구분된다.

표 5-15. 비판적 사고력의 특징

- 증명할 수 있는 사실에 관한 주장과 가치에 관한 주장을 구분한다(사실과 의견의 구분).
- 서술한 주장이 사실과 일치하는 정확성을 갖는지 판단한다(객관적인 근거에 의거해 평가하기).
- 어떤 정보가 상황이나 논쟁과 관련이 있는 것인지 없는 것인지를 구별한다.
- 정보원의 신뢰성 여부를 판단한다.
- 뒤에 숨어 있는 가정을 확인할 수 있다(숨겨진 가정과 의도를 찾아내기).
- 추리의 과정에서 논리적 모순성을 발견해 낸다.
- 왜곡, 편견, 고정관념 등을 지적해 낸다(다른 관점에서 바라보기).
- 근거 있는 주장과 근거 없는 주장을 구별한다(제시된 근거의 타당성 평가하기).
- 어떤 상황이나 문제가 논쟁이 될 만한 것인가를 결정한다.
- 모호한 주장과 논쟁을 찾아 낸다.

(Bayer, 1985: 박상준, 2009 재인용)

(2) 창의적 사고

　창의성(creativity)은 다양성과 주관적 성격을 지니기 때문에 명확하게 규정하기 어렵다. 창의적 사고(creative thinking)는 일반적으로 혼란스런 문제 또는 상황을 해결하기 위해 독창적인 아이디어를 제시하며 정교화시키고 기존의 것들을 새롭게 변형하고 활용할 수 있는 사고능력이다. 이러한 창의적 사고는 문제를 해결하는 과정에서 대안을 찾거나 예측할 때, 다른 고차사고력과 중복되어 나타날 수 있다. 그래서 지리탐구의 과정에서 자연스럽게 신장될 수 있도록 하는 것이 좋다.

　토렌스(Torrance, 1966)는 창의적 사고의 구성요소를 표 5-16과 같이 유창성, 유연성, 독창성, 정교성 4가지로 제시하였다. 한편 립맨(Lipman, 2003: 312-317)은 다차원적 사고(multidimensional thinking) 모델[창의적 사고(creative thinking), 비판적 사고(critical thinking), 배려적 사고(caring thinking)가 중첩되는 부분이 다차원적 사고임]에서 창의적 사고

표 5-16. 토렌스의 창의적 사고의 구성요소

유창성(fluency)	• 개방된 문제들에 대한 해결책을 찾을 때 많은 아이디어를 제기하는 것
유연성(flexibility)	• 다양한 관점에서 문제를 바라보도록 자신의 관점(발상)을 전환하는 것
독창성(originality)	• 독특한 생각과 행동을 만드는 것
정교성(elaboration)	• 아이디어를 세부적으로 그리고 심도있게 확장하는 것

(Torrance, 1966)

표 5-17. 립맨의 창의적 사고의 특징

독창성	• 전례에 따르지 않고 독창적으로 생각하는 것
생산성	• 문제 상황에 적용되어 성공적인 결과를 가져오는 생각
상상	• 마음 속에 가능한 세계를 구체적으로 그리는 생각
독자성	• 다른 사람이 생각하는 것과 달리 독자적으로 생각하는 것
실험	• 확실한 증거를 찾고 분석함으로써 미완성의 해결책을 실험하는 것
총체성	• 그것에 의미를 부여하는 전체-부분 또는 목적-수단의 관계 속에서 결과물을 선택하는 것
표현	• 주체가 대상에 대한 생각을 자신의 경험과 결합해 표현해 내는 것
자기 초월	• 이전의 수준과 결과를 넘어서 초월하려는 노력
경이로움	• 독자적인 아이디어가 기발한 생각일 뿐만 아니라 놀라운 결과를 가져오는 것
산출	• 자신에게 기쁨과 만족을 줄 뿐만 아니라 다른 사람의 창의성을 자극하는 것
산파적 사고	• 산파와 같이 최고의 지적 결과물을 탄생시키는 것
발명	• 창의성의 필요조건으로서 문제의 적절한 해결책을 새로 제시하는 것

(Lipman, 2003)

가 갖는 특징을 표 5-17과 같이 12가지로 제시했다.

(3) 비판적 사고와 창의적 사고의 차이점

비판적 사고력은 창의적 사고력과 구별된다. 창의적 사고력이 독창적인 가설을 만들고 검증하기 위해 적합한 자료를 찾는 단계라면, 비판적 사고력은 수집한 자료의 신뢰성과 타당성을 분석하고 평가하는 단계라고 할 수 있다. 비판적 사고자들은 창의적인 요소 없이 가능한 해결책들을 구체화할 수 있다. 반면, 창의적 사고자들은 창의적 아이디어들이 실현 가능한지를 판단하기 위해 비판적 사고의 객관적·분석적 기능이 필요하다. 피셔(Fisher, 2003: 6-20)는 창의적 사고와 비판적 사고를 표 5-18과 같이 구분한다.

표 5-18. 창의적 사고와 비판적 사고

창의적 사고	비판적 사고
• 종합(synthesis)	• 분석(analysis)
• 발산적(divergent)	• 수렴적(convergent)
• 수평적(lateral)	• 수직적(vertical)
• 가능성(possibility)	• 개연성(probability)
• 상상력(imagination)	• 판단(judgement)
• 가설 형성(hypothesis forming)	• 가설 검증(hypothesis testing)
• 주관적(subjective)	• 객관적(objective)
• 어떤 정답(an answer)	• 정답(the answer)
• 우뇌(right brain)	• 좌뇌(left brain)
• 개방적(open-ended)	• 폐쇄적(closed)
• 연합한(associative)	• 선형의(linear)
• 사색하는(speculating)	• 추론하는(reasoning)
• 직관적인(intuitive)	• 논리적인(logical)
• 예 그리고(yes and)	• 예 그러나(yes but)

(Fisher, 2003: 6-20)

4. 지리적 개념

1) 개념이란 무엇인가?

(1) 개념과 지리교육

지리교육에서 '개념'에 대한 관심은 기존의 지역지리 교육에서 벗어나 공간과학으로서의 지리교육으로 이동에 의한 결과이다. 네이쉬(Naish, 1982: 35)에 의하면, 지역지리 중심의 지리교육에서 실증주의에 기반한 지리교육으로 이동하면서 지리교육의 목표가 세계의 다른 지역에 대한 기술(description) 중심에서, 개념(concepts)과 원리(principles)를 향해 이동했다. 지역지리 교육이 지리적 사실에 관심을 가졌다면, 실증주의 지리교육은 개념에 관심을 가지게 된 것이다.

(2) 개념의 의미

개념은 사건, 상황, 대상 또는 그것들이 공통적으로 가지고 있는 속성에 대한 아이디어(Naish, 1982: 35), 또는 사물, 사건, 행동, 프로세스, 관련성 등에 대한 일반화된 아이디어들(Bennetts, 2008), 또는 복잡하고 거대한 세계에 대한 우리의 경험을 더 다루기 쉬운 단위들로 구분하는 방법들(Taylor, 2008: 50), 또는 어떤 사물, 현상, 생각에 부여하는 이름으로, 언어로 세상을 재현하는 방식(Roberts, 2013)으로 정의된다. 유사한 방식으로, 그레이브스(Graves, 1980)는 개념이 어떤 경험의 본질적인 속성들에 집중함으로써 정신(mind)이 현실(reality)을 단순한 방식으로 구조화할 수 있게 하는 기본적인 분류적 고안물(classificatory device)이라고 주장한다. 이처럼 개념은 비슷한 여러 사건, 아이디어, 대상, 또는 사람을 묶는 데 사용하는 범주로서, 추상적이며 실제 세계에는 존재하지 않는다. 이러한 개념은 인간들로 하여금 복잡 다양한 세계를 정신적으로 다룰 수 있게 해 준다. 개념은 무조건 암기해야 하는 교과서적 지식이 아니라, 학생들이 실제로 경험하는 지리적 현상을 객관적인 입장에서 보다 명확하게 이해하도록 도와주는 도구이다.

2) 개념의 분류 및 유형

(1) 핵심개념과 조직개념

① 핵심개념

개별 교과에서는 개념에 '주요(main)', '핵심(key)', '빅(big)', '기본(basic)', '조직(organizing)' 등의 다양한 수식어를 붙여 사용하기도 한다. 이러한 용어들은 정확하게 정의되지는 않는다. 테일러(Taylor, 2008)에 의하면, '핵심(key)'은 특별하게 중요하거나 유용하다고 판단되는 개념들과 관련되는 반면, '빅(big)'은 매우 추상적이거나 가장 위계가 높은 개념(예를 들면, 공간)에 해당되는 것이다. 베네츠(Bennetts, 2010: 38)는 핵심개념을 교과의 본질과 관련하여, 가치있는 통찰을 제공하기 위하여 주장되는 아이디어들로 정의한다. 따라서 핵심개념은 특정 교과를 통해 학습해야 할 내용에 대한 폭넓은 범위를 가지며, 그 교과 내의 다른 주요한 아이디어와도 밀접한 연관을 가진다. 결국, 핵심개념은 특정 교과의 학습을 위한 핵심을 제공하는 것으로서, 학생들의 이해의 발달과 조직에 중요한 기여를 한다고 판단되는 것이다.

사실, 지리에서 중요하게 다루어져야 할 핵심개념(key concepts), 빅 개념(big concepts), 빅 아이디어(big ideas)를 제시하려는 일련의 노력들은 다방면에서 이루어져 왔다. 그러나 지리에서 중요한 핵심개념을 추출하기는 쉽지 않다. 왜냐하면 핵심개념에 대한 생각이 사람마다 다르며, 목적에 따라 다를 수밖에 없기 때문이다. 특히 중등학교 교육과정에서 다루어져야 할 지리의

표 5-19. 지리의 중요한 핵심개념 또는 빅 아이디어

학교위원회 프로젝트: 역사, 지리, 사회과학(1976) (Marsden, 1995)	Leat(1998)	Geography Advisers and Inspectors Network(2002)	
의사소통	원인과 결과	편견	상호의존
권력	분류	인과관계	경관
신념과 가치	의사결정	변화	스케일
갈등/합의	개발	갈등	입지
연속/변화	불평등	개발	지각
유사성/차이	입지	분포	지역
원인과 결과	계획	미래	환경
	시스템	불평등	불확실성
Holloway et al.(2003)	Jackson(2006)	QCA(2007)	

공간 시간 장소 스케일 사회적 형성 자연시스템 경관과 환경	공간과 장소 스케일과 연결 근접성과 거리 관계적 사고		장소 공간 스케일 상호의존성 자연적·인문적 프로세스 환경적 상호작용과 지속가능한 개발 문화적 이해와 다양성
ACARA(2012)	Clifford et al.(2009)		Hanson(2004)
장소 공간 환경 지속가능성 상호연결성 스케일 변화	공간 시간 장소 스케일 사회시스템 환경시스템	경관 자연 세계화 개발 위험	인간과 자연의 관계 공간적 변화 서로 연결된 다층 스케일에서 작동하는 프로세스 시공간의 통합적 분석

(Taylor, 2008; Roberts, 2013 재인용)

표 5-20. 2015 개정 교육과정에 의한 지리과 핵심개념

사회-지리 영역-		통합사회	
영역	핵심개념	영역	핵심개념
지리 인식	지리적 속성 공간 분석 지리 사상	삶의 이해와 환경	행복 자연환경 생활공간
장소와 지역	장소 지역 공간관계		
자연환경과 인간 생활	기후 환경 지형 환경 자연-인간 상호작용	인간과 공동체	인권 시장 정의
인문 환경과 인간 생활	인구의 지리적 특성 생활 공간의 체계 경제 활동의 지역구조 문화의 공간적 다양성	사회 변화와 공존	문화 세계화 지속가능한 삶
지속가능한 세계	갈등과 불균등의 세계 지속가능한 환경 공존의 세계		

핵심개념을 추출하는 작업은 더 많은 관련 요인들을 고려해야 하기 때문에 더욱 어려울 수밖에 없다. 표 5-19는 학자 및 기관에 따라 지리의 핵심개념이 어떻게 다를 수 있는지를 보여 준다. 한편, 우리나라의 현행 2015 개정 교육과정에서도 핵심개념을 구체화하여 제시하기 시작했다 (표 5-20).

② 조직개념

브룩스(Brooks, 2013)는 개념을 위계적 개념(hierarchical concept), 조직개념(ogranisational concept), 발달개념(developmental concept)으로 구분한다. 그에 의하면, 위계적 개념은 교육과정(curriculum)과 밀접하게 관련되며, 조직개념은 교수법(pedagogy), 발달개념은 학습자(learners)와 관련된다. 따라서 위계적 개념이 교과에 초점을 둔 것으로 내용 컨테이너로서의 개념이라면, 조직개념은 교수법에 초점을 둔 것으로 아이디어, 경험, 프로세스에 대한 연계를 도와주는 개념이다. 그리고 발달개념은 학습자에 초점을 둔 것으로 이해를 심화시키는 과정을 반영하는 개념이다. 물론, 브룩스는 위계적 개념 그 자체에도 어느 정도 그 개념에 내재된 조직(ogarnization)이 있다는 것을 인정하지만, 위계적 개념은 개념이 어떻게 사용되는가에 관한 것이 아니라, 개념이 지리적 지식과 어떻게 관련되는지에 초점을 두고 있다고 본다.

한편, 로버츠(Roberts, 2013)는 실체개념(substantive concept)과 조직개념(organizing concept)으로 구분한다. 실체개념은 지리적 실체나 내용과 관련있으며(예: 호수, 기후 등), 조직개념은 지리학의 틀이 된다(예: 장소, 공간, 스케일 등). 그녀는 조직개념을 '2차 개념(second order concept)'으로도 부르는데, 브룩스의 논리와 일맥상통한다. 실체개념이 교과의 내용과 관련이 된다면, 조직개념 또는 2차 개념은 교수법에 초점을 두어 아이디어, 경험, 프로세스에 대한 연계를 도와주는 개념이라고 할 수 있다.

리트(Leat, 1998)의 '빅 개념[big concepts(원인과 결과, 분류, 의사결정, 개발, 불평등, 입지, 계획과 시스템)]'과 매세이(Massey, 2005)의 연구에 토대한 테일러(Taylor, 2008)의 '조직개념 [organisational concepts(다양성, 변화, 상호작용, 지각과 재현)]은 개념들을 일상적 경험과 고차적인 지리적 아이디어들을 연결시키는 방법으로서 사용한다. 위계적 개념이 학습내용을 규정짓는다면, 여기서 명백한 차이점은 빅 개념 또는 조직개념은 지리학습을 발달시키는 도구로서 간주된다는 것이다(Brooks, 2013).

한편, 지리를 위한 핵심개념의 일부를 조직개념으로 간주하려고 하는 관점에 주목할 필요가 있다. 조직개념에 대한 관심은 일찍이 영국을 중심으로 학습에 대한 계열성을 담보하기 위한 목적에서 전개되어 왔다(서태열, 2005). 그러나 조직개념 역시 핵심개념과 마찬가지로 주장하는 학자 또는 사용 목적에 따라 상이하게 분류된다. 램버트(Lambert, 2007)는 장소, 공간, 스케일을 조직개념으로 간주한 반면, 베네츠(Bennetts, 2008)는 장소, 공간, 환경을 조직개념으로 간주하였다. 그리고 테일러(Taylor, 2008)는 지리에서의 조직개념을 다양성, 변화, 상호작용, 지각과 표상으로 제시하였다.

③ 핵심개념과 조직개념을 통한 교육과정 계획 시 유의사항

지리교육에서 핵심개념과 조직개념에 대한 관심은 지리교사들에게 교육과정을 계획하는 자율성과 유연성을 제공하기 위한 것이다. 그러나 이러한 핵심개념과 조직개념을 통하여 교육과정을 계획하는 데 있어서 몇 가지 유의해야 할 사항이 있다.

첫째, 핵심개념에 대한 학습이 학생들의 지리적 지식과 이해, 기능을 발달시키는 첫 단계로 잘못 해석될 소지가 있다는 것이다. 롤링(Rawling, 2008)에 의하면, 학생들이 일상적인 지리적 문제에 대한 이해의 폭을 넓힐 때 점점 앎에 도달하고 비로소 빅 아이디어 또는 빅 개념에 대한 이해에 도달할 수 있다. 따라서 교육과정 계획은 핵심개념에서 출발해야 하는 것이 아니라, 학습의 마지막 단계에서 이러한 핵심개념에 대한 이해에 도달할 수 있도록 해야 한다.

둘째, 이와 유사한 맥락에서, 지리 교육과정을 계획할 때 핵심개념은 절대적인 것이 아니라 주요한 자원 중의 하나라고 인식할 필요가 있다. 즉 핵심개념은 학생들이 기억해야 할 사실의 뭉치가 아니라, 지리적 사고를 위한 사고의 경제(economies of thought)로 간주될 필요가 있다. 따라서 지리교사들은 학습내용을 선택하고, 교수·학습을 계획하고, 평가를 고안할 때 핵심개념을 반드시 명심해야 한다. 그러나 핵심개념은 지리교사가 학생들에게 직접 가르쳐야 할 무언가가 아니며, 학습을 위해 핵심개념에 대한 정의를 바로 제시할 필요는 없다.

셋째, 핵심개념은 학습내용에 대한 선택을 암시하는 것이 아니기 때문에, '장소', '공간', '스케일' 등으로 명명된 수업단원을 만들 필요는 없다. 중요한 것은 지리교사들이 핵심개념이 의미하고 있는 것을 정확하게 이해하는 것이며, 그렇게 될 때 학생들로 하여금 지리적으로 사고하도록 할 수 있다. 따라서 지리교사들은 그들이 선택한 장소와 토픽에 대한 학습을 통해, 학생들로 하

여금 자연스럽게 핵심개념에 대한 이해에 도달하도록 지원할 필요가 있다.

(2) 자연발생적 개념과 과학적 개념

비고츠키(Vygotsky, 1962)는 개념을 '자연발생적 개념(spontaneous concept)'과 '과학적 개념(scientific concept)'으로 구분하였다.

표 5-21. 자연발생적 개념과 과학적 개념

자연발생적 개념	• 일상생활에서의 직접적인 경험을 통해 생겨난 것이다. • 우리는 일상생활을 통해 개인지리를 경험하기 때문에 자연발생적 개념들은 지리교육에 매우 유용하다. • '일상적 개념'으로도 불린다(Marsden, 1995).
과학적 개념	• 개별 학문에 의해 개발된 개념을 말한다. • '기술적 개념(technical concept)' 또는 '이론적 개념(theoretical concept)'으로도 불린다.

(Roberts, 2013)

(3) 구체적 개념과 추상적 개념

4장에서 살펴보았듯이, 가네(Gagné, 1965)는 개념을 단순하고 기술적인 '관찰에 의한 개념[(concepts by definition)=구체적인 개념(concrete concepts)]'과 더 복잡하고 조직적인 '정의에 의한 개념[(concepts by definition)=추상적인 개념(abstract concepts)]'으로 구별하였다. 브룩스(Brooks, 2013)는 이러한 개념 분류를 위계적 개념이라고 하였다. 개념은 구체적 혹은 추상적 개념으로 분류하는 것이 가능하지만, 이분법보다는 아주 간단한 구체적 개념에서부터 극단적인 추상적 개념에 이르는 연속선으로 파악하는 것이 유용하다

표 5-22. 구체적 개념과 추상적 개념

구체적 개념	• 우리 인간의 경험과 관련되어 구체적이고 모호하지 않은 개념 • 우리의 감각을 통해 경험하는 사물, 사건, 현상과 관련이 있음 • 몇몇 구체적 개념들은 다른 개념들에 비해 감각을 통해 이해하는 것이 더 쉬움 • 예를 들면, 날씨, 농장, 여행 등
추상적 개념	• 더 깊은 통찰을 제공하기 위해 만들어진 더 추상적이고 정의하기 어려운 개념 • 우리의 감각을 통해 경험할 수 없으며, 아이디어와 관련이 있기 때문에 머릿속에서만 재현됨 • 예를 들면, 기후, 공간적 상호작용, 공간적 불평등, 사회정의, 권력, 문화 등

(Roberts, 2013)

학습방법과 관련해서 볼 때, 구체적으로 관찰할 수 있는 구체적 개념은 발견의 과정을 통해 학습될 수 있는 반면, 더 추상적인 본질의 관계를 표현하는 추상적 개념은 직접적인 방법으로 가르쳐야 한다. 실험결과에 의하면, 구체적 개념은 속성모형을 중심으로, 추상적 모형은 '실례'를 중심으로 한 원형모형으로 학습하는 것이 이해를 하는 데 효과적이다(차경수·모경환, 2010).

(4) 마스덴의 위계적 개념

마스덴(Marsden, 1995)은 지리적 개념에 대한 검토에서 개념은 두 가지 차원, 즉 추상적-구체적(abstract-concrete), 기술적-일상적[technical-vernacular(everyday)] 차원을 가진다고 제안했다. 마스덴(Marsden)은 이들을 조합하여 추상적-기술적(abstract-technical, 이하 AT) 개념, 추상적-일상적(abstract-vernacular, 이하 AV) 개념, 구체적-기술적(concrete-technical, 이하 CT) 개념, 구체적-일상적(concrete-vernacular, 이하 CV) 개념의 4가지로 분류하였다. 이때 AT 개념은 좀 더 원리에 가까운 개념이라 할 수 있으며 수자원과 같이 단원 명칭으로도 사용할 수 있다. CT 개념은 위의 AT, AV 개념을 이해하기 위한 전제조건으로 언어적 정의의 수준에 의해 획득되는 조작적 개념들이다. CV 개념은 매우 구체적 개념으로 AT, AV, CT 개념의 재료가 된다(서태열, 2005; Brooks, 2013)(그림 5-2 참조).

브룩스(Brooks, 2013)는 그림 5-2와 같이 조합된 각각의 개념에 대한 사례를 제시하고 있다. 여기에 사용된 사례들은 싱가포르 지리 'O'레벨(영국의 GCSE와 동등한) 시험 교수요목의 자연지리 부분의 '주요 개념(Main Concepts)' 목록에서 발췌한 것이다.* 그는 그림 5-2가 가지는 의의를 두 가지로 제시한다. 첫째, 개념들이 상이한 맥락에서 어떻게 사용될 수 있는지를 보여 주는 것이다. 둘째, 개념들은 추상적-구체적, 기술적-일상적 차원으로 구체화될 수 있다는 것이다. 두 차원들은 유용하다. 왜냐하면 그것들은 일부 개념들은 다른 개념들보다 더 일상적이고 더 구체적이라는 것을 보여 주기 때문이다. 추상적-기술적인 개념들은 구체적-일상적인 개념들보

---

* 브룩스(Brooks, 2013)는 일부 독자들이 그림 5-2에서 사례로 제시한 것에 동의하지 않을 수 있다고 인정한다. 사실, '해변(beach)'이 실제로 구체적인 개념인지에 대해서는 논란의 여지가 있을 수 있다. 지형학자들과 서퍼들은 무엇이 '해변(beach)'을 구성하는지에 관해 논쟁할 수 있다. 개념의 정확한 의미는 종종 논쟁적이다. 예를 들면 '장소(place)'와 같은 개념은 전문가들에 따라 상이한 의미를 가질 것이다. 즉 어떤 사람에게는 구체적인 것이지만, 다른 사람에게는 매우 추상적일 수 있다. 게다가, 일부 개념들이 지리적인가에 대한 일부 논의들이 있을 것이다. 즉, '시간(time)'은 지리적 분석의 핵심적인 부분이지만, 지리 개념으로 항상 고려되는 것은 아니다.

		차원2	
		기술적	일상적
차원1	추상적	추상적-기술적 (예: 적응)	추상적-일상적 (예: 침식)
	구체적	구체적-기술적 (예: 마식)	구체적-일상적 (예: 해변)

그림 5-2. 위계적 개념들의 차원들
(Marsden, 1995)

다 이해하기 더 어렵다. 이는 교육과정 입안자들에게 지리 내용을 차별화하고, 구체적-일상적 개념들에서 추상적-기술적 개념들로 지리 내용을 구조화하도록 할 수 있다.

(5) 사회과의 개념 분류

차경수·모경환(2008: 210-212)은 개념이 포괄하는 정도에 따라 상위개념, 동위개념, 하위개념으로 구분한다. 로버츠(Roberts, 2013)는 이와 유사하게 포섭개념(nested concept)을 제시한다. 개념의 위계적 포섭은 러시아의 마트료시카 인형처럼 하나의 개념 속에 다른 개념이 포함된 형태를 말한다. 주소는 위계적 포섭의 좋은 사례이다. 주소는 집 번호, 거리, 마을, 카운티, 국가, 대륙, 세계, 우주로 구성된다.

한편, 차경수·모경환(2008: 210-212)은 여러 가지 속성들이 부가적(additive)으로 모여서 개념을 구성하는지, 아니면 이들 속성이 대안적으로 개념을 구성하는지에 따라 접합개념(conjunctive concept), 이접개념(disjunctive concept), 관계개념(relational concept)으로 분류하기도 한다.

표 5-23. 포괄 정도에 따른 개념 분류

상위개념	• 포괄하는 정도가 높은 개념 • 지구는 육지의 상위 개념이다.
동위개념	• 포괄하는 정도가 동일한 개념 • 육지는 대양과 동위 개념이다.
하위개념	• 포괄하는 정도가 낮은 개념 • 섬이나 산은 육지의 하위 개념이다.

표 5-24. 속성의 부가성 유무에 따른 개념 분류

접합개념	• '결합개념'이라고도 하며, 몇 개의 특징이 부가적으로 모여서 개념을 구성하는 것을 말한다. • 예를 들면, 사회계급은 교육, 수입, 직업 등 몇 개의 특징이 모여 만들어진 개념이다.
이접개념	• '비결합개념'이라고도 하며, 개념을 구성하는 특징이 여러 개의 대안을 가지고 있는 것을 말한다. • 예를 들면, 국민이라는 개념은 출생에 의해서, 혈연에 의해서, 귀화에 의해서, 결혼에 의해서 등 여러 개 중 어느 하나에 의해서 각각 독립적으로 또는 대안적으로 성립될 수 있다.
관계개념	• 고정된 특징을 가지고 있지 않기 때문에 오직 다른 것과의 비교나 사건, 대상 등의 관계에서만 성립되는 개념이다. • 사회과에서 흔히 사용되는 '정의롭다, 평화롭다, 멀다, 가깝다, 공정하다' 등의 개념은 그 자체로서는 의미가 명백하지 않고 항상 다른 것과 비교할 때 의미가 생긴다. • 예컨대, '가깝다'는 것은 '멀다'는 것과 비교할 때 의미가 생기는 것과 같다. • 관계개념은 속성보다는 그 개념이 쓰이는 상황과 맥락을 이해하는 것이 중요하다.

3) 개념도

4장의 학습이론에서 오수벨의 유의미학습이론이 지리교육에 미친 영향을 다루면서 '개념도'에 대해 언급했다. 여기에서는 그러한 논의의 연장선상에서 개념도를 활용한 지리학습에 대해 간단하게 살펴본다.

(1) 개념도란?

개념도(concept map)는 지식을 조직하고 표상하기 위한 그래픽 도구로 보통 어떤 형태의 원 또는 박스에 에워싸인 개념들, 그리고 두 개념들을 연결하는 연결선에 의해 드러난 개념들 간의 관계를 나타낸다(Novak and Cañas, 2008). 개념도는 간단히 말해 개념체계 또는 지식의 구성요소를 관련성에 따라 위계적으로, 그리고 수평적으로 보여 주는 그림이라고 할 수 있다(Novak, 1977; Novak and Gowin, 1984).

개념도는 꼭대기에 가장 포괄적이고 추상적인 개념들이 있으며(예: 입지), 아래에는 보다 구체적인 하위 개념들(예: 절대적 입지, 상대적 입지)을 두는 계층적 구조를 가진다. 이와 같이 사용될 때, 개념도는 분류기능을 가질 뿐만 아니라, 관계들을 탐구하기 위해 사용된다. 개념들이 계층적으로 배열되지 않더라도 개념도는 교육적으로 가치가 있을 수 있다.

이러한 개념도는 오슈벨(Ausubel, 1963)의 유의미학습이론에 영향을 받아 1972년 미국 코넬

대학교의 조셉 노박(Joseph Novak)과 그의 연구 그룹에 의해 처음으로 개발되었다. 노박은 개념도에 관한 그의 아이디어를 계속해서 발전시켰으며(Novak, 2010; Novak and Cañas, 2008), 개념도를 폭넓게 사용할 것을 격려했다.

(2) 개념도 그리기 방법

리트와 챈들러(Leat and Chandler, 1996)는 표 5-25와 같이 개념도 그리기 방법을 제시하고 있다.

표 5-25. 개념도 그리기 순서

---

1. 카드(6-16개의 개념 조각 카드)를 자세히 살펴보고, 카드에 대해 토의하며, 여러분이 이해하지 못한 카드는 옆에 따로 두어라.
2. 종이(A3) 위에 카드를 두고 여러분이 이해한 방식으로 그것들을 배열하라. 그 용어들 간의 가능한 연결에 대해 토의하라. 그러한 많은 연결들을 가진 카드들은 서로 가까이 둘 수 있지만, 더 많은 카드들이 후에 추가될 수 있기 때문에 모든 카드 사이에 충분한 공간을 두어라.
3. 여러분이 만족스러울 때, 종이(A3)에 카드들을 고정시켜라.
4. 연결될 것 같은 용어들 사이에 선을 그어라.
5. 선 위에 연결에 대한 간단한 설명을 써라. 화살표를 사용하여 연결이 어떤 방향으로 진행되는지를 보여 주어라. 서로 다른 연결들은 어떤 한 쌍의 용어를 위해 두 방향으로 갈 수도 있고, 어떤 방향으로 한 가지 이상의 연결이 있을 수도 있다. 모든 용어들 사이에 연결이 이루어질 필요는 없다.
6. 여러분이 중요하다고 생각되는 용어 중 빠진 용어가 있다면 빈 카드에 추가하고, 연결들을 추가하라.
7. 여러분은 개념들 간의 상호관련성을 탐구하여 전체에 대해 완전히 이해하고 설명할 수 있어야 한다.

(Leat and Chandler, 1996: 110; Roberts, 2013 일부 수정)

(3) 개념도의 활용

개념도는 교육과정, 교수·학습, 평가 등 지리교육의 여러 측면에서 이용된다(표 5-26).

표 5-26. 개념도의 활용

지리 교육과정 계획과 수업설계	• 개념도는 인지구조를 이루고 있는 개념들의 수평적 관계뿐만 아니라 수직적인 관계도 나타낼 수 있다. • 학생들이 작성한 개념도는 교육과정 내용의 논리적인 구조와 계열을 학생들이 가지고 있는 심리적인 구조와 학습과정에 맞추어 조직하는 준거로 이용될 수 있다.
지리교수·학습	• 개념도를 이용해서 학습 이전에 학습자들이 학습해야 할 주요 개념과 명제를 제시해 줄 수 있으며, '선행조직자'로서 개념도를 제시하여 학습자에게 개념들을 통합적으로 이해하도록 할 수 있다.

지리교수·학습	• 개념도는 수업이 시작되기 전 학습할 내용에 대해 학생들이 어떠한 생각을 가지고 있는지를 알아보기 위해 이용될 수 있다. • 교사는 학생들이 작성한 개념도에서의 개념 간의 위계, 관계, 그리고 연관 등을 바탕으로, 학습할 내용에 대해 학습자가 어떤 '오개념'을 가지고 있는지 확인할 수 있다. • 학생들이 가지고 있는 '오개념'을 수정하기 위해 어떤 학습자료를 선정하고, 어떻게 조직해야 할 것인지를 계획할 수 있다.
지리 평가도구	• 학생들이 수업 전에 작성한 개념도는 선행학습의 특성뿐만 아니라 학습할 내용 및 과제에 대한 학생들의 '오개념'을 파악할 수 있도록 해 주기 때문에, 진단평가의 도구로 이용될 수 있다. • 수업 중에 작성한 개념도는 학습이 이루어지는 과정에서 작성한 것이므로, 학습자 스스로 자신이 어느 정도 개념을 이해하고 있는지에 대해 점검할 수 있는 기회를 제공해 준다. 또한 동료들의 개념도 또는 교과서 대단원 정리에 나와 있는 개념도와 비교해 봄으로써 자신의 학습 정도(개념체계와 지리적 지식의 구성요소)에 대한 이해를 높일 수 있다. • 학생들이 수업 후에 작성하는 개념도는 학습의 결과를 보여 주기 때문에, 학습자에 따라 개념이 어떻게 분화되었는지를 보여 준다. • 개념도 그리기는 이해의 정도를 평가할 수 있는 수행평가에 필수적인 도구 또는 수단으로서 이용될 수 있다.

(Nichols and Kinninment, 2001: 126)

(4) 개념도의 장단점

개념도의 장단점에 대해서는 많은 학자들이 주장하고 있다. 로버츠(Roberts, 2013)는 개념도의 장단점을 표 5-27과 같이 제시하고 있다.

표 5-27. 개념도의 장단점

장점	단점
• 개념들 간의 연결을 강조하며, 심층적인 사고와 이해를 격려한다. • 학생들에게 활동적인 참여를 격려한다. • 개념들 간의 관계에 대한 이해 또는 오해를 드러낼 수 있다. • 학습자들 사이에서 또는 교사들과 학습자들 사이에서 토론의 질을 강화할 수 있다. • 이해의 증가를 예증하는 데 사용될 수 있다. • 많은 학생들은 텍스트 프레젠테이션보다 복잡한 관계들의 비주얼 프레젠테이션이 보다 이해하고 기억하기 쉽다는 것을 발견한다. • 학생들에게 광범위하게 사용되며, 고등교육에서 개념도 사용에 관한 연구는 개념도의 효과를 증명하였다 (Hay et al., 2008; Davis, 2011). 그리고 학교지리에서도 그렇다(Leat and Chandler, 1996).	• 개념도를 구성하는 것은 도전적이다. 심층적인 사고를 요구한다는 점에서 장점으로 간주될 수 있지만, 개념도가 처음 사용될 때 교사의 많은 지원이 필요할 수 있다. • 개념도는 구성하는 데 시간이 소비되며, 완전한 결과보고를 요구한다. 그렇지 않으면, 학생들은 오개념을 가질 수 있다. • 교사에 의한 개념도의 평가는 시간을 많이 소모한다. • 개념도는 과도하게 복잡할 수 있으며, 명료하기보다 오히려 혼란스러울 수 있다. 복잡한 개념도는 쉽게 기억할 수 없다. 특히 많은 개념들이 사용될 때, 생산적이라기보다는 오히려 복잡성을 가중시킨다. • 개념도는 관계를 지도화하기 위한 도구로서 설계되었다. 따라서 지리적 토픽과 쟁점을 위해서는 적합하지 않다.

(Roberts, 2013)

웹 다이어그램/마인드맵/개념도

웹 다이어그램, 마인드맵, 개념도는 유사해 보이지만 실상 서로 간에 차이점이 있다. 서로 간의 차이점을 아는 것은 중요하다. 왜냐하면 지리교육에서 이들은 서로 다른 목적을 성취할 수 있도록 하기 때문이다 (Davies, 2011). 다음은 웹 다이어그램, 마인드맵, 개념도의 특징 및 차이점을 보여 준다.

웹 다이어그램, 마인드맵, 개념도의 차이점

	웹 다이어그램	마인드맵	개념도
형태			
기원	일반적으로 수십 년 동안 사용되어 왔다.	토니 부잔 (Tony Buzan, 1974)	노박 (Novak, 1972)
역할	정보와 아이디어들을 범주들과 하위 범주들로 유목화한다.	정보를 범주들과 하위 범주들로 유목화한다.	개념들 간의 관계를 구체화한다.
특징/ 차이점	특별한 규칙은 없다. 원하는 대로 발전할 수 있다. 유용한 만큼 하위 범주들과 연계들로 발전될 수 있다. 유목화하기 위해 색깔을 사용할 필요가 없다.	분류에 강조점을 둔다. 범주들과 하위 범주들로 구분한다. 색깔을 사용하여 범주들을 분류한다. 그림을 사용한다.	개념들 간의 연계의 본질을 라벨로 설명하는 데 강조점을 둔다. 다이어그램들의 결절들은 개념들이다. 원래의 형태에서, 개념들은 위계적으로 배열된다.

(Roberts, 2013: 142)

마인드맵은 웹 다이어그램과 동일한 목적을 위해 사용되지만, 색깔과 그림을 사용하기 때문에 더 정교하다. 웹 다이어그램이 그래픽 조직자로서 매우 유용하지만, 마인드맵 구조와 차이점이 있다(이상우, 2009; 2012). 다음은 마인드맵과 웹 다이어그램의 차이점을 보다 자세하게 보여 준다.

마인드맵과 웹 다이어그램의 차이점

- 마인드맵 구조는 주, 부, 보조가지 등으로 나뉘어 단계별로 진행된다. 하지만 웹 다이어그램은 그런 것이 없다.
- 한 가지 낱말이나 주제에 대하여 마인드맵 구조는 다양하고 창의적 사고를 해 나가면서 뻗어 나가지만, 웹 다이어그램은 창의성보다는 한 낱말이나 주제에 따른 사실, 상황, 환경, 문화, 사람 등에 대한 정보를 사고·기록·분류하게 해 준다.
- 마인드맵 구조가 창의적인 면(특히 사고의 확장–폭넓은 사고)에 중심을 두었다면, 웹 다이어그램은 사고와 이해(특히 사고의 깊이)에 중심을 둔다.
- 마인드맵 구조는 어찌 보면 전혀 연관성이 없을 법한 내용과도 연결이 가능하게 해 준다. 하지만 웹 다이어그램은 그렇지 못하다.
- 마인드맵 구조는 주로 (창의적) 사고의 발전과 그에 따른 정리(기억)에 핵심이 있다. 그러나 웹 다이어그램은 사건, 사실의 분류와 이해에 중심이 있다.

개념도 역시 웹 다이어그램과 구별된다. 웹 다이어그램은 정보를 분류하는 것이 아니라 브레인스토밍을 통해 가능한 한 많은 정보를 모으는 데 목적을 둔다. 반면 개념도는 어떤 주제 또는 쟁점을 구성하는 개념들 간의 관련성에 대한 그래픽 조직자(graphic organizers)로 다이어그램의 결절(nodes)보다는 오히려 연결(links)을 강조한다(Ghaye and Robinson, 1989; Leat and Chandler, 1996). 학생들이 수행해야 할 주요 과제는 개념들 사이의 연결 및 연관성을 구체화하고 관계를 제시하는 것이다.

4) 오개념

(1) 오개념 또는 대안적 개념화란?

오개념(misconception)이란 개념화(conception)를 잘못했다는 의미다. 다시 말해, 보편타당한 하나의 개념(concept)이 있는데, 학습자가 그 개념을 잘못 개념화한 것을 의미한다. 그 개념에 대한 타당한 설명은 교과서 속에 존재한다고 본다. 따라서 오개념이라는 말은 절대적 진리관에 기초한다고 할 수 있다. 반면, 대안적 개념화(alternative conception)는 구성주의적 진리관에 기초한 것으로 구성주의자들이 오개념이라는 용어를 대체하여 사용하려는 의도에서 제시하는 용어이다. 그렇지만, 현재 오개념이라는 용어가 더 널리 사용되고 있다.

구성주의 관점에서 학습이란 학습자의 능동적인 지식 구성과정을 의미하며, 그 지식이 갖고 있는 의미는 학습자 개인의 경험에 근거하여 이해된다. 교사가 학생들에게 학습할 내용을 제시할 때, 학생들은 자신의 일상적인 경험을 통해 이미 형성된 선개념(preconception)을 바탕으로 지식을 구성해 나간다. 그러나 이러한 선개념은 현재의 과학적 안목으로 볼 때 옳은 지식일 수도 있지만, 잘못된 지식일 수도 있다. 특히, 학습자는 선개념을 신념화시키는 경향이 있어서, 새로운 학습에 악영향을 미친다는 점을 간과하고 있다.

1960년대 오수벨(Ausubel)이 학생의 선개념이 학습에 미치는 영향을 지적한 이래, 과학교육자들은 학습자들에게 이미 형성되어 있는 학습 이전의 개념이 그 시대의 과학적 지식과 다를 경우를 '오개념(misconceptions)'이라 하여 자연과학 분야에서 폭넓은 실증적 연구들을 수행해 왔다.

'선개념(preconceptions)'은 형식적인 교수가 일어나기 전에 어떤 토픽에 관해 학생들이 가지고 있는 '불완전하거나 순진한 개념(incomplete or naive notion)'을 의미한다(Kuiper, 1994). '오개념(misconceptions)'은 일반적으로 학생들이 형식적인 모델이나 이론에 노출되어 이것을 부

표 5-28. '대안적 개념화'의 공통된 원천들

대안적 개념화의 원천	사례
1. 과학적 용어의 부정확한 사용	'충적토'를 하천에 의해 만들어진 굳지 않은 모든 물질로 간주하는 경향이 있다. 그러나 충적토는 실트 규모의 입자만을 포함한다.
2. 특정한 사례에 대해 과도한 일반화를 적용함	얕은 토양 단면은 오래 되지 않았다고 추측한다. 그러나 사막 토양은 풍화가 거의 일어날 수 없어 얇지만 오래되었다.
3. 시간에 따른 정의의 변화를 인식하는 데 실패함	'사막'이라는 용어는 원래 뜨겁고 매우 건조한 지역에 한정되었다. 그러나 현재는 강수의 부족보다는 낮은 기온과 생리적 한발을 가진 중위도 분지와 냉대 지역을 포함한다.
4. 밀접하게 관련된 개념들을 혼동함	'다공성(porous)'과 '투과성(permeable)'을 예로 들 수 있다. '투과성(permeable)'은 액체/기체가 암석 또는 토양을 통과할 수 있는 용이성과 관련된다. 반면 '다공성(porous)'은 물질의 총량에 대한 빈 공간(구멍)의 비율로서, 암석/토양 내에서 유지될 수 있는 물의 양과 관련된다.
5. 유사한 모습을 가진 지형들이 동일한 기원을 가지는 것으로 추측함	모든 원추형 언덕을 화산 지형으로 가정하는 것이다. 그러나 원추형 언덕들은 석유 또는 소금 돔, 가파른 배사구조, 탑과 원뿔 카르스트 경관일 수 있다.
6. 유사한 모습을 가진 지형들이 동일한 물질로 만들어졌다고 추측함	모든 토르(tors)는 화강암으로 만들어져 있다고 추측하는 것이다. 그러나 토르는 사암과 같은 다른 암석 유형에서 만들어질 수도 있다.
7. 특정한 지형이 단지 하나의 형태를 가지는 것으로 추측함	모든 산 정상은 뾰족하다고 추측하는 것이다.
8. 암석을 특정한 색깔과 관련시킴	모든 석회암을 황색으로 간주하여, 회색과 흰색 종류는 인식되지 않는다고 추측하는 것이다.
9. 지형들이 일정한 규모(크기)가 있다고 추측함	드럼린과 양배암이 실제보다 크다고 믿는 것이다.
10. 특정한 지형을 특정 위치와 동일시함	도상구릉(inselbergs)을 사막과 관련시키는 것이다. 그러나 도상구릉은 사바나 지역에서도 발생할 수 있다.
11. 현재의 프로세스가 현재의 지형을 만들었다고 추측함	많은 사막 지형들(예: 와디)은 현재의 프로세스들보다는 오히려 과거 하천의 이벤트에 의한 것이다.

(Dove, 1999: 12 수정)

정확하게 동화한 경우에 사용된다(Driver and Easley, 1978; Kuiper, 1994). 오개념은 또한 부정확한 정신적 구성(incorrect mental construct)을 기술하기 위해 사용된다(Fisher an Lipson, 1986).

(2) 오개념 형성 원인과 유형

김진국(1998)은 이러한 대안적 개념화 또는 오개념의 형성 원인을 학습자 변인, 교사 변인, 교과서 변인, 대중매체의 영향 등으로 제시한다. 먼저 학습자 원인으로는 '인지구조의 미성숙', '감각적 경험의 차이', '일상생활 및 학문에서 사용되는 언어의 의미차', '잘못된 관찰', '특수한 경험의 지나친 일반화', '한자어의 음에 의존하여 뜻을 이해하려는 경향' 등을 제시하고 있다. 그리고 교사 변인으로는 '교사의 잘못된 개념 설명', '수업 내용의 재조직', '언어를 통한 의미 전달', '준비도 미확인 상태에서의 수업' 등을 제시하고 있다. 또한 교과서 변인으로는 '단원 구성', '개념 설명의 오류 및 생략', '용어의 잘못된 선택 및 문장의 문법적 구조에 따른 의미차' 등을 제시하고 있다. 마지막으로, 대중매체는 일반적인 지리 지식과 다른 흥미 위주의 매우 특수한 경우를 많이 다룸으로써 학생들이 그러한 사례를 과도하게 일반화할 경우에 오개념이 형성될 수 있다.

김진국(1994)은 이러한 다양한 원인으로 형성되는 지리교육에서의 오개념 유형을, 지식체계에 근거하여 '사실과 관련된 오개념', '개념과 관련된 오개념', '일반화와 관련된 오개념'으로 구분하여 제시하였다(표 5-29).

표 5-29. 오개념 유형과 사례

유형	사례
사실과 관련된 오개념	• 울릉도에서 독도는 육안 가시거리 내에 위치해 있는 것으로 알고 있다. • 아프리카와 아메리카 대륙이 거리상 제일 먼 것으로 알고 있다. • 한국에서 인도까지 가는 것보다 한국에서 오스트레일리아까지의 거리가 가깝다고 알고 있다. • 북극이 남극보다 더 추운 곳으로 알고 있다. 등등
개념과 관련된 오개념	• 삼각형 모양의 퇴적지형만이 삼각주가 되는 것으로 알고 있다. • 풍화를 바람에 의해서 일어나는 지형 형성작용으로 알고 있다. • 고기압과 저기압을 절대적 수치개념으로 알고 있다. • 지형도란 지형이라는 특수한 목적을 가진 주제로 알고 있다. • 간석지와 간척지를 동일한 것으로 알고 있다. 등등
일반화와 관련된 오개념	• 보르네오섬은 환태평양 조산대의 일부분에 위치해 있으므로, 화산이나 지진이 자주 발생하는 것으로 알고 있다. • 강하구 어디든지 삼각주가 형성되는 것으로 알고 있다. • 동해안은 조석의 차가 없는 것으로 알고 있다. • 감조하천은 서해안에만 나타나는 것으로 알고 있다. • 공업도시는 2차산업에 종사하는 인구비율이 가장 높은 것으로 알고 있다. • 후진국은 산업구조상 3차산업의 비율이 가장 적은 것으로 알고 있다. 등등

(김진국, 1994에서 발췌)

(3) 개념 변화: 오개념의 치유

① 개념 변화를 위한 조건

오개념이 형성된 상황에서 개념을 변화시키는 과정은 쉽지 않다. 연구에 의하면 학습자에게 상당한 인지적 관성이 있기 때문에, 개념을 변화시키기 위해서는 교사가 적극적인 역할을 담당해야 한다고 제안한다. 학생들이 자신의 오개념을 변화시키기 위해서는 적어도 다음 세 가지 조건이 충족되어야 한다(신종호 외, 2006: 422).

- 현존하는 개념이 불만족스러워야 한다.
- 대체될 개념이 이해 가능한 것이어야 한다.
- 새로운 개념이 반드시 실제 세계에 유용한 것이어야 한다.

오개념의 개념 변화를 위한 효율적인 학습전략으로 인지적 갈등 전략이 많이 사용된다. 인지적 갈등 전략은 학습자들이 자신의 선개념에 의해 설명할 수 없는 현상을 직면하게 함으로써, 자신의 생각이 잘못된 것임을 명확히 인식시키는 교수전략이다. 인지 갈등 전략이 전통적인 교수방법에 비해 학습자의 개념 변화에 상당한 효과가 있었다고 보고된다. 오개념의 개념 변화를 위해 많이 채택되고 있는 이론은 '피아제의 인지적 비평형이론'과 '하슈웨(Hashweh)의 인지갈등모형'이다.

② 피아제의 인지적 비평형이론

피아제(Piaget, 1965)의 인지발달이론은 인지 갈등, 즉 인지적 비평형이 정신 발달의 핵심적인 역할을 한다고 가정한다. 피아제는 인지구조와 외적 자극 사이에 동화와 조절이 원만하게 이루어질 때 '평형' 상태에 있다고 보았다. 그리고 학습자가 지니고 있는 인지구조와 괴리감을 보이는 외적 자극이 주어졌을 때, 인지구조와 새로운 환경과의 동화와 조절이 불능상태에 빠지는 것을 '인지적 비평형 또는 갈등 상태'라고 하였다. 이 인지 갈등 상태는 내적인 동기 유발을 위해 필수적인 것이며, 새로운 인지구조의 형성에 필수적으로 선행되어야 할 과정이라고 보았다. 인지적 비평형 상태의 해결은 학습자가 가지고 있는 인지구조의 변화에 의해서 가능하다. 피아제는 이를 위해서 학습자의 자연환경과의 상호작용, 학습자의 성장, 사회적 상호작용 등의 필요성을 강조하였다. 이 새로운 지적 평형 상태는 이전의 지적 평형 상태보다 질적으로 발달된 상태이며,

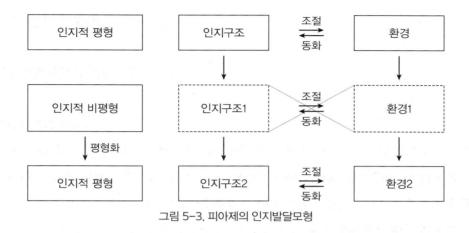

그림 5-3. 피아제의 인지발달모형

피아제는 이것을 인지적 발달이라고 하였다.

③ 하슈웨의 개념변화모형

하슈웨(Hashweh, 1986)는 피아제가 말한 인지구조와 환경과의 갈등 이외에 인지구조와 인지구조 사이의 갈등 관계를 설정하였다. 즉, 학생들의 선개념과 환경과의 갈등, 그리고 선개념과 새로 학습하게 될 개념과의 갈등을 제시하였다.

하슈웨(Hashweh)의 개념변화모형과 피아제의 인지적 비평형이론의 차이점은 다음과 같다. 첫째, C1과 C2가 공존할 수 있다는 가정 아래, 피아제는 새로운 인지구조가 기존의 인지구조의 질적인 변화에 의해서만 가능하다고 보았으나, 하슈웨(Hashweh)의 모형은 기존의 인지구조의 변화 없이도 새로운 인지구조의 수용이 가능하다고 주장한다. 물론, 새로운 인지구조의 의미있

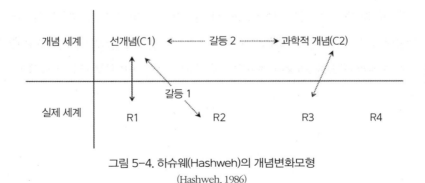

그림 5-4. 하슈웨(Hashweh)의 개념변화모형
(Hashweh, 1986)

는 수용은 갈등2가 해소되어야 하겠지만, 갈등2의 해소 이전에 C2의 도입이 가능하다는 점에서 피아제의 이론과 상이하다. 둘째, 하슈웨는 인지구조라는 용어 대신에 개념이라는 용어를 사용했다. 이것은 인지구조가 지식만이 아니라, 다른 일반적인 또는 보다 심층적인 구조를 포함할 수도 있기 때문이다.

5. 지리적 기능 및 역량

1) 지리적 의사소통능력

교육을 통해 실현되어야 할 가장 기본이 되는 기능은 일반적으로 문해력(literacy), 도해력(graphicacy), 수리력(literacy), 구두표현력(oracy) 등이다. 발친(Balchin, 1972)은 모든 학생들이 개발해야 할 의사소통능력을 '언어적 의사소통(Verbal communication)', '그래픽 의사소통(Graphic communication)', '수리적 의사소통(Numerical communication)', '구술적 의사소통(Oral communication)' 등 4가지로 구분하고, 이를 각각 학습을 위한 기본적인 능력인 문해력(literacy), 도해력(graphicacy), 수리력(numeracy), 구두표현력(oracy)과 관계짓는다.

앞에서도 살펴보았듯이, 브루너(Bruner)는 지식이 표상될 수 있는 상이한 세 가지 방법, 즉 단어와 수를 통한 상징적 표상(symbolic representation), 사진, 그래프, 지도, 아이콘 등과 같은 시각 이미지를 요약하는 방법을 통한 영상적 표상(iconic representation), 행동을 통한 행동적 표상(enactive representation)으로 이 기능을 구분하고 있다. 문해력과 수리력이 상징적 표상과 밀접한 관련이 있다면, 도해력은 영상적 표상과 관련된다. 특히 지리는 이와 같은 모든 기능을 아우를 수 있는 가장 대표적인 교과라고 할 수 있다. 지리탐구의 관점에서 본다면 문해력, 도해력, 수리력은 모든 교과를 통해 달성해야 할 가장 기본적인 능력인 동시에 지리 교과의 본질적인 능력이라고 할 수 있다.

2) 도해력

(1) 지리도해력

지리교육에서는 기능적인 측면에서 문해력, 구두표현능력, 수리력, 도해력 등 다양한 범위에 걸친 의사소통기능을 기를 수 있다. 도허티(Daugherty, 1989: 9)는 지리가 이와 같은 4가지 의사소통기능에 공헌하지만, 그중에서도 지도, 지구의, 항공사진, 다이어그램(순서도, 조직도, 현장 스케치, 풍배도, 토양분류도), 도표, 사진, 그래프, 단면도를 이용하고 회화적 자료를 활용할 수 있는 지리도해기능과 직접 관찰에 보다 관심을 기울여야 한다고 주장하였다. 보드먼(Boardman, 1983)은 도해력을 문해력, 수리력, 구두표현력 등의 의사소통기능 중 가장 지리적인 것으로 보았으며, 특히 지리를 통해 길러지는 도해력을 '지리도해력(geographicacy)'이라고 표현했다.

도해력은 크게 지리적 정보를 그래픽 형태로 전환하는 것과, 그래픽 형태로 제시된 표상을 해석하는 것으로 구분할 수 있다. 그래픽으로 전환시킬 수 있는 능력은 그래픽 표현물을 해석할 수 있는 능력의 기초가 된다. 지리적 정보를 그래픽 형태로 전환하는 능력은 지리적 정보를 점, 선, 면을 이용하여 표상하는 능력을 의미한다. 따라서 도해력과 관련하여 지리수업과 평가에서 일차적으로 할 수 있는 것은, 수치 자료를 그래픽 자료로 표현할 수 있는 능력의 개발과 이에 대한 평가이다. 하지만 실천적인 면에서 본다면, 만들어진 그림, 지도, 그래프, 다이어그램 등을 읽고 해석하는 데 초점이 맞추어진다.

지리교육에서 도해력의 중요성은 발친과 콜먼(Balchin and Coleman, 1965)에 의해 최초로 제기되었다. 이후 발친(Balchin, 1972)이 영국지리교육학회(Geographical Association) 회장 취임연설에서 도해력을 '언어나 숫자로 전달할 수 없는 공간적 정보와 아이디어를 기록하고 전달하는 하나의 의사소통'이라고 정의한 이후, 이는 지리교육에서 보편적으로 수용되었다.

(2) 공간인지와 도해력

공간인지(spatial cognition)는 지도기능(map skills)의 발달과 함께 도해력의 중요한 부분을 형성한다(Boardman, 1983). 캐틀링(Catling, 1976)에 의하면, 학생의 공간능력은 '공간적 위치', '공간적 분포', '공간적 관계'라는 3가지 차원에 대한 이해력과 관계된다. 이러한 공간능력은 아동의 인지적 성장과 함께 발달한다. 마스덴(Marsden, 1995: 78)에 의하면, 발달 초기 단계의 아동은 '공간에서의 행동(action in space)'에서 '공간에 대한 지각(perception of space)'으로, 그후 '공간에 관한 개념화(conceptions about space)'로 이동한다. 그러므로 공간적 개념화(spatial conceptualisation)는 학생들의 지적 발전에 중요한 기여를 한다.

심상지도(mental maps)*는 사람들이 장소에 대한 자신의 심상을 표현하는 지도이다. 이는 종종 아동의 지도 그리기 능력과 공간 인지에 대해 알아 내는 유용한 방법으로 간주된다(Boardman, 1987; 1989). 심상지도 그리기는 학생들로 하여금 집 혹은 그들이 다니는 학교 등과 같은 공간 환경에 대한 기억을 지도로 그리도록 요구한다. 그후 이러한 심상지도(mental maps) 혹은 인지도(cognitive maps)는 더 형식적인 지도들과 비교되거나 정확성을 평가받기도 한다. 같은 길을 따라 집에 가거나 같은 지역에 살고 있는 학생들의 경우, 그들이 그린 심상지도를 비교하여 유사성과 차이점을 확인하도록 요구받을 수도 있다.

보드먼(Boardman, 1987)은 이런 심상지도가 교사들에게 학생들의 공간 지각에 대한 이해를 제공하며, 학생들이 공간을 어떻게 표상하는지에 대한 정보를 제공해 준다고 주장한다. 이런 심상지도의 본질과 심상지도가 보여 주는 세부사항은 학생들이 환경에 대한 경험을 지리적으로 표상할 수 있는 능력을 나타낸다. 보드먼(Boardman, 1987)은 학생들이 그린 심상지도의 정확성이 자신의 공간 환경과 얼마나 친밀한지를 보여 주는 지표라고 보았으며, 이러한 정확성은 그들이 그리려고 한 경로의 거리에 영향을 받는다고 하였다.

(3) 장소감과 도해력

심상지도와 유사하게 학생들의 개인적 경험과 지식을 로컬에서 글로벌에 이르는 다양한 스케일에 적용하여 지도화할 수 있다(Roberts, 2003). 만약 학생들이 공간과 장소에 관해 사고하기 위한 기초로서 위치 지식을 발달시키고 싶다면, 그 출발점은 그들 자신의 개인적 지식 및 경험과 함께 하는 것이다.

학생들은 자신들이 장소에 대해 개인적으로 경험한 것을 '정의적 지도화(affective mapping)' 또는 '감성적 지도화(emotional mapping)' 활동을 통해 표현할 수 있다. 정의적 지도화 또는 감

---

* '심상지도(mental map)'(Gould and White, 1974)라는 용어는 다른 용어로도 사용되는데, 가장 대표적인 것이 톨먼(Tolman, 1948)에 의해 처음 사용된 '인지도(cognitive map)'이다. 이 이외에도 다양한 용어로 사용된다.

성적 지도화 활동은 학생들이 자신이 살고 있는 장소에 대해 느끼는 다양한 감성(기쁨, 두려움, 행복, 불안함 등)을 기호로 나타내는 것이다.

(4) 지도 및 단면도와 도해력

지도학습은 다양한 축척의 지도와 평면도를 어떻게 만들고 사용하며, 해석하는지를 배우는 것이다. 위든(Weedon, 1997: 169)은 지도학습을 위한 기능을 '지도 사용하기', '지도 만들기', '지도 읽기', '지도 해석하기' 등으로 구분한다(표 5-30). 그리고 거버와 윌슨(Gerber and Wilson, 1989)은 학생들에게 지도활동기능(mapwork skills)을 발달시키기 위해서 '평면도 조망(투시법과 기복)', '배열(위치, 방향, 방위)', '비율(축척, 거리, 선택)', '지도 언어(기호, 상징, 단어, 숫자)' 등 필수적인 지도의 구성요소를 고려해야 한다고 주장한다.

표 5-30. 지도학습의 유형

지도 사용하기 지도 만들기 지도 읽기 지도 해석하기	• 지도 상의 특징을 경관의 특징과 직접 관련지우기 • 정보를 지도 형식에 약호화하기 • 지도 언어의 요소를 성공적으로 탈약호화하기 • 선행 지리지식을 지도에서 관찰되는 특징과 패턴에 관련짓기

(Weedon, 1997: 169)

(5) 비주얼 리터러시

최근에는 도해력과 유사한 의미로 '비주얼 리터러시(visual literacy)'라는 용어가 많이 사용된다. 비주얼 리터러시 교육은 사진, 슬라이드와 같은 이미지 또는 시각자료를 단지 지리수업에 활용하는 수준을 넘어, 이러한 이미지 또는 시각자료에 재현된 지리적 현상을 분석하고 해석하는 데 초점을 둔다.

지리수업에 사용되는 시각자료는 우리가 살고 있는 세계를 비추어 주는 객관적인 창이 아니다. 그것은 그 시각자료를 만든 사람들의 의도적인 선택일 뿐만 아니라, 무의식적 선택을 반영하는 사회적으로 구성된 재현의 산물이다(Taylor, 2004). 따라서 학생들이 시각 이미지를 자세히 관찰하고 이러한 선택의 과정을 고려할 수 있을 때, 그 이미지를 만든 사람과 문화의 목적 및 관심에 대해서도 배울 수 있다(Mackintosh, 2004: 124). 또한 학생들이 이미지를 자세하게 관찰하고 이미지를 만든 사람의 특성과 동기에 관해 질문할 때, 그리고 관찰자로서 그들에게 그 이미지가 주는 의미에 관해 질문을 할 때 비로소 학습은 더욱 풍부해질 수 있다(Robinson, 1987: 13).

(6) 비전 프레임과 개발나침반

교사는 지리수업에서 학생들이 사진자료를 잘 분석할 수 있도록, 적절한 질문으로 잘 구조화된 틀을 제공할 필요가 있다. 여기서 교사의 효과적인 교수전략은 학생들이 이미지를 관찰하고, 접근하고, 탐구하고, 해석하는 기능을 발달시킬 수 있도록 하는 것이다. 테일러(Taylor, 2004)에 의해 제시된 '비전 프레임(Vision Frame)'과 버밍엄 개발교육센터에서 제공한 '개발나침반'(Tide, 1995)은, 사진자료를 상세하게 분석할 수 있도록 다양한 질문에 의해 비계가 설정된 구조화된 프레임이다.

① 비전 프레임

비전 프레임은 로빈슨과 서프(Robinson and Serf, 1997)에 의해 처음 제시된 것으로, 한 장의 사진자료를 상세하게 분석하기 위한 목적으로 만들어졌다. 이러한 비전 프레임을 더욱 더 발전시킨 사람이 바로 테일러(Taylor, 2004)이다. 사진과 그림이 광고에 사용될 때 많은 함축적인 정보를 담고 있는 것처럼, 비전 프레임은 사진을 포함한 이미지를 분석하는 기능에 특별히 초점이 맞추어져 있다. 학생들은 교사에 의해 제공된 이미지나 학생들 자신이 가져온 이미지를 비전 프레임의 구조에 집어 넣고, 이를 활용해 이미지 분석기능을 적용하게 된다. 비전 프레임은 하나의 이미지를 세부적으로 관찰하고 숙고할 수 있는 구조를 제공해 준다.

② 개발나침반

버밍엄의 개발교육센터(DEC: Development Education Centers)에서 제공한 '개발나침반'[(development compass rose): 자연적(Natural), 경제적(Economic), 사회적(Social), 누가 결정하나?(Who decides?) 정치적(Political)]을 이용하여(Tide, 1995a; 1995b), 적절한 이미지의 세부적인 모습을 구조화할 수 있다. 개발나침반은 학생들로 하여금 이미지에 대한 그들의 반응을 성찰할 수 있도록 도와주는 하나의 활동으로 이끈다. 버밍엄의 개발교육센터는 사진꾸러미를 제공하고 있는데, 이는 도전적인 학습활동을 조직할 때 주요한 자원으로 이용될 수 있다(고미나·조철기, 2010 참조).

미디어 리터러시(meadia literacy)

미디어는 상징적인 내용을 수용자들에게 전파하기 위해, 전문집단이 기술적인 도구로서 사용하는 모든 채널을 의미한다. 미디어의 종류는 신문이나 잡지에서부터 소설, 사진, 그림, 영화, 음악, 일상언어, 지도에 이르기까지 매우 다양하다. 또한 의미가 생성되고 전달되는 특정 공간이나 장소 역시, 하나의 미디어라고 할 수 있다. 최근에는 활자미디어와 음성미디어, 영상미디어, 뉴미디어에 이어, 심지어 이벤트와 축제, 거리, 광장, 건축물, 쇼핑몰 등이 '공간미디어'로 간주되기도 한다. 미디어는 단순히 대중매체의 의미를 넘어선, 모든 '재현의 양식'이다(이무용, 2005).

미디어는 현실을 그대로 반영하기보다는 다양한 주체와 목적에 의해, 특별한 방식으로 사회적으로 구성된다(Buckingham, 2003). 미디어를 통해 제공되는 지리적 지식 또는 자료 역시 지리적 현상에 대한 재현의 산물인 것이다. 예를 들어 텔레비전 자료를 사용할 때, 우리가 세계를 바라보는 방식은 어느 정도 그 프로그램이나 이미지를 제작하는 사람에 의해 통제된다. 따라서 교사와 학생들로 하여금 미디어가 그들의 지리적 지식과 이해를 형성하도록 하는 데 있어서 어떤 역할을 하는지를 이해하기 위해서는, '미디어 리터러시(media literacy)'의 발달이 필요하다.

매스터먼(Masterman, 1985: 243)은 미디어 텍스트에 대한 비판적 읽기를 범교육과정 차원에서 이루어져야 할 과제로 인식하고 있지만, 특히 지리에 대한 학습에서 미디어 리터러시의 중요성을 강조한다. 왜냐하면 지리는 시각적 이미지들로 가득 차 있는 교과이지만, 미디어는 이들이 구성되는 것에 대한 비판적 이해없이 사용되고 있기 때문이다.

지금까지 지리를 통한 미디어교육이 학생들의 흥미와 동기를 유발하고 사실과 개념을 확인하기 위한 '미디어를 활용한 교육'에 주로 치우쳐졌다면, 이제는 미디어에 재현된 인간과 장소를 이해·분석·해석·평가할 수 있는 '미디어 이해를 위한 교육'으로 전환이 요구된다. 그렇게 될 때, 학생들은 텍스트로서의 미디어에 재현된 공간과 장소를 읽고 해석하는 능동적인 학습자가 될 수 있다.

3) 문해력과 구두표현력

(1) 문해력의 의미

지리교수·학습을 위해 사용되는 많은 자료는 인쇄된 단어와 언어의 형태를 가진다. 학생들은 일상적인 삶에서 자신의 개인지리(personal geographies) 형성에 기여하는 다양한 종류의 읽기 자료, 신문, 잡지, 광고, 만화, 팜플릿, 게시물, 인터넷에서의 텍스트, 엽서, 편지, 소설, 노래 등과 만나게 된다. 게다가 학생들은 지리수업을 통해 더 형식적인 '정보 텍스트(information text)'로서의 교과서 속의 텍스트 및 자료와 만나게 된다. 이러한 모든 종류의 텍스트는 교사와 학생들이 세계를 읽고 쓰는 데, 즉 문해력(literacy) 발달에 기여한다(Roberts, 2003: 52).

문해력은 단지 읽고 쓰기에 초점을 두는 단순히 기술적인 것에 국한되는 것이 아니라, 학생들의 사고 활동을 통하여 텍스트로부터 그 의미를 끌어내는 탈코드화(탈약호화) 능력을 의미한다. 즉 학생들이 텍스트의 구조와 의미를 이해할 수 있도록 하는 것으로서, 학생들로 하여금 텍스트를 반복적으로 읽도록 하여 텍스트가 어떠한 목적으로 구조화되어 있는지에 대해 이해할 수 있도록 해야 한다. 다시 말하면 문해력이란 가장 충만한 지리적 감각으로서, 자기 자신과 다른 사람들의 가치, 이해, 관점을 읽고, 분석하고, 명료화하고, 해석하기 위한 일련의 과정으로 이해되어야 한다.

(2) 문해력의 유형

① 기능적 문해력, 문화적 문해력, 비판적 문해력

문해력에 대한 관점은 다양하다. 모건과 램버트(Morgan and Lambert, 2005)는 맥라렌(McLaren, 1998)이 주장하는 3가지 문해력의 유형, 즉 '기능적 문해력(functional literacy)', '문화적 문해력(cultural literacy)', '비판적 문해력(critical literacy)'을 제시하면서, 현대사회로 올수록 '비판적 문해력'의 중요성이 강조되고 있다고 주장한다.

표 5-31. 기능적 문해력, 문화적 문해력, 비판적 문해력

기능적 문해력	• 읽고 쓸 수 있는 능력을 말한다. • 활자화된 단어를 구어(생각어)로 탈약호화할 수 있고, 구어(생각어)를 활자화된 단어로 약호화할 수 있는 것을 의미한다.
문화적 문해력	• 학생들이 어떤 의미, 가치, 관점을 채택하도록 교육시키는 것을 포함한다. • '지리적 서술', 또는 '지리적 설명'과 같이, 글쓰기의 장르를 되풀이하도록 요구받는 문해력이다. • 문화적 문해력은 교사가 훌륭한 설명, 잘 표현된 주장, 명료하게 작성된 지도나 다이어그램 등으로 인식하는 것을 학생들로 하여금 쓸 수 있도록 하는 것이다.
비판적 문해력	• 독립적으로 분석하고 해체할 수 있는 기능의 발달과 관련된다. • 이것은 텍스트가 가지고 있는 선택적 관심을 폭로하기 위해 텍스트의 숨겨진 의미들을 탈약호화할 수 있는 것을 포함한다. • 비판적 문해력은 정치적 문해력으로도 불린다. • 비판교육학자 프레리, 지루, 맥라렌 등이 강조한다.

(McLaren, 1998; Morgan and Lambert, 2005)

② 감성적 문해력

지리는 장소에 관한 것이며, 장소는 강력한 감성적 반응을 불러일으킨다(Tanner, 2004). 예를 들면, 아름다운 장소는 경외감을, 혹독한 환경은 두려움을 불러일으킬 수 있다. 그리고 사람들은 평범한 장소이지만 개인적으로 중요한 장소에 대해 애착을 느낀다. 감성적으로 읽고 쓸 수 있는 사람은 자신의 느낌을 인식하고 관리할 수 있으며, 다른 사람들과 건설적이고 효과적인 관계를 구축할 수 있다. 이러한 학습능력은 '감성적 문해력(emotional literacy)'* 또는 '감성지능(emotional intelligence)'**이라 불리며(Goleman, 1996), 학생들에게 이를 길러 주기 위해서는 그들의 장소에 대한 느낌과 반응에 주목할 필요가 있다. 특히 지리는 실제적인 장소와 사람의 삶에 관심을 가지기 때문에, 이러한 감성적 문해력을 발달시키는 데 중요한 기여를 할 수 있다. 학생들이 살고 있는 장소에 대한 정의적 또는 감성적 지도화 활동은 학생들의 감성적 문해력을 발달시킬 수 있게 한다.

③ 환경적 문해력 또는 생태적 문해력

지리는 인간과 자연과의 관계, 인간과 환경과의 관계를 탐색하는 교과이다. 이러한 관점은 최근 지속가능성을 위한 환경교육의 측면에서 더욱 강조된다. 환경교육은 환경적인 프로세스 위주의 지식교육이 아니라, 가치교육과 실천교육으로 전환되어야 할 중요한 사안이다. 오리어던(O'Riordian, 1976)은 『환경론(Environmentalism)』에서 환경교육을 '환경에 관한 교육(education about the environment)', '환경을 통한 교육(education through the environment)', '환경을 위한 교육(education for the environment)'으로 분류하였으며, 이는 자연지리학자인 데이비드 페퍼(David Pepper, 1984)와 비판지리교육학자인 존 허클(John Huckle, 1983)에 의

---

* 감성적 문해력(emotional literacy)이라는 용어는 클로드 스타이너(Claude Steiner)에 의해 처음으로 사용되었다. 그는 감성적 문해력은 3가지 요소를 가진다고 제안한다. 첫째는 자신의 감성(emotions)을 이해할 수 있는 능력이며, 둘째는 다른 사람들에게 귀 기울일 수 있는 능력이며, 셋째는 생산적으로 감성을 표현할 수 있는 능력이다(Steiner and Perry, 1997: 11).

** 감성지능(emotional intelligence)이라는 용어는 다니엘 골먼(Daniel Goleman)에 의해 대중화되었는데, 그는 성공적인 삶을 위해 감성지능은 IQ(Intelligence Quotient)보다 더 중요할 수 있다고 주장한다(Goleman, 1996). 다중지능 이론에 관한 가드너(Gardner)의 연구(Gardner, 1984)에 기반하여, 골먼은 감성지능이 5가지의 주요 영역을 포함한다고 주장한다. 이들 중 처음 세 가지는 가드너의 자기이해지능(intrapersonal intelligence)과 관련되는 반면, 나머지 두 개는 EQ(Emotional Quotient)의 대인관계적 양상(interpersonal aspects)과 관련된다.

해 채택되어 발전하였다. 특히 허클(Huckle, 1983)은 '환경을 통한 교육(education through the environment)'을 '환경으로부터의 교육(education from the environment)'으로 명명했으며, 이들은 '환경 속에서의 교육(education in the environment)'과 동일한 의미로 사용된다. 서태열

표 5-32. 환경교육의 형태와 환경교육자의 세 가지 이미지

환경교육의 형태		환경에 대한 교육	환경으로부터의 교육	환경을 위한 교육
환경교육의 이미지		논리실증주의자	해석주의자	비판주의자
목적	환경교육의 관점	'환경에 대한' 지식	'환경 속에서의' 행동	'환경을 위한' 행동
	교육목적	직업적	자유주의적/진보적	사회적으로 비판적인
	학습이론	때때로 행동주의자	구성주의자	재건주의자
역할	환경교육 목적의 역할	외부적으로 부과된 그리고 당연시되는 것	외부적으로 추출된 그러나 종종 협상되는 것	비판되는 것(이데올로기의 상징으로 보여지는)
	교사의 역할	지식에서의 권위	환경 속에서의 경험의 조직자	협동적인 참여자/탐구자
	학생의 역할	학문적 지식의 수동적 수용자	환경적 경험을 통한 적극적 학습자	새로운 지식의 새로운 생성자
	교육과정 지지자	환경문제에 대한 준비된 해결책의 전파자	학습자 환경의 외부적 해석자	새로운 문제해결 네트워크에의 참여자
	교과서의 역할	환경에 대한 권위적인 지식의 기존재하는 원천	환경경험에 관한 안내를 위한 기존재하는 원천	비판적 환경탐구의 결과에 대한 생성되는 보고
지식과권력	지식관	예정된 상품 전문가로부터 추출되는 체계적, 개인적, 객관적	직관적인 경험에서 추출되는 반구조화되고, 개인적, 주관적	생성적/발현적
	조직원리(권위의 실천)	학문	개인적 경험	환경적 쟁점
	권력관계	권력관계를 강화함	권력관계에 대해 모호함	권력관계에 도전함
연구관	연구는	응용과학 객관주의자, 도구적, 양적, 비맥락적/개인주의적, 결정론적	해석주의자, 주관주의자, 구성주의자, 질적, 맥락적/개인주의자, 조명적	비판적 사회과학 대화적, 재건주의자, 질적, 맥락적/협동적, 해방적
	연구계획	예정된/고정된	예정된/반응적	협상적/발현적
	연구자는	외부 전문가	외부 전문가	내적 참여자
	주요 사례	Hungerford, Peyton and Wilkie(1983)	Van Matre(1972)	Elliot(1991)

(Robottom and Hart, 1993: 26; 서태열, 2003: 3 재인용)

표 5-33. 환경교육에 대한 3가지 접근법 요약

환경에 대한 교육	• 환경에 대한 지식과 이해를 증진시키는 환경교육을 말한다. • 가장 일반적으로 나타나는 환경교육 형태이다. • 환경에 대한 지식의 전달만을 강조하며, 환경교육을 가치중립적인 것으로 간주한다. • 주로 인지적 영역을 중시하는 사실교육, 지식교육의 형태를 띤다.
환경으로부터의 (속에서의) 교육	• 환경 속에서 생명윤리적 경외감과 새로운 도덕성을 배우는 것이다. • 자연환경과의 접촉을 통해서 자아의 성숙과 도덕적인 발전을 도모한다. • 정의적 영역을 중시하며, 환경 속에서의 행동을 중시하는 정서교육 내지 기능중심교육의 형태를 띤다.
환경을 위한 교육	• 환경 및 환경문제에 대한 학생들 자신의 반응과 관련성을 탐구함으로써, 현재와 미래사회의 환 경 이용에 있어서 바람직한 의사결정을 내리도록 도와주는 교육이다. • 환경을 만드는 도덕적, 정치적 의사결정에 대한 인식능력을 증가시키고, 스스로 판단과 참여를 통해 행동 및 실천하는 것을 중시한다. • 가치 및 태도 그리고 실행을 중시하는 가치교육 내지 사회적 실천교육의 형태를 띤다.

(2003: 2-4)은 이러한 환경교육의 세 가지 유형의 특징을 표 5-32와 같이 요약한다.

서태열(2003)은 '환경에 대한 교육'과 '환경으로부터의 교육'에서 '환경을 위한 교육'으로의 전환을 강조하면서, 환경을 위한 교육의 구성요소들을 대안적 세계관으로서 '생태적 세계관', '생태적 문해력', '환경에 대한 감수성', '생태적 윤리관', '환경쟁점에의 참여, 실천과 비판', '잠정성과 비결정성'으로 제시하고 있다.

여기서 생태적 문해력이란 인간과 사회가 어떻게 서로에게 그리고 자연체계와 관련되는지, 그들이 어떻게 지속가능하게 되는지에 대한 광범위한 이해이다. 또한 세계가 하나의 물질체계로서 어떻게 작동하는가에 대한 지식과 생명의 상호관련성에 대한 인식, 그리고 자연사, 생태학, 열역학에 근거를 둔 생명의 상호연관성에 대한 이해이다(Orr, 1992: 92; 서태열, 2003: 9).

환경적 문해력은 이러한 생태적 문해력을 포괄하는 개념이다. 골레이(Golley, 1998, ix)에 의하면, 환경적 문해력이란 환경에 대한 조직화된 사고방식이다. 환경적 문해력은 환경에 대해 읽을 수 있는 능력 이상의 것으로, 그것은 또한 장소에 대한 영적 감각을 개발하는 것을 포함한다. 이처럼 환경적 문해력은 자연에 대한 의식, 감성, 가치 등을 모두 포함하는, 생태계에 대한 이해에서 환경윤리관에 이르기까지 넓은 범위에 걸쳐 있는 포괄적인 개념이다(서태열, 2003).

(3) 언어와 학습

4장에서 피아제와 비고츠키이론의 사례에 비추어 보면, 언어는 아동의 사고 발달에 중요한 역할을 한다. 지리교사들은 지리수업에서의 활동이 학생들의 말하기, 듣기, 읽기, 쓰기 능력을 발달시킬 수 있도록 학습방법을 탐색할 필요가 있다.

버트(Butt, 1997: 154)는 학습이라는 행위는 언어의 다른 유형들을 이해하고 사용하는 것과 밀접하게 관련된다고 주장한다. 슬레이터(Slater, 1989)는 지리에서의 언어기능을 크게 두 가지로 제시한다. 하나는 현재 학습하고 있는 것과 알려진 것을 의사소통하는 기능을 하며, 다른 하나는 학습활동의 한 부분으로 존재한다는 것이다. 후자는 학습을 위한 말하기, 읽기, 쓰기의 중요성을 강조한다(Roberts, 1986).

최근 로버츠(Roberts, 2003)는 지리탐구의 관점에서 언어와 학습의 관계를 3가지로 제시한다. 첫째, 언어는 학습의 수단이다. 둘째, 우리가 지리를 학습할 때, 또한 지리의 언어를 학습한다. 셋째, 교사들은 언어를 통한 학습을 촉진하는 '교실 생태학(classroom ecology)'을 만들 수 있다.

지리교사는 언어가 학생들의 학습에 어떻게 영향을 줄 수 있는지를 이해할 필요가 있다. 학생들은 지리와 언어의 사용에 있어서 성공적인 학습자가 되기 위해 말하기, 듣기, 읽기, 쓰기 등에 대한 기회를 제공받을 필요가 있다. 여기서 '말하기(speaking)'란 다양한 청중들에게 정보와 아이디어를 명료하고 효과적으로 전달하는 것이며, '듣기(listening)'는 다른 사람들의 말에 경청하여 의미, 의도, 느낌을 파악하는 것이다. 그리고 '읽기(reading)'는 확신을 갖고 활자화된 텍스트로부터 아이디어, 정보, 자극을 획득하는 것이며, '쓰기(writing)'는 정확하고 적절하게 이해를 표현하는 것, 또한 정보와 창의적인 아이디어를 표현하는 것이다(SCAA, 1997).

(4) 말하기와 듣기: 대화/구두표현력

대화가 학습과정에서 중요한 역할을 한다는 것은 오랫동안 인식되어 온 사실이다. 심리학자들은 대화의 기능을 크게 두 가지로 구분한다. 첫째, 서로 의사소통하고, 우리가 가지고 있는 문화를 공유하고 발달시키기 위한 수단이다. 둘째, 우리 스스로 세계를 이해하기 위한 수단이다. 즉, 우리가 말하는 것처럼 우리 자신의 사고를 조직하고, 우리가 이미 수행해 온 것에 관해 반성하기 위한 수단이다(Roberts, 2003). 비고츠키(Vygotsky, 1962)는 언어의 역할을 강조했지만, 특히 세계를 이해하고자 하는 학습에 있어서 대화의 역할을 강조했다. 그는 어린이들이 도움이 되는 성인들과의 대화를 통해 고차사고로 나아간다고 생각했다.

구성주의 학습은 모둠학습과 대화에 기반하고 있다. 학생들끼리의 대화, 학생들과 교사들 간의 대화는 학습에서 중요하다. 학생들이 스스로 이야기하는 것이 의미가 되므로, 학생들은 언어를 통해 많은 것을 학습한다. 또한 그들은 아이디어와 해석을 의사소통하고 공유하는 대화를 통해 더 잘 이해할 수 있다.

(5) 읽기

지리수업에서 읽기기능의 발달은 종종 간과된다. 로버츠(Roberts, 1986)에 의하면, 지리를 포함한 사회과 수업에서 대부분의 읽기는 30초가 되지 않게 짧게 나타난다. 이러한 짧은 텍스트는 텍스트에 대한 비판적 평가 또는 몰입을 위한 충분한 기회를 제공하지 못한다. 로버츠(Roberts, 1986: 72)는 지리교사들이 첫 번째로 학생들이 가진 어려움을 앎으로써, 두 번째로 다양한 읽기 자료를 제공함으로써, 세 번째로 학생들이 집중적으로 읽고 그들이 읽은 것의 의미를 파악할 수 있는 활동을 고안함으로써 읽기기능의 발달을 도울 수 있다고 주장한다.

'텍스트 관련 지시활동(DARTs: Direted Activities Related to Text)'은 학생들이 전체로서 텍스트의 의미를 이해하는 것을 강조하며, 텍스트의 구조와 의미에 초점을 둔 일련의 활동들을 말한다. 텍스트 관련 지시활동(DARTs)은 학생들이 텍스트들의 의미를 이해하며 텍스트들이 상이

표 5-34. 텍스트 관련 지시활동의 유형 및 특징

재구성 텍스트 관련 지시활동	• 텍스트로서 교과서나 신문기사를 그대로 사용하는 것이 아니라, 학생들이 텍스트를 재구성할 수 있도록 교사가 적절한 방식으로 변경한다. • 교사는 텍스트를 조각으로 자르고 그것을 봉투에 넣는다. 학생들은 봉투를 받아 텍스트를 읽고 재구성하게 된다. • 재구성 텍스트 관련 지시활동은 '계열화하기 텍스트 관련 지시활동(sequencing DARTs)'과 '다이어그램 완성 텍스트 관련 지시활동(diagram completion DARTs)'으로 구분된다.
분석과 재구성 텍스트 관련 지시활동	• 교사가 텍스트를 약간 수정할 수 있지만, 학생들에게 전체로 제시된다. • 이 활동에는 두 개의 단계가 있으며, 학생들은 두 단계에 모두 집중해야 한다. • 첫 단계는 텍스트 분석이다. 이것은 텍스트에 밑줄 긋기, 조각들로 분할하기, 사진에 라벨붙이기 등의 형태를 취한다. • 두 번째 단계는 텍스트 재구성이다. 이것은 목록, 표, 흐름도, 지도 또는 다이어그램의 형태로 만드는 것이다. • '분석과 재구성 텍스트 관련 지시활동'은 다시 '밑줄긋기 또는 강조하기 활동 후에 재구성하기'와 '텍스트에 라벨붙이기 활동 후에 재구성하기'로 구분된다.

한 목적들을 위해 구조화되는 방법들을 이해하도록 돕기 위해, 텍스트들을 면밀히 읽고 난 후 다시 한번 읽도록 격려한다. 텍스트 관련 지시활동(DARTs)은 학생들에게 그들이 읽고 있는 텍스트를 이해하는 데 도움을 주며, 그로 인해 그들의 읽기능력을 발달시키도록 도와주기 위해 사용될 수 있다. 이러한 '텍스트 관련 지시활동(DARTs)'은 크게 '재구성 텍스트 관련 지시활동(reconstruction DARTs)'과 '분석과 재구성 텍스트 관련 지시활동(analysis and reconstruction DARTs)'으로 구분된다.

(6) (글)쓰기

① 글쓰기의 유형

지리수업에서 이루어지는 글쓰기의 유형은 일반적으로 '의사전달적 글쓰기(transactional writing)', '표현적 글쓰기(expressive writing)', '시학적 글쓰기(poetic writing)' 등 크게 세 가지로 구분된다(Slater, 1993; Butt, 1997). 이러한 글쓰기 유형을 구분한 배경은 학교에서 주로 이루어지는 글쓰기가 의사전달적 글쓰기에 치우쳐 있기 때문이다. 즉 표현적 글쓰기가 출발점이 되어, 더 분명하고 명백한 의사전달적 글쓰기와 상상적인 시학적 글쓰기로 나아갈 수 있도록 해야

표 5-35. 글쓰기의 유형

의사전달적 글쓰기	• 사물이 어떤 상태가 되도록 하기 위한 언어로서, 사람들에게 통지하고, 조언하고, 설득하고, 가르치기 위한 글쓰기이다. • 사실을 기록하고, 의견을 교환하며, 생각을 설명하고, 이론을 구축하며, 사업상 거래를 하고, 캠페인을 지휘하며 대중의 견해를 변화시키는 데 이용된다. • 정확한 정보를 정해진 순서에 따라 전달한다.
표현적 글쓰기	• '종이 위에 혼자 말하기'라고 부를 수 있는 종류의 글쓰기이다. • 표현적 언어는 자아와 밀접한 관련이 있는 언어이다. 이는 말하는 사람을 내보여 주는 기능을 하며, 그의 의식과 이해를 글로 표출하는 기능을 한다. • 표현적 글쓰기에서 개인은 사실로부터 사색으로, 개인적 비화로부터 정서적 분출까지 비약하면서 자유롭게 느낀다. • 표현적 글쓰기는 자신의 경험을 회상하여 있는 그대로 제시하는 것이며, 혹은 명료화시키는 과정에서 사고를 제시하는 것이다.
시학적 글쓰기	• 단어를 그 자체를 위하여 하나의 형식으로 만드는 것이다. • 시학적 글쓰기는 글쓰는 사람을 즐겁게 하거나 만족시키는 대상을 산출하는 것이며, 독자의 반응은 그 만족을 공유하는 것이다.

한다는 것이다. 슬레이터(Slater, 1993)는 표현적 글쓰기를 중심으로 의사전달적 글쓰기와 시학적 글쓰기가 양극단에 위치한다고 하면서, 이 세 가지의 특징을 표 5-35와 같이 설명한다.

이러한 글쓰기 유형의 관점에서 학교에서 학생들이 하는 글쓰기를 분석한 결과, 글쓰기의 대부분은 정보를 복사하고, 재조직하며, 보고하고, 변형하는 것을 포함하는 의사전달적 글쓰기에 해당하였다. 특히 지리 교과서에 제시된 탐구활동의 경우, 의사전달적 글쓰기를 요구한다. 그러나 버트(Butt, 1997: 160)는 이러한 의사전달적 글쓰기의 경험은 학생들의 학습에 도움이 되지 않을 수도 있다고 지적한다.

② 청중 중심 글쓰기

버트(Butt, 1993: 24)는 학생들에게 그들이 일상적으로 우연히 만나는 상이한 청중들을 위해 글쓰기를 하도록 함으로써, 표현적 언어(expressive language)가 지리를 통해 어떻게 격려될 수 있는지를 탐구했다. 표현적 글쓰기(expressive writing)는 학생들로 하여금 더 '실제적인 청중들(realistic audiences)'을 위해 글을 쓰게 함으로써, 평가자로서의 교사의 역할을 제거한다. 버트(Butt, 1997: 161)는 학생들로 하여금 다양한 청중들을 대상으로 글쓰기를 하도록 하는 것이 지리에서 더 독창적이고 창의적인 글쓰기를 가능하게 한다고 주장한다.

버트(Butt, 1993: 24)는 '청중 중심 글쓰기(audience-centred writing)'에서 청중을 바꾸는 것이 학습과정에 효과가 있다는 것을 발견했다. 청중 중심 글쓰기는 활동 관련 토론을 증가시켰고, 이를 통해 많은 질문들이 제기되었다. 또한 청중이 인지하고 있는 관점에 대해 이해할 수 있었으며, 개인적 가치의 명료화로 이어졌다. 이런 청중 중심 글쓰기에서 청중은 학생 자신, 또래집단, 어른, 교사, 실제 청중, 상상된 청중이 될 수 있다.

③ EXEL 프로젝트

영국 엑서터대학교의 확장적 문해력 프로젝트(Exeter Extending Literacy: EXEL) 팀은 글쓰기에 어려움을 경험하는 학생들을 돕기 위해 '글쓰기 프레임'을 개발했다. 글쓰기 프레임은 학생들이 자신의 글쓰기 레퍼토리에 자신을 동화시킬 수 있을 만큼 글쓰기 구조에 충분히 친숙하게 될 때까지 학생들을 도와주는 전략이다(EXEL, 1995). 글쓰기 프레임은 학생들의 글쓰기를 '비계설정(scaffold)'하기 위한 기본적인 골격 구조와, 다양한 핵심 단어 및 구절로 구성되어 있다. 글쓰기 프레임을 사용하는 의도는, 학생들이 다양한 글쓰기 프레임을 사용함으로써 그것들의 일반적인 구조에 점점 익숙해지도록 하기 위해서이다. 글쓰기 프레임을 구성하는 시작어, 연결어, 문장 수식어의 견본은 학생들에게 구조를 제공한다. 학생들은 그 형식이 없을 때보다, 이를 사용함으로써 그들이 말하고자 하는 것을 전달하는 데 집중할 수 있다(EXEL, 1995).

EXEL 팀은 글쓰기 프레임을 사용한 교수 모형[토론 또는 교사의 모델링 → 협동(교사와 학생/모둠) 학습활동 → 글쓰기 프레임의 지원(비계 활동)]을 개발하였다. 이 과정은 항상 '토론 또는 교사의 모델링'과 함께 시작해야 한다. 그리고 나서 '협동(교사와 학생/모둠) 학습활동'으로 이동하며, 마지막으로 학생들은 '글쓰기 프레임의 지원(비계 활동)'을 받아 글쓰기를 한다. 글쓰기 프레임은 학생들이 수정하고 추가할 수 있는 초고라는 것을 명확히 해야 한다. 글쓰기 프레임의 목적은 이 과정의 마지막에서 학생들이 '독립적인' 글쓰기를 할 수 있는 자질을 향상시키는 것이다.

4) 수리력

지리는 상징적 표상으로서의 수와 밀접한 관련이 있는 교과이다. 중등학교 교과서를 보면, 지리가 얼마나 수리적 지식과 관련된 교과서인가를 알 수 있다. 실제로 지리 교과서의 모든 부분이 수를 포함하고 있을 정도이다. 심지어 주제에 대한 질적 접근이라고 할지라도 수와 수학적 개념이 내재되어 있다. 학생들은 통계, 비율과 관련하여 다양한 수학적 개념과 접하게 된다. 게다가 지도와 그래프에는 지리탐구를 위한 수와 기호가 통합되어 있다. 즉 학생들은 데이터를 시각적으로 표상하고, 그것을 수를 활용해 2차적인 데이터로 해석한다. 학생들은 지도와 그래프를 사용하기 위해 좌표와 축척에 대해 이해해야 한다.

지리교사들은 수를 사용할 때 언제나 실제적인 것으로 만들 필요가 있다. 수를 실제적인 것으로 만드는 것은, 수를 학생들의 기존의 지식과 경험을 사용하여 관찰하거나 상상할 수 있는 것에 관련시키는 것을 포함한다. 만약 학생들이 숫자가 실제 세계에서 실제적으로 표상하는 것을 알지 못한다면, 학생들로 하여금 GNP, 출생률, 사망률, 연강수량, 인구(평균수명, 총인구수, 인구밀도, 인구이동수), 기후(최고기온, 최저기온, 기후그래프), 물을 포함한 에너지 이용률, 관광객수 등과 관련한 자료를 사용하도록 기대할 수 없다. 대부분의 학생들은 자신의 경험과 다른 사람의 경험, 미디어, 교육으로부터 얻은 지리를 인식하고 있다.

5) 슬레이트의 기능 분류: 지적 기능, 사회적 기능, 실천적 기능

슬레이터(Slater, 1993)는 지리탐구 학습에 있어서 '질문 → 자료 → 일반화'를 강조한다. 특히 그녀는 자료를 처리하고 해석하는 데 요구되는 기능의 실습을 강조한다. 그녀는 자료를 처리하는 데 요구되는 기능을 표 5-36과 같이 '지적 기능(intellectual skills)', '사회적 기능(social skills)', '실천적 기능(practical skills)'으로 구분한다. 이들은 지리학습을 통해서 학생들이 길러야 할 중요한 기능으로 균형있게 성취되어야 한다. 그러나 우리나라를 비롯하여 대부분의 학교에서는 지적 기능에 대한 강조에 치우친 나머지, 사회적 기능과 실천적 기능에 대한 학습에 소홀히 하는 면이 많다. 최근에는 지적 기능 중에서도 고차적인 사고기능에 대한 강조와 더불어, 특히 사회적 기능에 대한 강조가 증가하고 있다.

표 5-36. 자료처리의 기능/전략/과제 목록

지적 기능(intellectual skills)	사회적 기능(social skills)	실천적 기능(practical skills)
• 지각과 관찰 • 기억과 회상 • 수업/정보의 이해 • 정보의 구조화, 분류, 조직 • 질문 제기와 가설 설정 • 정보와 사고의 응용 • 정교화와 해석 • 분석과 평가 • 파악과 종합 • 논리적으로, 확산적으로 상상력을 동원하여 사고하기 • 비판적이고 성찰적으로 사고하기 • 일반화, 문제해결, 의사결정 • 태도와 가치의 명료화 • 사실, 사고, 개념, 주장, 결과, 가치, 의사결정, 느낌에 대하여 의사소통하기	• 다른 사람과 의사소통하고 계획 세우기 • 집단 토론에 참여하기 • 다른 관점과 의견에 귀 기울이기 • 역할을 맡기 • 감정이입하기 • 독자적으로 작업하기 • 다른 사람을 도와주기 • 집단을 이끌기 • 야외조사나 연구조사에 참여하기 • 선택과 구별하기 • 책임감을 갖고 예의바르게 행동하기 • 학습에 대한 책임감을 받아들이기 • 학습과제를 착수하고 조직하기	• 말하기, 읽기, 쓰기, 그리기, 행동하기 • 도구와 장비 다루기 • 책과 학습자료 찾기 • 도시 골목 걷기 • 지도를 사용하기 • 야외조사(답사)를 조직하기 • 벽면에 전시할 내용을 준비하기 • 설문조사를 실시하기 • 도시계획 담당자와 인터뷰하기 • 그래프 작성하기 • 사진 촬영하기 • 건물을 스케치하기 • 통계를 제시하기 • 보고서 작성하기

(Slater, 1993: 62)

6) 사고기능과 사회적 기능

(1) 사고기능

사고기능은 지적 기능과 유사한 의미로 사용된다. 그러나 사고기능하면 으레 고차적인 사고기능에 한정한다. 이러한 사고기능으로서 고차사고력은 지리교육에서 1990년대 이후 구성주의 학습의 도입과 함께 강조되고 있다. 우리나라 2009 개정 사회과 교육과정에서는 사회, 한국지리, 세계지리의 목표와 평가에서 고차사고기능과 사회적 기능에 대해 강조하고 있다(표 5-37). 영국은 일찍이 국가교육과정에 명시적으로 사고기능에 대한 학습을 강조하고 있다(표 5-38). 사고기능을 사용함으로써 학생들은 '무엇을 아는 것(knowing what)'뿐만 아니라 '방법을 아는 것(knowing how)', 즉 학습하는 방법을 학습하는 것(learning how to learn)에 초점을 둘 수 있다.

1990년대 후반에, 뉴캐슬대학교의 데이비트 리트(David Leat)는 지리교수와 관련된 사고기능 접근에 관한 연구 프로젝트를 실시했다. 그 결과물이 리트(Leat, 1998)가 편저한 『지리를 통

표 5-37. 2009 개정 지리 교육과정에 나타난 고차사고기능

구분		고차사고 기능
중학교 사회	목표	사회현상과 문제를 파악하는 데 필요한 지식과 정보를 획득, 분석, 조직, 활용하는 능력을 기르며, 사회생활에서 나타나는 여러 문제를 합리적으로 해결하기 위한 탐구능력, 의사결정능력 및 사회참여능력을 기른다.
	평가	기능 영역의 평가에서는 지식의 습득과 민주적 사회생활을 하는 데 필수적인 정보의 획득 및 활용기능, 탐구기능, 의사결정기능, 집단참여기능을 측정하는 데 초점을 둔다.
한국 지리	목표	국토 공간 및 자신이 살고 있는 지역의 당면 과제를 인식하고, 이를 합리적으로 해결할 수 있는 지리적 기능 및 사고력, 창의력 그리고 의사결정능력을 기른다. 일상생활에서 접하게 되는 다양한 지리 정보를 선정, 수집, 분석, 종합하고, 이를 일상생활과 여가 등에 활용할 수 있는 능력을 기른다.
	평가	기능 영역은 지리적 현상을 이해하는 데 필요한 각종 자료와 정보를 수집, 비교, 분석, 종합하는 능력과 함께 지도, 도표, 사진, 컴퓨터 등을 이용하여 표현할 수 있는 능력을 평가하도록 한다. 단순한 지리적 사실을 묻기보다는 문제해결력, 사고력, 창의력을 측정할 수 있는 다양한 형식의 평가를 실시한다.
세계 지리	목표	세계 여러 지역에 대한 지리 정보를 수집, 분석, 평가하고 그 지역에 대한 주제를 선정하고 탐구하는 능력을 기른다. 아울러 수집, 분석된 지리 정보를 도표화, 지도화하는 능력을 함양한다.
	평가	기능 영역의 평가에서는 지역과 관련되는 각종 지리적 정보의 수집, 비교, 분석, 종합, 평가, 적용능력을 평가한다.

핵심 지리교육학

표 5-38. 영국 국가교육과정에서의 사고기능

정보처리기능	정보처리기능은 학생들로 하여금 관련 정보의 위치를 파악하고 수집하며, 분류하고, 순서화하며, 비교하고, 대조하며, 부분/전체 관계를 분석하도록 할 수 있다.
추론기능	추론기능은 학생들로 하여금 의견과 행동을 위한 이유를 제공하고, 유추(귀납적 추리와 연역적 추리)하고, 그들이 생각한 것을 설명하기 위해 정확한 언어를 사용하고, 이유 또는 증거에 입각한 판단과 결정을 하도록 할 수 있다.
탐구기능	탐구기능은 학생들로 하여금 적절한 질문을 하고, 문제를 제기하고 규정하며, 무엇을 할 것이며 어떻게 조사할 것인지를 계획하고, 결과를 예측하고 결론을 예상하며, 결론을 검증하고 아이디어들을 개선하도록 할 수 있다.
창의적 사고기능	창의적 사고기능은 학생들로 하여금 아이디어들을 생성하고 확장하며, 가설을 제시하고, 상상력을 적용하며, 대안적인 혁신적 결과들을 찾도록 할 수 있다.
평가기능	평가기능은 학생들로 하여금 정보를 평가하고, 그들이 읽고 듣고 행한 것의 가치를 판단하고, 자신 또는 다른 사람들의 활동 또는 아이디어들의 가치를 판단할 준거를 발달시키고, 그들의 판단에 확신을 가지도록 할 수 있다.

(DfEE, 1999: 23-24; Leat, 1998)

해 사고하기(Thinking Through Geography)』와 니콜스와 킨닌먼트(Nichols and Kinninment, 2001)가 편저한 『지리를 통해 더 많이 사고하기(More Thinking Through Geography)』이다. 한편, 리트(Leat, 1998)는 사고기능 접근이 전체 교육과정을 구성할 필요는 없다고 주장한다. 즉, 사고기능 접근이 중요하고도 긴요하지만, 모든 교육적 병폐에 대한 만병통치약은 아니라는 것이다.

(2) 사회적 기능

전통적인 학교는 개인적인 창의력과 협동적 문제해결을 거의 격려하지 못했다. 그리하여 학습은 실제 세계의 경험과 격리되었다. 전통적인 학교에서의 교수는 인지적 기능(cognitive skill) 또는 하드 스킬(hard skill)에 과도하게 초점을 두는 반면, 사회성(sociability), 팀워크(teamwork), 상호존중(mutual respect)과 같은 소프트 스킬(soft skills) 또는 사회적 기능에는 거의 초점을 두지 않았다.

지식은 시간의 흐름에 따라 천천히 축적되는 안정적인 것이 아니다. 지식은 점점 최종 산출물이기보다 오히려 과정으로 간주된다. 지식은 수행적이며, 개별 전문가들의 소유물이라기보다는 오히려 집합적으로 생산된다. 또한 '만약을 위해서(just-in-case)'라는 원리보다는 오히려 '알맞은 때에(just-in-time)'의 원리에 개발되며, 역동적으로 변화한다. 이러한 지식과 학습에 관한 새로운 관점은 교육이 '무엇(what)'보다는 '어떻게(how)'와 더 관련되어야 한다는 것을 시사한다. 이것은 문제해결(problem-solving), 사고기능(thinking skills), 메타인지(meta-cognition) 또는 '학습하는 방법을 배우기(learning how to learn)'와 같은 고차적인 인지적 기능(higher order cognitive skills)의 발달을 요구한다. 게다가, 지식이 집합적으로 구성된다는 것은 팀워크(teamwork), 감정이입(empathy), 협력(cooperation)과 같은 소프트 스킬(soft skills)의 습득이 중요하다는 것을 시사한다.

7) 역량

지식기반 사회에서 지리 교과를 통한 교수·학습은 일련의 '역량(competence)'에 근거해야 한다(Lambert and Morgan, 2010). 지리 교육과정은 학생들이 디지털 및 지식경제에서 성공하기 위해 요구되는 기능 또는 역량을 중심으로 설계되어야 한다. 그리고 이러한 역량은 대개 전통적인 교육과정 지식보다는 오히려 새로운 자본주의 문화에서 생존하기 위해 요구되는 소프트 스킬(soft skills)과 관련된다.

이러한 역량 중심의 교육과정을 실현하기 위한 프로젝트 중 하나가 영국 RSA의 「Opening Minds」프로젝트로, 현재 영국의 200개 이상의 학교가 참여하고 있다. 「Opening Minds」 접근은 교과 영역들의 재편성을 비롯하여, 학생들이 일련의 경험을 통해 습득해야 할 역량에 초점을 두고 있다. 교사들은 5가지 핵심역량(key competences)의 발달에 근거하여 자신의 학교를 위한 교육과정을 설계하고 개발한다. 여기서 5가지 핵심역량이란 '시민성(citizenship)', '학습(learning)', '정보 관리하기(managing information)', '사람들과 공감하기(relating to people)', '상황 관리하기(managing situations)' 등이다.

역량기반 접근(competence based approach)은 학생들이 단지 교과 지식을 습득하도록 하는 것이 아니라, 그것을 보다 넓은 학습과 생활의 맥락 내에서 사용하고 적용하도록 할 수 있다. 역량기반 접근은 또한 학생들에게 상이한 교과 영역들을 연결하고 지식을 적용할 수 있도록, 학습에 대한 더 전체적이고 일관성있는 방법을 제공한다. 3장에서도 언급했듯이, 역량기반 교육과정은 최근 선진국을 중심으로 국가 및 주 수준의 교육과정에서 실시되고 있다.

제6장

지리교수

1. 교수 스타일

교수법(pedagogy)이란 교사가 학생들로 하여금 학습하도록 가르치는 행위이다(Kyriacou, 1986: 330). 교수법의 유용한 구조틀이 바로 '교수 스타일(teaching style)'이다. 교수 스타일이란 교사가 지리를 수업에서 어떻게 가르칠 것인가와 관련된다. 교수 스타일은 학생들이 지리를 학습하는 방법에 영향을 주기 때문에(Naish, 1988), 지리를 학습하는 학생들의 교육적 경험에 매우 중요한 영향을 미친다. 교사의 교수 스타일은 자신의 '행동'(학생들을 참여시키려고 하는 태도와 방법)과, 의도된 학습을 실현하기 위해 선택한 '전략(strategy)'에 의해 결정된다(Leask, 1995).

1) Geography 14-18과 교수 스타일

한때 지리교육 연구에서는 상이한 교수 스타일과 학생들의 학습효과성 간의 관계에 초점을 두어 왔다. 이러한 연구들은 종종 특정 교수 스타일이 다른 교수 스타일보다 더 낫다고 평가하는 경향이 있었다. 이러한 경향은 1970년대 이후 영국의 학교위원회(School Council)가 주도한 학

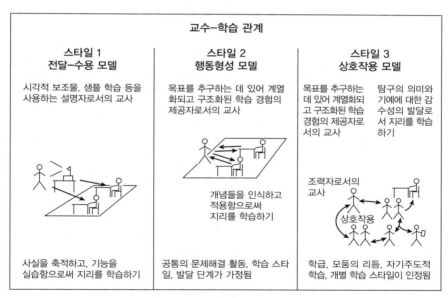

그림 6-1. 지리교수·학습의 대안적 스타일
(Tolley and Reynolds, 1977: 27)

교지리 프로젝트에서도 나타났는데, 이들 프로젝트에서는 특정한 교수 스타일을 지지하고 가치를 부여했다. 이 중에서 가장 대표적인 것이 'Geography 14-18' 프로젝트—또는 Bristol Project, 성취수준이 높은 학생들을 위한 1970년대 학교위원회 지리 프로젝트—이며, 교실에서의 지리 교수와 학습의 관계에 대한 3가지 스타일을 구체화하였다(그림 6-1).

이 3가지는 전달-수용 모델, 행동형성 모델, 상호작용 모델로서, 특히 3번째 스타일인 '상호작용 모델'을 가장 선호했다. 이 프로젝트의 주요한 목적 중의 하나는 학교기반 교육과정 개발을 통해 교사의 교수 스타일에 영향을 주는 것이었다. 이 프로젝트는 '전달-수용 모델'과 '행동형성 모델(구조화된 학습 접근)'의 단점을 강조한 반면, 의사결정과정에서의 가치를 중시하면서 '상호작용 모델'에 내재된 심층적인 학습과정을 매우 강조하였다.

2) 로버츠의 교수 스타일 분류

로버츠(Roberts, 1996)는 교수 스타일과 전략을 찾기 위한 상이한 구조틀을 제시했다. 그녀는 반즈 등(Barnes et al., 1987)이 제시한 '참여의 차원'—닫힌, 구조화된, 협상된—을 참조하여 표 6-1과 같이 3가지 교수 스타일로 구체화했다(Roberts, 1996: 238).

표 6-1. 지리교수·학습 스타일을 찾기 위한 구조틀

	닫힌	구조화된	협상된
내용 (content)	교사에 의해 선택된 탐구에 초점	주제 내에서 학생들에 의해 선택된 탐구에 초점(예를 들면, 어떤 화산을 학습할 것인지 선택하기)	학생은 탐구의 초점을 선택한다[예를 들면, 경제적으로 덜 발달한 어떤 국가(LEDC)를 조사할 것인지 선택하기].
질문 (questions)	교사에 의해 선택된 탐구 질문과 하위 질문	교사는 활동을 계획하여 학생들이 질문과 하위 질문을 구체화할 수 있도록 한다.	학생들이 질문을 고안하고 질문을 조사하기 위한 방법을 계획한다.
데이터 (data)	교사에 의해 선택된 모든 데이터 데이터는 권위적인 증거로서 제시된다.	교사는 다양한 자료들을 제공하고, 학생들은 명백한 준거를 사용하여 그것들로부터 적절한 데이터를 선정한다. 학생들은 데이터에 질문하도록 격려받는다.	학생들은 학교 안팎에서 데이터의 출처를 찾고, 출처로부터 적절한 데이터를 선별한다. 학생들은 데이터에 대해 비판적이도록 격려받는다.

데이터 이해하기 (making sense of data)	미리 결정된 목표를 성취하기 위해 교사에 의해 계획된 활동 학생들은 지시를 따른다.	학생들은 상이한 기법과 개념적 구조에 안내되고, 그들을 선별적으로 사용하여 학습한다.	학생들은 그들 자신의 해석과 분석 방법들을 선택한다. 학생들은 쟁점에 관해 그들 자신의 결론에 도달하고, 그들 자신의 판단을 한다.
요약 (summary)	교사는 데이터, 활동, 결론에 대한 모든 결정을 함으로써 지식의 구성을 통제한다.	교사는 학생들을 지리 지식이 구성되는 방법으로 인도한다. 학생들은 선택해야 할 것에 대해 알게 되고, 비판적이도록 격려받는다.	학생들은 교사의 안내와 함께 그들 자신이 관심과 흥미를 가진 질문을 조사할 수 있게 되고, 그들의 조사를 비판적으로 평가할 수 있게 된다.

(Roberts, 1996: 24)

표 6-2. 폐쇄적 스타일, 구조화된 스타일, 협상적 스타일의 특징 요약

폐쇄적 스타일	• 교사가 내용을 선정하고 그것이 학습자에게 제시되는 방법을 통제하기 때문에, 학습자들은 수동적이다. • 학습내용은 학생들이 학습해야 할 '권위적인 지식'으로 제공된다. • 교사는 또한 이런 내용 또는 데이터를 조사하고 분석하는 절차와 방법을 미리 규정하여 결정한다. • 학생들은 교과서와 활동지에 나타난 지시 또는 강의식 수업을 통해 제시된 지시를 따른다. • 교사는 학습결과, 핵심 아이디어, 일반화를 미리 결정하여, 학생들로 하여금 타당한 결론으로 받아들이도록 한다.
구조화된 스타일	• 교사가 여전히 지리학습과 탐구의 초점을 결정하지만, 학생들은 자신의 질문을 만들도록 격려받는다. • 교사는 학생들에게 해결해야 할 질문 또는 문제를 제시함으로써 학습에 대한 동기를 유발한다. • 교사가 여전히 자료와 내용을 선택하지만, 그것들은 보통 학생들이 해석하고 평가해야 할 '증거'로서 제시된다. • 교사는 학생들이 지리탐구에 포함된 과정과 기법을 이해하도록 도와준다. • 학생들은 상충하는 정보 또는 관점을 탐구해야 하며, 이러한 정보를 검토함으로써 상이한 결론에 도달할 수 있다.
협상적 스타일	• 교사가 학습해야 할 일반적인 주제를 구체화하지만, 학생들이 그들의 탐구를 안내할 질문들을 개별로 또는 모둠별로 만든다. • 학생들은 이러한 질문들을 교사와 협상한다. • 교사는 사용할 정보의 적합성뿐만 아니라, 탐구방법과 계열에 관해 안내를 한다. • 학생들은 정보를 독자적으로 수집하며, 수집한 데이터를 표현하고, 분석하며, 해석할 적절한 방법을 선택한다. • 협상된 탐구의 결과 또는 결론이 항상 예측 가능한 것은 아니다. • 학습의 과정은 학습의 결과만큼이나 중요하다. 그러므로 학생들이 선정한 데이터의 한계를 스스로 고찰하고, 사용한 방법을 검토한다면 도움이 될 수 있다.

2. 교사를 위한 전문적 지식

교사가 갖추어야 할 지식에 대한 논의는 여러 학자들에 의해 전개되어 왔다. 폴라니(Polanyi,

1958)는 개인적 지식(personal knowledge)을, 오크쇼트(Oakeshott, 2001)는 전문적 지식(technical knowledge or expert knowledge)과 실천적 지식(practical knowledge)을, 엘바즈(Elbaz, 1981, 1983) 역시 실천적 지식(practical knowledge)을, 그리고 슐만(Shulman, 1986, 1987)은 특히 교수내용지식(pedagogical content knowledge)을 강조하였다. 그리고 클랜디닌(Clandinin, 1985)은 교사만의 특별한 지식이 개인의 모든 의식적, 무의식적 경험에 영향을 받아 형성되고 행동으로 표현되는 신념체계라는 점에서 이 지식을 '개인적인 실천적 지식'으로 명명하였다. 한편, 쇤(Schön, 1983; 1987)은 전문적 지식의 측면이 아니라 '반성적 실천'에 초점을 맞추어 교사의 전문성을 제시하면서 '반성적 실천가'로서의 교사를 강조하였다. 그는 '행위 중 반성(reflection-in-action)', '행위 후 반성(reflection-on-action)'이라는 개념을 사용하였다.

1) 슐만의 교수내용지식(PCK)

(1) 교사가 갖추어야 할 7가지 지식이란?

최근 교사가 갖추어야 할 지식으로 교수내용지식이 강조되고 있다. 즉, 교수내용지식은 교사의 전문성을 뚜렷하게 구분하는 중요한 개념으로 제시되고 있다. 교과교육에서 교수내용지식에 대한 연구는 교사가 학생을 가르침에 있어서 교과의 내용에 따라 서로 다른 양상의 특수한 형식을 갖춘 교사지식이 있음을 강조하였다(홍미화, 2006).

교수내용지식을 처음으로 개념화하여 제시한 슐만(Shulman, 1986)은, 교사에게 필요한 지식을 (교과)내용지식[SCK: (Subject) Content Knowledge], 교수내용지식(PCK: Pedagogical Content Knowledge), 교육과정지식(Curriculum Knowledge)으로 구분하여 제시하였다. 그는 단순한 내용지식은 교육적으로 무의미한 것이며, 그것은 학생들에게 가르치기 위한 교수내용지식으로 변화되어 제시될 때 그 의미를 찾을 수 있다고 하였다. 따라서 교수내용지식은 교과내용을 연구하는 학자와 그 교과를 잘 가르치는 유능한 교사를 구별해 주는 중요한 개념이 된다.

이어서 슐만(1987)은 교사가 잘 가르치기 위해 갖추어야 할 최소한의 지식 범주(categories of the knowledge base)를 7가지로 확장하여 제시하였다. 그것은 (교과)내용지식[(S)CK: (Subject) Content Knowledge], 일반 교수지식(GPK: General Pedagogical Knowledge), 교수내용지식(PCK: Pedagogical Content Knowledge), 교육과정지식(Curriculum Knowledge), 학습자와

그들의 특성에 대한 지식(Knowledge of learners and their characteristics), 교육적 맥락에 대한 지식(Knowledge of educational context), 교육의 목적·의미·가치·철학적·역사적 배경에 대한 지식[Knowledge of educational ends(aims), purposes, values and philosophical and historical influences]이다.

이와 같은 7가지 지식은 경중을 따질 수 없을 만큼 모두 중요하다. 슐만은 교수내용지식을 교사가 갖추어야 할 최소한의 지식 중 하나로 제시했지만, 최근에는 교수내용지식이 더욱 부각되고 있다. 무엇보다도 슐만이 제시한 교수내용지식이 중요한 것은 그것이 교과 특정 또는 영역 특정(subject-specific 혹은 domain-specific) 교수법적 지식이라는 것이다. 교과의 특정한 내용지식을 학습자를 고려하여 적절하고 효율적인 교수법으로 교수하는 교사의 전문적 지식이라는 점에서 교수내용지식은 전문가 자질로 중시되고 있으며, 영역 특정이라는 점에서 교사를 해당 교과의 학자나 일반 교육학자와 구별해 준다.

(2) 교사가 갖추어야 할 7가지 지식의 특징

① 교과내용지식

'교과내용지식'은 특정 교과에 대한 지식을 의미한다. 즉 교과내용지식은 특정 교과를 통해 학생들이 습득하기를 기대하는 개념과 기능이다. 교사는 이러한 교과내용지식을 집, 초중등학교, 대학교에서의 교육, 그리고 개인적 연구와 독서 등 다양한 원천으로부터 축적한다. 이러한 원천들은 모두 교사가 가지는 지식의 양과 구조에 영향을 준다. 비록 교사마다 그들이 가지는 내용지식의 원천이 다르다고 할지라도, 교사가 소유한 내용지식은 그들의 교수를 위한 가장 큰 확신의 영역일 것이다. 교사는 내용지식의 폭과 깊이를 확장·심화하도록 노력해야 한다. 이러한 과정은 교사에게 자신의 교수에 대해 확신을 가질 수 있도록 지원한다. 그러나 조심해야 한다. 이러한 내용지식의 소유 정도를 유능한 교사의 핵심적인 척도로 간주할 수 있지만, 교사는 그러한 내용지식을 효과적인 교수로 반영하는 것이 무엇보다 중요하다.

② 일반 교수지식

'일반 교수지식'이란 교실수업의 조직과 관리를 안내하기 위해 설계되는 폭넓은 원칙과 전략을 의미한다. 예를 들면, 학생들을 배치하기, 효과적인 학습을 위한 학습환경을 관리하기, 자료와 다른 설비를 관리하기, 학급 학생들에 대한 주의와 관심을 얻고 지속시키기, 불만이 있는 학생을 격려하기, 능력이 부족한 학생들을 격려하기, 유능한 학생을 확장시키기 등이 이에 해당된다. 교사는 일반 교수지식을 발달시킴으로써, 교실은 교사 자신과 학생들을 위해 더욱 더 다양하고 활동적인 장소가 된다.

③ 교수내용지식

'교수내용지식'은 교과내용지식과 교수법(pedagogy)의 결합을 의미한다. 즉 교사가 교과내용지식을 학생의 유의미한 학습활동을 위해 효과적으로 변형하는 데 요구되는 지식과 이해이다. 교수내용지식은 특정 교과(예를 들면, 지리)의 개념에 대한 효과적인 교수·학습을 위해 필요한 특정 지식을 제공한다. 예를 들면, 지리교사가 학생들에게 지리의 특정 개념을 가르치는 방법에 대해 가지고 있는 지식은 국어교사가 시를 가르치는 방법에 관해 가지고 있는 지식과는 다를 것이다.

교사는 자기 교과의 특정 개념에 대한 교수를 계획할 때, 자신의 교수내용지식을 채택해야 한다. 교사는 또한 학생들에게 자신의 교과 내의 프로세스들을 어떻게 소개할 것인지를 신중하게 고려할 필요가 있다. 예를 들면, 학생들이 정보를 조사할 때 어떤 프로세스를 검토해야 하는지 고려할 필요가 있다. 간단히 말해, 교수내용지식은 교사 자신의 특정 교과를 위한 교수법이다. 이것은 교과마다 상이할 것이다.

슐만(Shulman, 1986: 9)에 의하면, 교수내용지식은 교사 자신의 교과 영역에서 가장 규칙적으로 가르쳐지는 토픽들, 이러한 아이디어들의 가장 유용한 재현의 형식, 가장 강력한 유추, 묘사, 실례, 설명, 예증을 의미한다. 즉 교사가 학생들에게 자신의 교과를 이해할 수 있도록 교과를 재현하고 표현하는 방법이다. 교수내용지식은 특정 주제 혹은 개념을 가르치기 위해 유용한 형식이나 비유, 예시, 설명 등 달리 말하면 교과를 학생들이 이해할 수 있도록 제시하는 방식, 학생들과 상호작용하는 방법 등을 의미한다.

교수내용지식은 교사가 자신의 수업설계에 관한 평가를 어떻게 구축할 것인지를 포함한다. 그렇게 될 때 피드백은 학생들의 학습에 대한 이해를 강화하고, 교사에게 다음 차시의 수업을 효과적으로 계획할 수 있도록 한다. 한편 교사의 교수내용지식은 자기 교과의 역사적 발달에 대한 이해를 포함해야 한다. 즉 교사는 자신의 교과가 어떻게 현재와 같이 되었는지를 이해해야 한다.

④ 교육과정지식

'교육과정지식'은 특정 교과의 교수를 위해 학력에 따라 만들어진[국가 및 주 그리고 학교] 교육과정에 대한 지식을 의미한다. 또한 교육과정지식은 특정 교과의 교육과정과 관련하여 유용하고 다양한 수업자료, 특정 환경에서 특정 교과의 교육과정 자료를 사용하기 위한 지시 사항과 금기 사항을 포함한다. 또한 교육과정지식은 국가가 고시한 사회과 교육과정 및 지리 교육과정에 대한 지식, 국가수준의 성취도 평가, 성취기준에 대한 지식을 포함한다.

⑤ 학습자와 그들의 특성에 대한 지식

'학습자와 그들의 특성에 대한 지식'은 다양한 학습자에 대한 지식이다. 학습자와 그들의 특성에 대한 지식은 학습자에 대한 경험적 또는 사회적 지식을 포함한다. 즉, 특정 연령의 학생들은 어떤 모습이며, 그들은 학교와 교실에서 어떻게 행동하며, 그들은 무엇에 관심을 가지고 심취하는지, 그들의 사회적 본성은 무엇인지 등에 대한 지식이다. 그리고 날씨 또는 흥미있는 사건과 같은 맥락적 요인들이 학생들의 활동과 행동에 어떻게 영향을 미치는지, 교사와 학생 간의 관계의 본질은 무엇인지, 학습자들에 대한 인지적 지식[즉, 실천에 대한 정보를 제공하는 학생의 발달에 대한 지식], 특정 학습자집단에 대한 지식[즉, 이들 학습자들과의 규칙적인 접촉을 통해 발달하는 지식, 학생들이 무엇을 알 수 있고 무엇을 알 수 없으며, 그들이 무엇을 할 수 있고, 무엇을 할 수 없는지, 또는 그들이 무엇을 이해할 수 있고, 무엇을 이해할 수 없는지에 대한 지식] 등이다.

⑥ 교육적 맥락에 대한 지식

'교육적 맥락에 대한 지식'은 학습이 일어나는 모든 상황에 대한 지식을 의미한다. 즉 교육적 맥락에 대한 지식은 학교, 교실, 대학뿐만 아니라 비공식적 환경, 그리고 공동체와 사회라는 더 폭넓은 교육적 맥락에 대한 지식을 포함한다. 교육적 맥락에 관한 지식은 학급 집단, 교실, 학교 거버넌스와 자금 조달 운용에서부터 공동체와 문화의 특성에 이른다. 그리고 학생들의 학습에 있어서의 발달과 교사의 수업 수행에 영향을 주는 일련의 교수적 맥락을 포함한다. 또한 교육적 맥락에 관한 지식은 학교의 유형과 규모, 통학 가능 거리, 학급 규모, 교사들을 위한 지원의 범위와 질, 교사들이 그들의 수행에 관해 받는 피드백의 양, 학교에서의 관계의 질, 교장의 기대와 태도, 학교 정책, 교육과정 및 평가과정, 모니터링과 리포팅, 안전, 학교 규칙과 학생들에 대한 기대, 학교 운용 방식을 통해 학생들에게 영향을 미치는 가치들을 포함하는 '암묵적(hidden)' 그리고 '비형식적(informal)' 교육과정 등을 모두 포함한다. 특히 오늘날의 다문화 교실에서, 교사는 다양한 교육 및 문화 시스템으로부터 학생들을 가르쳐야 한다.

⑦ 교육의 목적·의미·가치·철학적·역사적 배경에 대한 지식

이것은 학생들이 받는 교육이 지향하는 가치와 우선 순위에 관한 지식을 의미한다. 교수는 한 차시의 수업 또는 몇 차시의 수업을 위한 단기적인 목표뿐만 아니라 장기적인 목적의 의미에서 유목적적인 활동이다. 어떤 사람들은 교육의 장기간의 목적을 사회가 잘 작동하는 데 기여할 수 있는 유능한 노동자들을 생산하는 데 두는 반면, 어떤 사람들은 교육을 그 자체의 내재적 가치로 간주하기도 한다. 교육의 목적은 명백하고 구체적이라기보다는 오히려 함축적인 경향이 있다.

2) 엘바즈의 실천적 지식

(1) 이론적 지식 vs 실천적 지식

슐만이 제시한 교사가 갖추어야 할 7가지 지식은 교사의 수업 실천에 매우 중요하다. 이에 더해, 교사가 장기간의 경험을 통해 구축한 '실천적 지식(practical knowledge)' 역시 중요하다. 이러한 실천적 지식에 대한 논의를 주도한 학자는 엘바즈(Elbaz, 1981; 1983; 1991)이다. 엘바즈는 중등학교 교사들의 수업 실천에 대한 연구를 통해 교사들이 자신의 가르치는 일을 위해서 적극적으로 사용하는 일련의 복잡한 이해체계를 가지고 있음을 발견하고, 이것을 '실천적 지식'이라고 개념화하였다.* 그는 교사가 이론적 지식뿐만 아니라 경험을 통해 얻게 되는 암묵적 지식을 갖고 있음에 주목하였다. 그는 교사 자신이 가지고 있는 지식을 실제 상황에 근거하여, 개인의

---

* 교사의 실천적 지식은 상황적 지식(situated knowledge), 개인적인 실천적 지식(personal practical knowledge)(Clandinin, 1985), 행위 중 앎(knowing in action)(Schön, 1983), 장인 지식(craft knowledge), 교사의 개인적 이론(teacher's personal theories) 등 다양하게 지칭된다(강창숙, 2007).

표 6-3. 실천적 지식의 특징

- 교사는 다양한 상황에 적절하게 활용할 수 있는 실천적 지식을 가지고 있다.
- 실천적 지식은 교사가 강의나 책을 통해 배운 이론적 지식, 자신의 가치관과 현장 경험 등의 요인이 통합되어 형성된 지식이다.
- 실천적 지식은 현장에서 일어나는 교사의 모든 행동과 판단의 근거로서 사용된다.

(박선미 2006; 강창숙, 2007; 마경묵, 2007)

가치와 신념을 바탕으로 재구성한 것을 실천적 지식이라고 명명했다(Elbaz, 1983: 5).

이처럼 실천적 지식은 이론적 지식과 대비되는 개념이며, 교사가 교육적 실천행위를 통하여 획득하는 지식이라고 생각하기 쉽다. 그러나 실천적 지식은 인간의 삶과 행위를 설명하는 역동적인 개념이면서, 이론과 무관한 것도 이론과 동일한 것도 아닌, 이론과 실천 사이를 부단히 오고 가면서 새롭게 자신의 이론을 창조해 나가는 지혜로운 활동이자, 가르침과 배움의 세계를 동시에 갖는 교사의 삶을 의미하는 말이다(홍미화, 2006). 즉 실천적 지식이란, 교사 개개인이 가지고 있는 이론적 지식을, 그가 관계하는 실제 상황에 맞도록 자신의 가치관이나 신념을 바탕으로 종합하고 재구성한 지식이며, 이러한 실천적 지식은 그의 교수행위에 근거가 된다.

(2) 실천적 지식

엘바즈는 실천적 지식의 주요 양상을 3가지로 제시했다(Elbaz, 1981). 이 3가지는 내용(content), 정향(orientation), 구조(structure)이다(김혜숙, 2006). 이 중에서 '내용'은 교사의 실천적 지식을 드러내는 가장 기본적인 양상인 동시에 좀 더 구체적으로 설명해 줄 수 있는 범주이다. '내용'은 다시 다섯 가지로 범주화되는데, 그것은 교사 자신에 대한 지식(knowledge of self), 교수환경에 대한 지식(knowledge of the milieu of schooling), 교과에 대한 지식(knowledge of subject matter), 교육과정에 대한 지식(knowledge of curriculum), 수업에 대한 지식(knowledge of instruction)이다. 이러한 '내용'을 분석하는 것은 힘들고, 장황하며, 매우 구체적인 작업을 요하는 어려운 일이었지만, 그는 이것을 토대로 '정향'과 '구조'에 대한 이차적인 분석이 이루어졌음을 밝히고 있다(Elbaz, 1981: 45-49). 다음으로 '정향'은 실천적 지식이 생성되고 사용되는 배경을 파악하는 방법이며, 이는 상황적 정향, 개인적 정향, 사회적 정향, 경험적 정향, 이론적 정향으로 구분된다. 정향이 교사의 지식의 관점을 정리할 수 있는 틀이라면, 그 지식의 위계조직을 드러내는 것은 '구조'이다. 교사의 지식은 일반성의 정도에 따라 실행 규칙, 실천 원리, 이미지로 조직되어 있다. 구조는 교사가 지향하는 수업의 방향·목적·전략과 관계 깊으며, 교사의 경험적이고 개인적인 차원의 지식을 보다 효율적으로 보여 준다(홍미화, 2005: 118).

교사의 실천적 지식은 슐만의 교수내용지식과 매우 유사하다. 왜냐하면 지식의 내용은 교수내용지식의 구성요소와 특히 유사하기 때문이다. 슐만이 교수내용지식을 처음으로 개념화하여 제시한 이후부터 계속된 논의들에서 제시하고 있는 교수내용지식의 범주나 교수내용지식의 구성요소들은 실천적 지식의 내용에 대응하는 것이라고 할 수 있다(홍미화, 2006).

3) 쇤의 반성적 실천가로서의 교사

(1) 반성적 실천: 반성+실천

쇤(Schön)은 교사의 경력이 증가할수록 자신만의 교수내용과 방법에 대한 전문적 지식이 증가한다고 하면서, 교사들 스스로 실천적 지식을 개발하여 온 방법을 '반성(reflection)'의 개념으로 설명하였다. 따라서 교사의 전문적 자질 향상을 위해 중요한 것이 쇤의 '반성적 실천(reflective practice)' 개념이다.

최근 이러한 반성(reflection)과 실천(practice)은 교사의 전문성 개발을 위해 더욱 주목을 받고 있다. 반성과 실천, 즉 교사 스스로의 반성을 통한 실천이자 실천을 수반한 반성을 토대로 한 실천적 지식을 교사의 전문성 개발의 핵심개념으로 논의하고 있다. 특히 쇤이 반성적 실천에 대한 책 『The Reflective Practitioner』(1983), 『Educating the Reflective Practitioner』(1987), 『The Reflective Turn: Case Studies In and On Educational Practice』(1991)를 출간하면서, 이에 대한 관심이 증가하게 되었다. 그의 '반성적 실천가(reflective practitioner)'라는 개념은 매우 설득력이 있다. 왜냐하면 이 개념은 초임 및 경력 교사들의 전문성 개발에 개념적 구조틀을 제공하기 때문이다(Parry, 1996).

(2) 반성적 실천의 기원

사실 쇤의 반성적 실천이라는 개념은 새로운 것이 아니라 듀이(Dewey)의 '교육적 경험(educative experience)'과 '반성적 사고(reflective thought)'에 그 이론적 토대를 두고 있다. 반성적 사고에 근거한 교육적 경험은 교사들로 하여금 충동적이고 단순히 판에 박힌 활동으로부터 벗어나도록 한다(Dewey, 1933: 17). 또한 반성적 사고는 교사들로 하여금 예지력을 가진 행동으로 안내하고, 그들이 알고 있는 관점 또는 목적에 따라 수업을 계획할 수 있게 하며, 자신의 행동이 무엇에 관한 것인지를 알도록 한다(Dewey, 1933: 17). 그렇다고 듀이가 교육적 경험만을 강조한 것은 아니며, 이론적 지식과의 유의미한 연결을 강조했다.

(3) 반성적 실천의 구성요소

쇤의 반성적 실천의 개념은 '행위 중 앎(지식)(knowledge in action)', '암묵적 지식(tacit knowledge)', '행위 중 반성(reflection in action)'이라는 3가지의 기본적인 구성에 의해 특징지어진다. 쇤은 이 중 특히 '행위 중 반성'에 주목하였다.

① 행위 중 앎(지식)

'행위 중 앎(지식)'은 우리의 지적인 행동에서 드러나는 노하우(know-how)로 간주된다(Schön, 1987: 25). 쇤(Schön, 1987: 25)은 '앎(the knowing)'은 '행위 중에' 있다고 주장한다. 계속해서 쇤은 교사는 자발적이고, 능숙한 수행을 통해 앎을 드러낸다고 한다.

② 암묵적 지식 또는 개인적 지식

'암묵적 지식(또는 개인적 지식)'은 말로 표현할 수 없고 이론화되지 않는 지식을 의미한다. 이러한 암묵적 지식은 그것 속에서 내포된 암묵적 앎을 기술함으로써, 때때로 우리의 행동을 관찰하고 반성함으로써 분명히 표현될 수 있다(Schön, 1987: 25).

③ 행위 중 반성

쇤(1987)은 듀이가 불확실함 혹은 의심의 상태일 때 반성의 주기가 시작된다고 한 것처럼, 일상적인 행위를 이끄는 '행위 중 앎'을 방해하는 무언가가 있을 때, 즉 어떤 놀라움이 있을 때 의식적인 반성이 일어난다고 보고 있다. 이 의식적인 반성은 '행위 후 반성(reflection on action)'과 '행위 중 반성(reflection in action)'의 두 가지 방식으로 가능해진다고 보았다.

행위 중 반성은 '놀람'으로부터 시작한다. 수업 중에는 자신이 계획할 때 생각하지 못했던 문

표 6-4. 행위 후 반성과 행위 중 반성의 차이점

행위 후 반성	• 교사가 자신의 행위 중 앎이 예기치 못한 결과에 어떻게 기여할 수 있는지를 발견하기 위해 자신이 행한 것에 관해 다시 생각하는 것이다. • 놀라움이 왜 일어났는지를 이해하기 위하여 행위를 돌이켜 생각해 보는 것을 의미한다. • 행위 후 반성이 일어나면, 현상과 어떤 거리를 두게 되며 평가적이고 비판적으로 그 상황을 숙고할 수 있게 된다. • 침착하고 면밀하게 무슨 일이 일어났으며, 왜 그 일이 일어났고, 그 현상을 예기했던 '행위 중 앎'의 실패 원인이 무엇인지를 재고하는 능력이 생기게 되는 것이다.
행위 중 반성	• 행위 중 반성은 행위가 진행되는 상황에서 행위 기저의 앎을 표면화하고 비판하며 재구성한 후 재구성한 앎을 후속 행위에 구현하여 검증하는 것이다. • 진정한 전문가로서의 능력은 행위 중 반성과 보다 밀접한 관련이 있다. • 행위 중 반성은 전문적 행위를 하고 있는 동안 변화가 내재된 행위 방식에 대해 생각하며, 자신이 무엇을 하고 있는지를 알고 있다는 것을 의미한다. • 행위 중 반성은 실천적 이론과 실험을 포함하게 되며, 이러한 과정을 통해 진정한 전문성 발달이 이루어질 수 있다. • 행위 중 반성을 통해 실천가로서의 교사는 전문적 실천가로 성장한다.

(Schön, 1983; 강창숙, 2007)

제가 끊임없이 나타난다. 수업 준비를 아무리 철저히 해도 수업 장면에서 예측할 수 없는 부분이 있게 마련이다. 따라서 교사들은 학생의 이해 수준이나 주어진 여건 속에서 적합한 소재와 방법을 동원하여 수업을 진행한다. 예를 들면, 어떤 예비교사가 호남 지방의 고속도로를 나타내는 지도를 보면서 각 고속도로의 노선을 설명하는데 그 지도가 적합하지 않다거나 "우리나라의 서쪽에 있는 나라가 어디죠?"라는 질문에 학생들의 반응이 없을 경우에, 교사는 상황에 맞게 판단하여 수업을 진행해야 한다. 이러한 상황에서 교사가 당황하거나 놀란다면 그는 벌써 반성의 단계로 진입한 것이다. 그렇지만 그렇지 않은 경우는 반성이 이루어지지 않은 채 지나가 버리고 만다. '놀람'의 경험은 그것을 가져온 행위 기저의 암묵적 앎을 표면화하고 이를 비판적으로 고찰함으로써 앎을 재구성하도록 한다. 이는 쇤의 잠정적 앎의 단계에 해당한다(박선미, 2006).

행위 중 반성은 잠정적 앎을 즉석에서 실천에 옮겨 검증할 때 교사의 실천적 지식으로 전환될 수 있다. 학생들이 우리나라와 중국의 위치 관계나 주요 고속도로의 위치를 알지 못한다는 사실은 교사가 실제 수업을 실행함으로써 비로소 깨달은 것이다. 즉 교사는 가르치는 과정에서 비로소 학생의 수준이나 어려움을 알게 되고, 그 상황에서 순간적으로 해결책을 모색한다. 잠정적 앎을 즉석에서 실천에 옮겨 그 결과가 좋으면 새로운 실천적 지식이 형성되는 것이고, 그렇지 못하면 행위 중 반성의 초기 단계로 돌아간다. 새롭게 형성된 실천적 지식은 실천가의 행위 속에 녹아 행위 중 앎으로 표출된다. 이러한 실천을 수반한 반성의 개념은 교사의 전문성 개발을 위한 핵심개념으로 평가된다(박선미, 2006).

4) 교과교육 전문가로서의 교사

학교에서 교사가 교육과정을 어떻게 이해하고 가르치는지와 관련하여, 교사의 역할은 '교육과정 전달자(teacher as curriculum conduit)', '교육과정 조정자(teacher as mediators of curriculum)', '교육과정 이론가(teacher as curriculum theorizers)'로 분류될 수 있다(Ross, 1994: 51-58). 교육과정 이론가로서의 교사가 바로 교과교육의 전문가와 반성적 실천가로서의 역할을 수행한다.

표 6-5. 교사의 역할

교육과정 전달자	• 국가 수준의 지리 교육과정에서 의도한 목표와 내용체계에 의거하여, 지리 교과서의 내용을 그대로 전달하는 역할을 한다. • 정해진 교육내용을 효과적으로 전달하기 위한 교수방법을 선택하는 정도의 권한만을 갖는다. • 국가가 만든 '공식적 교육과정'과 지리교사가 교실에서 가르친 '실행된 교육과정'이 거의 비슷하게 나타난다. • 학생은 국가가 의도한 교육과정을 그대로 배우게 된다. • 교사의 역할이 지나치게 '수동적 전달자'에 머무는 한계를 지닌다. • 학생들에게 전통적인 가치와 규범을 내면화시키고 기존의 사회 질서와 권위에 순응하도록 주입하는 결과를 초래할 수 있다.
교육과정 조정자	• 국가 수준의 교육과정을 능동적으로 재구성하여 가르치는 지리교사를 의미한다. • 국가 수준의 교육과정과 지리교사가 실제로 교실에서 실행한 교육과정은 차이가 난다. • 지리교사는 지리 교육과정의 수동적 전달자가 아니라 '능동적 수행자'이다. • 지리교사는 교육과정을 개발하거나 교과서를 집필하는 과정에 참여하지 못하며, 기존 교육과정을 변화시키고자 하는 역할을 수행하지 못하는 한계를 지닌다.
교육과정 이론가	• 지리교사는 교육과정 개발 과정에 적극적으로 참여하여 이를 변화시키는 데 주체적인 역할을 한다. • 지리교사는 지리 교과서를 해석하고 재구성하여 가르칠 뿐만 아니라, 자신의 수업활동에 대해 스스로 비판적으로 반성하며 개선해야 한다. • 교육과정을 변화시키고 개발하는 과정에 능동적으로 참여해야 한다. • 지리교사는 '교과교육의 전문가'와 '반성적 실천가'로서의 역할을 수행한다.

3. 수업컨설팅과 수업비평

현재 수업장학에 대한 대안적 접근으로 수업컨설팅이 일반적으로 채택되고 있다. 그러나 이혁규(2008)는 수업장학뿐만 아니라 수업컨설팅의 한계를 지적하면서 수업비평을 강조한다. 그렇다면 수업비평은 수업장학, 수업평가, 수업컨설팅과 어떻게 다를까? 이혁규(2008: 23)는 이들을 표 6-6과 같이 비교한다. 그러면, 이혁규(2008)의 논의를 중심으로 수업비평이 수업장학, 수업평가, 수업컨설팅과 어떤 차이점이 있는지를 살펴보자.

사실 장학, 평가, 컨설팅, 비평 등의 용어가 내포하는 의미 범위는 다양하다. 왜냐하면 여러 학자들이 이 용어를 매우 다양하게 사용하고 있기 때문이다. 하나의 용어가 자신의 설명력이나 유용성을 높이기 위해서 그 의미를 점점 확장하는 경향도 이와 관련이 있다. 예를 들어, '장학'이라는 개념이 처음 사용될 때는 교사의 행동을 감시하고 통제하고 학교를 시찰하던 관리적 성격이 강하였으나, 지금은 교사의 전문성을 인정하고 교사를 돕고 지원하는 협동적 성격으로 변화하였다. 따라서 확장된 장학 개념을 적용하면 그 개념의 우산 아래 평가, 컨설팅, 비평 등의 개념이 모두 포섭되어 버린다. 따라서 구분과 변별을 위해서는 각각의 개념이 지닌 일차적 의미를 기준으로 논의할 수밖에 없다.

표 6-6. 수업개선 프로그램의 비교

구분	수업장학	수업평가	수업컨설팅	수업비평
주된 관찰 목적	교사의 교수행위 개선	교사의 수업능력 측정과 평가	교사의 고민이나 문제해결	수업현상의 이해와 해석
실천가와 관찰자의 관계	교사/장학사	평가자/피평가자	의뢰인/컨설턴트	예술가/비평가
주된 관찰 방법	양적·질적 방법	양적 방법	양적·질적 방법	질적 방법
산출물 형태	수업 관찰 협의록	양적·질적 평가지	컨설팅 결과 보고서	질적 비평문
관찰 정보의 공유자	관련 당사자	관련 당사자	관련 당사자	잠재적 독자
관찰 결과의 활용	교사의 수업 전문성 향상에 관한 정보 제공	교사의 수업설계 및 실행능력에 대한 평가	원칙적으로 의뢰인의 판단에 의존함	수업현상에 대한 감식안과 비평 능력 제고
참여의 강제성 여부	의무적 참여	의무적 참여	자발적 참여	자발적 참여

(이혁규, 2008: 23)

1) 수업 관찰의 주된 목적

수업장학은 교사의 수업행위를 변화시켜 교수·학습 방법을 개선하는 것을 지향한다. 수업평가는 교사의 수업행위를 평가하고 등급화하는 것이, 수업컨설팅은 컨설팅을 의뢰한 교사의 고민과 문제를 해결해 주는 것이 관찰의 주된 목적이다. 이에 비해 수업비평은 수업현상을 이해하고 해석하며 판단하는 데 치중한다. 장학, 평가, 컨설팅의 경우 수업을 이해하고 해석하는 활동이 수단적 의미를 가지지만, 수업비평은 그것을 직접적으로 지향한다. 이렇게 보면 수업비평은 여타 활동과 구별되는 목적을 가지면서, 동시에 여타 활동이 내실있게 운영될 수 있는 토대가 되는 활동임을 알 수 있다. 수업현상을 이해하고 해석하는 안목을 갖지 않고서 장학, 평가, 컨설팅 활동이 내실있게 운영되기는 어렵기 때문이다.

2) 수업 실천가와 수업 관찰자의 관계

수업 실천가와 수업 관찰자 사이의 관계는 어떠한지도 살펴볼 필요가 있다. 수업장학에서는 교사와 장학사로, 수업평가에서는 평가자와 피평가자로, 수업컨설팅에서는 의뢰인과 컨설턴트로 수업 실천가와 수업 관찰자가 만난다. 반면에 수업비평에서는 양자가 예술가와 비평가의 관계로 은유된다. 이는 앞의 세 가지 제도적 실천과 비교하여 보면 상대적으로 독특한 관계이다. 장학, 평가, 컨설팅 모두 암묵적으로 관찰자로서의 장학사, 평가자, 컨설턴트가 수업 실천가에 비해 우위에 있다. 다만 수업컨설팅의 경우는 양자의 관계가 비교적 수평적이다. 수업컨설팅 개념 자체가 타율적인 장학이나 평가의 문제점을 개선하기 위해 나타난 것이기 때문이다. 여기서 수업 실천가와 관찰자는 의뢰인과 컨설턴트로 만나며, 전문가인 컨설턴트는 수업과 관련된 다양한 정보를 제공하여 수업 실천가가 자신의 문제를 스스로 해결해 가는 것을 돕는 조력자의 역할을 한다. 이에 비해 수업비평에서 상정하는 예술가와 비평가의 관계는 훨씬 복잡하다. 오늘날 예술작품의 가치는 궁극적으로 비평 공동체의 판단에 의해 결정된다. 이 점에서 비평 공동체는 예술가의 우위에 있다. 그러나 이것이 개별 예술가 위에 비평가가 존재한다는 것을 함의하지는 않는다. 왜냐하면 개별 비평가가 최종적 판단의 역할을 하지 않기 때문이다. 개별 비평가의 판단은 독자 또는 다른 비평가의 판단에 열려 있는 하나의 시선에 불과하다. 따라서 비평 공동체는 설득과 공감에 기반한 민주적 공동체인 셈이다. 그리고 이 열린 대화에 예술가 또한 평등한 입장에서 참여할 수 있다.

3) 주된 수업 관찰 방법

주된 수업 관찰 방법을 살펴보자. 원칙적으로 네 가지 접근 모두에 양적·질적 방법이 활용될 수 있다. 그런데 여기서 주목할 점은 비평과 평가의 차이이다. 상대적으로 수업평가에는 양적 수업 관찰법이 많이 사용되며, 수업비평에는 질적 수업 관찰법이 많이 활용된다. 일반적으로 평가자는 그 타당성이 미리 확인된 양적 관찰 척도를 활용하여 교사를 등급화한다. 따라서 수업평가의 경우 평가자의 개인적 목소리가 드러나는 경우는 드물다. 반면에 수업비평은 비평가가 자신의 전문적인 식견을 바탕으로 질적 자료 수집을 통해 수업의 의미를 읽어 내어 독자가 이해 가능한 용어로 표현한다. 따라서 질적 수업비평문에는 비평가 자신의 목소리가 드러난다. 그리고 이렇게 드러난 비평가 자신은 그 글을 읽는 독자의 심판 대상이 된다.

4) 산출물의 형태

수업 관찰의 결과가 기록되는 형식에서도 차이가 난다. 수업장학과 관련된 정보는 주로 수업 관찰 협의록에 기록되어 교사의 수업행위를 개선하는 데 활용된다. 수업평가의 경우에는 교사의 교수행위가 양적·질적 평정지에 기록되어 교사를 평정하는 데 사용된다. 수업컨설팅의 경우에는 컨설팅을 요청한 사람이 쉽게 읽을 수 있는 관찰 보고서의 형태로 관찰 결과가 정리될 것이다. 수업비평의 경우에는 질적 비평문의 형식으로 관찰 결과가 기록된다. 그런데 이런 기록 방식의 차이는 누가 이 기록물의 중요 독자인가와도 관련성이 있다. 세 가지 접근법은 수업 관찰 결과물이 주로 수업을 실행한 교사 본인과 소수의 관련자에게만 제공되어 활용된다. 반면 수업비평문은 다른 비평과 마찬가지로 수업현상에 관심을 가지는 많은 사람들을 내포 독자로 삼는다. 이렇게 폭넓은 독자를 열린 대화에 초청함으로써 비평은 스스로 또 다른 비평에 노출된다. 그리고 비평에 대한 또 다른 비평이 가능한 구조는 수업에 대한 논의를 풍부하게 확장하는 데 도움을 준다.

5) 수업 공개의 강제성 여부

수업 실천가가 수업 공개를 결정하는 것과 관련하여 강제성의 여부도 다소 차이가 있다. 자기장학이나 자기평가 등의 개념이 있기는 하지만 수업장학이나 수업평가는 강제성의 측면이 강하다. 반면에 수업컨설팅과 수업비평은 자발적인 참여의 성격이 강하다. 수업컨설팅의 경우 자발성의 원칙을 매우 중시한다. 수업비평 또한 자신의 수업 실천을 비평에 노출시키고자 하는 자발적인 교사들의 존재를 필요로 한다. 이 점은 다른 비평 장르와 구별되는 수업비평의 독특성이기도 하다. 예술작품이 전시나 발표를 통해 공개됨으로써 예술가의 의도와 관계없이 자동적으로 비평가의 시선에 노출되는 것과는 달리 수업 실천은 자동으로 공개되지 않는다. 따라서 수업비평이 가능하기 위해서는 교사의 자발적인 참여 의사가 매우 중요하다.

4. 쉐바야르의 교수학적 변환과 극단적 교수현상

1) 교수학적 변환

쉐바야르(Chevallard, 1985)는 학문적 지식을 가르칠 지식으로 변환하는 것과 같이, 교육적 의도를 가지고 지식을 변환하는 것을 '교수학적 변환(didactic transposition)'이라고 하였다. 지리교사들은 학문적 지식을 주어진 수업시간 내에 효율적으로 가르치기 위해, 지리 교과의 내용에 들어 있는 지리학자의 사고를 학생의 사고에 맞게 변환할 책임을 가지고 있다. 따라서 학습에의 장애를 최소화할 수 있도록, 교사들은 교수학적 변환을 시도한다.

교실수업의 상황에서 교사는 자신의 개인화/배경화(personalization /contextualization)를 거친 지식을 가르치기 위한 지식으로 바꾸기 위해 탈개인화/탈배경화(depersonalization/decontextualization)시켜야 한다. 또한 학생들의 개인화/배경화가 용이하도록 학생들에 맞춰 내용을 변환해야 한다. 나아가 학생들 스스로 이 과정에 참여할 수 있도록 이끄는 것까지도 교사의 몫이다. 이러한 측면은 교수학적 변환과정을 이해하는 방법을 제공해 준다. 따라서 교수학적 변환의 실제적인 문제는, 어떻게 교실에서 지식을 효율적으로 학습하도록 변형시키는가 하는 것이다.

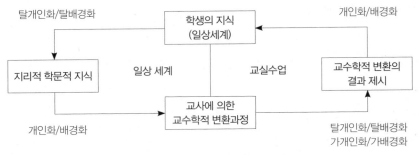

그림 6-2. 교수학적 변환의 도식
(강완, 1991; 김민정, 2002: 118)

이러한 노력에 있어서 어려움은 학생의 개인화/배경화와 탈개인화/탈배경화의 두 과정을 어떻게 균형있게 조화시켜 나가는가에 있다. 이 두 과정이 균형있게 이루어지지 않으면, 학생들은 의미가 간과되거나 구조화가 덜 된 지식을 소유하게 된다. 그러므로 바람직한 교수학적 변환의 방향은 개인화/배경화, 탈개인화/탈배경화의 과정에 대한 올바른 이해를 바탕으로 했을 때 가능하다(김민정, 2002).

2) 극단적 교수현상

교사는 학문적 지식에 대한 교수학적 분석과 재구성을 통하여 가르칠 지식으로 변환하고, 이는 교사의 교수행동에 의해서 학습자에게 전달된다. 그러나 브루소(Brousseau, 1997)는 교수행동에서 나올 수 있는 극단적인 교수현상을 4가지로 지적하였다. 이는 학습자의 지식 구성을 방해하는 '토파즈 효과(Topaze effect)', 학습자에 대한 판단 오류인 '죠르단 효과(Jourdain effect)', 본질에 이르지 못하는 '메타인지적 이동(meta-cognitive shift)', 암기에 머무르게 하는 '형식적 고착(formal abidance)'이다(표 6-7). 한편 김민정(2002)은 지리수업의 관찰을 통해서, 이 4가지의 극단적인 교수현상에 2가지를 추가하였다. 이 2가지는 학생들이 지식을 추가하거나 깊이 파고들어 생각하지 않도록 절대적인 것처럼 표현하는 '도그마화(dogmatization)'와, 도식화하고 단순화하여 학생들의 내용 이해과정에서 필요한 확대된 적용들을 언급하지 않는 '지나친 단순화(over-simplification)'이다(조성욱, 2009). 김민정(2002)은 특히 교사의 '지나친 단순화'를 교수학적 변환 중에서 학생들의 '배경화(contextualized)'에 대한 가장 소극적 교수현상으로 보았다.

표 6-7. 교수학적 변환에 나타나는 극단적 교수현상

극단적 교수현상	교수 상황	용어의 유래
토파즈 효과 (Topaze effect)	풀이에 대한 명백한 힌트를 주거나 유도 질문을 하여 문제와 함께 해답을 제시함으로써, 학생들이 지식을 스스로 구성하는 것을 방해하는 상황	마르셀 빠뇰(Marcel Pagnol)의 희곡에 나오는 등장인물 토파즈(Topaze)의 학습 지도과정에서 유래
죠르단 효과 (Jourdain effect)	학생의 행동이나 대답이 사실은 평범한 단서나 의미로 야기된 것임에도 불구하고, 교사가 어떤 지식이 형성되었음을 보여 주었다고 인정해 버리는 상황	Moriere의 희곡인 Le Bourgeois Gentilbomme에 등장하는 인물 죠르단(Jourdain)에서 유래
메타인지적 이동 (meta-cognitive shift)	진정한 지식을 가르치기 어려운 경우 교수학적 고안물이나 발견적 수단 자체가 지도의 목적이 되어 버리는 상황	
형식적 고착 (formal abidance)	탈개인화되고 탈배경화된 형식적 지식을 체계적으로 해설하게 하며, 이를 반복적으로 연습하게 하는 상황	

(Brousseau, 1997; 조성욱, 2009: 217 재인용)

제7장

지리 교수·학습 방법

1. 개념학습

개념을 습득해야 하는 가장 중요한 이유는 개념 없이는 생각하거나 의사소통을 할 수 없기 때문이다. 우리는 일반화하고, 사실과 아이디어를 서로 연결시키고, 설명을 발전시키고, 추상적으로 사고하기 위해 개념이 필요하다. 개념적 이해가 발달하게 되면 학생들은 세상을 다르게 바라보고 해석할 수 있으며 자신들의 개인지리를 넘어서게 된다. 또한 일반화되고 추상적인 방식으로 사고할 수 있게 된다(Roberts, 2013). 따라서 개념을 가르치기 위한 교수방법으로서 개념학습은 중요하다.

1) 속성모형(=고전모형)

개념의 결정적 속성을 중심으로 한 수업이다. 모든 대상이 공유하는 결정적 속성 또는 정의적 속성을 제시하여 개념을 가르치는 방식으로 가장 널리 쓰이는 모형이다. 여기서 속성이란 개념을 정의하는 요소로 학생들은 개념에 대해서 잘 정의된 속성(본질적 속성)을 알아 내고, 그에 따라 예들을 분류함으로써 개념을 습득한다.

속성모형은 '연역적 수업모형'이다. 왜냐하면 개념을 정의하고 구체적인 사례를 보여 주기 때문이다. 수업의 효율성을 강조하며, 결정적 속성이 뚜렷한 구체적인 개념(관찰에 의한 개념)에 적합하다. 수업절차는 '개념 정의 → 속성의 제시(개념 파악) → 대표적인 사례 제시'로 이루어진다. 예를 들면, 분지를 수업한다고 할 때, '분지에 대한 정의 → 분지의 중요 특성(결정적 속성) 설명 → 분지에 대한 대표적 사례 제시'로 이루어진다. 속성모형의 수업절차를 좀 더 세분하면 그림 7-1과 같다.

속성모형은 다음과 같은 점에서 한계를 지닌다. 먼저, 구체적 형태가 없는 것과 결정적 속성이 잘 드러나지 않는 추상적인 개념에는 적용이 어렵다. 특히 명확한 과학적 개념이 아닐 경우 적용하기 어렵다. 다음으로, 여러 속성 중 어느 하나를 만족하여도 개념이 성립되는 이접개념이 존재할 가능성이 있다.

1. 문제제기
• 교사가 개념과 관련된 문제를 제시한다.

↓

2. 개념의 정의

↓

3. 개념의 결정적 속성 검토
• 결정적 속성과 비결정적 속성을 함께 검토한다. 　- 결정적 속성(정의적 속성): 한 개념으로 분류되는 모든 대상들이 공통적으로 갖는 고유한 특성 　- 비결정적 속성(일반적 속성): 그 개념에 속한 특성이지만, 다른 대상 또한 그 특성을 가지고 있음 　→ 일반적 속성은 다른 대상과 구별할 때 결정적으로 중요한 특성이 되지 못한다.

↓

4. 개념의 실례(examples)와 비실례(nonexamples) 제시
• 개념에 분류되는 적합한 실례(긍정적 사례)와 그렇지 않은 비실례(부정적 사례) 제시 　→ 긍정적 사례와 부정적 사례가 함께 다루어질 때 개념학습은 효과적이다.

↓

5. 개념의 이해도 검증
• 학생들이 개념을 정확하게 이해했는지를 확인하기 위해 새로운 대상이나 사례에 적용하여 설명하도록 요청한다.

↓

6. 관련된 사회현상 검토
• 그 개념과 관련되어 있는 사회현상을 검토하도록 요구한다.

그림 7-1. 속성모형의 수업절차

표 7-1. 개념의 실례와 비실례

실례(examples) = 긍정적 사례	비실례(nonexamples) = 부정적 사례
- 개념의 결정적 속성을 잘 보여 준다. 개념에 관한 수업을 할 때, 학생들이 범주를 확립할 수 있도록 원형이나 가장 좋은 실례로부터 시작하고 덜 전형적인 실례로 나아가는 것이 좋다. - 실례를 배우는 것은 과소일반화 또는 어떤 범주에 속하는 것을 범주에서 잘못 배제하는 오류를 방지하도록 도와준다.	- 긍정적 사례와 반대되는 속성을 보여 주는 예를 말한다. 학생들이 다른 사례들과 혼동하지 않고 그 개념을 분명하게 식별할 수 있도록 도와준다. - 학습하고자 하는 개념에 아주 근접하되, 결정적인 속성 한두 가지를 갖고 있지 않은 것으로 선택해야 한다. - 비실례를 포함시키는 것은 과도한 일반화 또는 특정 범주에 속하지 않는 것을 그 범주에 포함시키는 오류를 방지해 준다.

2) 원형모형(=전형모형)

원형모형은 대표적인 사례 중심의 수업이다. 이것은 추상적 개념을 전형적으로 보여 주는 원형 또는 대표적 사례를 제시하여 개념을 가르치는 방식이다. 원형모형은 개념의 속성이 분명하지 않은 추상적인 개념을 학습하기 위한 것으로, 속성모형의 단점을 보완하기 위해 개발된 것이다.

여기서 원형(prototype)이란 어떤 대상이나 사례의 속성을 가장 잘 드러내 주는 이상적인 현상 또는 대표적 사례를 말한다. 따라서 구체적인 대상이나 사건을 파악하고 분류하는 기준이 된다. 원형은 실례에 대한 경험이 축적되면서 형성된다. 즉, 특정한 사건들에 대한 기억들이 시간이 지남에 따라 흐려지기 시작하면서, 그때까지 경험한 모든 실례들로부터 평균적인 원형이 자연스럽게 만들어진다.

원형모형은 원형과 사례를 통하여 점차 보편적인 개념의 속성을 이해하므로 '귀납적 수업모형'이다. 학생들에게 친숙하지 않거나 추상적인 개념(관찰로 잘 확인되지 않는 개념), 결정적 속성이 명확하게 드러나지 않는 개념을 가르치는 데 적절하다. 원형모형의 수업절차는 '원형(가장 대표적인 사례) 제시 → 속성의 제시 → 사례 제시'로 이루어진다. 예를 들면, 도시화 수업의 경우 '도시화에 대한 대표적 사례(원형) 제시 → 도시화의 중요 특징 설명 → 사례 제시'로 이루어진다. 원형모형의 수업절차를 좀 더 세분하면 그림 7-2와 같다.

원형모형은 다음과 같은 점에서 한계를 지닌다. 먼저, 지나치게 사례의 범주화 기능을 강조할 수 있다. 다음으로, 개념의 계층성 측면에서 볼 때, 이 개념의 범주화에서 얻은 결과가 다른 상위·하위 개념으로 전이되기 어렵다. 마지막으로, 하나의 범주에 속하는 예들이 왜 집단성을 갖는지 설명할 방법이 없고, 추상화나 일반화가 어렵다.

3) 상황모형

상황모형은 학생의 경험을 중시한다. 원형모형의 짝퉁 정도라고 보면 된다. 상황모형은 개념과 관련된 상황 또는 학생의 경험을 제시하여 개념을 가르치는 방식이다. 상황모형은 학생들이 이미 많은 사회적 경험을 가지고 있다고 간주하면서, 원형모형의 대표적인 사례를 학생의 경험으로 대체한다.

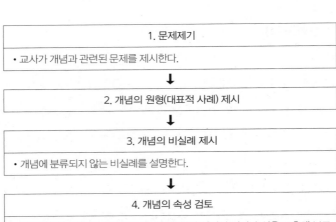

1. 문제제기
• 교사가 개념과 관련된 문제를 제시한다.

2. 개념의 원형(대표적 사례) 제시

3. 개념의 비실례 제시
• 개념에 분류되지 않는 비실례를 설명한다.

4. 개념의 속성 검토
• 학생들에게 원형이나 대표적 사례를 통해서 개념이 지닌 속성을 도출해 보도록 하고, 그러한 원형과 속성에 의거하여 개념을 정의해 보도록 한다.

5. 개념의 이해도 검증
• 학생들이 개념을 정확하게 이해했는지 확인하기 위해 새로운 대상이나 사례에 적용하여 설명하도록 요청한다.

6. 관련된 사회현상 검토
• 그 개념과 관련되어 있는 사회현상을 검토하도록 요구한다.

그림 7-2. 원형모형의 수업절차

4) 이중부호화이론과 다중표상학습

(1) 개념 교수: 이중부호화이론

개념 교수에 있어서 그림이나 다이어그램, 지도 같은 시각적 보조물이 있다면 학습에 도움이 된다. 즉, 구체적인 실례, 또는 실례의 그림을 직접 다뤄 보는 것은 학생들이 개념을 학습하는 데 도움이 된다. 개념을 가르치는 데 있어서 그림 한 장은 백 마디 말보다 더 가치가 있을 수 있다. 어떤 연령의 학생들에게든 지리의 복잡한 개념들을 다이어그램이나 그래프로 보여 줄 수 있다. 이를 '이중부호화'라고 하며, 학생들은 개념과 관련된 텍스트와 그림이 함께 제시될 때 훨씬 더 이해를 잘 하게 된다.

'이중부호화이론(dual codification theory)'은 언어정보 및 그림정보가 서로 분리된 표상을 가

196   핵심 지리교육학

지며, 이들을 별도로 제시하기보다는 함께 제시하는 것이 효과적이라고 제안한다(Paivio, 1991). 왜냐하면 두 가지로 서로 다르게 부호화된 정보들은, 둘 중 하나를 놓치더라도 다른 하나를 통해 기억해 낼 수 있기 때문이다. 인간의 장기기억은 시각적 체계와 언어적 체계로 이루어져 있어, 이 두 체계가 상호작용할 때 장기기억을 더욱 효과적으로 할 수 있다. 이러한 이중부호화이론은 개념학습에 적용되어, 학생들에게 복잡한 개념을 가르치는 방법에 대한 단서를 제공한다. 학생들이 특정 개념을 글로 읽기만 했을 때보다, 그림(다이어그램, 사진)을 함께 보여 주었을 때 그 개념에 대한 이해도가 훨씬 높다는 것이다(신종호 외, 2006: 339). 즉 학생들에게 언어정보와 그림정보를 동시에 제공했을 때, 문제해결에서 보다 높은 수행을 보이게 된다.

학습자료의 두 가지 표상양식을 동시에 제시하는 것이 효과적이라는 연구는 주로 인지부하이론 중 페이비오(Paivio, 1991)의 이중부호화이론에 기초하여 이루어졌다. 이중부호화이론에 의하면 두 가지 유형의 학습자료를 동시에 제공하면 한 가지만 제시할 때보다 학습효과가 높다는

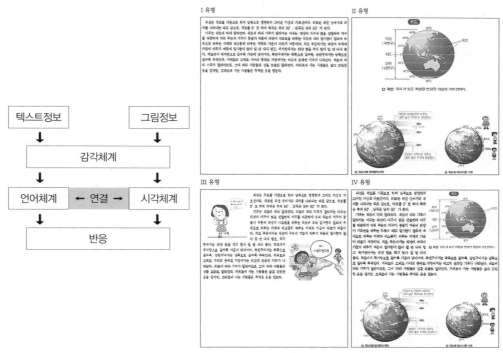

그림 7-3. 이중부호자료의 정보처리과정 및 실험 검사지
(박선미 등, 2012)

것이다. 이중부호화이론의 지지자들은 동일한 정보에 대해 텍스트와 그림으로 기억된 정보가 텍스트만으로 기억되거나 그림만으로 기억된 정보보다 쉽게 재생된다고 주장한다. 그림 7-3에서 볼 수 있듯이 텍스트와 그림을 함께 제시하면 언어와 시각체계 둘 다 부호화되기 때문에 텍스트만 제시될 때보다 그 내용을 더 잘 기억하는 효과가 나타나게 된다(박선미 등, 2012).

박선미 등(2012)은 이러한 이중부호화이론을 적용하여 텍스트와 그림자료 제시 방식에 따른 지리학습의 효과를 분석하였다. 여기에서 텍스트나 그림만 제시하는 것보다, 텍스트와 그림을 함께 제시했을 때(검사지 Ⅳ 유형) 지리학습의 효과가 크다는 것을 증명하였다(그림 7-3).

(2) 만화 학습: 이중부호화이론과 다중표상학습

최재영(2007)은 만화의 학습효과를 뒷받침하는 근거로 '이중부호화이론(dual coding theory)'과 '다중표상학습(Multiple Representation)'을 제시했다. 최재영(2007)은 이중부호화이론에 착안하여, 언어정보와 그림정보를 둘 다 지니고 있는 만화의 경우 학생들의 회상률을 높일 수 있을 것이라 보았다.

한편 '다중표상학습'이란 외적인 표상이 둘 이상 제공되는 학습으로, 글과 그림이 함께 제공되는 만화 역시 다중표상학습의 한 형태라고 볼 수 있다. 다중표상학습이 주목을 받는 이유는, 이중부호화이론에 근거하여 학습자들이 기억을 효과적으로 하도록 도와주기 때문이다. 또한 같이 제공되는 여러 표상들이 각각 다른 정보를 제시해 주므로, 서로 다른 인지과정을 유도할 수 있다. 그리고 특정한 외적 표상에 대해 학습자가 잘못된 해석을 내리는 것을 막아 줌으로써, 개념의 심도있는 이해를 도와줄 수 있다(Ainsworth, 1999; 최재영, 2007 재인용).

이러한 다중표상학습의 주장과 달리, 학생들은 다양한 표상들을 연계하고 통합하는 것을 어려워한다. 즉 자기에게 친숙한 한 가지의 표상에만 집중하고, 다른 표상은 무시하는 경향을 보일 수 있다는 것이다. 그러나 최재영(2007)에 의하면, 만화는 학생들로 하여금 외적 표상을 연계하고 통합하는 것을 촉진시키도록 도움을 줄 수 있다. 왜냐하면, 일반적인 다중표상학습의 형태인 '삽화가 딸린 글'과는 달리, 만화는 칸이라는 구조를 지니고 있기 때문이다. 만화는 칸 단위로 내용이 분산되어 있으며, 그 칸 안에서 글과 그림이 이미 연계되어 제시된다. 이로 인해 학습자들이 글과 그림을 보다 쉽게 연계시켜 통합할 수 있다는 것이다.

정보처리 학습이론: 인지부하이론

우리가 새로운 정보를 학습할 때, 학습과정은 자료의 양이나 복잡성과 같이 개인의 통제를 벗어난 요인에 의해 영향을 받는다. 그러나 교수·학습 과정에서, 교사와 학습자는 수업을 조직하는 방법이나 정보를 이해할 수 있게 만드는 전략 등과 같은 요인들은 통제할 수 있다. 인지부하이론(cognitive load theory)은 작업기억(working memory, 개인이 정보를 처리하는 동안 정보를 유지하는 정보 저장고, 즉 의식적인 사고활동이 일어나는 곳)의 한계를 인식하고, 효과적인 수업을 위해 작업기억의 용량을 조정하는 것을 강조한다. 인지부하이론은 작업기억의 한계를 조정하기 위해, 다음의 세 가지 요소를 제시한다.

- 청킹(chunking, 의미덩이짓기)
- 자동화(automaticity)
- 이중처리(dual processing)

먼저, '청킹(chunking, 의미덩이짓기)'은 정보의 개별적 단위를 보다 크고 의미있는 단위로 묶는 정신과정이다. 의미덩이를 이룬 정보를 기억하는 경우, 낱개 항목을 기억하는 것보다 작업기억의 공간을 덜 차지하게 된다.

청킹하지 않은 정보	청킹한 정보
U, n, r	Run
2492520	24 9 25 20
L, v, o, l, o, u, e, y	I love you
Seeletsthiswhyworks	Let's see why this works

작업기억의 한계를 극복하는 두 번째 방법은, 과제를 처리하는 과정을 자동화시키는 것이다. '자동화(automaticity)'는 자각이나 의식적인 노력 없이 수행할 수 있는 정신적 조작의 사용이다. 자동차의 운전은 자동화의 힘과 효율성을 보여 주는 좋은 예이다. 운전이 자동화된 사람이라면, 운전하는 동시에 말하고 들을 수도 있을 것이다.

마지막으로 '이중처리(dual processing)'는 시각과 청각의 두 구성요소가 작업기억에서 함께 정보를 처리하는 방식이다. 각 구성요소의 용량에 한계가 있을지라도, 시각과 청각은 독립적으로 작업하면서 동시에 공동으로 작업하기도 한다. 따라서 시각적 과정은 청각적 과정을 보충하며, 역으로 청각적 과정도 시각적 과정을 보충한다. 시각과 언어(청각)정보를 동시에 제시하는 것은, 두 가지 경로로 기억에 정보를 보내 준다는 점에서 중요하다. 언어로 된 설명이 시각자료로 보충될 때, 학생들은 더 많이 배울 수 있다. 그러나 안타깝게도 교사들은 종종 언어만을 사용하여 정보를 제시하기 때문에, 학생들의 작업기억 처리능력을 최적화하여 사용하지 못한다. 이와 같이, 이중처리이론은 언어적 정보와 시각적 표상을 함께 제시하는 것이 장기기억에 도움이 된다고 주장한 페이비오(Paivio, 1986)의 이중부호화이론과 밀접한 관련이 있다(그러나 동일하지는 않다).

(신종호 외, 2006: 325-327, 339-340)

2. 설명식 수업

1) 설명(exposition)이란?

'설명(exposition)'은 가장 기본적이고 빈번하게 사용되는 교수전략 중의 하나이다. 학생들은 교사가 하는 설명을 듣고, 사고하고, 대답함으로써 학습을 하게 된다. 따라서 수업에서 교사의 설명은 학생들의 학습에 많은 영향을 미친다. 키리아쿠(Kyriacou, 1997: 40)는 교사가 수업에서 사용하는 설명의 목적을 다음과 같이 요약하고 있다.

- 학습경험의 구조와 목적을 명확하게 하기
- 정보를 제공하기, 기술하기, 설명하기(또는 예증하기)
- 질문과 토론을 사용하여 학생들의 학습을 촉진하기

예비교사나 초임교사들이 가장 선호하는 교수전략은 주로 '설명'에 의존한다. 왜냐하면, 학생들에게 효과적으로 정보를 제공하고, 기술하며, 설명할 수 있는 능력은 교수에 입문하는 예비교사나 초임교사에게 가장 필수적인 기능 중의 하나이기 때문이다. 그리고 학생들은 대개 교사가 배워야 할 내용에 대해 명료하게 설명할 때 열중하게 되고, 그것이 자신의 성취를 달성하는 데 중요한 역할을 한다고 믿는다. 사실, 이러한 관점을 지지하는 많은 연구의 증거들이 있다.

2) 연역적 추리에 근거한 설명식 수업

4장에서도 살펴보았듯이, 설명식 수업은 기계적인 암기에 의존하는 수용학습 또는 강의식 수업과는 다르다. 기계적인 암기학습(rote learning)은 학습자가 정보를 회상할 수 있도록 하지만, 그것을 반드시 이해할 수 있게 하는 것은 아니다. 왜냐하면 기계적으로 학습된 자료는 기존의 지식과 연결되지 않기 때문이다. 교사에 의한 설명식 교수를 체계화한 것이 오수벨(Ausubel, 1968)의 유의미학습이론 또는 유의미 언어학습이론(meaningful verbal learning)이다. 브루너(Bruner)가 사람들이 귀납적 추리에 의해 지식을 발견한다고 믿었던 것과 달리, 오수벨(Ausubel, 1968)은 발견이 아닌 수용을 통해 지식을 습득한다고 주장한다. 개념, 원리, 아이디어들은 일반적 개념이 구체적 사례로 나아가는 연역적 추리(deductive reasoning)에 의해 이해되는 것이지, 구체적 사례들로부터 일반적 개념이 발견되는 귀납적 추리에 의한 것이 아니라는 것이다.

오수벨의 유의미학습이론은 '설명식 교수(expository teaching)'로 불리며, 설명을 위해 가장 중요한 기능 중의 하나는 '선행조직자(advance organizers)'를 제공하는 것이다. 선행조직자란 이후에 제시될 모든 정보를 포괄할 수 있을 만큼 충분히 광범위한 진술문이다. 이러한 선행조직자를 사용하는 목적은 세 가지이다. 선행조직자는 제시된 자료에서 중요한 부분에 주의를 기울이게 하고, 앞으로 제시될 개념들 간의 관계를 부각시켜 주며, 이미 가지고 있는 적절한 정보를 일깨워주는 것이다. 즉, 선행조직자를 제공한다는 것은 학생들이 수행해야 할 학습과제와, 수업 동안에 일어날 의도된 학습결과를 먼저 제공하는 것이다. 유의미 언어학습 또는 설명식 교수는 학생들에게 새로운 아이디어들을 그들이 이미 소유하고 있는 기존의 지식과 이해에 관련시킬 것을 요구한다. 이러한 선행조직자가 효과적으로 작용하기 위해서는 학생들이 그것을 이해해야 한다. 그리고 선행조직자는 실제로 조직하는 기능을 통해 앞으로 사용될 기본개념들과 용어들 간의 관계를 나타내 주어야 한다. 구체적인 모형이나 도해, 또는 유추는 특히 훌륭한 조직자이다 (Robinson, 1995).

4장에서도 살펴보았듯이, 오수벨의 유의미 언어학습이 설명식 학습과 동일한 의미로 사용된 것은 조이스와 웨일(Joyce and Weil, 1980)이 오수벨의 아이디어를 사용하여 3단계로 구성된 설명식 수업의 모형을 개발하여 제시했기 때문이다.

1단계에서는 수업의 목표를 명료하게 하고 학습자의 선행지식과 이해에 대한 인식을 끌어올리기 위해 선행조직자가 제시된다. 2단계에서는 학습되어야 할 자료 또는 논리적인 방식으로 수행해야 할 구조화된 과제가 제시된다. 3단계의 목적은 이러한 새로운 자료를 학습자의 기존의 인지구조에 관련시킴으로써 인지발달을 강화하는 것이다.

3. 발견학습

1) 귀납적 추리에 근거한 발견학습

브루너의 수업이론은 개념학습과 사고발달을 촉진하는 효과적인 교수·학습 전략으로 '발견학습(discovery learning)'을 강조한다. 브루너는 경험주의와 '귀납적 추리'를 받아들여 학습자 스스로 노력하여 새로운 정보를 얻는 과정을 발견으로 규정하고, 그에 효과적인 방법으로 귀납적 일반화 과정을 강조한다.

브루너는 학생들이 자신이 공부하고 있는 주제의 구조를 이해하는 데 초점을 둔다면 학습이 더 의미있고 유용하고 기억하기 쉬울 것이라고 주장한다. 브루너는 학생들이 정보의 구조를 파악하기 위해서는 능동적이어야 한다고 생각한다. 즉 교사의 설명을 받아들이는 데 그치지 않고, 스스로 핵심적인 원리들을 파악해 내야 한다는 것이다. 이 과정을 '발견학습'이라 한다. 발견학습에서는 교사가 예들을 제시하고 학생들은 이 예들의 상호관계, 즉 주제의 구조를 발견해 내기 위해 노력한다. 따라서 브루너는 교실에서 하는 학습이 구체적인 실례(exemplars)를 사용해서 일반적 원리를 도출해 내는 '귀납적 추리(inductive reasoning)'를 통해 이루어져야 한다고 믿는다.

표 7-2. 브루너의 발견학습의 사례

발견학습의 방법은 수학이나 물리학과 같이 고도로 체계화된 교과에 국한될 것이 아니다. 이것은 하버드대학교의 인지문제연구소에서 실시한 사회생활과의 실험연구에서 이미 밝혀진 바다. 이 연구에서는 6학년 학생들에게 미국 동남부 지역의 인문지리 단원을 전통적인 방법으로 가르치고 난 뒤에 미국 북중부 지역의 지도를 보여 주었다. 이 지도에는 지형적인 조건과 자연자원이 표시되어 있을 뿐 지명은 표시되어 있지 않았다. 학생들은 이 지도에서 주요도시가 어디 있는가를 알아내게 되어 있었다. 학생들은 서로 토의한 결과 도시가 갖추어야 할 지리적 조건에 관한 여러 가지 그럴 듯한 인문지리 이론을 쉽게 만들어 내었다. 말하자면 시카고가 오대호 연안에 서게 된 경위를 설명하는 수상교통이론이라든지, 역시 시카고가 메사비 산맥 근처에서 서게 된 경위를 설명하는 지하자원이론이라든지, 아이오와의 비옥한 평야에 큰 도시가 서게 된 경위를 설명하는 식품공급이론 따위가 그것이다. 지적인 정밀도의 수준에 있어서나 흥미의 수준에 있어서나 할 것 없이, 이 학생들은 북중부의 지리를 전통적인 방법으로 배운 통제집단의 학생들보다 월등하였다. 그러나 가장 놀라운 점은 이 학생들의 태도가 엄청나게 달라졌다는 것이다. 이 학생들은 이때까지 간단하게 생각해 온 것처럼 도시란 아무 데나 그냥 서는 것이 아니라는 것, 도시가 어디에 서는가 하는 것도 한 번 생각해 볼 만한 문제라는 것, 그리고 그 해답은 생각을 통해 발견될 수 있다는 것을 처음으로 깨달았던 것이다. 이 문제를 추구하는 동안에 재미와 기쁨도 있었거니와, 결과적으로 그 해답의 발견은 적어도 도시라는 현상을 이때까지 아무 생각 없이 받아들여 오던 도시의 학생들에게 충분한 가치가 있는 것이었다.

[J.S. 브루너(이홍우 옮김), 1985: 81–85; 서태열, 2006: 213 재인용]

표 7-2는 브루너가 지리 교과를 대상으로 하여 제시한 발견학습의 한 사례이다.

발견학습의 귀납적 접근법은 학생들이 '직관적 사고(intuitive thinking)'를 하게 만든다. 브루너(Bruner, 1960)는 직관적 사고를 개발할 수 있는 방법, 절차, 내용 등을 교육과정에 포함시켜야 한다고 주장한다. 논리적 추리에 바탕을 두지 않는 육감이나 문제해결을 직관이라고 한다. 직관적 사고는 일정한 단계를 따르는 분석적 사고와 달리, 특정 분야에 대한 느낌에 바탕을 둘 뿐 어떤 확정적인 단계도 따르지 않는 전체적인 인식을 말한다. 즉, 직관적 사고는 상상의 도약을 통해 올바른 지각이나 실현가능한 해결책에 도달하는 것이다.

브루너(Bruner, 1960)는 교사가 학생들에게 불완전한 증거에 의거해서 추측을 하게 하고, 이 추측을 체계적으로 입증하거나 반증하게 함으로써 이러한 직관적 사고를 키울 수 있다고 주장한다. 예를 들어, 바닷물의 흐름과 선박산업에 대해 가르치고 나서, 교사는 학생들에게 세 개의 항구가 그려진 옛 지도들을 보여 주고 어느 것이 중요한 부두가 되었을 것인지 추측하게 한다. 그런 다음 학생들은 체계적인 연구를 통해 자신들의 추측을 확인해 볼 수 있다. 불행히도 실제 교육에서는 잘못된 추측을 처벌하고, 안전하지만 창의적이지 못한 답변에 보상을 줌으로써 직관적 사고를 억누를 때가 많다.

2) 순수한 발견학습 vs 안내된 발견학습

흔히 학생들이 스스로 많은 작업을 하는 '순수한 발견학습'과 교사가 방향을 제시해 주는, 즉 비계가 제공되는 '안내된 발견(guided discovery)'으로 구분된다.

'순수한 발견'으로 예를 들어 보자. 교사가 해안침식지형의 종류에 대해 가르칠 때, 학생들에게 개념들에 대한 실례(해식애, 해안단구, 파식대, 노치, 해식동, 시아치)와 비실례(사빈, 사구, 해안평야)를 둘 다 제시한 후, 학생들에게 그 밖의 실례와 비실례를 제시해 보게 한다. 또한 학생들의 직관적 추리를 장려하기 위해서, 학생들에게 고대 그리스의 지도를 보여 주고 주요 도시들이 어디에 있다고 생각하는지 묻는다. 처음 몇 번의 추측에 대해서는 의견을 개진하지 말고, 여러 가지 아이디어가 나올 때가지 기다렸다가 답을 이야기해 준다.

'안내받지 않은 발견' 또는 '순수한 발견'은 학령 전 아동들에게는 적합할 수 있다. 그러나 전형적인 초중등학교에서 교사의 지도를 받지 않는 활동들은 관리하기 어려울 뿐만 아니라 비생산적인 경우가 많다. 이런 상황에서는 '안내된 발견'이 더 선호된다. 예를 들어, 다음과 같이 대답하기 어려운 질문, 당혹스러운 상황, 또는 흥미로운 문제들을 학생들에게 제시한다. – 이 단어들을 함께 묶게 해 주는 원리는 무엇인가? 교사는 이런 문제들을 해결하는 방법을 설명해 주는 대신에, 알맞은 자료들을 제공한 후 학생들 스스로 관찰하고 가설을 세우고 해답을 검증하도록 격려한다.

4. 탐구학습

1) 탐구의 출발, 질문

(1) 질문의 의미

탐구학습에서 가장 중요한 것은 적절한 질문을 사용하는 것이다(King, 1999). 질문의 명료화와 구체화는 탐구학습 활동을 계획하는 데 있어 출발점인 동시에, 이를 통해 학생들로 하여금 이해를 자극하고 개선시키며 궁극적으로 의미있는 학습을 할 수 있게 한다(Slater, 1993).

교사 주도의 설명식 수업에서는 질문과 답변이 교과서에 제시된 내용을 되풀이하면서 이루어진다. 교사의 설명은 거의 전적으로 짤막한 구절로 대답할 수 있는 질문들이며, 이러한 질문과 답변의 반복은 단답형 시험문제에 정답을 적는 방법을 연습시키는 인상을 준다. 교사는 거의 모든 경우에 학생들에게 질문을 하지만, 그 질문은 교과서의 설명 순서를 정확하게 따라나가게 된다. 따라서 학생들은 때로 교과서의 문구를 그대로 인용하며, 대답을 하는 동안에 전혀 심각한 생각을 할 필요가 없다. 교사의 질문에 대하여 학생들이 꼬박꼬박 대답을 하는 것은 표면상의 성의에 불과하며, 그것은 교사의 질문에 대해서는 대답을 해야 한다는 수업의 규칙 때문에 취해지는 행동이라고 볼 수 있다.

마찬가지로, 최근의 주제나 개념에 토대한 지리수업에서도 이와 같은 괴리가 나타날 수 있다. 여기에서 학생들의 학습활동이란, 고작 그 주제나 개념에 대해서 노트 필기하는 것밖에 없다. 따라서 어떤 개념적 토대가 적용되든지 간에, 교사와 학생은 모두 질문과 답변을 연결시키지 못할 가능성이 크다. 이러한 문제 인식은 표 7–3에 제시된 상이한 접근 방식을 통해 잘 알 수 있다. 예

표 7-3. 주제적 접근, 설명식 접근, 탐구식 접근

주제적/개념적 접근	설명적/분석적 접근	탐구식/질문식 접근
• 입지와 교통로의 관련성 • 자원의 영향 • 역사적 이유 • 절대적/ 상대적 입지의 특성 • 우연적 요소와 기타 요인들	• …의 분포를 기술한다. • …의 입지 이유를 제시한다. • …의 여러 특성을 열거한다. • …의 특성을 설명한다. • …의 변화를 설명한다.	• 사물이 어디에 입지하고 있는가? • 그것들은 왜 거기에 있는가? • 그 입지가 초래한 결과는 무엇인가? • 의사결정에서 어떠한 대안적 입지가 고려될 수 있는가?

를 들어, 주제적/개념적 접근에 제시된 사례를 보면, 정확히 학생들이 무엇을 학습하도록 기대하는지가 분명하지 않다. 그러나 탐구식 혹은 질문식 접근에 제시된 사례는 학생들에게 어떤 활동을 기대하고 있는지, 그리고 학습이 어디로 나아갈 것인지에 대한 생각이 제시되어 있다.

(2) 질문의 유형

① 고차적인 질문과 저차적인 질문

질문하기 기능은 상이한 다양한 방법으로 사용될 수 있다. 간단한 질문은 학생들이 이해에 초점을 두게 할 수 있으며, 교사는 이를 통해 학생들의 이해 정도를 빨리 측정할 수 있다. 이러한 '저차적인 질문들(lower order questions)'은 정보에 대한 회상을 요구하며, 이에 대한 답변은 종종 명확한 정답과 오답으로 구분된다. 더 복잡하고 지적으로 도전적인 질문들은 심사숙고(speculation)와 보다 심층적인 사고(deeper thinking)를 격려할 수 있다. 그러한 '고차적인 질문들(higher order question)'은 학생들에게 정보에 관해 사고하고, 평가하거나 적용하도록 요구한다.

② 폐쇄적 질문과 개방적 질문

또한 질문은 공통적으로 보통 하나의 정답만을 가지고 있는 '폐쇄적인 질문(closed questions)'과 일련의 다양한 답변들이 가능한 '개방적 질문(open questions)'으로 구분된다(표 7-4). 폐쇄적 질문은 수렴형 질문(convergent question)과 지시적 질문으로, 개방형 질문은 확산적 질문(divergent question)과 비지시적 질문으로 불리기도 한다.

표 7-4. 폐쇄적 질문과 개방적 질문

폐쇄적 질문	• 교사가 폐쇄적 질문을 사용하는 목적은 학생들이 특정 추론과정을 익히도록 도와줌으로써 지리적 지식과 이해가 발달되는 방법을 구조화하고 통제하기 위해서이다. • 교사는 학생들이 이미 알고 있는 것을 답하도록 요구한다. 그러한 폐쇄적 질문은 실제로 학습의 과정을 제한할 수 있다. 왜냐하면 교사와 학생들 간의 대화는 추측 게임이 되기 때문이다. • 교사는 지식을 가지고 있고, 질문하기를 통해 학생들로부터 정답을 이끌어 내려고 시도한다. 차례로 학생들은 선호된 반응, 즉 정답을 향해 도달해 간다. • 폐쇄적인 질문과 답변으로 이루어지는 수업은 탐구과정에서 많은 학생들을 배제시킨다.
개방적 질문	• 학생들로 하여금 개념과 사고를 탐색하도록 하여 새로운 학습을 촉진할 수 있다. • 학생들은 개방적인 질문에 마주했을 때 종종 자신이 없어 머뭇거리고, 교사는 학생들의 반응을 예상할 수 없어 관리 · 통제하는 데 어려움을 겪을 수 있다. • 학생들로 하여금 교사들의 마음 속에 있는 것을 추측하기보다는, 오히려 그들 마음 속에 있는 것을 말로 나타내도록 한다. • 학생들로 하여금 새로운 지식에 대해 스스로 이해할 수 있게 하며, 새로운 지식을 그들이 이미 알고 있는 지식의 관점에서 해석할 수 있게 한다. • 학생들이 말하는 것을 강조하며, 심지어 학생들이 잘못 이해하거나 교사의 생각과 일치하지 않는 것을 말할 때에도 그러하다. • 탐구적인 대화로 이어지고, 더 많고 더 나은 교실 토론으로 이어지며, 학생들이 스스로 훨씬 더 많이 참여할 수 있게 한다.

(Carter, 1991; Butt, 1997; Roberts, 1986)

③ 로버츠의 두 가지 차원을 고려한 질문의 유형

로버츠(Roberts, 1986)는 또한 교사들이 하는 질문들을 기술하는 데 사용될 수 있는 분석적인 구조틀을 제공하고 있다(그림 7-4). 이 구조틀은 질문하기의 두 가지 차원을 고려하고 있다. 한 가지 차원은 더 개방적인 질문들이 학생들로 하여금 어떻게 일련의 답변들을 고찰하도록 격려할 수 있는지 보여 준다. 또 다른 차원은 고차사고력을 촉진하는 질문들에 대해 학생들에게 요구되는 인지적 요구의 증가를 보여 준다. 만약 지리수업에서 요구되는 질문의 대다수가 사실적인 회상 또는 제한된 이해라면, 교사들은 학생들에게 사실을 기억하는 것이 무언가를 이해하거나 산출하는 것보다 더 중요하다는 인상을 줄 수 있다.

그러나 로버츠(Roberts)에 의하면, 개방적 질문과 폐쇄적 질문이 명확하게 구분되는 것은 아니다. 예를 들면, 교사가 학생들에게 "이 프로그램은 관광이 태국에 끼친 영향에 관해 무엇을 보여 주었나?"라고 질문을 했다고 하자. 교사가 생각하기에 중요한 것들을 구체화하도록 요구한 것이라면 폐쇄적 질문일 수 있다. 그러나 그 질문이 학생들에게 관광의 영향에 관한 사고를 탐색하도록 하기 위한 것이라면, 그것은 개방적 질문일 수 있다. 따라서 개방적 질문과 폐쇄적 질문

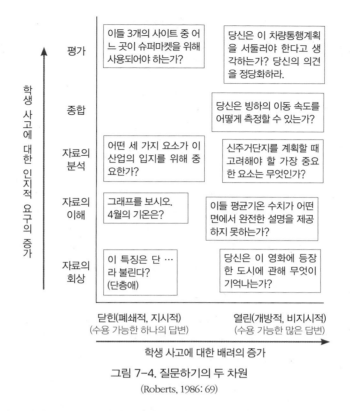

그림 7-4. 질문하기의 두 차원
(Roberts, 1986: 69)

간의 구별은 교사가 학생들의 사고를 이해하려고 하는 것인지, 아니면 통제하려고 하는 것인지에 달려 있다.

④ 카터의 질문의 유형 분류

카터(Carter, 1991)는 폐쇄적인 데이터 회상 질문에서부터 평가 질문과 문제해결 질문에 이르는 일련의 질문 유형들을 더욱 더 구체화하고 있다(표 7-5). 교사들은 각각의 질문하기 방법이 지리수업에서 차지하는 위치를 이해할 필요가 있다. 폐쇄적 질문하기는 지리적 용어와 정보를 회상할 수 있는 학생들의 능력을 검토할 때 특히 유용할 수 있다. 반면, 개방적 질문은 더 광범위한 개인적 반응을 끌어낼 수 있다.

⑤ 객관적 질문과 주관적 질문

질문의 유형을 학문적 지식의 관점에서 분류하는 것은 지리를 통한 탐구수업에서 매우 의미가

표 7-5. 질문의 유형들

질문의 유형	설명
1. 데이터 회상 질문 (a data recall question)	• 학생들에게 사실을 기억하도록 요구하고, 데이터를 보지 않고 정보를 기억하도록 요구한다. • '이 국가의 주요 곡물은 무엇인가?'
2. 명명식 질문 (a naming question)	• 학생들에게 사건, 프로세스, 현상이 다른 요인들과 어떻게 연결되는지에 관한 통찰을 보여 주지 않고, 그것을 단순히 명명하도록 요구한다. • '이러한 해안 퇴적의 과정을 무엇이라고 하는가?'
3. 관찰 질문 (an observation question)	• 학생들에게 그들이 본 것에 대해 설명하도록 하지 않고, 기술하도록 요구한다. • '토양이 메말랐을 때 무엇이 일어났나?'
4. 통제 질문 (control question)	• 학생들의 학습보다는, 오히려 그들의 행동을 수정하도록 하는 질문들의 사용을 포함한다. • '존(John), 앉을래?'
5. 가상 질문 (a pseudo-question)	• 교사가 한 가지 이상의 반응을 받아들일 것처럼 보이도록 질문이 구성되지만, 사실 교사는 명백하게 그렇지 않다고 결심한다. • '그렇다면 이것은 통합 철도 네트워크인가?'
6. 심사숙고적 질문 (a speculative question)	• 학생들에게 가상적인 상황의 결과에 관해 사색하도록 요구한다. • '나무 없는 세상을 상상해 보라, 이것이 우리의 삶에 어떻게 영향을 미칠까?'
7. 추론 질문 (a reasoning question)	• 학생들에게 어떤 것들이 왜 일어나거나 일어나지 않는가에 대한 이유를 제공하도록 요구한다. • '도대체 무엇이 이 사람들을 그렇게 화산 가까이 살도록 할까?'
8. 평가 질문 (an evaluation question)	• 학생들에게 어떤 상황이나 논쟁에 대해 찬반을 따져 보도록 하는 질문이다. • '이 마을 주변으로 우회도로를 만드는 것에 대해 얼마나 찬성하는가?'
9. 문제해결 질문 (a problem-solving question)	• 학생들에게 질문에 대한 답변을 발견하는 방법들을 구성하도록 요구한다. • '우리는 이 지점의 하천 유속을 어떻게 측정할 수 있고, 그것을 하류와 어떻게 비교할 수 있을까?'

(Carter, 1991: 4)

있다. 왜냐하면 지리를 통한 탐구수업은 과학적 지식뿐만 아니라, 학습자 개인의 주관적 경험, 즉 가치와 태도에도 관심을 가지기 때문이다. 로버츠(Roberts, 2003: 37)에 의하면, 지리학적 지식이 변함에 따라 지리적 질문도 변화되어 왔다. 즉, 경험주의 지리학에서는 '무엇(what)?'과 '어디(where)?'라는 기술적인 질문을 주로 하였고, 실증주의 지리학에서는 '왜(why)?'라는 과학적 법칙을 찾는 질문을 하였다. 인간주의 지리학에서는 인간의 선호와 지각에 대한 질문으로, 그리고 급진주의 지리학에서는 사회적 관계를 강조하는 질문인 '그것으로 인해 어떤 영향이 나타날 것인가(with what impact)?', '무엇을 해야만 하는가(what ought)?' 라는 질문으로 확장되어 왔

표 7-6. 객관적 질문과 주관적 질문의 비교

객관적 질문(사실적 질문)	주관적 질문(개인적, 가치적 질문)
• 어디에 위치(입지)하고 있는가? • 그것은 왜 거기에 있는가? • 그것의 입지와 연계의 결과들은 무엇인가? • 의사결정 시 어떤 공간적 대안들을 고려해야 하는가? • 누가, 누구를 위하여 결정하는가?	• 당신이 관심을 갖고 있는 장소는 무엇인가? • 이 장소에 대한 나의 지각은 무엇인가? • 다른 사람들의 생각은 무엇인가? • 이 장소를 설명하는 데 사용된 언어는 무엇인가? • 장소에 대한 사람들의 반응들에 의해서 증명된 것처럼 이 장소가 사람들에게 주는 의미는 무엇인가?

다. 따라서 질문의 유형을 표 7-6과 같이 객관적인 질문과 주관적 질문으로 구분하는 것은 지리 탐구를 위해 중요하다. 왜냐하면 이는 탐구수업이 학생들로 하여금 그들의 지식을 자극할 것인지, 아니면 가치·태도를 자극할 것인지와 밀접한 관련을 가지기 때문이다.

2) 플랜더스의 언어적 상호작용모형

플랜더스(Flanders)의 언어적 상호작용모형이란, 수업과정에서의 교사와 학생 간의 언어적 상호작용을 분석하여 수업의 형태 및 질을 분석하는 것이다. 실제 수업을 분석한 연구결과에 따르면, 언어적 상호작용에서 2/3(67%)는 교사의 말과 학생의 말이며, 이 중에서도 2/3(44%)는 교사의 말이다. 또한 교사의 말 2/3(30%)는 지시적인 말이다. 그리하여 이상적인 수업을 위해서는 2/3법칙을 깨뜨리고 교사의 지시적 말을 줄여야 한다고 지적한다.

언어적 상호작용을 분석하는 목적은 교사들의 비지시적 수업진행에 중점을 두어, 결과적으로 학생들의 민주적 태도의 향상에 도움을 주는 것이다. 즉, 수업 형태의 유형이 지시적인지, 비지시적인지를 도출하는 데 있다. 이는 수업 형태가 학생 중심인지 교사 중심인지를 알아 보는 자료의 역할을 한다. 이러한 해석이 중요한 이유는, 구성주의가 교육학에 본격적으로 영향을 미친 1960년대 이후 학생 중심 수업을 교사 중심 수업보다 더 긍정적인 학습형태로 해석하기 때문이다.

플랜더스의 언어 상호작용 분석법으로 수업 형태를 분석하여 그 결과가 바람직하게 나왔다고 해서, 그 수업이 곧 잘된 수업이라고 단정할 수는 없다. 좋은 수업이란 내용과 형태가 모두 좋아야 한다고 볼 수 있는데, 플랜더스의 언어 상호작용 분석법에서는 수업내용을 분석하지는 못한다.

3) 탐구학습의 의미

원래 탐구학습이란 학습자로 하여금 '학문적 지식(지식의 구조)'을 '학자가 연구를 수행하는 방식'으로 탐구하도록 한다는 원리이다. 학자들이 하는 일이란 지금까지 밝혀지지 않은 새로운 원리를 탐구하고 발견함으로써, 현상을 보다 잘 이해하는 것이다. 이와 마찬가지로 교과를 배우는 학습자도 질문을 던지고 스스로 탐구하여 문제를 해결해야 한다는 것이다. 하지만 학자들이 하는 일의 본질 또는 교육방법의 원리로서의 '탐구'를 지나치게 문자 그대로 해석한다면, 교과교육에 적용하는 데 한계가 있다. 따라서 탐구학습의 원리를 재해석하여 적용할 필요가 있다.

4) (과학적) 탐구학습 단계

(1) 과학적 탐구학습 단계

과학자들의 탐구 과정은 일반적으로 '문제제기→가설 설정→가설 검증→결론 도출(일반화)' 순으로 이루어진다. 그러나 대부분의 탐구학습은 이러한 탐구 과정을 더욱 세분화하여 제시하고 있다. 예를 들면, 문제제기를 문제인식과 문제제기로, 가설 설정을 가설 설정과 가설의 인지로, 가설 검증을 자료 수집, 자료 분석·평가·해석, 자료를 통한 가설 검증으로 세분화하여 제시하는 경우가 일반적이다(그림 7-5). 이와 같은 탐구 과정의 세분화는 그 절차의 명료화를 통해, 학습자로 하여금 탐구의 과정을 효율적으로 인지하도록 하는 데 이점이 있다.

그림 7-5. 탐구학습의 단계

(2) 슬레이터의 단순화한 탐구학습 단계

그러나 모든 교과가 이러한 탐구학습의 단계를 수용하고 있는 것은 아니다. 탐구할 현상이나 문제의 성격, 그리고 학습상황에 따라 탐구수업의 절차와 방식은 융통성있게 적용될 수 있다.

슬레이터(Slater, 1982; 1993)는 과학적 탐구의 절차와 방식이 지리 교과의 특성상 적용하는 데 한계가 있다고 하면서, 가설 설정과 가설 검증을 제외한 보다 단순하면서 명료한 구조를 제시

했다. 그리하여 슬레이터(Slater, 1993)는 과학적 탐구학
습의 과정을 그림 7-6과 같이 '질문→자료의 처리와 해
석→일반화'라는 보다 단순한 구조로 수정하면서, 과학
적 지식뿐만 아니라 기능, 가치·태도 등을 모두 다룰 수
있도록 하였다. 이러한 질문(문제제기)으로부터 일반화
에 이르는 지리에 근거한 탐구학습의 과정은, 개별적이
고 사소한 사실적인 정보를 더 큰 일반적 정보의 매듭으
로 연계시키는 의미와 이해의 개발에 기여한다.

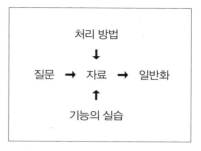

그림 7-6. 지리탐구기반 학습의 과정
(Slater, 1993: 61)

　　슬레이트의 탐구학습 과정은 지리적 질문에서 시작하여 그 질문에 답변하는 일반화로서 끝나
는 단선적인 형태가 아니다. 마지막 단계의 '지리적 질문에 답변하는 기능'을 통해서 보다 고차의
지리적 질문이 새롭게 던져지며, 다시 앞의 탐구 과정을 계속 밟게 되는 순환적인 탐구학습모델
을 제시하고 있다. 다시 말하면 학습자가 하나의 질문에 답변함으로써 탐구 과정이 끝나는 것이
아니다. 이를 통해 또 다른 새로운 질문을 부여받게 되며, 이에 대한 답변을 다시 탐구함으로써
또 다른 관점을 발견하게 된다.

(3) Geography 16-19 프로젝트의 '지리탐구경로': 사실탐구＋가치탐구

　　한편, 영국 학교위원회에 의한 Geography 16-19 프로젝트는 16세 이후(post-16) 지리 교육
과정의 교수전략을 재개발하기 위해 1976년에 착수되었다. 이 프로젝트는 지리 교과의 인간-
환경(people-environment)에 대한, 그리고 '사실탐구(factual enquiry)'와 '가치탐구(values
enquiry)'를 결합하는 탐구에 대한 통합적 관점을 강조한다. 탐구를 위한 출발점은 반드시 질문,
문제 또는 쟁점이다. 이 프로젝트는 다음에 이어지는 사고에 영향을 주는, 질문과 활동의 계열
적 구조틀인 '지리탐구경로(the route for geographical enquiry)'를 발달시켰다. 롤링(Rawling,
2001: 38)은 다른 프로젝트들 역시 학습에 대한 탐구 접근을 시도했지만, 지리 16-19 프로젝트
가 가장 완전한 설명을 제공했다고 주장한다.

　　'지리탐구경로'는 기본적으로 뱅크스 등(Banks et al., 1977)의 모형을 따르고 있다. 뱅크스 등
은 탐구 과정을 '사회탐구'와 '가치탐구'로 구분하여 제시하였는데, 특히 '가치탐구'는 기존의 탐
구모델에서는 없던 새로운 개념이었다. 이는 기존의 탐구학습이 과학적 인식에만 초점을 두었

던 것을 태도·가치 영역에까지 확대시켰다는 점에서 큰 의미가 있다. 이후의 정의적 영역, 특히 시민적 자질과 관련한 탐구학습모델은 대부분 이의 변형된 형태이다. 따라서 이러한 탐구경로는 지리적 쟁점에 대한 일련의 탐구 단계가 '사실적인 차원'과 '가치적인 차원' 모두를 고려해야 된다는 것을 보여 준다. 즉, 질문과 자료는 과학적이고 객관적인 것은 물론, 개인적이고 주관적인 것까지 포함해야 한다. 이는 방법론적으로 양적 방법(실증주의)과 질적 방법(인간주의와 구조주의, 포스트모던)을 모두 고려해야 한다는 것이며, 탐구에 대한 다원주의적, 통합적 접근을 강조하는 것이다(Roberts, 1996).

5) 가치탐구와 비판적 탐구

(1) 가치탐구: 질적 탐구 또는 개인지리탐구

인간이 사물을 바라보는 방법과 그것에 대한 지식에는 과학적 차원뿐만 아니라 개인적 차원이 있다. 개인적 차원에 대한 탐구를 '질적 탐구(qualitative inquiry)'(Bartlett, 1989: 144) 또는 '개인지리(personal geographies)에 대한 탐구'(Roberts, 2003)라고 한다.

개인적 차원은 인간의 지각을 통해 시작되며, 그러한 지각은 각자가 세계를 바라보는 방법을 결정한다. 사람들은 자신들이 살고 있는 문화 속에서 세계에 대해 상이한 직접적 경험과 간접적 경험을 가지고 있기 때문에, 사람들 각각의 개인지리는 모두 상이하다. 따라서 우리가 세계를 바라보는 관점은 항상 각자가 소유하고 있는 지식의 틀 안에서 해석된다. 그러므로 질적 탐구 또는 개인지리탐구는 세계에 대한 학습자 자신의 의식과 가치를 알 수 있게 해 주며, 다른 학습자들의 가치가 다를 수 있다는 것을 인정하고 서로 존중하도록 한다.

로버츠(Roberts, 2003)는 탐구활동이 개인지리에 초점을 두어야 하는 이유를 다음과 같이 제시한다. 첫째, 개인지리에 대한 탐구는 학생들로 하여금 자신의 개인지리를 구성하는 이미지, 기억, 심상지도, 아이디어, 느낌 등의 잡다한 것을 이해하도록 도와줄 수 있다. 둘째, 고등교육에서 지리는 차이의 지리(geography of difference)에 점점 주의를 기울이고 있다. 현재 인문지리는 일반화에 관심을 가질 뿐만 아니라, 개인과 집단이 공간과 장소를 상이하게 경험하는 방식에도 관심을 가지고 있다(Jackson, 2000). 일반화된 설명은 개인과 집단의 삶의 현실과, 그들이 세계를 이해하는 방법을 파악하는 데 장애물이 될 수 있다.

(2) 비판적 탐구

'비판적 탐구(critical inquiry)'는 과학적 탐구와 질적 탐구를 함에 있어서, 항상 정치·경제적, 사회·문화적 맥락을 고려하여 사회비판적 관점에서 탐구하는 것을 의미한다(Bartlett, 1989). 이러한 비판적 탐구는 개인적 차원을 넘어 사회적 차원으로 나아가며, 궁극적으로 '지속가능성'과 '사회정의'의 실현에 목표를 두고 있다. 비판적 탐구에서 '비판적'이라는 것은 가정, 사실, 행위, 정책, 가치, 신념 등을 그대로 받아들이는 것이 아니라, 의문시하고 회의적인 태도로 검토하는 것을 의미한다.

이러한 비판적 탐구를 위해서는 학교와 수업에 대한 변화된 시각이 요구된다. 학교는 사회 내의 주요한 갈등 및 긴장과 맞섬으로써 변화를 위한 행위자, 즉 사회의 가치를 의도적으로 선택하여 비판적으로 검토하는 장으로 간주되어야 한다. 또한 수업은 학생들이 현재의 문제를 해결하여 궁극적으로 사회를 개선하는 능력을 키울 수 있도록 해야 한다. 비판적 탐구가 추구하는 궁극적 목적은 사회의 각종 모순을 지적하는 데 있는 것이 아니라, 더 나은 세계를 만들기 위한 실천에 있다.

비판적 탐구는 두 가지로 구분될 수 있다. 첫째, 교사가 교과의 내용지식을 비판적으로 탐구하는 기능인 '사회적 비판주의와 이데올로기 비판'이다. 둘째, 실행지식으로서의 비판적 탐구 기능인 '비판적 문해력' 또는 '비판적 사고'이다. 실제 교수를 통해 학생들로 하여금 비판적 문해력 또는 비판적 사고를 조장하려고 한다면, 내용지식에 대한 비판적 탐구가 선행되어야 한다. 비판적 탐구를 위한 교수를 위해서, 교사는 그들 교과의 내용지식(교수요목, 교과서, 시험)에서 실제적으로 나타나는 가치, 신념, 이데올로기, 관점 등을 비판적으로 검토해야 한다. 이를 통해 비판적 탐구를 위한 수업을 계획하고 실천할 수 있는 계기가 마련될 수 있다.

5. 문제기반학습(PBL) 또는 문제해결학습

1) 문제기반학습의 등장 배경

문제기반학습(PBL: Problem Based Learning)은 주어진 '실제적인 과제 또는 문제'를 개인활동과 모둠활동을 통해 해결안을 마련하면서 학습하는 모형이다. 전통적인 학습과 문제기반학습을 비교하면 그림 7-7과 같다.

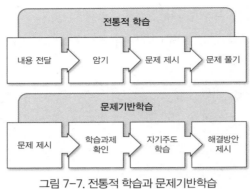

그림 7-7. 전통적 학습과 문제기반학습
(정문성, 2013)

문제기반학습은 그 의미에 있어서 문제해결학습(Problem Solving Learning)과 같다고 볼 수 있으며, 문제해결학습을 넓은 의미로 해석하면 그 중 한 모형에 속한다고 볼 수 있다. 문제해결학습이란 듀이가 주장한 것으로 문제를 해결하는 과정에서 반성적 사고(reflective thinking)를 통해 학습하는 것을 말한다. 문제해결과정은 영역마다 다를 수 있기 때문에 다양한 형태의 하위 모형들이 있다. 특히 문제기반학습은 의학교육에서 출발했다.

문제기반학습은 1960년대 캐나다의 맥매스터(Mcmaster)대학교에서 연구되기 시작하였다. 그리고 그 이론적 기초는 구성주의에서 제공하고 있으므로 자기주도적 학습(self-directed learning)과 협동학습(cooperative/collaborative learning)이 주요한 수업방법으로 작동한다. 배로우스(Barrows, 1985)는 의과대학생들이 오랜 시간 동안 많은 의학지식을 공부하지만 실제로 환자를 진단하고, 적절한 처방을 내리는 데에 어려움을 겪는 문제를 해결하기 위해 문제기반학습을 제안하였다. 여기서 '문제기반'이라는 용어를 사용한 것은 이전의 의학교육이 의학 '지식기반' 교육이었기 때문이다. 즉, 의사는 의학지식만 암기하는 수업이 아니라 환자를 직면한 '문제' 상황에서 수업이 시작되어야 한다는 점을 강조하기 위함이다. 의사가 직면한 문제와 이를 해결하는 과정이 문제기반학습이다.

2) 실제적 과제에 기반을 둔 문제기반학습

문제기반학습(problem-based learning: PBL) 또는 문제해결학습(problem-solving learning)은 학생들에게 죽은 지식과 달리 많은 상황에 적용될 수 있는 융통성 있는 지식을 개발하도록 도와주는 것이 목적이다. 화이트헤드(Whitehead, 1929)에 의하면, 죽은 지식은 외워지기는 하지만 거의 실제 생활에 적용되지 않는 정보이다. 이와 달리 문제기반학습은 '일생생활의 문제' 또는 '실제 세계의 맥락에서의 문제(실제적 과제)'를 활용하여 문제해결력, 협동심, 자기주도적 능력을 발달시키는 것이다.

문제해결학습은 학생의 일상생활에서의 경험이나 사회, 공간 문제에 대한 생생한 정보를 활용한다. '문제(problem)'는 문제를 해결하려는 사람이 목표를 가지고 있으나, 그 목표에 도달하기 위한 확실한 방법을 아직 찾지 못한 데서 발생한다. 이러한 문제는 '잘 정의된 문제(well-defined problems)'와 '잘 정의되지 않은 문제(ill-defined problems)'로 구분된다. 전자는 명확한 답이나 해결책이 있는 것이다. 그러나 후자는 해결책이 하나 이상이며, 다소 목표가 모호하며, 답을 찾기 위해 많은 사람이 동의하는 어떤 전략체계를 가지고 있지 않은 것을 의미한다. 교사들과 학생들은 일상생활에서 항상 잘 정의되지 않은 문제들과 마주친다.

학생들의 문제해결력을 높이기 위한 효과적인 교수전략으로, 먼저 실제 세계의 맥락에서 문제를 제시해야 한다. 왜냐하면 학생들은 일상생활에서 문제를 접하게 되기 때문이다. 그리고 사회적 상호작용을 이용해야 하며, 초보 문제해결자에게 비계를 제공해야 하고, 일반적인 문제해결전략을 가르쳐야 한다(신종호 외, 2006).

3) 문제기반학습과 탐구학습의 차이점

이러한 문제기반학습 또는 문제해결학습은 학생들이 조사하여 문제를 해결하는 과정을 가르치는 교수방법이라는 점에서 탐구학습과 유사하다. 사실탐구학습과 문제해결학습을 구분하는 것은 쉬운 일이 아니며, 그렇게 구분할 필요도 없다. 특히 탐구학습을 과학적 탐구에 국한하지 않고 광의의 의미로 해석한다면, 더욱 더 문제해결학습과의 구분은 무의미해진다. 그럼에도 불구하고 여러 학자들은 문제해결학습을 조작적으로 정의한다. 탐구학습을 원래의 과학적 탐구에 한정했을 때, 문제해결학습과의 차이점을 표 7-7과 같이 요약할 수 있다.

표 7-7. 탐구학습과 문제해결학습의 비교

구분	탐구학습	문제해결학습
문제의 성격	• '과학적 문제': 사회과학자들이 객관적으로 조사하여 증명할 수 있는 문제 • 가설=객관적인 자료에 의해 확인할 수 있는 '사실문제'	• '일상생활의 문제': 학생이 경험하는 일상적인 문제 • 가설=일상적 문제의 잠정적 해결책

탐구의 과정	• 엄밀한 '과학적 탐구의 절차': 가설 설정→자료 수집 → 자료 분석 → 결론	• '일상적 문제의 해결방법': 문제 원인 확인 → 정보 수집 → 대안 제시 → 검증
자료의 성격	• '과학적·객관적 자료'	• '일상적 자료와 정보'
결론의 성격	• '일반화된 지식'의 형성: 가치중립적 지식	• 일상적 '문제의 해결책' 제시: '가치판단 포함'

(박상준, 2009: 297)

4) 문제기반학습의 구성요소 및 단계

문제기반학습에는 몇 가지 구성요소가 필수적으로 들어가게 된다. 즉, 비구조화된 실제적인 문제상황(실제 생활과 관련되어야 하며, 다양한 접근이 가능하고, 단편적이지 않고 포괄적이어야 하며, 문제와 관련된 지식 간의 관계가 복잡해야 한다), 참여자의 자기주도적 학습과정, 가설-연역적인 추론과정, 모둠 중심의 협동적 과정 등이 필요하다(박성익 등, 2011). 이러한 요소를 포함하여 슈미트 등(Schmidt et al., 2011)은 그림 7-8과 같이 문제기반학습 수업의 네 가지

1단계: 비구조화된 실제적인 문제를 제시한다.

• 교사는 다소 불확실한 문제상황을 제시한다. 그러면 학생들은 토의·토론을 통해 자신들의 지식을 동원하여 문제상황을 이해하려고 노력한다.
• 교사가 주도하는 전체 활동으로 할 수도 있지만 이때부터 모둠별 활동을 할 수도 있다.

2단계: 가설을 세운다.

• 앞단계에서 어느 정도 문제상황이 이해가 되었으면 모둠별로 토의·토론을 통해 문제상황을 설명할 수 있는 가설을 세운다.
• 그리고 가설을 증명하기 위해 어떤 학습이 필요한지 학습과제를 분명히 한다.
• 이때 과제를 분담해야 한다면 누가 어떤 과제를 분담해서 학습해 올 것인지도 정한다.

3단계: 자기주도학습을 한다.

• 학습해야 할 과제가 분명히 주어졌으므로 학생들은 각자 과제를 해결하는 자기주도학습을 한다.
• 이때 교사가 개입하여 학생들이 공부해야 할 과제들을 잘 점검하고 지도해 주면 좋다.

4단계: 결론을 내린다.

• 학생들은 모둠별로 다시 모여 각자 공부한 것을 토대로 최초의 가설을 수정하거나 정교화하고, 최종적인 결론을 내린다.

그림 7-8. 문제기반학습의 수업 단계

단계를 제시하였다.

문제기반학습에서는 3단계를 제외하고는 모든 단계에서 토의·토론을 최대한 활용해야 한다. 그래야 문제를 보다 정확히 파악하고, 정확한 방향으로 해결방안을 모색할 가능성이 많기 때문이다.

6. 가치수업

1) 지리를 통한 가치교육의 필요성

지리적 쟁점, 문제, 갈등은 사실과 지식의 문제에만 국한되는 것이 아니라, 가치의 측면을 내포하고 있다. 그리고 개인이나 집단이 이러한 지리적 쟁점, 문제, 갈등 상황에서 최종적인 결정을 할 때, 가치는 매우 중요한 요소로 작용한다. 따라서 지리수업에서 학생들이 지리적 문제 또는 쟁점에 대한 합리적인 의사결정을 내리기 위해서는, 그 문제 또는 쟁점과 관련된 사실 및 지식과 가치를 동시에 탐구해야 한다. 우리는 사실탐구만으로 문제를 해결할 수 없다. 결국에는 어떤 해결책이 더 적합한지, 어떤 가치가 더 바람직하고 중요한지에 대한 가치판단이나 선택을 수반하여 결정하게 된다.

따라서 문제를 현명하게 해결하기 위해서는 사실탐구뿐만 아니라 가치탐구도 필요하다. 가치탐구(value inquiry)는 지리적 문제와 관련된 가치들을 분석하고 명료화하는 과정이며, 대립된 가치들과 대안의 결과를 예측하고 선택하는 것을 도와줌으로써 문제를 합리적으로 해결하는 데 기여할 수 있다. 이러한 점에서 지리교육에서 가치교육이 중요하다.

가치교육은 계획된 활동이다. 따라서 교사들은 가치교육을 하려는 의식적인 의도를 가질 필요가 있다. 가치교육을 성공적으로 하기 위해서, 지리교사는 지리를 통한 가치교육의 적절한 접근법을 선택해야 한다. 가치교육에 대한 접근법들은 목적과 방법에 따라 가치주입, 가치분석, 도덕적 추론, 가치명료화, 행동학습 등으로 분류된다. 그림 7-9는 이러한 가치교육에 대한 접근법들을 나타낸 것으로, 학생들이 자신의 가치와 행동을 검토하는 데 참여할 수 있는 정도에 따라 계열화된다.

2) 가치교육의 접근법

가치교육의 접근법은 자신의 가치와 행동을 검토하기 위한 학생의 참여 정도에 따라 가치주입, 가치분석, 도덕적 추론 또는 가치추론, 가치명료화, 행동학습으로 나뉜다(Huckle, 1981; Fien and Slater, 1981; Lambert and Balderstone, 2000: 293; 심광택, 2007: 55-56; 박상준, 2009).

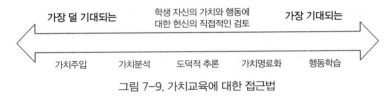

그림 7-9. 가치교육에 대한 접근법

(1) 가치주입(value inculcation)

① 정의

가치교육에서 가장 전통적인 방법으로, 사회에는 학생들이 반드시 알아야 하고 전수받을 만한 기본적 가치가 존재한다고 본다. 그리하여 사회적 가치교육에 필요하다고 생각되는 바람직한 태도나 가치관을 언어에 의한 강의로 교육하는 주입식 방법이다.

② 목적

교사가 미리 결정해 둔 가치들 또는 사회에서 중요시해 오던 특정 가치와 신념을 학생들에게 주입, 교화하여 내면화시키는 데 있다.

③ 방법

주입식 교육, 교사 중심 교수방법을 사용한다. 교사가 선호하거나 관습적인 가치와 덕목을 학생들에게 일방적으로 전달, 주입, 교화한다. 과정보다는 결과에 큰 비중을 두어 학생들의 주관적인 활동을 인정하지 않는다. 예를 들면, 과장된 역사적 사건, 영웅담·교훈적 이야기를 통한 긍정적 강화, 나쁜 행동에 따른 부정적 강화, 교사나 타인의 모범적인 가치에 대한 모델링을 한다.

④ 문제점

학생의 자유로운 분석과 선택을 배제하는 주입 또는 교화의 교수법을 사용한다. 바람직한 학습방법이라고 볼 수 없다. 타자에 의한 의사결정으로 학생이 가치를 비판하고 선택할 자유를 배제하며 민주적 가치에 위반되어 가치교수방법으로 인정되지 않는다. 기존의 기득권자가 기본적 가치를 결정하고 이를 주입시킨다. 학생들이 가치갈등을 경험할 수 있으며, 시간이 지나면 쉽게 잊어버리기 때문에 가치·태도 형성에 비효과적이다.

(2) 가치분석(value analysis)

① 정의

학생들이 가치판단의 과정에서 논리적 사고를 응용할 수 있도록 도와주는 교수방법이다. 객관성을 토대로 가치판단을 하려고 한다. 학생들에게 가치갈등 상황을 제공하여, 합리적인 가치판단력을 길러 주도록 유도한다. 학생들은 합리적인 가치분석의 과정을 사용하여 자신의 가치를 자유롭게 선택하며, 교사는 학생들의 의사결정을 돕지만 최종 판단은 학생의 몫으로 남긴다.

② 목적

가치문제와 쟁점에 관한 의사결정을 할 때, 학생들이 논리적 사고와 과학적 관찰을 이용하도록 도움을 준다. 이를 통해 문제해결력과 의사결정력, 상호협동능력 등을 신장시켜 학생들이 장차 직면하게 될 개인적, 사회적 가치문제를 체계적으로 생각해 낼 수 있는 능력을 키우려 한다. 학생들이 자신의 가치를 상호연계시키고 개념화할 때 합리적이고 분석적인 과정을 사용할 수 있도록 도움을 준다.

③ 방법 및 절차

교사가 쟁점과 관련된 개인·집단의 가치를 담고 있는 다양하고 적절한 자료(신문기사, 사진, 지도, 면담자료 등)를 제공하며, 학생들은 이를 기반으로 하여 가치와 관련된 행동을 살펴보고 가치를 추론하는 가치분석 과정을 거치게 된다. 따라서 가치분석은 귀납적 과정을 거친다.

가치분석 절차는 '가치문제 인식 → 대립 가치의 확인 → 가설 설정 → 대안적 가치의 결과 예측 → 가치선택 및 정당화' 순으로 이루어진다.

수업지도안의 수업 단계를 보고 가치분석인지 가치명료화인지 파악할 수 있어야 한다. 가치명료화는 선택(의사결정)부터 하지만, 가치분석은 선택을 제일 마지막에 한다. 그 이유는 객관화를 통해 주관적 선택에서 오는 오류를 줄이려고 하기 때문이다.

---

ex) 갯벌의 개발과 보존
　　① 내용분석(문제인식) → 개발론자와 보존론자의 주장과 근거를 들어봄
　　② 비교 → 개발론자와 보존론자의 주장을 비교하고 장단점을 파악
　　③ 결과 예측
　　④ 선택 (최종 결정)
　　⑤ 선택에 따른 문제점과 해결방안)

---

④ 가치분석을 위한 교수전략

증거뿐만 아니라 추론의 적용을 요구하는 구조화된 합리적 토론, 원리검증, 유사사례 분석, 논쟁, 조사, 공적 탐구를 위한 역할극과 시뮬레이션 등은 학생들이 계획이나 의사결정 과정에 포함된 사람들의 가치입장을 이해하도록 도울 수 있다.

⑤ 장점

합리적이고 구조화된 가치분석의 과정을 사용하여 자신의 가치를 개념화할 수 있으며, 가치쟁점을 해결하는 데 도움을 받을 수 있다.

⑥ 문제점

첫째, 가치결정 과정의 논리적인 사고만을 너무 강조하여, 주관적일 수 있는 가치판단에 필요한 감정과 행동을 적절히 고려하지 못한다. 둘째, 갈등을 해결하고 가치와 대안의 우선 순위를 판단할 객관적 기준이 없다. 셋째, 기본적인 가치 사이의 갈등을 해결할 수 있는 보편적 원리가 없다. 마지막으로 합리적인 개인이 가치분석의 결과로 가장 합리적인 대안을 선택할 것이라고 가정했으나, 실제로 가치선택과 행위에는 합리성 이외에 다른 요소들(이해관계, 상황, 개인적 성격 등)이 작용한다.

(3) 가치추론 또는 도덕적 추론(moral reasoning)

① 목적

학생들에게 가치입장과 가치선택을 위해 토론할 기회를 제공하여 도덕적 추론능력을 발달시키려 한다. 학생들이 고차가치에 근거한 더 복잡한 도덕적 추론을 개발하도록 도움을 준다. 단순히 다른 사람들과 공유하기 위한 것이 아니라, 학생들이 추론 단계에서 변화를 촉진하도록 하기위해 그들의 가치입장과 가치선택에 대한 이유를 토론하도록 한다. 참고로, 도덕적 추론은 가치분석과 유사하지만, 소규모 모둠토론과 논쟁을 사용하여 좀 더 덜 구조화된 방식으로 가치분석을 한다는 점에서 차이가 있다.

② 방법

학생들에게 해결해야 할 도덕적 딜레마를 제시하여, 자신의 가치입장 및 선택 이유에 대해 토론할 기회를 제공한다. 도덕적 추론의 절차는 '문제제기 → 도덕적 딜레마 제시 → 딜레마의 해결책에 관한 진술 → 관련 문제에 대한 상대적으로 덜 구조화되고 논쟁적인 소규모 모둠 토론 → 해결책의 선택 및 이유 제시'로 이루어진다.

교사의 역할은 학생들이 고차 수준의 전형적인 도덕적 추론에 노출되도록 시도하는 것이다. 학생들이 어떤 입장을 채택했을 때, 교사는 학생들이 현재 보여 주는 추론보다 더 높은 수준의 추론을 할 수 있도록 적절한 논쟁이 유도될 수 있는 질문을 사용해야 한다.

딜레마를 활용한 학습의 중요한 가치는 학생들의 내용지식 습득과 최종 결정 그 자체에 있는 것이 아니다. 협동적인 토론학습을 통해 학생들이 상호작용하면서 감정이입 등의 정의적 사고뿐만 아니라, 창의적 사고, 논리적·분석적 사고, 의사소통, 의사결정 등의 고차사고능력을 지원할 수 있다.

학생들이 등장인물의 딜레마적 상황에 빠져들기 위해서는 흥미있는 내러티브(이야기)가 필요하다. 내러티브는 그럴 듯해야 하며, 실제적으로 정확해야 한다.

③ 장점

문제를 객관적, 합리적, 실증적으로 보기보다는, 다양한 사회·환경문제를 타인의 다양한 가치

입장에서 바라볼 수 있다.

④ 문제점

개인의 도덕적 추론능력은 명백한 일련의 단계와 수준을 거쳐 발달[관습 이전 수준(1단계: 처벌과 복종 지향, 2단계: 도구적·상대주의 지향) → 관습적 수준(3단계: 타인과의 일치 또는 착한 소년·소녀 지향, 4단계: 법과 질서의 지향) → 관습 이후 수준(5단계: 사회계약과 법률적 지향, 6단계: 보편적·윤리적 원칙의 지향)]한다고 본다. 그러나 개인차가 존재한다. 집단 토론이 필수적인데, 시간적 여유가 없거나 학급 당 인원수가 많을 때, 토론문화가 정착되지 않았을 때 어려움이 있다. 교사들은 학생들보다 더 높은 도덕적 발달 단계에 있어야 하며, 학생들의 도덕적 발달 단계를 인식할 수 있어야 하지만, 실제로 그렇게 되기에는 어려움이 있다. 학생들의 발달 단계를 평가하는 데 초점을 두어, 가치판단 과정에는 소홀하게 되는 경향이 있다.

(4) 가치명료화(value clarification)

① 정의

학생이 가지고 있는 가치가 무엇인지 명백하게 하여, 자신이 선택한 가치를 소중히 여기며 일관성을 가지고 그 가치에 따라 행동하도록 하는 것이다. 학생들이 어떤 가치를 가지도록 교사가 강요하지는 않는다.

전통적인 가치교육은 가치주입 또는 교화의 위험을 내포하고 있기 때문에, 다원적 가치가 상존하는 현대사회의 가치교육으로는 적합하지 않다. 이에 대한 대안으로 학생들이 자신의 가치를 명료화하고 여러 대안들을 심사숙고하여 자유롭게 선택하는 사고의 과정으로서 가치명료화 과정을 제시한다.

가치를 주입하는 것이 아니라 가치상대주의, 개인의 합리성과 자율성을 전제로 하면서, 개인의 자유로운 가치선택을 강조한다.

② 목적

학생이 자신의 가치와 타인의 가치를 명확히 인식하고, 학생 스스로 가치를 판단하고 내면화하는 방법과 기능을 기르도록 한다.

③ 방법

지리적 논쟁 문제와 관련지은 역할놀이, 시뮬레이션, 소집단 토론, 심층적인 자기분석연습 등을 통해 실제적 상황을 탐구한다. 학생들이 자신의 감정이나 태도에 대해서 사고할 시간적 여유가 필요하며, 사고와 반응을 자극할 질문 목록들이 제공되어야 한다.

교사의 역할은 질문을 통하여 학생들이 자신의 가치를 분명하게 찾을 수 있도록, 그리고 여러 가지 대안들의 결과를 신중하게 검토한 후에 자유롭게 선택할 수 있도록 도와주는 것이다.

④ 가치명료화 단계

선택하기(choosing)
여러 대안들 중에서 자유롭게 각 대안의 결과를 심사숙고한 후에 결정

소중히 여기기(prizing)
선택을 즐거워하고 소중하게 생각하며, 공식적으로 선택을 명확히 하기(발표하기)

행동하기(acting)
선택에 따라 행동하며, 일정한 패턴 속에서 반복적으로 행동하기

그림 7-10. 가치명료화 단계

ex) 갯벌 개발에 대해서 어떻게 생각하는가?
  ① 선택하기: 학생이 보존을 선택
  ② 소중히 여기기: 학생의 선택에 대해서 교사가 칭찬해 주기(어떠한 선택을 하든) → 정답이 있는 것이 아니므로
  ③ 행동하기: 여러 사람 앞에서 이를 학생이 발표하게 함으로써 학생이 어쩔 수 없이 행동하게 함

⑤ 개인적인 가치명료화 척도 또는 가치연속체

가치명료화 척도 또는 가치연속체는 학생들이 자신의 개인적 가치를 명료화하는 데 도움을 줄 수 있는 유용한 도구가 된다.

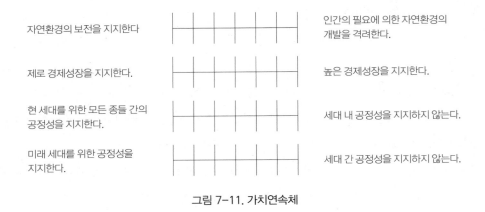

자연환경의 보전을 지지한다		인간의 필요에 의한 자연환경의 개발을 격려한다.
제로 경제성장을 지지한다.		높은 경제성장을 지지한다.
현 세대를 위한 모든 종들 간의 공정성을 지지한다.		세대 내 공정성을 지지하지 않는다.
미래 세대를 위한 공정성을 지지한다.		세대 간 공정성을 지지하지 않는다.

그림 7-11. 가치연속체

⑥ 장점

학생들 개인의 가치와 관련된 감정과 태도를 강조하고, 자신의 가치 선호를 확인하는 것을 도와주는 데 유용한 방법이다.

⑦ 문제점

가치상대주의에 빠지기 쉽다. 즉 학생이 선택한 가치와 행동의 옳음을 객관적으로 평가할 기본적 가치와 보편적 원칙이 없다. 그리하여 어떤 선택을 하든 무비판적으로 존중해 주고 칭찬하므로 사회의 기본 가치를 정할 수 없다. 역할에 적응하는 일이 반드시 학생 자신의 가치명료화를 조장하지는 않는다. 자기 자신의 가치보다는 다른 사람들의 가치명료화에 집중할 수 있다. 가치갈등을 합리적으로 해결하기 어렵다는 회의론에 빠진다.

(5) 행동학습(action learning)

① 목적

학생들에게 자신의 가치에 근거하여 개인적·사회적 행동을 할 수 있는 기회를 제공한다. 실제로 행동을 취하게 하는 것에 초점을 둔다. 공동체 또는 사회적 시스템의 구성원으로서, 학생들이 가치분석과 가치명료화를 통해 자신이 선택한 가치에 따라 사회적·환경적 쟁점들과 관련하여 행동할 수 있도록 한다.

② 방법

가치분석과 명료화에 제시된 방법뿐만 아니라, 학교와 공동체 내에서의 행동학습, 그리고 집단조직과 대인관계의 기능을 실천한다.

③ 문제점

가치분석과 가치명료화가 충분히 이루어지지 않으면, 쟁점에 휘말리면서 오히려 도덕적으로 옳지 않고 경솔한 방법으로 행동할 수 있다.

7. 논쟁문제해결 및 의사결정수업

1) 논쟁적 쟁점에 대한 지리적 관심

'논쟁적 쟁점(controversial issues)'(사회과에서는 주로 '논쟁문제'로 번역함)이란 사람들이 서로 다른 경험, 관심, 가치에 근거하여 상이한 관점들을 가지는 것이며, 쉽게 답변할 수 없을 만큼 복잡하다. 논쟁적인 쟁점은 또한 개인적, 정치적, 사회적 영향을 가지며, 감정을 불러일으키며, 가치 또는 신념의 문제를 다루는 쟁점이다(QCA, 2001). 논쟁적 쟁점은 개인적이거나, 국지적이거나, 세계적일 수 있다. 지리와 밀접한 논쟁적 쟁점 또는 공공쟁점의 사례는 세계 도처에서 다양한 맥락에서 나타난다[예를 들면, 국립공원에서 나타나는 갈등, 신공항 건설, 시내 재개발, 고속도로 노선 결정, 정유공장의 입지 결정, 원자력 발전소 건설, 유사한 토지이용 갈등, 해안/하천 관리, 슈퍼마켓의 입지, 개발 쟁점, 관광 등].

지리수업에서 도전적인 자료를 사용하여 논쟁적 쟁점을 토론하는 것은, 학생들의 정보처리, 추론, 탐구, 창의적 사고, 평가기능을 포함한 일련의 사고기능을 발달시킬 수 있다. 학생들은 논쟁적 쟁점에 대한 학습을 통해 다른 사람들의 아이디어를 귀 기울여 듣고, 자신의 관점에 관해 반성하며, 그들이 들은 것에 반응하여 자신의 관점을 수정하도록 격려받는다.

맥파트랜드(McPartland, 2006: 177)는 도덕적 쟁점들에 관한 효과적인 토론을 촉진할 수 있는 활동으로 '역할극', '탐구법정(court of enquiry)', '충성의 배지(badge of allegiance)', '뜨거운 의

표 7-8. 교사가 현명한 토론을 촉진하기 위해 사용할 수 있는 도구들

유형	특징
역할극 (role play)	학생들은 도덕적 딜레마에 직면하고, 어떤 결정이 이루어져야 하는 이야기에서 특정한 역할을 맡는다.
탐구법정 (court of enquiry)	어떤 갈등의 주인공은 '법정'에서 그들의 행동을 방어해야 한다. 그곳에서 다른 학생들은 재판관, 변호사, 검사, 목격자, 배심원의 역할을 맡는다.
충성의 배지 (badge of allegiance)	학생들은 어떤 갈등의 정당성에 관해 느끼는 찬성 또는 반대의 정도(강한 찬성에서 강한 반대에 이르는 5개 정도의 범주)를 나타내는 배지를 착용한다. 학생들은 원으로 둘러 앉아 다양한 관점을 가진 다른 학생들과 그들의 관점에 대해 토론한다.
뜨거운 의자 (hot seating)	학생들은 어떤 갈등에 의해 영향을 받는 특정 사람의 집단 또는 조직의 역할을 맡는다. 이들은 '뜨거운 의자'에 앉아서, 그들의 관심사에 관해 다른 집단들로부터 질문(심문)을 받는다.
동심원 (concentric circles)	학생들은 각 짝별로 내부와 외부 동심원으로 마주보고 앉는다. 그들은 자신의 파트너와 함께 토론할 쟁점을 제공받는다. 2분 후, 외부 동심원에 앉은 학생들은 왼쪽으로 한 칸 이동하여 그들의 새 파트너와 함께 동일한 쟁점을 토론한다[일종의 스피드 데이트(speed dating: 독신 남녀들이 애인을 찾을 수 있도록 여러 사람들을 돌아가며 잠깐씩 만나 보게 하는 행사)처럼!].

(McPartland, 2006)

자(hot seating)', '동심원(concentric circles)' 등을 제공한다(표 7-8).

2) 논쟁문제해결수업 및 의사결정수업

논쟁문제해결 및 의사결정 전략은 논쟁적 쟁점(controversial issues) 또는 공공쟁점(public issues)을 대상으로 하여 지금까지 살펴본 가치교육의 다양한 전략들과 탐구학습 전략이 결합된 것이다. 논쟁적인 쟁점은 대부분 객관적으로 확인하고 증명할 수 있는 '사실문제'와, 과학적으로 증명하기 어렵고 개인의 가치판단에 따라 달라지는 '가치문제'가 혼합되어 있다. 문제를 해결하기 위해서는 관련된 사실이나 지식을 탐구하는 것뿐만 아니라, 가치를 분석하고 명료화하는 것이 요구된다.

따라서 지리 교과에서 논쟁적 쟁점을 합리적으로 해결할 수 있는 능력을 함양하기 위해서는, '사실탐구'와 '가치탐구'를 통해 적절한 대안을 선택하는 과정이 결합되어야 한다. 이런 측면에서 볼 때, 논쟁적 쟁점에 대한 문제해결수업 및 의사결정수업은 인지적 영역과 정의적 영역이 통합되어 있는 종합적 교수모형이라고 할 수 있다(차경수·모경환, 2008).

표 7-9. 의사결정과 문제해결의 차이

의사결정	• 쟁점, 질문, 문제를 구체화하고, 증거를 조사하며, 대안을 평가하고, 행동의 과정을 선택하는 체계적인 과정 • 의사결정은 결정과 행동을 위한 추천으로 학습이 마무리된다. • 의사결정자는 결정의 결과를 예측하려고 시도한다.
문제해결	• 문제해결은 의사결정에 두 개의 단계를 더 포함한다. 하나는 그러한 결정을 효과적으로 실행 또는 행동(action)으로 옮기는 것이고, 다른 하나는 이들 행동의 결과를 평가하는 것이다. • 문제해결자는 실제로 이러한 결정의 결과의 진척을 추적한다.

(Lambert and Balderstone, 2000)

글상자 7.2

사회과의 '의사결정모형'

1. 의사결정력

의사결정력(decision making)은 선택이 가능한 여러 대안 중에서 자기가 추구하는 목표에 적합한 하나를 선택하는 능력을 의미한다. 급변하는 현대사회에서 개인, 집단, 국가는 순간마다 중요한 의사결정을 해야만 하는 상황에 직면하게 된다.

2. 의사결정을 위해 필요한 요소

의사결정은 몇 가지 요소를 필수적으로 요구한다.

첫째, 결정을 하기 위해 필요한 정보를 충분히 가지고 있어야 한다. 이 과정에서 사회과학적 지식을 획득하는 탐구의 과정을 거치는 것이 필요하다(사회탐구 또는 사실탐구).

둘째, 의사결정은 바람직한 가치를 무엇으로 보느냐에 따라 크게 영향을 받는다(가치탐구). 특히 대안으로 제시되어 있는 가치가 모두 바람직할 경우에 더욱 그러하며, 실제로 의사결정 문제는 대부분이 이러한 경우에 해당된다. 여기에서는 가치탐구의 과정이 필수적으로 요청된다.

이러한 과정이 끝나면 가능한 대안을 모두 나열하여 그러한 대안을 선택하였을 때 나타나는 결과를 충분히 예측하고, 그 장단점을 검토하여 의사결정을 하고, 그것을 행동으로 실천한다. 의사결정과정에서 대안의 검토와 결과의 예측은 특히 중요하다.

3. 의사결정모형

의사결정에 관한 기존의 사회과 수업모형들은 사회탐구(사실탐구)와 가치탐구의 과정을 모두 포함하고 있다. 의사결정을 위해 사회탐구가 필요한 이유는, 사실을 인식하기 위하여 필요한 지식이나 정보가 있어야 하기 때문이다. 또한 가치탐구의 과정이 필요한 이유는 의사결정과정에서 선택해야 할 가치가 반드시 개입되어 있기 때문이다. 의사결정은 결국 이러한 두 개의 상이한 성격의 과정을 거쳐서 최종적으로 이루어진다고 할 수 있다(차경수·모경환, 2008: 186).

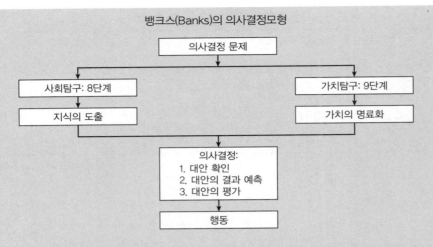

뱅크스(Banks)의 의사결정모형

의사결정 문제

사회탐구: 8단계 → 지식의 도출

가치탐구: 9단계 → 가치의 명료화

의사결정:
1. 대안 확인
2. 대안의 결과 예측
3. 대안의 평가

행동

사회탐구	가치탐구
1. 문제제기 2. 주요 용어의 정의 3. 가설의 설정 4. 관련 자료의 수집 5. 자료의 분석과 평가 6. 가설의 검증 7. 결론 도출 8. 새로운 문제의 탐구	1. 가치문제를 정의하고 인식하기: 관찰−구별 2. 가치 관련 행동을 서술하기: 서술과 구별 3. 서술된 행동에 의해 예시되는 가치에 이름붙이기: 확인−서술, 가치 설정 4. 서술된 행동에 포함된 대립 가치를 확인하기: 확인−분석 5. 분석된 가치의 원천에 대해 가설 세우기: 가설 설정, 가설을 증명할 자료 제시 6. 관찰된 행동에 의해 예시되는 가치의 대안적 가치에 이름붙이기: 회상 7. 분석된 가치들의 결과에 대해 가설 세우기: 예측, 비교, 대조 8. 가치 선호를 선언하기: 가치 선택 9. 가치 선택의 이유, 원천, 결과를 서술하기: 정당화, 가설 설정, 예측

울레버와 스콧(Woolever and Scott)의 의사결정모형

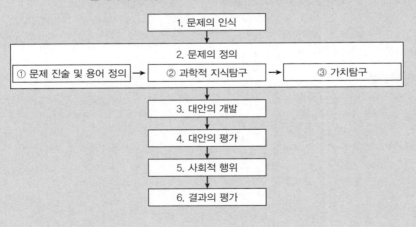

1. 문제의 인식

2. 문제의 정의
① 문제 진술 및 용어 정의 → ② 과학적 지식탐구 → ③ 가치탐구

3. 대안의 개발

4. 대안의 평가

5. 사회적 행위

6. 결과의 평가

사회과의 '논쟁문제수업모형'

1. 정의

사회과에서 논쟁문제수업모형(controversial issues teaching model)은 사회적으로 '찬성'과 '반대'의 의견이 나뉘어져 있고, 여러 개의 대안 중에서 어느 하나를 선택해야 하는 '논쟁적인 공공문제(controversial public issues)'에서 어느 하나의 입장을 합리적으로 선택하고, 그러한 선택을 옹호할 수 있는 능력을 기르는 교수방법 중 하나이다.

논쟁적인 공공문제(controversial public issues)

- 사회적으로 찬성과 반대의 의견이 나뉘어져 있고, 그 결정이 개인에게 영향을 주는 데 그치지 않고 사회의 다수에 관련되어 있으며, 여러 개의 선택 가능한 대안 중에서 어느 하나를 결정해야 하는 문제
- 개인적 차원을 넘어서서 그 문제가 사회의 다수와 관련이 있어야 하며, 의견이 찬성과 반대로 나뉘어져 있으면서 그 어느 쪽도 분명한 정답이라고 보기 어려워야 함
- 의견이 나뉘어져 있고 각각의 대안 중에서 어느 하나를 선택해야 하며, 그러한 선택에 의하여 문제가 보다 더 잘 해결될 수 있다고 가정해야 의미가 있음

---

2. 논쟁문제수업모형과 의사결정모형의 차이

논쟁문제에는 사실과 관련된 인지적인 내용도 있고, 가치선택과 관련된 정의적인 내용도 포함되어 있기 때문에 논쟁문제수업모형은 종합모형이라고 할 수 있다. 논쟁문제수업에서 이루어지는 선택 역시 일종의 의사결정이라고 할 수 있다. 그러나 논쟁문제수업은 의사결정 중에서도 <u>사회문제, 찬반으로 대립되는 문제, 지속적으로 논의되어 온 심각한 문제</u>에 대해서 다루는 것이다.

3. 논쟁문제수업모형의 의의

- 우리 사회가 당면해 있는 문제에 대해 시민들 스스로 적극적으로 나서서 문제를 해결할 수 있는 능력을 기를 수 있다.
- 학생들은 논쟁문제수업을 통해 개념 형성과 가치판단, 비판적 사고력 등 지적인 능력을 향상시킬 수 있다.
- 타인과 함께 토론하고 협력하면서 집단적으로 문제를 해결하는 기능과 태도를 향상시킬 수 있다.

4. 올리버와 세이버의 법리모형(윤리-법률모형)

올리버와 세이버(Oliver and Shaver, 1966)는 공공쟁점(public issues)에 대해 토론을 통해 합리적인 대안을 선택하고 그것을 정당화하는 능력을 가르치는 수업모형을 체계화시켰다. 올리버와 세이버의 교수모형에서는, 교실수업에서 제기된 논쟁문제를 ① 개념의 명료화, ② 경험적 증거에 의한 사실의 증명, ③ 가치갈등의 해결 등 세 가지 방법에 의하여 해결하려고 시도하였다. 따라서 논쟁문제는 '사실문제', '가치문제', '개념정의문제'와 관련되어 있기 때문에 3가지 측면을 구분하여 비교·분석하는 작업이 필요하다.

5. 차경수·모경환의 논쟁문제수업모형

차경수·모경환(2008)의 논쟁문제수업모형의 교수·학습 단계

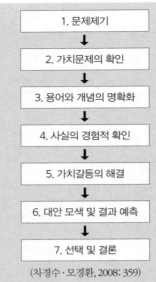

| 1. 문제제기 |
| 2. 가치문제의 확인 |
| 3. 용어와 개념의 명확화 |
| 4. 사실의 경험적 확인 |
| 5. 가치갈등의 해결 |
| 6. 대안 모색 및 결과 예측 |
| 7. 선택 및 결론 |

(차경수·모경환, 2008: 359)

논쟁문제수업의 과정

(1) 문제제기
 ① 학생이 흥미를 갖고 토론할 수 있는 쟁점을 선택한다.
 ② 학생은 논쟁문제의 발생 이유, 발생 배경, 핵심 내용 등이 무엇인지 파악한다.
(2) 가치문제의 확인
 ① 쟁점과 관련된 사실과 가치를 구분한다.
 ② 쟁점의 원천인 대립 가치들을 분석한다.
(3) 용어와 개념의 명확화
 ① 쟁점의 토론을 위해 관련된 주요 용어나 개념을 명확하게 규정한다.
(4) 사실의 경험적 확인
 ① 쟁점과 관련된 당사자들이 지지하는 가치와 주장을 확인한다.
 ② 당사자의 가치와 주장을 증명할 사실과 자료를 제시한다.
(5) 가치갈등의 해결
 ① 일반적 가치와 궁극적 가치에 의거해 쟁점과 관련된 대립 가치들을 비교·분석한다.
 ② 어떤 가치가 더 기본적 가치이거나 궁극적 가치의 실현에 기여하는가를 비교·분석한다.
(6) 대안 모색 및 결과 예측
 ① 대립 가치들을 선택할 때 나타날 긍정적·부정적 결과를 예측한다.
 ② 대안의 예측된 결과를 비교·분석한다.
(7) 선택 및 결론
 ① 기본적 가치와 궁극적 가치를 실현하는 데 더 효과적인 대안을 선택한다.
 ② 경험적 자료와 기본적 가치에 의거해 선택된 대안을 정당화한다.

(차경수·모경환, 2008: 187; 박상준, 2009 재인용)

6. 논쟁문제에서 교사의 역할

1) 켈리의 모형(Kelley, 1986: 113-138)

배타적 중립성 (exclusive neutality)	논쟁문제의 교수 자체를 반대함
배타적 편파성 (exclusive partiality)	어느 한 쪽 입장만 학습하고 다른 입장에 대해서는 다루지 않음
중립적 공정성 (neutral impartiality)	다양한 시각의 논쟁문제를 학습하되 교사가 어떤 입장을 취해서 교육해서는 안 된다고 봄
신념을 가진 공정성 (committed impartiality)	다양한 시각의 논쟁문제를 학습하되 교사가 교육적으로 바람직하다고 하는 방향에서 지도함

2) 하우드의 모형(Hawood)

신념형	교사가 자신의 의견을 자유롭게 제시함
객관형	교사가 자신의 의견을 밝히지 않고 다양한 관점들을 객관적으로 설명함
악마 옹호형	교사 자신의 의견과 관계없이 좌충우돌하며 학생의 의견에 대해 반대 입장을 취하면서 토론을 진행함
관점 옹호형	교사가 다양한 관점들을 제시하고 그것을 종합하여 자신의 의견을 제시함
공정한 의장형	교사와 학생이 다양한 관점들에 대해 토론하는데, 교사의 의견은 말하지 않고 토론을 공정하게 진행함
선언적 관심형	교사가 먼저 자신의 입장을 밝히고 다양한 견해를 객관적으로 소개해 줌

6가지 교사의 역할 중에서 하우드(Hawood)는 '공정한 의장형'이 가장 바람직한 교사의 역할이라고 주장하였다. 하지만 공정한 의장형으로서 교사는 교사의 역할을 너무 소극적인 부분으로 축소하고 교육의 목표를 달성하기 어려운 한계점을 지닌다는 비판을 받는다.

우리 사회의 전통과 학교 문화를 고려할 때, 논쟁문제수업에서 교사는 '신념을 가진 공정형'의 역할을 수행하는 것이 가장 적절한 것으로 간주된다(차경수·모경환, 2008: 348; 노경주 외, 2001: 37-38, 72). 경험적인 연구들도 '신념을 가진 공정형'이 사회과의 논쟁문제수업에 적합하다는 사실을 보여 준다(문인화, 2001: 43-47; 이광성, 2002: 245-247).

(차경수·모경환, 2008)

8. 협동학습

1) 협동학습 vs 소집단(모둠)학습

협동학습(cooperation learning)은 원래 학교교육에서의 과도한 경쟁학습에 대한 대안으로 등장하였으며, 최근 구성주의 학습론에 의해 더욱 강조되고 있다. 오늘날 협동학습이 강조되면서, 많은 지리교사들이 협동학습을 활용하려고 시도하고 있다. 그러나 많은 교사들이 협동학습과 협력, 그리고 전통적인 소집단학습(모둠학습)을 구별하지 못하기 때문에, 실제로는 4-5명씩 소집단(모둠)을 만들어 토론수업 또는 활동중심수업을 실시하면서 협동학습을 한다고 생각한다. 하지만 소집단을 구성하여 교수·학습 활동을 실시한다는 점에서는 유사하지만, 협동학습과 소집단학습(모둠학습)은 차이가 있다.

표 7-10. 협력과 협동의 차이점

협력 (collaboration)	• 다른 사람들과 어떻게 관계를 맺을 것인가, 즉 어떻게 학습하고 작업할 것인가에 관한 철학이다. • 협력은 차이점을 존중하고, 권위를 공유하며, 다른 사람들 사이에 분포되어 있는 지식들을 공유하기 위한 하나의 방법이다.
협동 (cooperation)	• 공동의 목표를 성취하기 위해 다른 사람들과 작업하는 방식이다. • 협동학습은 학생들이 학습하면서 보다 적극적인 방식으로 문학작품에 반응하기를 원했던 영국 교사들의 작업에 뿌리를 두고 있다. • 미국에서의 협동학습 기원은 심리학자 듀이(John Dewey)와 레빈(Kurt Lewin)의 활동에서 찾을 수 있다. • 협동학습은 협력하기 위한 하나의 방식이다.

(Pantiz, 1996)

존슨과 존슨, 케이건, 슬라빈 등은 전통적인 소집단(모둠)학습과 협동학습을 표 7-11과 같이 명료하게 구별하였다(정문성·김동일, 1999: 35-36).

표 7-11. 협동학습과 전통적 소집단(모둠)학습의 차이점

협동학습 (cooperation learning)	전통적 소집단(모둠)학습 (small group learning)
• 협동에 기반을 둔다. - 단순히 학생들을 집단 속에 넣는 것 이상을 필요로 한다. - 어느 정도의 토론과 자기반성, 그리고 협동을 포함한다.	• 협력에 기반을 둔다. - 단순히 몇몇 학생들이 함께 활동하는 것을 말한다. - 그들은 협동하고 있을 수도, 그렇지 않을 수도 있다.

• 구성원들이 긍정적인 상호의존성을 가진다. 　- 집단은 자기뿐만 아니라 구성원 모두의 목표 달성에 관심을 갖고 협력하도록 구조화되어 있기 때문이다.	• 긍정적인 상호의존성을 항상 갖는 것은 아니다.
• 개별적 책무성이 존재한다. 　- 개별적인 역할과 과제를 부여받으므로, 집단의 목표 달성을 위해 자신의 역할과 임무를 충실히 이행해야 한다.	• 개인이 다른 구성원의 목표 달성에 무임승차가 가능하다.
• 이질적 집단으로 구성된다.	• 동질적 집단으로 구성되는 경우가 많다.
• 모든 학생이 지도자가 될 수 있다.	• 주로 유능한 학생이 지도자로 지정된다.
• 구성원은 목표 달성을 위해 서로 협력하고 격려할 책임을 가진다.	• 그러한 책임을 가지지 않는다.
• 학습에 필요한 지도력, 의사소통기능, 상호 신뢰, 갈등의 조정 등 사회적 기능을 직접 배우게 된다.	• 사회적 기능을 획득하기 어렵다.
• 교사는 집단활동을 관찰하고 감독하는 역할을 한다.	• 교사는 관찰과 감독을 거의 하지 않는다.
• 교사는 집단이 어떻게 과제를 수행할 것인가에 대해 집단 구성원 각자에게 역할과 임무를 부여함으로써 집단활동의 과정을 구조화한다.	• 교사는 그러한 구조화 활동을 하지 않는다.

2) 협동학습의 의의

(1) 협동학습의 의의

협동학습은 소집단의 구성원들이 긍정적으로 상호작용하고 협력하여 학습과제를 수행하도록 유도한다. 이를 통해 지식의 이해뿐만 아니라 고차사고력, 문제해결력, 의사소통능력 같은 고차 사고기능을 신장시킬 수 있다. 또한 협동학습은 구성원의 역할과 임무, 학습과제가 매우 구조화 되어 있기 때문에, 학습자들이 긍정적으로 상호작용하고 협동함으로써 사회성 발달, 협동능력, 자존감, 타인 존중 태도 등을 기르도록 도와준다. 협동학습은 특정한 지식이나 사고능력의 발달을 목표로 제시하지는 않았지만, 인지적 능력과 정의적 능력을 종합적으로 달성하고자 하는 교수·학습 모형이라고 할 수 있다(박상준, 2009).

(2) 협동학습에 대한 다양한 관점

정보처리이론에 의하면, 협동학습은 학생들이 지식을 연습하고 정교화하며, 확장하는 데 도움을 줄 수 있다. 집단구성원들이 서로 질문하고 설명하는 과정을 통해, 자신의 지식을 조직하고

표 7-12. 협동학습에 대한 다양한 관점

고려할 점	정보처리이론(정교화)	피아제(Piaget)파	비고츠키(Vygotsky)파
집단 크기	소집단(2-4명)	소집단	두 사람
집단 구성	이질적/동질적	동질적	이질적
과제	연습/통합	탐구학습	기술들
교사 역할	조력자	조력자	모델/안내자
잠재적 문제	빈약한 도움 제공 불공평한 참여	활동적이지 않음 인지적 갈등 없음	빈약한 도움 제공 적절한 시간/대화 제공
문제 피하기	도움 제공에 대한 직접적 교수 도움 제공을 시범보임 상호작용 대본을 씀	논쟁을 구조화함	도움 제공에 대한 직접적 교수 도움 제공을 시범보임

(김아영 외, 2007: 506)

연결점들을 찾으며 재검토할 수 있다.

피아제 지지자에 의하면, 집단에서의 상호작용을 통해 인지적 갈등과 비평형을 유발하여 새로운 사고를 하도록 할 수 있다. 한편 비고츠키 지지자에 의하면, 추론·이해·비판적 사고와 같은 고등정신능력이 사회적 상호작용에서 시작되어 개인들에 의해 내면화되며, 협동학습은 학생들이 학습을 진전시키기 위해 필요한 사회적 지원과 비계를 제공한다.

3) 협동학습을 위한 계획과 관리

협동학습이 효과적으로 이루어지기 위해서는, 진정한 협동과 목적의식을 가진 활동을 포함해야만 한다. 대부분의 교실수업에서 학생들은 모둠을 이루어 앉지만 대개 독립적으로 학습하거나, 간혹 어떤 협동학습에 참여하여 답을 공유하라고 요청받을 뿐이다. 이것은 모둠에게 주어진 과제가 협동이나 상호협력을 요구하지 않기 때문이다. 따라서 모둠학습의 주요 이점은 사라지게 되며, 진정한 의미의 협동학습이 이루어지지 않게 된다.

교사가 모둠학습을 조직하고 관리하기 위해서는 많은 노력이 필요하다. 교사가 모둠활동에 대한 주안점을 정했다면, 학생들로 하여금 의도된 학습결과를 성취하도록 하기 위해 적절한 전략을 계획해야 한다. 이것은 토론을 위한 질문들의 계열뿐만 아니라, 자료를 고안하고 준비하는 것을 포함한다. 또한 모둠을 어떻게 조직할 것인가에 대한 결정도 해야 한다. 실제 수업시간에는 계획된 학습이 확실하게 일어날 수 있도록 다양한 수업 관리기능이 사용되어야 한다. 이런 기능에는 학생들이 적극적으로 과제에 참여하도록 하는 관리기능뿐만 아니라, 안내기능과 요약보고 기능 등이 있다. 교사는 또한 학생들의 참여와 학습을 적극적으로 관찰하고 평가해야 한다.

베네트(Bennett, 1995)는 연구를 통해 모둠의 크기와 구성, 부여된 과제의 특성, 학생들이 사회적이고 상호협력적인 기능을 사용하는 훈련을 받은 적이 있는지의 여부 등이 협동학습의 효과에 영향을 미친다고 하였다.

(1) 모둠의 크기와 구성

① 모둠의 크기

모둠의 크기와 구성은 협동학습의 성공에 영향을 미치는 중요한 부분이다. 이상적인 모둠의 크기는 일반적으로 2-4명으로 간주된다(Lambert and Balderstone, 2000). 이 정도 크기의 모둠이 학생들이 충분히 참여할 수 있는 규모이다. 이보다 더 큰 모둠은 학생들이 의견을 제시하는 데 많은 시간을 기다려야 하고, 활동적으로 참여할 수 없을 가능성이 높다.

② 모둠의 구성

모둠의 구성을 어떻게 할 것인가 역시 중요한 문제이다. 이것은 성별로 어떻게 구성할 것인지, 능력별로 어떻게 구성할 것인지가 중요한 관건이 된다. 성별 모둠에 있어서는, 남녀 혼성 모둠을 사용하여 성별 장벽을 와해시키고 사회적 관계를 강화시킬 필요가 있다(Stimpson, 1994).

능력별 모둠에 있어서는, 상호협력이나 협동학습을 옹호하는 대부분의 교사들은 서로 다른 능력을 가진 학생들로 협력모둠을 구성하는 것을 선호한다. 성취수준이 낮은 학생들은 성취수준이 높은 학생들에게 학습에 있어 도움을 받을 수 있으며, 성취수준이 높은 학생들은 성취수준이 낮은 학생들과 함께 공부하거나 그 학생들을 가르쳐 주는 기회를 통해, 학문적으로 그리고 사회적으로 계속해서 성취할 수 있다(Webb, 1989).

(2) 부여된 과제의 특성

교사가 협동학습을 위한 활동과제를 계획할 때, 인지적 요구와 사회적 요구를 고려할 필요가 있다(Bennett, 1995). 인지적 요구와 사회적 요구를 충족시키기 위한 상호협력적인 모둠학습을 위한 활동과제에는 주요한 두 가지 유형이 있다.

첫 번째 유형에서, 학생들은 발표 준비나 신문기사 쓰기와 같은 구체적인 과제를 제공받는다. 이 활동의 주안점은 모둠의 결과물 생산에 있다. 학생들은 전체 활동과제의 하위 과제들을 각각 개별적으로 학습하게 되며, 모든 학생들이 자신의 하위 과제를 완수해야 모둠의 결과물이 만들어질 수 있다. 학생들은 함께 활동을 계획하지만, 모둠 결과물을 만들기 위해서 개별적으로 학습한 하위 과제들을 함께 끼워 맞춰야 한다는 점에서 '직소 I 모형'과 유사하다.

상호협력적 모둠학습을 위한 활동과제의 두 번째 유형은, 학생들로 하여금 문제해결이나 개방적인 조사를 통해 공통의 목적을 달성하도록 자신의 지식, 이해, 기술을 공유할 것을 요구한다('직소 II 모형' 참조).

반즈와 토드(Barnes and Todd, 1977)는 모둠학습을 위해 사용되는 '느슨한(loose)' 과제와 '꽉 짜인(tight)' 과제를 교사들이 어떻게 구별하는지 관찰했다. '꽉 짜인 과제'란 정확하거나 예측가능한 해결책을 가지는 활동과제를 말하며, '느슨한 과제'란 반응이 좀 더 넓은 범위를 가질 수 있는 활동과제를 말한다.

4) 협동학습이 성공적으로 이루어지기 위한 조건

전통적인 소집단학습에서는 무임승차, 우수한 학생의 주도와 열등한 학생의 배제와 같은 문제들이 발생한다. 이를 해결하고 협동학습이 성공적으로 이루어지기 위해서는 사전에 표 7-13과 같은 필요조건이 충족되어야 한다(Duplass, 2004: 341-342; 박상준, 2009: 364-365 재인용).

5) 협동학습의 유형

협동학습은 새로운 것이 아니다. 현재 지리교사들이 선택하여 사용할 수 있는 많은 협동학습 방법이 있다. 지리학습에서 많이 사용되는 협동학습의 유형은 카드분류활동, 게임과 시뮬레이션을 활용한 활동 등이다. 그러나 교육 실천가들이 구체적인 협동학습 전략들을 개발하고, 협동학습의 효과를 평가하기 시작한 것은 단지 최근 10년간이다(Slavin, 1995).

표 7-13. 협동학습의 성공을 위한 필요조건

교사의 감독 (teacher supervision)	• 교사는 학생들이 임무를 수행하지 않거나 잘못된 행동을 하지 않도록, 또한 학생들이 집단활동의 규칙을 지키도록 감독해야 한다. • 학생이 지켜야 할 집단활동의 규칙에는 교대로 임무 수행, 정보 공유, 작은 목소리로 말하기, 다른 사람의 말에 귀기울이기, 주어진 시간을 현명하게 사용하기, 다른 사람의 생각이나 주장 존중하기 등이 있다.
이질적 집단 (heterogeneous groups)	• 이질적 집단은 서로 다른 능력과 배경을 가진 학생들이 목표를 달성하기 위해 협력하는 것을 배울 수 있도록 만든다.
긍정적 상호의존성 (positive interdependence)	• 긍정적인 상호의존성은 적절한 보상, 배부된 학습자료, 역할 배정과 결합되어 있는 소집단의 목표를 통해 달성된다. • 집단활동에서 각 학생은 자신의 행동에 책임을 진다.
대면적 상호작용 (face-to-face interaction)	• 대면적 상호작용은 가까운 거리에서 시선을 마주보며 말이나 몸짓으로 대화하도록 격려한다. • 학생들은 하나의 소집단으로 서로 설명하거나 토론하고, 문제를 해결하고 과제를 완성한다.
개별적 책무성 (individual accountability)	• 개별적 책무성은 학생에게 개인의 임무(예: 지도자, 기록자, 자료관리자, 낭독자 등)에 대한 책임을 지도록 요구할 수 있다.
사회적 기능 (social skills)	• 협동학습의 집단에서 교사는 각 구성원들이 서로 협동하고 사회적 기능을 사용하도록 가르쳐야 한다. • 사회적 기능은 집단 구성원 사이의 긍정적 상호작용과 의사소통을 향상시키는 활동이다.
집단활동의 과정 (group processing)	• 집단활동의 과정은 소집단이 잘 기능하기 위한 방법과 관련된다. • 집단활동의 과정은 참여, 피드백, 강화, 명료화, 정교화 등으로 특징지어진다.
평가 (evaluation)	• 협동학습의 평가는 개인의 임무수행에 대한 평가와 소집단 전체의 평가를 모두 포함해야 한다.

표 7-14. 협동학습의 유형 분류

유형 \ 특징	집단목표	개별적 책무성	성공기회의 균등성	집단경쟁	전문화	개별화 적용
STAD	○	○	○	△	×	×
TGT	○	○	○	○	×	×
TAI	○	○	○	×	×	○
CIRC	○	○	○	×	×	○
LT	○	△	×	×	×	×
Jigsaw I	×	○	×	×	○	×
Jigsaw II	○	○	○	×	○	×
GI	×	○	×	×	○	×

(Slavin, 1989: 136; 정문성·김동일, 1999: 41 재인용)

슬라빈(Slavin, 1989)은 협동학습의 7가지 특징을 기준으로 크게 집단성취 분단모형(STAD), 집단게임 토너먼트모형(TGT), 집단보조 개별학습모형(TAI), 읽기와 쓰기 통합학습모형(CIRC), 협력학습모형(LT), 직소 Ⅰ모형(Jigsaw Ⅰ), 직소 Ⅱ 모형(Jigsaw Ⅱ), 집단탐구모형(GI)으로 분류하였다.

이를 토대로, 정문성·김동일(1999, 155-297)은 집단활동의 유형을 (1) 과제 중심 협동학습-직소 Ⅰ 모형, Co-op Co-op 모형, (2) 보상 중심 협동학습-STAD 모형, TGT 모형, 직소 Ⅱ와 직소 Ⅲ 모형, (3) 교과 중심 협동학습-수학과의 TAI 모형, 국어과의 CIRC, 사회과의 의사결정모형, (4) 기타 협동학습-LT 모형, Pro-con 모형, CDP 모형 등으로 제시했다.

(1) 직소(Jigsaw) 모형(과제분담 학습모형)

① 개관

직소(Jigsaw) 모형(과제분담 학습모형)에서 직소는 직소 퍼즐(Jigsaw puzzle)처럼 조각을 맞추어 전체 그림을 완성해 나가는 과정과 유사하여 붙여진 이름이다. 모둠 구성원들에게 서로 다른 과제를 분담하기 때문에 '과제분담 학습모형'이라고도 한다. 이 모형은 학습내용을 4-6개의 하위 주제로 나누어서, 학생들이 한 주제를 집중적으로 학습하여 전문가가 된 후에 서로 가르치고 배우는 협동학습의 형태이다. 이 학습모형은 애론슨 등(Aronson et al., 1978)이 전통적인 경쟁학습의 구조를 협동학습의 구조로 바꾸기 위해 개발한 것이다.

애론슨(Aronson) 등이 개발한 직소 Ⅰ 모형에서 학생들은 학습의 전체 내용을 파악하지 못할 때가 많았고, 개별 보상으로 인해 다른 학생들과 적극 협력하지 않는 문제를 드러냈다. 이런 문제점을 해결하기 위해 슬라빈(Slavin)은 직소 Ⅱ 모형을 개발하였다. 이 모형에서는 학생들에게 학습내용 전체를 제공하며, 집단성취 분담모형(STAD)의 평가방식을 결합하여 개별 보상의 단점을 보완하였다. 그러나 직소 Ⅱ 모형은 전문가집단의 학습 이후에, 학습내용을 정리하고 퀴즈(형성평가)에 대비해 공부할 시간이 없는 문제점을 갖고 있다. 그래서 스타인브링크와 스탈(Steinbrink and Stahl)은 과제분담 협동학습이 끝난 후 모집단별로 학습의 기회를 주고, 일정 기간이 지난 후에 평가하는 직소 Ⅲ 모형을 제시했다. 직소는 케이건(Kagan, 1994)에 의해 다양한 방식으로 변형되었다(정문성, 2013).

표 7-15. 직소 모형(과제분담 학습모형)의 장단점

장점	• 모든 구성원이 개별적 책무성을 가지게 되어 학습동기가 강화되고, 다른 동료들을 가르쳐야 하기 때문에 경청하는 훈련 효과도 있다. • 이 학습모형은 학업성취뿐만 아니라, 다양한 인종과 문화를 가진 학생들이 사회적 관계를 형성하는 데 초점을 두고 있다. • 학습의 원천은 교사가 아니라 소집단 구성원이어야 하며, 학습의 성공은 구성원의 협동에 의해서만 얻을 수 있다. • 소집단활동은 구성원들이 다른 학생의 도움 없이는 학습이 불가능하다. 각 구성원은 자신의 주제와 관련된 '학습단원의 일부'만을 학습자료로 제공받기 때문에, 구성원들은 학습단원 전체를 배우기 위해서 서로 협력할 수밖에 없다.
단점	• 학습주제와 문제가 어려운 경우에, 성취수준이 낮은 학생들은 자신이 맡은 하위 주제를 공부하여 다른 학생을 가르치는 데 어려움을 겪게 된다. 그 결과 과제분담 협동학습이 제대로 이루어지기 어렵고, 우수한 학생이 열등한 학생들을 무시함으로써 학생들 사이의 관계가 더 나빠질 수도 있다. → (팁) 특히 능력이 떨어지는 학생들은 우수한 학생과 함께 짝을 지어 주어 마치 한 사람처럼 진행하는 것이 좋다. 과제를 분담할 때에도 과제 수와 학생 수가 맞지 않으면 비슷한 방식으로 두 사람을 한 사람처럼 진행하면 된다. • 과제분담 협동학습을 실시하기 위해서 교사는 사전에 학습내용을 분석하여 소집단의 학생 수에 맞게 하위 주제를 분류하고, 주제별로 세부적인 탐구문제 또는 토론문제를 만들어야 하는 부담을 안고 있다. • 직소는 상당히 오랜 시간이 걸리는 수업이기 때문에 1차시 이내에 하기는 힘들다. 그러므로 1차시는 과제분담과 전문가 활동을, 다음 2차시는 모집단에서 동료 교수 활동을 하는 것이 일반적이다.

표 7-16. 직소 Ⅰ, 직소 Ⅱ, 직소 Ⅲ 모형의 차이

직소 Ⅲ	직소 Ⅱ*	직소 Ⅰ	1단계	모집단(Home Team): 과제분담 활동
			2단계	전문가집단(Expert Team): 전문가 활동
			3단계	모집단(Home Team): 동료 교수 및 질문 응답
		4단계	일정 기간 경과
		5단계	모집단: 퀴즈 대비 공부
		6단계	퀴즈(STAD평가방법 사용)

* 3단계가 끝나면 STAD 평가로 퀴즈   (Steinbrink and Stahl, 1994: 134; 정문성, 2013 재인용)

② 직소 Ⅰ(과제분담 학습모형 Ⅰ)

직소 Ⅰ 모형은 (1) 고안된 전문가 학습지, (2) 전문가집단 및 모집단의 활동과 의사소통, (3) 학생 전문가에 의한 학습 등으로 특징지어진다.

직소 Ⅰ은 학습과제 해결을 위한 상호의존성은 높지만, 보상을 위한 상호의존성은 매우 낮은 편이다. 직소 Ⅰ이 성공하기 위해서는 학생들이 전문가집단에서 하위 주제와 문제를 충실하게 탐구하는 능력, 다른 학생들을 열심히 가르치고 다른 학생의 설명을 경청하는 의사소통능력을

표 7-17. 직소 I의 수업과정

단계	내용
1. 모집단 형성하기/전문가 학습지 배부	• 교사는 이질적인 학생들 4~6명씩 모집단(원 모둠)을 구성한다. • 다음에 교사는 모집단의 각 학생들에게 학습내용과 관련된 하위 주제와 문제(탐구문제 또는 토론 문제)가 기록된 전문가 학습지를 각각 하나씩 나누어 준다. • 모집단의 각 학생은 전문가 학습지를 통해 학습내용의 일부만을 배부받는다.
2. 전문가집단에서 학습하기	• 각 학생들은 모집단을 떠나 같은 하위 주제와 문제를 가진 학생들끼리 모여서 전문가집단(전문가 모둠)을 형성한다. • 전문가집단은 1가지 하위 주제와 문제에 대해 서로 협력하여 집중적으로 학습한다. • 그 다음 학생들은 모집단으로 돌아가, 전문가집단에서 학습한 하위 주제를 다른 학생들에게 가르칠 준비를 한다. • 〈팁〉 전문가집단의 학생 수가 너무 많으면, 하위 주제에 대한 협동학습이 잘 이루어지기 어렵다. 따라서 모집단이 6개 이상 될 경우에, 교사는 모집단을 A, B 팀으로 나누어서 각 팀의 4~5명 정도가 전문가집단을 구성하도록 만들어야 한다.
3. 모집단에서 다른 학생 가르치기	• 전문가집단의 학습활동이 끝났으면, 각 학생들은 원래의 집단으로 돌아가서 다시 모집단을 형성한다. • 그 다음 각 전문가 학생들이 돌아가면서 전문가집단에서 학습한 하위 주제와 문제를 다른 학생들에게 가르쳐 준다. • 이때 교사는 각 전문가 학생이 전문가 학습지에 기록된 내용을 그대로 읽지 말고, 자기의 말로 다른 학생들에게 설명해 주도록 지도해야 한다.
4. 전체 학습지 작성하기	• 각 모집단의 학생들은 전문가 학습지의 하위 주제 4~6개를 서로 결합하여 전체 학습지를 만든다. • 그후 수업시간에 여유가 있다면, 교사는 1~2개 모집단이 전체 학습지를 학급 앞에서 발표할 기회를 부여하는 것이 좋다.
5. 개별 평가와 개별 보상	• 교사는 학생들이 전문가집단과 모집단의 협동학습을 통해 학습내용을 얼마나 이해했는지 파악하기 위해, 퀴즈(형성평가)를 통한 평가를 개인별로 실시한다. • 다음에 교사는 개인별 점수를 산출하여 우수한 학생을 개인별로 보상한다.

표 7-18. 직소 I의 장단점

장점	• 학습내용을 하위 주제와 문제로 세분화하고, 학생들이 모집단과 전문가집단활동을 통해 협력하여 학습하도록 한다.
단점	• 학습자가 학습의 전체 내용을 파악하지 못할 때가 많다. 전문가 학습지를 통해 각 학생에게 학습내용의 일부만을 제공하므로, 학생들은 학습의 전체적인 계획과 내용을 알지 못한 채 학습에 임하게 된다. • 개별 보상으로 인해 전문가집단에서 학습활동할 때, 그리고 모집단에서 다른 학생들을 가르칠 때 다른 학생들과 적극 협력하지 않게 된다. 왜냐하면 개인별로 평가하여 개인별로 보상하지만 소집단 전체에 대해서는 보상하지 않기 때문이다. 따라서 필요에 따라 직소 II나 직소 III을 사용하는 것이 바람직하다.

기르도록 훈련을 시켜야 한다. 직소 I의 수업과정은 표 7-17과 같다.

③ 직소 II(과제분담 학습모형 II)

직소 I 모형은 학습결과에 대한 소집단 보상을 하지 않는다는 점에서, 협동학습의 효과를 제대로 거두기 어렵다. 그리하여 이에 대한 대안으로, 슬라빈(Slavin, 1980)은 기존의 직소 I에 STAD 모형의 평가방식을 결합한 직소 II를 제시하였다. 직소 II는 향상점수에 의한 소집단 보상, 성취결과의 균등배분을 도입함으로써, 과제분담 협동학습이 더 효과를 거둘 수 있도록 만들었다.

표 7-19. 직소 I 대비 직소 II의 차이점

- 학생들에게 학습내용 전체를 제공한다. 즉, 교사가 학습의 전체적인 계획과 내용을 먼저 설명해 준다.
- 자율적인 소집단활동을 허용한다. 학생이 하위 주제를 자율적으로 선택하여 공부하도록 한다.
- 기존의 직소 I 모형에 STAD 모형의 평가방식을 결합하여 향상점수에 의한 소집단별 보상을 실시한다. 그리하여 소집단활동의 성공과 개인의 역할과 책무성, 학생들의 상호의존성을 더 높이고, 사회적 관계 증진에 효과적이다.

(Kagan, 1994; 정문성, 2006: 197-198 재인용)

직소 II의 수업 단계도 학자들마다 조금씩 다르다(Slavin, 1990; Jacobs et al., 1999; 정문성, 2006; 박상준, 2009). 이들의 견해를 종합하여, 직소 II의 교수·학습 과정을 표 7-20과 같이 제시한다.

표 7-20. 직소 II의 수업과정

단계	내용
1. 모집단 형성하기/ 학습단원 전체 읽기	• 교사는 이질적인 학생들로 4명씩 모집단을 구성한다. • 직소 I과 달리, 교사는 학생이 교과서의 학습단원 전체를 읽고 학습의 전체적인 맥락과 흐름을 파악하게 한다. • 그 다음 학생들끼리 의논하여, 전체 학습지의 하위 주제와 문제들 중에 어느 문제를 담당할 것인가를 자율적으로 정한다.
2. 전문가집단에서 학습하기	• 각 학생은 모집단을 떠나, 같은 하위 문제를 선택한 학생들끼리 모여서 전문가집단을 형성한다. • 각 전문가집단은 전체 학습지의 하위 주제와 문제 중 자신들이 선택한 문제에 대해 서로 협력하여 집중적으로 학습한다. • 그 다음 학생들은 모집단으로 돌아가서, 하위 주제와 문제를 다른 학생들에게 가르칠 준비를 한다.
3. 모집단에서 다른 학생 가르치기	• 전문가집단의 학습활동이 끝나면, 각 학생은 원래의 모집단으로 되돌아가서 다시 모집단을 형성한다. • 그 다음 각 전문가 학생이 돌아가면서, 전문가집단에서 학습한 하위 주제와 문제를 다른 학생들에게 가르쳐 준다.

4. 모집단에서 토론하기	• 각 전문가 학생이 하위 주제와 문제에 대해 다른 학생들을 가르친 후에, 모집단의 구성원들은 하위 주제에 대해 토론한다. • 각 구성원이 돌아가면서 하위 주제에 대한 자기 의견을 발표하고, 나머지 학생들이 그 의견을 듣고 질문하면 해당 학생이 답변한다. • 이 과정에서 교사는 학생들이 하위 주제에 대해 서로 질문하고 토론하여 의사소통기능과 협동기능을 실천할 기회를 갖도록 한다. • 그후 수업시간에 여유가 있다면, 교사는 각 모집단의 토론 내용을 전체 학생들이 공유할 수 있도록 도와주는 것이 좋다. 이를 위해 각 모집단의 대표가 토론 내용을 전체 학급 앞에서 발표하도록 한다.
5. 퀴즈와 개별 평가	• 전문가집단과 모집단의 학습활동이 끝나면, 교사는 전체 학습내용과 관련된 퀴즈(형성평가)를 실시한다. • 각 학생은 개별적으로 퀴즈를 푼다.
6. 향상점수에 의한 소집단 보상	• 교사는 과거 퀴즈에서 각 학생이 받은 기본점수와 현재 퀴즈의 점수를 비교하여, 각 학생의 향상점수를 계산한다. • 각 개인과 소집단의 향상점수가 산출되면, 교사는 향상점수가 높은 개인과 소집단에 대해 보상한다.

표 7-21. 직소 II의 장단점

장점	• 구성원의 역할과 책무성이 더 명확하고, 과제 해결뿐만 아니라 보상의 상호의존성이 매우 높고, 사회적 관계의 증진에 효과적이다.
단점	• 실제로 초·중등학교의 수업시간(40~50분) 안에 완료하기 어렵다. • 학생이 학습내용을 정리하고 형성평가에 대비할 시간이 부족하다.

④ 직소 III(과제분담 학습모형 III)

직소 II 모형은 전문가집단의 학습 이후에 학습내용을 정리하고 퀴즈(형성평가)에 대비해 공부할 시간이 없는 문제점을 가진다. 그리하여 직소 III 모형은 과제분담 협동학습이 끝난 후 모집단별로 학습의 기회를 주고, 일정 기간이 지난 후에 평가한다.

(2) 집단성취 분담모형(STAD)

협동학습에서 가장 오래되고 널리 사용되는 수업모형이 바로 집단성취 분담모형(STAD: Student Teams-Achievement Division)이다. STAD 모형은 존스홉킨스대학에서 개발한 학생 집단학습(STL: Student Teams Learning) 프로그램 중의 하나이다. STL의 특징은 소집단 구성원들이 함께 학습하면서 서로의 학습에 대해 책임지고, 구성원들이 학습목표를 함께 달성함으로써 얻는 집단의 성공(소집단 보상)을 강조하는 것이다. 즉, STL은 개별적 책무성, 소집단 보상, 성공 기회의 균등이라는 특징을 갖는다.

STAD 모형은 '보상'을 통해 열등한 학생들에게 학습의 동기를 부여함으로써 학습의 효과를 높이고자 한다. 협동학습의 보상에는 3가지 방식이 있다(표 7-22). 이런 3가지 보상체제를 적절하게 조화시켜 학습동기를 유발하는 협동학습이 집단성취 분담모형(STAD)이다.

표 7-22. 협동학습의 보상 방식

- 소집단의 성공에 가장 기여도가 크거나, 학업성취 결과가 가장 향상된 학생에게 최대의 보상을 해 주는 것이다.
- 학생의 기여도와 점수에 관계없이 모든 학생에게 동일한 보상을 하는 것이다.
- 학습자의 능력이 아니라, 필요에 따라 차별적으로 보상하는 것이다.

STAD 모형의 수업 단계는 학자들마다 약간 차이가 있다(Slavin, 1990; Jacobs et al., 1997: 78-79; 정문성, 2006: 247-251; 박상준, 2009). 이들 견해를 종합하면, STAD 교수·학습 과정은 표 7-23과 같다.

표 7-23. 집단성취 분담모형(STAD)의 수업절차

단계	내용
1. 교사의 수업 안내	• 교사는 이질적인 학생들 4-6명씩 소집단(모둠)을 구성한다. • 교사는 강의, 토론, 시청각자료 등 다양한 방법을 통해 학습내용을 학생들에게 소개한다. • 교사는 소집단활동의 방향, 퀴즈평가와 소집단 보상에 대해 간략히 안내한다.
2. 소집단 학습과 토론/ 정답지와 비교·채점	• 교사는 각 소집단에게 학습지와 학습자료를 배부한다. • 각 학생은 학습자료를 읽고, 학습문제에 대해 잠정적으로 자신의 답을 적는다. • 그 다음 소집단별로 학생들이 각각 돌아가면서 학습문제를 읽고, 함께 협력하여 학습문제를 해결한다. 즉, 한 학생이 첫 번째 학습문제를 읽고 자기가 생각한 해답을 말하면, 거기에 대해 다른 학생들이 의견을 제시한다. 만약 학생들의 의견이 서로 다르면, 토론을 통해 1가지 해답에 합의해야 한다. • 이런 방식으로 하나의 학습문제를 해결한 후에, 다른 학생이 두 번째 학습문제를 읽고 자기가 생각한 대답을 말하면, 거기에 대해 구성원들이 토론을 통해 1가지 해답에 도달한다. • 여기서 주의해야 할 점은, 교사가 각 소집단에게 1-2장의 학습지만 나눠 주어야 한다는 것이다. 학생 개인에게 학습지를 1장씩 모두 나눠 주면, 각자 학습문제를 개별적으로 해결함으로써 협동학습이 잘 이루어지지 않을 개연성이 높다. • 학생들이 학습문제를 모두 풀었다면, 교사는 각 소집단에게 정답지를 제공한다. 각 소집단은 정답지와 비교하여 자신의 학습지를 채점하고, 틀린 문제의 경우에 왜 틀렸는지 토론한다.

3. 퀴즈와 개별평가	• 소집단의 학습활동이 끝나면, 교사는 학생들이 학습내용을 얼마나 이해했는지 평가하는 퀴즈(형성평가)를 실시한다. • 각 학생은 개별적으로 퀴즈를 풀어야 하며, 소집단 구성원을 도와주어서는 안 된다(소집단 학습과 토론에 많은 시간이 소요되기 때문에, 퀴즈평가는 그 수업시간에 바로 이루어지는 것이 아니라 일정 기간 공부할 시간을 준 뒤에 실시된다).
4. 향상점수에 의한 소집단 보상	• 교사는 과거 퀴즈에서 각 학생이 받은 기본점수와 현재 퀴즈점수를 비교하여, 각 학생의 향상점수를 산출한다. '기본점수'는 과거 학생들이 받은 퀴즈점수들의 평균점수이다. '향상점수'는 본 학습에서 각 학생이 얻은 실제의 퀴즈점수가 아니라, 과거의 기본점수를 기준으로 현재의 퀴즈점수가 얼마나 향상되었는가를 비교하여 산출된 점수이다. 교사는 기본점수를 기준으로, 학업성취 결과가 향상된 정도에 따라 향상점수를 부여할 수 있다. • 학생 개인별 향상점수가 산출되면, 소집단별로 구성원들의 향상점수를 합하여 소집단 전체의 향상점수를 산출한다. • 그 다음 교사는 향상점수가 우수한 개인과 소집단에 대해 보상한다.

표 7-24. STAD 모형의 장단점

장점	• 수업절차가 비교적 간단하고, 소집단 보상을 통해 협동학습의 효과를 쉽게 달성할 수 있다.
단점	• 교사가 사전에 소집단 학습지와 정답지를 만들어야 하고, 개인별 기본점수와 개인 및 소집단의 향상점수를 모두 계산해야 하는 번거로움이 발생한다.

(3) 찬반(pro-con) 협동학습

찬반(pro-con) 협동학습모형은 존슨과 존슨(Johnson and Johnson, 1994)이 창안하였다. 소모둠(small group) 내의 미니모둠(mini group)이 찬성(pro)과 반대(con)의 역할을 통해 찬반논쟁을 한다고 해서 붙여진 이름이다. 이 협동학습모형에서는 소모둠의 규모가 4명이면 2명과 2명으로 미니모둠을 구성할 수 있어 가장 좋다. 대개 학생들 개인의 찬반에 따라 미니모둠을 구성하는 것이 가장 바람직하다. 그러나 학생들이 미니모둠을 만드는 데 시간을 너무 많이 소모하면, 교사가 임의로 만들어 주어도 좋다(예를 들어, 출석번호의 홀짝, 남학생과 여학생을 짝으로 함).

존슨과 존슨은 논쟁 과정에서 일어나는 논리적이고 심리적인 사고

그림 7-12. 소모둠 내 찬반 미니모둠

1단계: 소모둠 내에 미니모둠 구성/과제에 대한 찬반 주장 준비
• 4명으로 구성된 소모둠을 만들고, 그 안에 2명씩 미니모둠을 만들도록 한다.
• 미니모둠은 주어진 과제에 대해 찬성팀과 반대팀의 입장에서 각각의 주장을 하기 위한 근거들을 의논하게 한다.

↓

2단계: 미니모둠의 각자 자기 주장 발표
• 소모둠 내에서 한 미니모둠은 찬성 주장, 또 다른 미니모둠은 반대 주장을 하게 한다.
• 이때 찬성 또는 반대 주장의 이유와 근거를 발표하게 한다.

3단계: 서로 입장을 바꾸어서 미니모둠이 주장한 것에 대한 평가
• 두 미니모둠의 발표가 끝나면, 서로가 상대 미니모둠의 주장에 대해 평가를 해 준다.
• 이것은 찬반주장을 한 미니모둠이 토론 시합을 하는 것이 아니라 같은 소모둠이기 때문에 협동적 의사결정을 하기 위한 것이다.

↓

4단계: 소모둠의 입장을 정리하여 제출
• 이제 찬성과 반대의 입장을 모두 경험하였으므로 모둠은 토의·토론을 통해 찬성 주장의 장·단점, 반대 주장의 장·단점을 정리하여 모둠 전체의 입장을 정리해 선생님께 제출한다.
• 수업시간에 여유가 있으면 몇 소모둠의 결과를 발표한다.

그림 7-13. 찬반(pro-con) 협동학습모형을 활용한 수업절차
(정문성, 2013 재구성)

과정을 소집단 토의·토론을 통해 수업절차로 그대로 재현하여 찬반(pro-con) 협동학습모형을 만들었다. 즉 모둠 내에 서로 반대되는 미니모둠을 만들어 갈등 상황을 연출하고, 전술한 상황을 경험한 다음에 최종적인 모둠 결정을 하는 것이다. 즉, 두 미니모둠이 찬반 대립 토론을 하지만 이것은 모둠이 의사결정을 하기 위한 과정이 된다.

이 방법은 소모둠 내에서 최대한 극단적인 찬반 의견들을 경험하려는 데 목적이 있다. 따라서 교사는 미니모둠이 최대한 찬성과 반대의 입장을 옹호하도록 자극할 필요가 있다.

찬반(pro-con) 협동학습모형을 활용할 수업은 그림 7-13과 같이 크게 4단계로 이루어진다.

(4) 집단탐구(GI: Group Investigation)

집단탐구는 학교를 민주사회의 축소판으로 조직할 것을 권장한 듀이(Dewey, 1910)의 교육관을 계승한 테렌(Thelen, 1960), 샤란과 샤란(Sharan and Sharan, 1990) 등이 발전시켰다. 연구할

그림 7-14. 집단탐구 수업절차 개념도
(정문성, 2013)

1단계: 교사가 전체 학급과제를 제시하고, 학생들과 소과제로 무엇을 할지 정한다.

- 교사는 전체 학급과제를 제시한다(예: 도시에는 어떤 문제가 있는지 각종 자료를 통해 조사해 보자).
- 이를 위해 어떤 소과제들이 필요한지 학생들이 자유롭게 발표하게 하고, 이를 칠판에 적는다.
- 그런 후 학생들과 함께 교사가 주도로 몇 개의 영역으로 묶는다.

2단계: 학생들은 선호하는 과제를 선택해서 모둠을 구성한다.

- 몇 개의 과제로 분류가 되면, 교사는 학생들에게 어떤 과제를 하고 싶은지 선택하게 한다.
- 학생들이 자기의 이름이나 번호가 적힌 자석토큰을 교사가 분류해 놓은 과제에 나와서 붙인다(그림 7-16 참조).
- 이때 특정 과제에 너무 몰리지 않도록 유도하고 과제에 골고루 분산되도록 한다.

3단계: 모둠별 탐구계획을 세운다.

- 학생들이 원하는 과제가 정해지면 필요한 역할을 분담하고, 모둠별로 탐구계획을 세우게 한다.
- 학생들은 토의·토론을 통해 탐구계획과 역할을 분담한다.
- 이때 교사는 소과제별 학습지를 모둠별로 주는 것이 좋다(표 7-25 참조). 그래야 학생들이 어떻게 학습을 해야 할지 감을 잡는다.

4단계: 모둠별 탐구결과를 발표한다.

- 모둠활동이 끝나면 모둠별로 학급 전체에 결과를 발표한다.
- 이때 시간이 없으면 발표하지 않고, 보고서로 제출하게 해서 따로 교사가 정리해 줄 수도 있다.

5단계: 교사는 모둠의 탐구결과들이 전체 학급과제 완성에 어떤 역할을 했는지 정리해 준다.

- 교사는 모둠의 활동이 전체 학급과제 완성에 어떤 기여를 했는지 칭찬과 정리를 해 준다.
- 또 모둠활동을 모범적으로 잘 한 모둠을 칭찬한다.

그림 7-15. 집단탐구 수업절차
(정문성, 2013 재구성)

핵심 지리교육학

과제를 교사가 조직하여 제시하는 대신에 학생이 스스로 소과제의 아이디어를 내고, 자신이 하고 싶은 소과제를 선택하여, 같은 관심을 가진 학생들끼리 모둠을 구성하여 함께 과제를 해 나가는 활동이다.

집단탐구모형을 활용한 수업절차는 그림 7-15와 같이 크게 5단계로 이루어진다.

집단탐구는 학생들이 스스로 좋아하는 과제를 선택할 수 있게 하는 것이 핵심이다. 그

그림 7-16. 학생들이 탐구할 소과제를 선정하는 모습

래야 더욱 자신의 과제를 열심히 할 수 있다. 그러므로 교사가 강제로 소과제를 부여하면 안 된다. 학생들이 선호하는 과제를 선택하는 방법은 그림 7-16과 같이 수행할 수 있다.

그러나 모둠 내에서 어떤 방식으로 과제를 진행하는지에 대한 자세한 안내가 없기 때문에 모둠의 역량에 따라 수업이 영향을 받는다. 그러므로 모둠별로 제공되는 학습지가 상당히 큰 역할을 한다. 즉, 학습지가 모둠활동의 가이드가 될 수 있다. 또한 모둠별로 활동이 이루어지므로 교사가 순회하면서 구체적으로 도와주어야 한다(정문성, 2013).

표 7-25. 소과제별 학습지(예시)

소과제별 학습지				
		1학년( )반( )번 이름( )		
도시문제	발생 지역	간단한 설명	자료 출처	비고

표 7-26. 집단탐구(GI)의 장단점

장점	• 학생들이 스스로 좋아하는 과제를 선택할 수 있는 자율권을 제공한다. • 모둠활동의 대부분을 학생 자율에 맡기므로, 모둠 내에서 많은 토의·토론이 일어난다.
단점	• 장점이 단점으로 작용하는 경우도 있다. 모둠활동에 대한 통제가 없다는 것이다. • 따라서 학생들이 원하는 소과제를 한다고 해서 학생들이 정말 최선의 학습 경험을 얻는다고 보장할 수는 없다. 처음에는 하고 싶었으나 막상 하다 보면 흥미가 없어질 수도 있고, 책임을 다 하지 않을 수도 있다.

(5) 집단탐구 Ⅱ(Co-op Co-op)

집단탐구 Ⅱ(Co-op Co-op)는 샤란과 샤란(Sharan and Sharan, 1976), 밀러와 셀러(Miller and Seller, 1985)의 모형에 근거하여 케이건(Kagan, 1985)이 고안한 협동학습모형이다. 집단탐구 Ⅱ(Co-op Co-op)는 집단탐구(GI)모형의 단점을 보완한 것으로 모둠 협동 속의 미니모둠 협동수업이라는 뜻이다. 이 모형은 한 학급에서 정한 전체 과제를 여러 모둠으로 구성된 학급 전체가 협동으로 해결하되, 모둠 안에서도 또 다른 모둠 또는 개인이 협동으로 모둠 소과제를 완성하는 독특한 수업방법이다.

집단탐구 Ⅱ(Co-op Co-op)를 활용한 수업은 그림 7-18과 같이 크게 6단계로 이루어진다.

표 7-27. 집단탐구(GI) 모형 대비 집단탐구 Ⅱ(Co-op Co-op)의 유사점과 차이점

유사점	• 학생들이 전체 학급에서 교사가 제시한 과제에 관해 대략적인 학습내용을 토론한 뒤 여러 소과제(sub-topics)를 나누고, 자신이 원하는 소과제를 선택한다.
차이점	• 소과제(sub-topics)를 다루는 모둠에 속하여, 모둠 내에서의 토의를 통해 그 소과제를 또 다시 더 작은 미니과제(mini-topics)로 나누고 각각의 맡은 부분을 심도있게 조사하여 모둠 내에서 발표한다. • 집단탐구를 좀 더 정교화해서, 학생들에게 더 분명한 개별적 책무성을 부여하여 적극적으로 수업에 참여하게 하는 것이 특징이다

그림 7-17. 집단탐구 Ⅱ(Co-op Co-op) 수업절차 개념도

1단계: 교사가 전체 학급과제를 제시하고, 학생들과 소과제로 무엇을 할지 정한다
• 집단탐구와 마찬가지로 교사는 전체 학급과제를 제시하고, 이를 위해 어떤 소과제들이 필요한지 학생들이 자유롭게 발표하게 한다. • 이를 칠판에 적은 후 학생들과 함께 교사가 주도로 몇 개의 영역으로 묶는다.

↓

2단계: 학생들은 선호하는 과제를 선택해서 모둠을 구성한다.
• 몇 개의 과제로 분류가 되면, 교사는 학생들에게 어떤 과제를 하고 싶은지 선택하게 한다. • 학생들이 자기의 이름이나 번호가 적힌 자석토큰을 교사가 분류해 놓은 과제에 붙이고 모둠을 정한다.

↓

3단계: 모둠별 소과제를 정교화하고, 미니과제를 정한다.
• 학생들이 원하는 과제가 정해지면 소과제를 연구하기 좋도록 정교화한다. • 필요한 역할을 분담하고, 모둠별로 탐구계획을 세우게 한다. • 이때 소과제의 미니과제를 정한다. 예를 들어, 소과제가 도시문제를 조사하는 것이라면, 미니과제는 교통문제, 주택문제, 환경문제 등이 될 것이다. • 그리고 학생들이 원하는 미니과제를 분담한다.

↓

4단계: 모둠별 미니과제 수행 결과를 발표한다.
• 모둠 내에서 미니과제를 분담한 학생들이 과제를 수행한 후 모둠 내에서 각자 미니과제 결과를 발표한다. • 이들을 정리하면 모둠 과제가 완성된다. 이 활동이 집단탐구와 다른 점이다.

↓

5단계: 모둠별 탐구결과를 발표한다.
• 모둠활동이 끝나면 모둠별로 학급 전체에 결과를 발표한다. 또는 보고서로 대신할 수 있다.

↓

6단계: 교사는 모둠의 탐구결과들이 전체 학급과제 완성에 어떤 역할을 했는지 정리해 준다.
• 교사는 모둠의 발표, 또는 보고서를 정리해서 전체 학급과제가 어떻게 완성되었는지 정리해 준다. • 이때 각 모둠에 미니모둠이 어떻게 과제를 수행했는지도 알려 준다.

그림 7-18. 집단탐구 II(Co-op Co-op) 수업절차

(정문성, 2013 재구성)

표 7-28. 집단탐구 II(Co-op Co-op)의 장단점

장점	• 집단탐구의 단점인 모둠활동에 대한 통제력을 보완하기 위해 만든 것으로 구성원 개인의 책무성이 강조된다. • 개인의 참여 기회가 더욱 구체화되었으므로 좀 더 많은 토의·토론이 일어날 가능성이 높다. • 학생들은 높은 수준의 분류, 과제와 관련되어 있는 것을 연결하는 능력, 다양한 방법의 창안, 관계된 자료 수집, 자료의 해석과 분석, 전체와 부분의 통합, 그리고 모둠의 구성원이나 모둠 및 학급의 대집단과의 의사소통능력 등과 같은 고급사고력을 향상시킬 수 있다. • 스스로 학습의 방향을 결정하는 능력, 동료 교수기능, 분업을 통한 학습의 능력 강화, 자기의 주장과 다른 사람의 주장을 조절하는 능력 등 다양한 효과를 기대할 수 있다
단점	• 역으로 개인의 부담이 그만큼 강화되었고, 모둠 내에서 개인의 역할이 중요해졌기 때문에 개인의 능력에 따라 모둠의 과제가 영향을 받을 가능성도 그만큼 많아졌다. 그러므로 교사는 개인의 능력에 따라 모둠의 미니과제가 잘 배분되도록 개입할 필요가 있다

9. 게임과 시뮬레이션

1) 게임과 시뮬레이션의 의미

지리수업에서 게임과 시뮬레이션은 흔히 구분없이 사용된다. 그렇지만 그레니어(Grenyer, 1986)는 표에 제시된 것처럼 지리수업에 사용되는 게임과 시뮬레이션을 구분하기도 한다.

표 7-29. 시뮬레이션과 게임의 차이

시뮬레이션	• 시뮬레이션은 지리적 패턴이 어떻게 전개될 것인가에 대한 예측과 그 패턴의 전개에 대한 이유를 분석하려는 시도를 통해, 복잡한 현실을 단순화한 모형이다. • 시뮬레이션은 현실을 완전히 반영하지는 못한다. 시뮬레이션은 현실을 가르치기 위한 전달수단인 동시에, 현실을 더 잘 이해시키기 위해 학생들을 감정이입의 틀로 데려가는 데 도움을 주기 위한 것이다.
게임	• 게임은 시뮬레이션의 한 형태이지만, 경쟁의 요소가 더해진다. 게임의 의도는 현실을 단순화하여 제시함으로써, 학생들이 게임에서 이기려는 과정 속에서 현실에 대해 이해하도록 하는 것이다. • 지리수업에 활용할 수 있는 게임들은 일련의 규칙을 가지고 있으며, 참여하는 학생들이 일련의 계획을 세우고 결정을 내려야 한다는 공통점을 가지고 있다. • 게임은 종종 의사결정을 유도하는 경쟁적인 요소를 포함하고 있다. 또한 의사결정은 주사위 던지기나 임의의 카드 뽑기 등 예측 불가능한 우연적 사건들에 의해서 복잡해지기도 한다.

(Grenyer, 1986; Walford, 1987: 83)

2) 학습의 관점에서 게임과 시뮬레이션의 의의

게임과 시뮬레이션은 지리수업에서 학생들에게 적극적인 학습경험을 제공할 수 있는 방법이다. 월포드(Walford, 1987)에 의하면, 게임과 시뮬레이션은 공통적으로 학생들을 가상 세계로 안내하여 다른 사람의 입장에 처해 볼 수 있는 기회를 주고, 어떤 결정을 내리기 위해 사고하도록 유도한다.

표 7-30. 게임과 시뮬레이션의 의의

- 학생들에게 학습의 관점에서 보다 높은 동기를 부여할 수 있다.
- 학생들에게 지리적 프로세스에 대한 이해를 향상시키고, 분석·종합·평가와 같은 고차사고기능을 활용하도록 하여 지적 자극을 제공한다.
- 이러한 고차사고기능은 학생들이 결정을 내리고 문제를 해결하는 과정에 사용된다.
- 학생들의 사회적 기능, 상호협동기능, 그리고 의사소통기능을 개발하는 데 도움이 될 수 있는 유의미한 교실 토론, 협상, 그리고 다른 협동활동에 더 많은 기회를 제공한다.
- 학생들이 급변하는 세계의 역동성을 좀 더 쉽게 이해할 수 있도록 세계를 단순화한다.
- 학생들로 하여금 현실적인 상황의 여러 특성들을 인식할 수 있도록 도와준다.
- 학생들로 하여금 다른 장소, 환경, 문화, 직업에 있는 사람들에게 부분적으로나마 감정이입하는 방법을 개발시켜준다.
- 전체 학급 학생들이 동시에 학습활동에 참여하도록 하며, 협동활동을 통해 가치있는 사회적 훈련을 제공한다.
- 다양한 능력을 가진 학생들이 쉽게 학습내용 및 문제 상황을 이해할 수 있게 한다.
- 서로의 의견이 불일치하는 다양한 문제해결 상황과 의사결정 상황을 제시하기도 하여 문제해결력과 의사결정력을 기를 수 있게 한다.

(Walford, 1987: 79; Bale, 1987: 125; Grenyer, 1986: 25)

3) 게임과 시뮬레이션 활동의 계획과 관리

게임과 시뮬레이션 활동의 효과가 극대화되기 위해서는, 교사가 활동을 철저하게 계획, 준비,

표 7-31. 게임과 시뮬레이션 활동의 계획과 관리

- 게임과 시뮬레이션의 계획 및 준비 단계로, 적절한 자료를 선택하고 준비해야 한다. 만약 초보교사라면 이미 상용화됐거나 무료로 제공되는 게임 및 시뮬레이션을 사용하는 것이 편리하다.
- 교사는 수업에서 게임과 시뮬레이션 활동을 어떻게 관리할 것인가를 결정해야 한다. 교사는 수업관리기능뿐만 아니라 게임과 시뮬레이션 활동 관리기능을 향상시킬 필요가 있다.
- 교사는 게임과 시뮬레이션 활동에 있어서 언제 그리고 어떻게 개입할 것인가를 계획해야 할 뿐만 아니라, 게임과 시뮬레이션 활동에 대한 결과보고 및 사후 조치를 위해 사용할 전략들을 고려해 보아야만 한다.

관리해야 한다. 또한 교사는 게임과 시뮬레이션 활동의 결과를 어떻게 평가할 것인지 고려해 보아야 한다.

4) 게임과 시뮬레이션 활동의 유형

(1) 역할극

① 역할극이란?

'역할극(role-play)'은 학생들이 다른 사람의 역할을 맡음으로써, 가상 회의나 협상을 통한 의사결정 활동에 참여하는 것이다. 역할극 사례로는 정부나 의회 회의, 공청회, 전체 집회 등의 활동이 있다(예를 들어 환경, 경제, 무역, 개발 쟁점에 대한 회의). 학생들은 개인적으로 가지고 있는 견해를 발표하거나 주장한다.

② 개방적 역할극

역할극은 특별한 구조를 가지지 않는다. 이는 역할극에서 교사들이 단지 장면을 설정하고, 토론해야 할 문제점을 설명하며, 특정 학생이나 모둠에게 역할을 할당하기 때문이다. 또한 역할극은 전체 학급 토론이나 발표를 이끌어 낼 필요도 없다. 역할극에서는 일반적으로 시각자료(짧은 비디오 연속물, 슬라이드, 교재의 사진)가 제시되고, 어떤 문제점이나 질문이 설정되며, 학생들은 이러한 문제점이나 질문을 토론하기 위해서 짝을 지어 어떤 장면을 연기하거나 특정한 역할을 맡아야 한다. 학생들은 자신이 맡은 역할에 감정이입을 하고, 그 사람들이 가지고 있는 가치와 태도를 고려해 보아야 한다. 이런 역할극은 다양한 결론이 도출되며, 결과를 예측하기 어렵기 때문에 교사와 학생 모두에게 도전적이다.

③ 구조화된 역할극

물론 역할극을 좀 더 구조화할 수도 있다. 교사는 학생들에게 각각의 역할이 설명되어 있는 '역할카드'를 지급하고, 사람들이나 집단들이 가질 수 있는 태도에 대해 정보를 제공할 수 있다. 때때로 교사는 학생들이 자신의 견해나 의견 발표를 준비하도록 안내하기 위해 조언이나 질문을 사용할 수도 있다. 특히 역할카드는 학생들이 다양한 집단들을 위해 가능한 해결책을 생각해 보도록 도와줄 수 있는 질문들을 담고 있다. 어떤 학생들은 단지 역할카드에 근거하여 해결책을 모색하는 반면, 좀 더 기발하고 조리있는 학생들은 자신의 아이디어 및 다른 가능성을 제시할 수도 있다. 교사는 학생들이 자신의 역할에 몰입하도록 역할카드에 정보를 제공하는 것뿐만 아니라, 토론을 위한 절차를 적절히 안내해야 한다. 이러한 임무들은 학생들이 토론하는 데 필요한 명확한 초점을 제공해 주며, 그에 따라 교사가 이 활동을 효과적으로 관리할 수 있도록 도와준다.

④ 역할극의 유형

로버츠(Roberts, 2003)는 지리적 쟁점에 대해 상이한 관점을 가진 사람들의 태도와 가치를 탐구할 수 있는 수업활동으로 '이해당사자(stakeholders)', '뜨거운 의자(hot seating)', '역할극', '공공 미팅(공청회 역할극) 또는 사적 미팅'을 제시한다. '이해당사자' 활동에서 학생들에게 부과하는 과제는, 주로 '누가 왜 이 쟁점에 관심을 가지고 있을까?'라는 질문을 탐구하도록 하여 이해당사자의 입장이 되어 보는 것이다. '뜨거운 의자(hot seating)' 활동은 학생들이 '뜨거운 의자'에 앉아서 학급의 나머지 학생들에게 이야기하거나, 자신들이 맡은 역할에 대한 질문에 답변함으로써 곤혹스러움을 겪게 되는 활동이다. 뜨거운 의자를 위한 가장 적합한 교실 배열은, 모든 학생들이 서로를 쉽게 볼 수 있도록 의자를 둥글게 배치하는 것이다. '공공 미팅(공청회 역할극) 또는 사적 미팅'은 교실에서 다양한 사람들의 가치를 탐구하기 위한 훌륭한 시나리오이다.

⑤ 역할극의 장점

역할극 수업은 항상 학생들에게 흥미롭고, 자극적이며, 매우 기억하기 쉽다. 역할극은 학생들에게 쟁점에 대해 더 많이 토론하고 사고하도록 한다. 전형적인 수업이 교사의 이야기에 의해 지배되는 반면에, 역할극 수업은 학생들의 이야기와 학생들의 높은 참여로 이루어진다. 역할극은 학생들에게 어떤 목소리가 다른 목소리보다 더 많이 들릴 수 있는지 알게끔 한다. 또한 쟁점에 관한 결정이 태도 및 가치뿐만 아니라 권력 및 기득권과 어떻게 관련될 수 있는지에 관해서도 알수 있도록 한다.

⑥ 교사의 역할

교사들은 역할극 활동을 하는 동안 다양한 단계에서 종종 현명하게 개입할 필요가 있다. 역할극 수업의 질은 학생들의 태도(준비 정도)와 능력(의사소통기능), 그리고 교사가 활동을 관리하는 능력에 달려 있다. 교사는 학생들이 역할극 활동에서 최대의 결과를 얻도록 하기 위해, 학생들이 준비할 수 있는 시간을 적절하게 제공해야 한다. 또한 교사는 학생들로 하여금 자신이 맡은 역할과 관련하여 취해야 할 태도에 대해 토의하게 하고, 짝이나 소규모 모둠을 기준으로 학생들에게 역할을 할당하여 견해를 준비하도록 해야 한다.

(2) 게임과 시뮬레이션 활용수업

① 사례

지리수업에서는 다양한 게임을 사용할 수 있다. 이러한 게임은 출판사에서 발행되는 교재에 첨부되어 있는 경우도 있다. 특히 월포드(Walford, 2007)는 게임을 활용한 지리수업 방법에 대한 글을 많이 썼는데, 이를 집대성하여 『Using Games in School Geography』를 간행하였다. 여기에 다양한 게임과 시뮬레이션 활용수업 사례들이 있다. 그리고 상업적 목적으로 제작된 훌륭한 역할극과 시뮬레이션이 결합된 게임도 있다[예를 들면, 심시티(Sim City), 무역 게임(Trading Game) 등].

가장 손쉽게 만들 수 있는 것이 바로 카드 게임이다. 일련의 카드에 기호들(예를 들어, 지형도의 기호들, 날씨 기호들)을 그리거나 붙이고, 다른 카드에는 단어들을 써 넣는다. 학생들은 카드를 섞고 골고루 흩뜨린 다음, 차례대로 새로운 카드 한 장씩을 가져오는데, 일치하는 기호들을 만들 때까지 계속한다. 게임의 다양성은 끝이 없으며[스냅(snap), 루미(rummy: 특정한 조합의 카드를 모으는 단순한 형태의 카드놀이) 등등], 특히 상상력이 풍부한 지리교사는 다양한 카드 게임을 만들 수 있다. 이러한 카드 게임은 수업의 도입부나 요약 및 정리 단계에서 사용할 수 있으며, 전체 수업활동에서 사용될 수도 있다.

② 교사의 역할

게임을 활용한 지리수업에서 교사의 역할은 활동의 속도와 방향을 조정하고, 학생들의 이해를 조사하며, 학생들의 활동을 도와주는 일종의 '게임 마스터(game master)'이다. 교사는 게임이나 시뮬레이션을 단순화할 필요가 있다(Walford, 1996: 139). 물론 게임이나 시뮬레이션을 단순화하기 위해서는 교사가 철저하게 준비해야 하지만, 게임의 규칙에 대한 긴 설명을 할 필요가 없다는 장점이 있다. 게임의 목표와 규칙을 짧고 빠르게 제공하는 것이 다양한 능력과 연령의 학생들에게 효과적이다(Lambert and Balderstone, 2000).

10. 사고기능학습

1) 지리를 통한 사고기능 교수·학습 전략

리트(Leat, 1997: 144)는 학생들의 사고력을 길러 주기 위해서, 학생들의 지능은 고정된 것이 아니라 개발될 수 있다는 교수·학습 관점으로의 전환이 필요하다고 주장한다. 이러한 교수·학습으로의 전환을 위해, 리트(Leat, 1998) 교수의 주도로 뉴캐슬대학교는 「지리를 통해 사고하기 프로젝트(TTGP: Thinking Through Geography Project)」를 도입했다.

이 프로젝트는 과학교육에서의 인지적 속진(CASE: Cognitive Acceleration in Science Education)뿐만 아니라, 더 일반적인 서머싯 사고기능(Somerset Thinking Skills)과 같은 인지적 속진 프로젝트로부터 영감을 받았다. 이러한 사고기능 프로그램들이 성공적으로 실행되었을 때, 학생들의 성취도와 동기 부여가 향상되었다는 많은 증거가 제시되었다(Adey and Shayer, 1994).

표 7-32. TTG의 교육과정 설계 원칙과 빅 개념 그리고 사고기능

교육과정 설계 원칙	빅 개념(big concept)	사고기능
• 구성주의 • 메타인지 • 도전 • 대화와 모둠활동 • 빅 개념 • 브리징과 전이 • 모든 감각에 호소하기	• 원인과 결과 • 계획 • 의사결정 • 입지 • 분류 • 불평등 • 개발 • 시스템	• 정보처리기능 • 추론기능 • 탐구기능 • 창의적 사고기능 • 평가기능

지리를 통해 사고하기(TTG) 그룹은 표 7-32와 같은 교육과정 설계 원칙, 빅 개념, 사고기능에 토대하여 학생들에게 적절한 도전을 제공하기 위해 사용되거나 적용될 수 있는 다양한 전략들을 개발했다. 리트(Leat, 1998)는 『Thinking Through Geography』에 8개의 전략[이상한 하나골라내기, 살아있는 그래프, 마인드 무비, 미스터리, 스토리텔링, 사실이냐 의견이냐? 분류, 사진읽기]과 각각의 전략에 대한 3가지 사례를 제시하고 있다(조철기 역, 2013 참조).

2) 사고기능수업에서 교사의 역할

리트(Leat, 1997)는 교사가 사고를 가르치는 것이 어렵기 때문에, 이를 위해선 자신의 교수 스타일에 변화를 주어야 한다고 주장한다. 교사는 모호성(ambiguity)과 학생들의 대화를 안내할 수 있어야 하며, 자신의 교과를 개념적으로 매우 잘 알아야 한다. 또한 교사는 너무 많은 폐쇄적 질문과 유사 개방적 질문(pseudo-open questions)을 하지 않아야 하며, 활동에 대한 결과보고(debriefing)를 위해 학습을 해야 한다.

사고학습은 누적적인 과정이다. 교사와 학생들 모두 다양한 전략들을 확실하게 사용할 수 있도록, 계속해서 학습할 필요가 있다. 이를 위해서는 적절한 수업환경 및 분위기를 만드는 것이 중요하다. 또한 교사는 모든 학생들이 기여하고, 그러한 기여가 소중하게 취급되는 분위기를 만들 필요가 있다. 교사는 긍정적인 교실 분위기와 학생들 간의 상호작용을 위한 여건을 조성하고, 지리적 대화를 위한 적절한 언어를 사용하도록 긍정적인 강화를 제공해야 한다. 교사는 학생들에게 다른 학생들이 말하는 것을 신중하게 듣도록 하고, 자신의 아이디어를 발달시키고 이를 다시 해석하도록 도와주며, 대안들을 제공하도록 격려할 필요가 있다. 교사는 일부 핵심 아이디어를 도출하고 학생들의 서로 다른 기여들을 연결할 필요가 있지만, 교사 자신의 해석을 부가하지 않도록 주의를 해야 한다. 교사는 학생들의 대화에 귀 기울여 들을 필요가 있다.

3) 사고기능 교수·학습에서 '결과보고'의 중요성

피셔(Fisher, 1998: 76)는 인지적 속진을 '복잡한 교수기능을 요구하는 단순한 과정'으로 묘사한다. 사고기능 교수·학습에서 교사가 직면하게 되는 실제적인 도전은 학생들의 학습을 관찰하고 평가할 때, 그리고 활동을 마친 후 '결과보고(debriefing)'를 할 때 나타나게 된다.

교사는 학생들이 모둠활동을 하는 동안에는 최소한으로 개입해야 하지만, 활동이 끝난 후 결과보고를 할 때는 적극적으로 개입해야 한다. '결과보고'의 목적은 학생들로 하여금 그들이 학습한 것을 확인하도록 하고, 이것을 다른 상황에 어떻게 활용 또는 적용할 수 있는지에 관해 생각하도록 도와주는 것이다.

결과보고의 첫 번째 단계는, 학생들이 활동과제에 대한 자신들의 아이디어와 해결책을 설명하도록 하는 것이다. 그후 교사는 학생들이 활동과제에 어떻게 접근했는지를 이야기하도록 할 필요가 있다. 이것은 학생들이 유용한 전략을 구체화하고 명료화할 수 있도록, 메타인지와 종합적인 평가를 포함해야 한다. 정보 카드와 진술문들 간의 연계를 조직화하는 상이한 방법들, 예를 들면 선으로 연결하기, 다이아몬드 순위매기기, 흐름도 등이 사용될 수 있다.

결과보고의 마지막 단계에서는 학습의 브리징(bridging) 또는 전이(transfer)가 일어나도록 할 필요가 있다. 브리징은 학생들로 하여금 그들의 사고와 학습이 다른 맥락에 어떻게 적용될 수 있는가를 볼 수 있도록 하는 것이다. 이를 위해서는 신중한 계획이 필요하다. '이상한 하나를 골라내기' 전략을 예로 들면, 교사는 학생들이 '하천 유역과 홍수'를 주제로 한 활동에서 개발한 전략 또는 분류기능을 다른 지리적 쟁점과 맥락에 사용하도록 요구할 수 있다.

11. 야외조사학습

1) 조사학습: 설문조사

학생들이 지리 교과서와 미디어에서 만나게 되는 많은 2차 데이터(secondary data)는 조사(survey)로부터 획득된다. 학생들이 이러한 데이터가 어떻게 만들어지는지를 정확하게 이해하려면, 지리적 질문에 답변하기 위해 만들어진 설문조사를 사용하는 과정에 참여할 필요가 있다.

설문조사는 보통 야외조사와 결합되어 사용되지만, 교실 내에서 일어나는 탐구활동을 위해서도 사용될 수 있다. 이러한 설문조사를 통해 데이터가 수집되는 방법 역시 다양하다. 설문조사는 교실에서 학생들을 통해 수집될 수 있으며, 학생들에게 숙제로 해 오도록 할 수도 있다. 또한 야

표 7-33. 지리수업에서 설문조사 활용의 장점과 단점

장점	단점
• 학생들로 하여금 질문을 고안하고, 결론에 도달하며, 활동을 평가하는 지리탐구의 전체적인 과정에 참여하도록 할 수 있다. • 폭넓은 데이터 조작기능을 발달시킬 수 있다. • 학생들에게 설문지 설계 기법과 그래픽 표현 기법을 소개할 수 있다. • ICT 기능을 발달시키기 위한 유목적적인 맥락을 제공할 수 있다. • 지리적 이해를 강화시킬 수 있다. • 학생들에게 지식이 조사를 통해 어떻게 구성되는지를 알도록 도울 수 있다. • 학생들이 설문조사로부터 얻은 결과의 한계를 알도록 할 수 있다.	• 친구, 이웃, 친척, 교사 또는 학생 주변의 가능한 응답자들이 얼마나 자주 조사에 기꺼이 참여하려고 할 것인지 불분명하다. • 샘플이 너무 작아 타당한 일반화를 도출할 수 없을지도 모른다. 즉, 결과는 오해로 이어질 수 있다. • 샘플이 무작위가 될 개연성이 있다. 이로 인해 결과가 왜곡될 수 있다. • 질문을 만들고 결론에 도달하는 과정에 시간의 소모가 클 수 있다. • 인간 행위가 양적인 데이터의 수집과 일반화를 통해 얼마나 연구될 수 있는지 논쟁의 여지가 있다.

(Roberts, 2003)

외조사를 하는 동안에 수집될 수 있으며, 마지막으로 교사가 설문조사 데이터를 제공할 수도 있다.

설문조사는 사실뿐만 아니라, 의견과 관련된 일련의 지리적 핵심질문에 대답하기 위해 사용될 수도 있다[예를 들면, 무엇? 어디? 언제? 얼마나 자주? 왜? 당신은 어떻게 생각하나? 당신은 동의하나, 동의하지 않나? 당신에게 가장 중요한 것은 무엇인가?]. 그리고 설문지는 설문지에 답변하는 사람의 특성(예: 연령), 행동(예: 쇼핑 습관), 의견(예: 쟁점에 대한 태도), 현재의 지식[예: 어떤 유럽연합(EU) 국가의 이름을 말할 수 있나?]에 관한 정보를 제공할 수 있다. 설문지의 폐쇄적 질문은 응답자들에게 이미 설문지에 있는 무언가를 체크(✓) 하고, ×표 하고, ○ 하도록 요구한다. 단지 하나의 숫자에 대해 묻는 공란 메우기 질문 역시 분석하기 쉽다. 반면, 개방적 질문은 예기치 못한 반응을 허용하는 이점이 있지만, 분석하기에 훨씬 더 어렵다.

2) 야외조사학습과 교수전략

(1) 야외조사학습이란?

교실 밖에서 직접적인 경험을 통해 학습이 이루어지는 곳이 야외(field 또는 현장)이다. 야외는 학습자에게 많은 기회를 제공하는 학습환경이다. 'fieldwork'는 야외조사, 야외답사활동, 현장체

험학습, 야외학습, 야외현장학습 등 다양한 용어로 사용되고 있다(오선민, 2013). 사실 영미권에서는 야외학습(outdoor learning), 현장학습(field trip) 등 다른 용어들이 사용되기도 하지만, 이 책에서는 편의상 '야외조사'로 통일하여 사용한다. 다만 야외조사의 유형을 분류할 때와 같이, 꼭 필요한 경우에만 구분하여 사용한다.

(2) 야외조사의 교육적 의의

지리교수·학습에서는 특히 실세계(real world)를 다루어야 할 경우가 종종 발생한다. 교사는 진정한 지리학습 설계를 위하여 학생들의 일상생활 세계를 충분히 고려해야 하며, 이를 바탕으로 학생들이 실제 세계의 상황 안에서 실제적인 과제(authentic tasks)를 다룰 수 있도록 해야 한다(임은진, 2009). 따라서 야외조사는 문제기반학습(PBL)과 실제적 평가(참평가, authentic assessment)를 위한 훌륭한 학습의 장이 된다.

(3) 야외조사의 목적

야외조사의 목적은 자명하다. 야외조사는 학습에 대한 동기를 부여하여 학생들을 직접 학습에 참여하도록 한다. 야외조사는 학생들이 환경에 대해 중재된 이미지 또는 2차 자료가 아니라, 직접적인 관찰에 의한 1차 자료에 접근할 수 있도록 한다. 잡(Job, 2002)은 야외조사의 목적을 표 7-34와 같이 요약하고 있다.

표 7-34. 야외조사의 목적 요약

넓은 교육목적	관련된 야외조사 목적	구체적인 야외조사의 사례
개념 (지식과 이해)	지리적 지식과 이해의 촉진을 통해 지리 교육과정 지원하기	• 만져서 알 수 있는 (실제의) 사례들을 통해, 지리적 용어 강화하기 • 지리적 질문, 쟁점, 문제를 구체화하고 분명히 하기 • 지리적 요소들 사이의 관계 이해하기 • 공간과 시간의 지리적 패턴에 놓여 있는 프로세스 이해하기
기능	지리 및 활동과 관련된 조직적·기술적 기능 발전시키기	• 지리적 조사 또는 탐구를 계획하기 • 개인적 탐구, 교과과정, 고용에 전이될 수 있는 지리적 기능 발달시키기 • 실제적 세계의 맥락에서, 기술적 기능(IT 포함)을 실천하고 적용하기 • 정보를 찾고, 복구하고, 처리하는 기능 발달시키기

감수성 (심미적)	경관과 자연에 대한 감수 성과 이해 발달시키기	• 장소감 발달시키기 • 경관 '읽기'에 대한 능력 발달시키기 • 환경에 대한 감성적 반응 격려하기
가치	사회적, 정치적, 생태적 관심 및 관점에 대한 인식 발달시키기	• 타자에 대해 인정하고 존중하기 • 개인적 가치를 명료화하고 정당화하기 • 환경의 변화에 미치는 보다 넓은 사회적, 생태적 영향 보기
사회적·개인적 발달	자존감과 협동적으로 활 동하는 능력 촉진하기	• 그룹활동에 참가함으로써 협동적 의사소통기능 발달시키기 • 모험심 격려하기 • 도전을 제안함으로써 확신과 활기 구축하기 • 공동의 노력에 참여함으로써 우정과 사회적 연계 촉진하기

(Job, 1999)

(4) 야외조사를 통한 교수·학습의 유형 및 전략

야외조사를 통한 교수·학습의 유형은 매우 다양하다. 이는 지리교사가 학생들의 지리학습을 위해 야외조사를 실시하려고 할 때, 이용할 수 있는 야외조사의 유형 및 전략이 상이하다는 것을 의미한다. 교사들이 적절한 야외조사의 유형 및 전략을 결정하기 위해서는, 야외조사 활동이 수행하고자 하는 목표에 근거해야 한다. 특히 무엇보다 중요한 것은 선택된 야외조사의 유형 및 전략이 가능한 한 효과적이어야 하며, 유의미학습을 위해 학습목표에 근거해야 한다는 것이다.

① 켄트 등의 분류

켄트 등(Kent et al., 1997)은 학생들의 자율성과 의존성의 정도에 따라, 그리고 관찰과 참여의 정도에 따라 야외조사의 교수·학습을 5가지 유형으로 구분하였다(그림 7-19의 좌측). '견학(단체 관광 여행)'은 학생들이 전적으로 교사(인솔자)에 의존하여 관찰만 하는, 그야말로 교사(인솔자) 중심의 야외조사이다. 반면에 개별 프로젝트는 학생들에게 전적으로 자율성과 참여를 보장하는 학생 중심의 야외조사이다.

② 페널리와 웰치의 분류

페널리와 웰치(Panelli and Welch, 2005)는 켄트 등(Kent et al., 1997)의 유형 분류에 근거하여, 야외조사의 교수·학습을 4개 유형으로 구분하였다(그림 7-19의 우측). 이들은 야외조사를 학생들에게 경험을 제공하는 유형에 따라 관찰-참여, 의존-자율에 따른 연속체로 보았다. 그러나 일반적인 야외조사의 경우, 4개 유형 중 특정한 것만을 실시하는 것이 아니라 복합적으로 현실

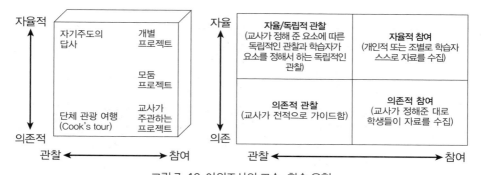

그림 7-19. 야외조사의 교수·학습 유형
(좌: Kent et al., 1997: 317/우: Panelli and Welch, 2005; 오선민, 2013 재인용)

에 맞게 적용할 수 있다(오선민, 2013).

③ 잡의 분류

ⓐ 환경교육의 맥락에 따른 분류

잡(Job, 1996)은 야외조사를 환경교육의 맥락에 따라 분류한다. 특히 마지막 세 번째는 지속가능한 미래를 위한 생활양식을 촉진하기 위해 만들어진 교육목적에 의해 추동된 것으로, 가치교육과 사회 변화에 대해 더 명백한 의제를 가지는 것으로 간주된다. 환경에 관한 야외조사와 환경을 통한 야외조사는, 환경을 위한 야외조사를 변혁적인 의도를 지원하기 위한 기능과 지식을 제공하기 위해 사용될 때 가치가 있다(Fien, 1993)

- 환경에 관한 야외조사(fieldwork about environment): 지식과 이해를 발달시키는 것
- 환경을 통한 야외조사(fieldwork through environment): 실천적 기능을 발달시키고, 활동 기반 학습경험을 제공하는 것
- 환경을 위한 야외조사(fieldwork for the environment): 사회적 변화를 위한 것

ⓑ 교수 주도-학생 주도, 인지적 접근-정의적 접근에 따른 분류

잡(Job, 1996)은 야외조사의 교수·학습 방법 유형을 교사 주도-학생 주도, 인지적-정의적 접근에 따라 구분하였으며, 각 유형에 맞는 교사의 역할을 함께 제시하였다(그림 7-20). 이 분류에서 교사 주도-학생 주도의 준거는 켄트 등, 페널리와 웰치가 제시한 유형 분류의 준거와 유사하

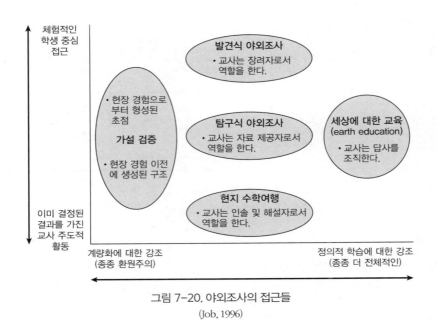

그림 7-20. 야외조사의 접근들
(Job, 1996)

다. 그러나 야외조사를 인지적 영역과 정의적 영역의 측면으로 분류한 것은 매우 특징적이라 할
수 있다.

인지적 영역에서 주로 실증주의적 야외조사를 지향한다면, 정의적 영역에서는 인간주의적 야
외조사 또는 질적 야외조사를 지향한다고 할 수 있다. 인지적 기능 및 기법에 초점을 둔 야외조
사는, 학생들의 환경에 대한 느낌과 감정을 중시하지 않는다. 잡에 의하면, 인지적 기능의 발달
에 초점을 둔 야외조사의 목적과, 정의적 영역[예를 들면, '장소감의 이해,' '경외감', '환경에 대한
민감성']에 초점을 둔 야외조사의 목적 간에는 긴장이 있다(Job, 1996: 42).

ⓒ 종합적 분류

잡(Job, 1999)은 표 7-35에서 야외조사 유형을 더욱 세분화하고 각각 야외조사의 목적과 특징
적인 활동 사례를 더 자세하게 설명하고 있다. 여기에서 어떤 야외조사 전략을 선택하느냐에 따
라 야외조사를 통한 교수·학습이 명백한 영향을 받을 수 있다.

예를 들어, '가설 검증에 기반한 야외조사(field research based on hypothesis testing)'를 선택
한다면, 학생들은 모델을 검증하기 위해 과학적 접근을 사용하여 답을 찾는 활동을 전개해 나갈
것이다. 학생들은 데이터를 수집하고, 표현하고, 분석하는 과정을 통해 일련의 기능을 발달시킨

핵심 지리교육학

표 7-35. 야외조사의 전략과 목적

전략	목적	특징적인 활동
전통적인 현지 수학여행 (the traditional field excursion)	• 지리적 관찰, 기록하기, 해석기능 발달 • 자연적, 인문적 경관 특징 사이의 관계 보여 주기 • 시간에 걸쳐 진화하는 경관의 개념 발달시키기 • 경관에 대한 이해 발달시키기와 장소감 촉진하기	• 학생들은 로컬적 지식을 가진 교사에 의해 경관을 중심으로 안내된다. 종종 대축척 지도의 경로를 따른다. 사이트들은 좌표체계로 제시된다. 또한 기저 지질학, 지형적 특징, 토사와 식생의 역할, 인간활동의 관점에서 경관의 역사를 탐구하기 위해, 경관 스케치와 스케치 지도의 도움을 받아 기술된다. • 학생들은 경관에 대해 가능한 해석을 듣고, 기록하고, 답한다.
가설 검증기반 야외조사 (field research based on hypothesis testing)	• 실제 세계의 상황에 지리적 이론 또는 일반화된 모델 적용하기 • 적절한 필드 데이터의 수집을 통해 검증될 이론에 근거한 가설들을 생성하고 적용하기 • 지리적 이론과 상반된 필드 상황을 검증하기 위해, 통계적 데이터를 분석하는 기능 발달시키기	• 전통적인 연역적 접근은 먼저 지리적 이론에 대해 고려한다. 그것은 가설을 형성하고 양적 자료의 수집을 통해 필드 상황을 검증하고, 그후 기대된 패턴과의 관계를 검증한다. • 이 접근은 좀 더 유연하게 변형될 수 있다. 학생들에게 초기 필드 관찰에 근거하여 탐구의 어떤 요소를 통합하도록 함으로써, 그들 자신의 가설을 세우도록 격려하는 것이다.
지리적 탐구 야외조사 (geographical enquiry fieldwork)	• 학생들이 지리적 질문을 구체화하고, 이를 바탕으로 구성하도록 격려하기 • 학생들이 관련 정보를 구체화하고 수집하여, 지리적 질문에 답하고 그들의 결과에 대한 설명과 해석을 제시할 수 있도록 하기 • 학생들이 그들의 결과를 보다 넓은 세계와 개인적 결정들에 적용할 수 있도록 하기	• 쟁점 또는 문제에 대한 지리적 탐구는, 필드에서의 학생들 자신의 경험으로부터 이상적으로 구체화된다. • 학생들은 그후 그들의 핵심 질문에 답하기 위해, 적절한 데이터(양적, 질적)를 수집할 수 있도록 지원을 받는다. • 평가된 그들의 결과는 적절한 곳에서 보다 넓은 세계와 개인적 결정들에 적용된다.
발견 야외조사 (discovery fieldwork)	• 학생들이 그들 스스로 경관을 발견하고 관심을 가지도록 허용하기 • 학생들이 조사의 학습과 방법에 대한 그들 자신의 초점을 발달시키도록 허용하기 • 학생들이 그들 학습을 스스로 통제하도록 함으로써, 자기 확신과 자기 동기화를 격려하기	• 교사는 그룹이 경관을 통해 자신의 경로를 따르는 것을 허용하도록, 주동자의 역할을 가정한다. • 학생들의 질문을 더 심층적인 질문으로 논박함으로써, 보다 깊은 사고를 격려한다. • 그후 브레인스토밍을 통해, 소규모 그룹은 더 많은 또는 심층적인 조사를 위해 주제를 구체화한다. • 이러한 심오한 활동은 교사의 지각과 선호보다는, 학생들의 지각과 선호로부터 야기된다.
감각적 야외조사 (sensory fieldwork)	• 모든 감각을 사용함으로써, 환경에 대한 새로운 감수성을 격려하기 • 감성적인 개입을 통해, 자연과 다른 사람들에 대한 돌봄을 발달시키기 • 감각적인 경험이 우리의 환경을 이해하는 데 있어서 지적인 활동만큼 타당하다는 것을 인식시키기	• 환경에 대한 인식을 촉진하기 위해, 감각을 자극하도록 계획된, 구조화된 활동들을 만든다. 감각적 걷기, 눈가리개의 사용, 사운드 맵, 시, 예술적 제작 활동 등이 특징적인 활동이다. • 전통적인 조사활동의 사전 도입 활동으로 사용될 수 있다. 또는 장소감, 심미적 이해를 발달시키거나, 환경 변화에 대한 비판적 평가를 발달시킬 수 있다.

(Job, 1999)

다. 그러나 계량적인 야외조사(quantitative fieldwork)를 통해 학습한 개념들은, 시험으로 전이가 제한적으로 이루어진다는 단점이 있다(Caton, 2006).

④ 전통적 야외조사 vs 탐구식 야외조사

야외조사학습은 크게 '전통적 야외조사[예: 현지 수학여행(field excursion)]'와 '탐구식 야외조사'로 대별된다. '현지 수학여행(field excursion)'과 같은 전통적 야외조사는 많은 비판을 받아왔다. 전통적 야외조사에서는 학생들이 매우 수동적으로 교사(인솔자)의 설명에 의존해야 하기 때문이다. 이로 인해 야외에서 학생들이 능동적으로 참여할 수 있는 교수·학습 계획에 대한 요구가 계속해서 제기되었다. 이러한 요구의 결과로 등장한 것이 바로 '탐구식 야외조사'이다.

잡(Job, 1996; 1999)과 네이쉬(Naish et al., 1987)는 탐구식 야외조사가 사실탐구뿐만 아니라 가치탐구를 고려해야 한다는 것을 강조한다. 그렇게 될 때, 탐구 야외조사는 학생들이 지리학의 원리를 이용하여 사실탐구를 통해 지리적 개념을 학습하도록 하며, 가치탐구(가치 분석)를 통해 지리적 질문들을 구체화할 수 있는 의사결정기능과 능력을 발달시킬 수 있다.

이상에서 살펴본 것과 같이, 야외조사의 유형과 전략은 나름대로의 장단점을 가지고 있다. 학

표 7-36. 탐구식 야외조사의 장단점 및 쟁점

장점	• 1970년대 이후 계량적인 야외조사가 중요하게 부각되면서, 학생들에게 지리 '하기(doing)'에 참여하는 것이 강조되었다. • 교사가 탐구경로를 설계하여 제공하고, 학생들은 이를 수행하는 것으로 학생들의 능동적 참여를 강조한다. • 학생들은 지리하기를 통해 수치적 데이터를 수집하여 이를 통계적으로 처리하고 분석하며, 그래프로 표현하는 활동을 하게 된다. • 실제적으로 조사(investigation)를 하는 '야외조사(field investigation)'이다.
단점	• 학생들이 지리와 관련된 구체적인 요소와 기법을 많이 배울 수 있겠지만, 지리라는 보다 큰 그림을 그리기는 어려울 수 있다. • 학생들이 관심을 가지는 지리적 쟁점들에 관해 질문을 하지 않는다면, 학생들은 개인적으로 조사에 몰입하거나 동기를 부여받지 못할 수 있다. • 학생들은 종종 결정에 대한 결과를 예측하도록 요구받는데, 이는 정확하게 수행하기 어렵다.
쟁점	• 장소에 대한 학생들의 개인적 반응을 어떻게 이끌어낼 것인가 하는 문제에 봉착한다. • 야외조사를 통해 학생들에게 자연, 장소, 경관에 대한 느낌과 감정을 어떻게 표현하도록 할 것인지에 대해 고찰해야 한다. • 탐구 야외조사에서는 탐구학습과 마찬가지로 사실탐구와 가치탐구 결합의 문제가 발생한다.

(Job, 1996, 1999에 의해 재구성)

생 주도적인 탐구, 발견식 답사가 교사 주도적인 관찰 형태의 답사보다 효과적이라고 단정할 수는 없다. 야외조사를 통해 얻으려고 하는 목표, 즉 지식, 기능, 가치와 태도가 무엇인지에 따라 야외조사의 유형은 다양하게 선택되어질 수 있다.

(5) 야외조사와 교수·학습 스타일

앞에서 구분하여 살펴본 야외조사의 유형 및 전략 이외에, 로버츠(Roberts, 1996; 2003)가 분류한 지리탐구의 스타일에 따라 폐쇄적 스타일(closed style), 구조화된 스타일(framed style), 협상적 스타일(negotiated style)로 구분하여 야외조사 전략을 살펴볼 수 있다.

① 폐쇄적 스타일의 야외조사

'폐쇄적 스타일(closed style)'의 야외조사는 그야말로 모든 것이 교사 주도로 이루어진다. 예를 들면, 폐쇄적 스타일로 계획된 '하천의 상류, 중류, 하류의 특징'에 대한 가설 검증기반 야외조사에서, 교사는 하천의 상이한 지점들(상류, 중류, 하류)에서 하천의 특징이 어떻게 변화하는지에 대한 가설을 설정한다. 그리고 학습을 위한 하천의 지점과, 이러한 특징을 측정하는 데 사용할 기법을 선정한다. 학생들은 교사의 지시에 따라 데이터를 수집하고, 데이터를 표현하고 분석하기 위한 다양한 그래픽과 통계적 기법을 사용한다. 결과는 교사에 의해 예측되며, 이를 벗어난 것은 충분한 이유가 제시되어야 한다.

② 구조화된 스타일의 야외조사

구조화된 스타일(framed style)의 야외조사 활동에서, 교사는 야외조사(field investigation)를 위한 구조를 제공한다. 교사는 인간과 환경과의 상호작용에 대한 좋은 사례와 함께, 학생들이 야외조사 탐구에서 데이터 수집 기법을 사용할 수 있는 기회를 제공한다. 또한 교사는 학생들에게 해결해야 할 문제를 제공하지만, 학생들이 우선 순위를 설정하고, 다양한 방식으로 데이터를 해석하며, 쟁점에 관한 관점을 고찰하고, 이러한 쟁점과 관련한 지리적 아이디어에 대한 자신의 이해를 적용할 수 있도록 한다.

구조화된 스타일의 야외조사 활동에서 학생들이 무엇을 학습할지는 폐쇄적 스타일에서보다 덜 예측가능할지 모른다. 그러나 수집된 데이터와 개발된 기능들은 여전히 교사에 의해 통제된

표 7-37. 구조화된 스타일의 야외조사 활동의 이점

- 학생들은 스스로 지리적 아이디어들과 쟁점에 대한 지식과 이해를 발달시킬 뿐만 아니라, 데이터를 수집하고 분석하는 기능들을 발달시킬 수 있다.
- 교사는 '프레임'의 개발을 통제함으로써, 학생들이 지리의 기법과 원리를 익히도록 할 수 있다.
- 교사는 학생들에게 이러한 원리들을 이해하고, 데이터를 수집·표현·분석하는 다양한 방법들을 선택하도록 도와줄 수 있다.

(Roberts, 1996: 245)

다. 데이터는 해석되기 위해 증거로서 표현되며, 상충하는 정보들 또는 의견들이 탐구될 수 있다. 또한 학생들은 논의되고 도전받을 수 있는 상이한 결론들을 도출할 수 있다. 따라서 구조화된 스타일의 야외조사 활동은 보다 심층적인 이해를 도울 수 있으며, 학생들의 문제해결능력을 강화시킬 수 있는 폭넓은 교수·학습 스타일을 적용할 수 있다.

③ 협상적 스타일의 야외조사

협상적(negotiated) 스타일의 야외조사 활동의 본질은 탐구해야 할 질문들을 학생들이 제기한다는 것이다(Roberts, 1996). 그리고 학생들은 탐구질문에 대한 답변을 제공하기에 적합한 자료(1차 자료와 2차 자료)를 스스로 선택한다. 또한 학생들은 수집한 데이터를 분석하기 위해 사용해야 할 방법을 스스로 선택해야 하며, 이러한 데이터의 해석에 대한 책임도 져야 한다. 이러한 협상적 스타일의 야외조사 활동에서 교사의 역할은 학생들의 활동을 조언하고 지원하는 조언자이다. 이러한 교사의 조언적 역할은 특히 학생들이 적절한 탐구질문과 방법을 선정할 때, 그리고 그들이 결과들을 평가할 때 중요하다.

협상적 스타일의 야외조사 활동은 많은 측면에서 지리탐구와 관련해 학생들이 성취할 수 있는 정점을 보여 준다. 또한 지리적 아이디어와 기능에 대한 지식과 이해를 증명할 수 있는 기회뿐만 아니라, 지리적 쟁점 또는 질문을 조사할 때 이것들을 성공적으로 적용할 수 있는 기회를 제공한다.

제8장

지리 수업설계

1. 수업설계

수업설계란 주어진 수업시간을 구조화하며, 수업에 사용할 자료와 활동을 조직하는 문제를 도전적으로 처리해 나가는 문제해결과정이라고 할 수 있다(Lambert and Balderstone, 2000). 수업설계는 교사가 좋은 수업을 위해 수업목표, 학습자료와 수업방법, 평가절차 등을 고려하여, 학습의 원리와 이론에 따라 학습활동을 체계적으로 조직하는 것이다. 효과적인 지리수업을 설계하기 위해서는 학습목표, 학습내용, 학습방법, 평가절차 등이 상세하게 기술되어야 하며, 학습시간 등에 대한 고려 또한 필요하다. 특히 '수업지도안(lesson plans)'은 교수·학습에 대한 모든 사항을 담고 있기 때문에, 교사들에게 유용한 구조틀이다.

2. 수업설계모형

1) 윌리엄스의 체제적 지리 수업설계모형

지리교육학자 윌리엄스(Williams, 1997)는 지리수업을 위한 체제적 수업설계모형을 제시하였다(그림 8-1). 이 수업설계의 특징은 시스템(체제)으로 표현된다는 점이다. 학생들이 특정한 활동 단원 또는 토픽의 학습에 들어갈 때, 그 활동 단원 또는 토픽과 관련한 그들의 적성(aptitude), 경험(experience), 열의(enthusiasm), 관심(interest)은 매우 중요하다. 교사는 활동 단원 또는 토픽을 설계할 때 이들을 고려하고, 이를 통해 교사 또한 명백한 적성, 경험, 열의와 관심을 가지게 될 것이다. 활동 단원 또는 토픽의 학습에 대한 결론에서, 학생들은 많은 학습결과를 성취해야 하고, 이러한 성취는 평가(assessment)할 수 있어야 한다.

그리고 그는 수업설계는 특정 학생, 교사 또는 지리적 토픽과 관계없이, 표 8-1처럼 일련의 단계로 기술될 수 있다고 주장한다(Williams, 1997: 135). 이러한 단계는 준비(수업 전 단계), 교수(수업 단계), 후속 활동(수업 후 단계)이라는 일반적인 단계를 세부적이고 분석적으로 제시한 것이라고 할 수 있다. 이러한 일련의 단계들을 떠받치는 중심 원리는 표 8-1과 같다.

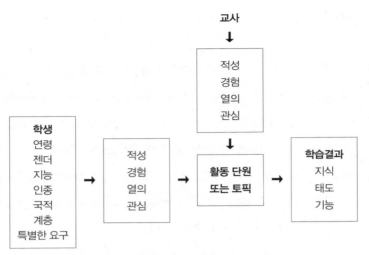

그림 8-1. 체제(system)로서 수업설계

표 8-1. 윌리엄스의 수업설계 단계와 중심 원리

수업설계 단계	수업설계의 중심 원리
1. 학생들의 요구 확인 2. 확인된 요구 분석 3. 학생들의 요구 순위화 4. 토픽의 목적에 대한 진술 5. 수업목표의 진술 6. 지리 내용의 구체화 7. 지리 내용의 배열 8. 자료를 검색하기 9. 교수·학습 전략의 계획 10. 학생 평가(assessment)의 계획 11. 교수·학습 전략과 학생 평가의 실행 12. 전체 수업설계를 모니터링하기 13. 형성평가 14. 총괄평가	• 수업설계는 단계들의 논리적 시퀀스를 따르는 합리적 과정이다. • 수업설계는 학습자 중심이다. 그것은 학습자들의 요구와 함께 시작한다. • 수업설계는 학습결과의 성취에 기여하는 모든 요인들을 고려한다는 점에서 종합적이다. • 수업의 교수는 전체 수업과정의 단지 일부분이다. • 목적은 목표와 구별된다. • 학생에 대한 평가(assessment)는 평가(evaluation)와 구분된다.

(Williams, 1997: 135)

2) 지리교육에서 목표모형과 과정모형

윌리엄스의 수업설계모형은 체제적 수업설계모형이었다. 그러나 최근 구성주의 학습관에 의해 이러한 체제적 수업설계모형에 대한 비판이 계속해서 제기되고 있다. 지리교육에서는

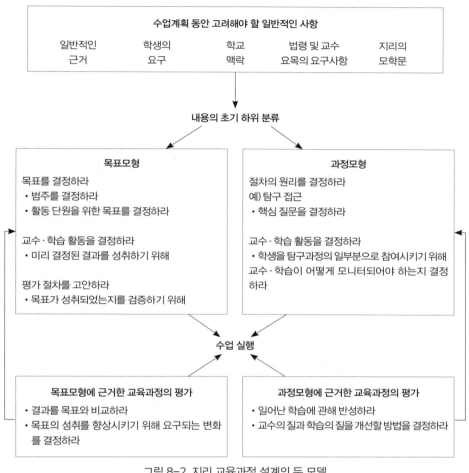

그림 8-2. 지리 교육과정 설계의 두 모델
(Roberts, 2002)

이러한 체제적 수업설계모형과 유사한 '목표모형(objective model)'에 대한 비판으로 대안적인 수업설계모형인 '과정모형(process model)'을 강조하고 있다(Roberts, 2002; Lambert and Balderstone, 2010). 목표모형은 행동주의를 근간으로 하고 있으며, 과정모형은 구성주의를 근간으로 하고 있다(그림 8-2). 목표모형과 과정모형 중 어느 것이 수업설계를 위해 바람직하다고 말하기는 곤란하다. 왜냐하면 둘 다 각각 장단점을 가지고 있기 때문이다.

(1) 목표모형

① 특징

'목표모형(objective model)'은 목표가 이후의 모든 것을 결정하는 수업설계모형이다. 이 모형은 현재까지도 매우 큰 영향력을 행사하고 있다. 보드만(Boardman, 1986)은 수업설계 과정에 관여하는 상이한 요소들인 목표, 내용, 방법, 평가 간의 상호관계를 그림 8-3과 같이 제시하면서, 이를 '상호작용하는 수업설계모형'으로 명명했다.

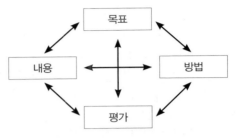

그림 8-3. 상호작용하는 수업설계모형
(Boardman, 1986: 33)

이 모형은 목표지향 접근(objective-led approach)으로서, 거의 30년 동안 지리교육에서 수업설계에 중요한 영향을 끼쳐 왔다. 이러한 수업설계의 목표모형의 특징은 표 8-2와 같이 3가지로 제시된다((Fien, 1984; Roberts, 2002).

표 8-2. 수업설계의 '목표모형'의 3가지 주요 특징

- 학습과정의 시작 단계에서 의도된 학습결과에 관한 결정이 이루어진다. 이러한 의도된 학습결과는 먼저 폭넓은 목적으로 표현되고, 그후 더 세부적인 목표, 즉 학생들이 학습하기로 기대되는 것에 대한 진술들로 표현된다.
- 교수와 학습활동은 선정된 목표들이 성취될 수 있도록 하기 위해 설계된다.
- 학습의 성공은 목표가 성취된 정도에 의해 결정된다.

(Fien, 1984; Roberts, 2002)

② 기원

이러한 수업설계의 목표모형은 행동주의 심리학이 교육과정 설계에 적용되었던 미국에 그 기원을 두고 있다(Bobbit, 1918; Tyler, 1949; Taba, 1962). 사실 구체적인 수업목표를 어떻게 진술해야 하는지에 대해서는 상당한 논쟁이 있어 왔다. 구체적인 목표 진술 방식에 대한 논의는 타일러(Tyler), 메이거(Mager), 그룬룬드(Grunlund) 등에 의해 이루어졌다.

미국 학계의 교육과정 설계에서 목표는 상이한 유형(예: 지식, 이해, 분석, 종합, 평가 등)의 의도된 학습결과와 동일시되었고, 학습결과의 가장 영향력 있는 범주가 블룸(Bloom et al., 1956)에 의해 고안되었다. 블룸은 두 가지 영역의 교육목표분류학을 출판했다. 하나는 학습결과가 상

이한 사고의 유형에 의해 규정되는 인지적 영역이며, 다른 하나는 학습결과들이 상이한 유형의 반응과 태도에 의해 규정되는 정의적 영역이다. 그는 각 영역을 성취수준의 계층으로 하위 구분했다. 예를 들면, 그는 인지적 영역을 지식(회상에 대한 강조와 함께), 이해(comprehension), 분석, 종합, 평가로 하위 구분했다.

③ 장단점

목표모형은 여러 장점으로 인하여 널리 활용되고 있음에도 불구하고, 또한 여러 단점으로 인해 신랄하게 비판을 받아 왔다(표 8-3).

표 8-3. 목표모형의 장점과 단점

장점		• 평가를 통해 목표의 성취 여부를 확인할 수 있는 것처럼, 학습 및 학습결과에 관한 체제적 사고를 격려한다. • 지식과 이해, 기능, 가치 등 상이한 유형의 학습에 대한 평가를 비롯하여 더 가치있다고 여겨지는 활동을 격려할 수 있다. • 교육과정 계획 및 수업설계에서 목표는 교수와 학습에 대한 진정한 목적의식을 제공할 수 있다. • 학생들의 목표에 대한 성취는 학생 자신은 물론 학부모와 사회에 중요한 정보를 제공한다.
단점	실제적 측면	• 목표모형이 제대로 수행되려면 많은 목표들이 진술되어야 한다. 명료성을 위해 요구되는 목표를 전부 진술하는 것은 부담이며, 진술된 모든 목표의 성취를 평가하는 것 역시 비현실적이다. • 인지적 목적뿐만 아니라 특히 정의적 목적을 구체적이고 명시적인 목표로 진술하기란 쉽지 않다. • 학생들의 학습을 규정된 목표로만 제한할 수 없다.
	이론적 측면	• 명세적인 수업목표의 성취가 일반적인 목적의 성취로 이어진다는 전제에 대한 문제점이 제기된다. 즉 교육의 과정은 그 부분들의 합 이상이라는 것이다. • 목표모형은 복잡한 상황에 대한 이해의 결과보다는 간단한 기능의 학습에 대한 결과를 처방하고 규정하기에 쉽다. 즉 쉽게 진술되고 규정될 수 있는 목표가 반드시 더 가치있는 것이라고 할 수는 없다. • 목표모형은 의도된 학습결과를 강조하는데, 이에 대한 문제점이 계속해서 제기된다(Roberts, 2003). 왜냐하면, 이러한 목표모형에서는 교사의 계획을 따르는 것 이외에 학생들을 위한 역할이 거의 없기 때문이다. 만약 교육목적 중의 하나가 학생들에게 사고하도록 하는 것이라면, 어떻게 모든 결과를 미리 결정(예측)할 수 있겠는가? 스텐하우스(Stenhouse, 1975: 82)는 '지식 또는 사고를 위한 교육은 학생들의 행동 결과를 예측할 수 없게 만드는 정도에 따라 성공적이다.'라고 하였다. • 목표모형은 학습의 최종적인 산물에 너무 많은 초점을 둘 수 있다. 이것은 예측할 수 없는 결과를 가진 활동보다 시험에 대한 교수, 폐쇄적이고 제한된 활동을 격려할 수 있다. 또한 교사들로 하여금 결과를 예측할 수 없는 토픽을 사용하지 못하게 하며, 수업과정에서 출현하는 예측불가능성을 차단할 수 있다. • 목표를 지나치게 강조하다 보면 수업에서 실제로 일어나고 있는 것에 대한 눈가리개로서 역할을 할 수 있다. 즉 교사는 목표와 관련 없이 일어나는 학습에 대해서는 알지 못하게 된다. • 목표모형에 의한 교육과정 설계는 모든 학생들을 위해 공통의 목표를 추구하여 개별적인 차이와 요구를 간과하는 경향이 있다. 피엔(Fien, 1984)에 의하면, 목표보다는 학습자가 가지고 있는 지식, 믿음, 경험과 흥미들이 교육과정 계획에서 출발점이 되어야 한다고 주장한다.

(Roberts, 2002)

(2) 과정모형

① 특징

'과정모형(process model)'은 목표가 모든 것을 결정한다고 보지 않는다. 사실 모든 학습결과가 미리 예측될 수 있는 것은 아니다. 수업에서는 종종 예측할 수 없고 의도하지 않은 학습이 일어날 수 있다. 지리에서 이러한 '과정모형'은 학습에 대한 탐구적 접근(enquiry approach)의 발달에 영향을 끼쳤다. 탐구적 접근은 교사들과 학생들 모두에게 질문의 중요성을 강조한다. 따라서 학생들은 탐구질문에 답변하기 위해, 학습과정에 능동적으로 참여할 필요가 있다(Naish et al., 1987).

스텐하우스(Stenhouse, 1975)는 교수과정 설계의 목표모형의 대안인 과정모형의 열렬한 지지자이다. 과정모형은 특히 학습자 중심의 교수과정에 적합하나 개념, 원리와 주제 중심 교수과정에도 쉽게 이용될 수 있다.

표 8-4. 교육과정 개발의 '과정모형'의 3가지 주요 특징

- 세부적인 교육과정 계획이 일어나기 전에 교수와 학습활동을 안내해야 하는 절차의 원칙에 관한 결정이 이루어진다.
- 교수와 학습활동은 절차의 원리에 따라 설계된다.
- 교과과정(수업)은 학습의 결과뿐만 아니라 과정을 관찰함으로써 평가된다.

(Roberts, 2002)

② 기원

교육과정 개발의 과정모형은 교육의 과정(process)에 대한 본질적인 가치로부터 출현했으며, 교육과정 설계의 목표모형에 대한 비판으로부터 발달했다(Peters, 1959; Bruner, 1966; Raths, 1971; Stenhouse, 1975).

과정모형에 근거한 교육과정 개발의 첫 번째 사례들 중 하나는 1960년 제롬 브루너(Jerome Bruner)에 의해 개발된 미국 사회과학 교과과정이었다. 이 교과과정은 '인간: 학습의 과정(Man: A Course of Study)'이며, 이 교과과정은 그것의 목적을 목표(objectives) 대신에 원리(principles)로 표현했다. 7개의 원리들 중 첫 번째 것은 '젊은이들에게 질문하기 과정을 착수시키고 발달시키기'였다. 학습의 종착점(목표)을 진술하는 대신에, 이러한 7개의 원리들이 수업활동을

떠받치도록 의도되었다.

과정모형이 사용된 또 하나의 주목할 만한 사례는 1970년대에 영국의 로렌스 스텐하우스 (Lawrence Stenhouse)에 의해 주도된 학교위원회의 '인문학 교육과정 프로젝트(School Council Humanities Curriculum Project)'였다. 이것의 원리들 중 하나는 논쟁적인 쟁점에 대한 탐구는 일방적인 교수보다 토론을 통해 이루어져야 한다는 것이었다(Ruddock, 1983: 8).

교육과정의 과정모형이 발달됨에 따라, 교사들이 자신의 수업에서 일어나는 과정들을 조사하는 실행연구를 포함하여, 교수와 학습을 평가하는 새로운 방법들이 발달되었다. 과정모형은 비록 교사들이 가르치고 있더라도 수업 중 일어나는 교사들의 '행위 중 반성(reflecting in action)'에 의존하는 평가와 관련이 있다(Schön, 1983). 그리고 교실 경험 동안 수집된 상이한 증거를 고찰하는 '행위 후 반성[reflecting after(on) action]'을 통해 이루어진다. 과정모형을 활용한 교육과정 설계는 학생들을 위한 교육과정을 제공하는 수단이 될 뿐만 아니라, 계속적인 전문성 계발의 수단이 된다.

③ 지리 교육과정 계획에의 영향

실제로 여전히 목표모형이 지리 교육과정 계획에 많은 영향을 주고 있다. 그러나 최근 구성주의 학습관의 발달에 따라 과정모형이 지리 교육과정 개발에 있어서 '탐구 접근의 발달'과 '수업 과정에 관한 연구'에 큰 영향을 끼치고 있다(Roberts, 2003).

먼저, 과정모형이 탐구 접근의 발달에 미친 영향에 대해 살펴보자. 탐구 접근에 내재된 절차의 첫 번째 원리는 교사와 학생 모두에게 질문하는 것의 중요성을 강조한다는 것이다. 지리에서 질문하기에 주어진 중요성은 교육과정 계획의 초기 단계에서 질문들의 중요성으로 이어졌다. 목표모형이 학습의 최종적인 산물들을 규정함으로써 교육과정 계획을 시작했다면, 과정모형은 공통적으로 학습의 시작과 함께 질문들을 사용한다. 과정모형의 대표적인 사례는 영국 학교위원회의 'Geography 16-19 프로젝트'와 1995년 영국 국가교육과정이다. 여기에서는 다양한 지리적 질문들이 제시되었다(조철기, 2014 참조). 그리고 탐구 접근의 두 번째 함축적인 원칙은 교사로부터 답을 제공받는 것보다 질문에 답변하기 위해 필요한 과정에 학생들의 능동적인 참여의 중요성을 강조한다는 것이다.

다음으로, 과정모형은 지리를 학습하는 데 있어서 교사와 학생이 사용하는 언어에 초점을 둔

표 8-5. 교육과정 설계에 과정모형 채택 시 고려해야 할 질문들

- 학생들이 이 주제에 몰입할 수 있는 핵심질문은 무엇인가?
- 교사에 의해 어떤 질문이 처음에 제기되어야 하는가?
- 교수와 학습활동이 학생들에게 자신의 질문을 하도록 격려하기 위해 어떻게 고안될 수 있는가?
- 학생들이 이러한 질문에 답변할 수 있도록 격려하기 위해서는 어떤 자료가 필요한가?
- 이러한 자료는 어떻게 수집되고 선택되는가?
- 그러한 질문에 답변하기 위해 어떤 지리적 기법과 절차가 사용될 수 있는가?
- 이러한 기법과 절차가 활동에 어떻게 통합될 수 있는가?
- 학생들은 단원 및 개별 수업 동안 탐구 과정의 어떤 부분에 몰입될까?
- 학생들이 관계한 과정이 수업 동안 그리고 수업 이후에 어떻게 평가될 수 있을까?
- 평가로부터 학습된 것이 어떻게 후속 수업에 전이될 수 있을까?

(Roberts, 2002)

표 8-6. 과정모형에 근거한 지리 교육과정 설계를 위한 8단계

1. 교육과정이 계획하고 있는 대상인 학습자와 학습집단의 고찰
2. 학생들의 공간적·환경적 필요, 관심과 흥미를 고양시키기 위하여 학생들의 개인지리 분석
3. 지리교육이 학생들의 환경적 필요, 관심과 흥미에 기여할 수 있는 바의 분석
4. 학생들의 개인지리에 토대를 둔 지리교육의 프로그램을 학생들에게 제공하는 데 사용될 수 있는 지리학의 주요 아이디어의 고찰
5. 주요 아이디어와 관련된 교육과정 단원의 선택과 개발
6. 선택된 교육과정 단원을 통하여 개발될 수 있고 필요로 하는 학습기능의 고찰
7. 학생들의 개인지리와 교육과정 단원 내의 기능과 주요 아이디어를 교사가 연계시킬 수 있는 교수전략의 결정
8. 교육과정 본질과 가치 그리고 그것들의 기여에 관하여 학생, 또래와 교사들이 의사결정을 할 수 있는 평가방법의 선택

(Fien, 1980; 2002)

교수와 학습의 과정에 관한 연구를 격려했다. 구두표현력에 관한 조사(Carter, 1991), 글쓰기 활동(Barnes, 1976)과 읽기(Davies, 1986)에 관한 조사는 학생들이 지리에 대한 이해를 발달시키는 데 할 수 있는 역할을 드러냈다. 소규모 모둠활동, 역할극, 시뮬레이션, 상이한 장르의 글쓰기, 학습 다이어리 등의 사용이 증가하였는데, 이는 지리적 지식의 구성에서 있어서 학생들의 역할과 교육과정에 대한 그들의 기여를 보여 주는 증거라고 할 수 있다.

④ 장단점

목표모형에 대한 대안으로 등장한 과정모형 역시 표 8-7과 같은 장점과 단점을 함께 가지고 있다.

표 8-7. 과정모형의 장점과 단점

장점	• 교육의 내재적 가치에 근거한 교육과정 개발의 과정모형은 무엇보다 학습에 초점을 둔다. • 과정모형은 학생들이 학습하는 데 자신의 역할을 인식하고, 지리를 스스로 구성하는 데 자신의 역할을 강조한다. • 과정모형은 교실수업에서의 상호작용의 복잡성을 인식하며, 의도되었든 의도되지 않았든 또는 예측하지 않았던 간에 수업과정에서 실제 일어나는 학습에 가치를 부여한다. 여기에는 교사의 전문적 판단이 교과과정을 평가하고 학생들을 평가하는 데 중요하게 작용한다[아이즈너의 표현적 목표(결과)와 교육적 감식안].
단점	• 과정모형은 새로운 접근 방법으로, 많은 교육과정은 여전히 목표모형에 근거하고 있다. 이는 학습자 중심의 과정모형이 목표모형보다 학생들의 필요, 관심과 흥미에 더욱 민감한 반응을 요구하기 때문이다. • 과정모형을 사용하여 계획된 교육과정의 원칙은 평가에서 객관적으로 사용될 만큼 충분히 정확하지 않다. 즉, 수업과정 동안 일어난 것에 대한 이해는 교사의 개인적 해석과 전문적 판단을 위한 문제이다. 그러한 판단은 목표모형을 따르는 교육과정 계획에 기반한 판단보다 덜 가치로울 수 있다.

(Fien, 1984; Roberts, 2002)

3. 교육과정 차별화

1) 교육과정 차별화 전략

사실 교육과정은 양면성을 가지고 있다. 교육과정은 학생들의 능력에 관계없이, 모든 학생들에게 유익하고 포괄적인 교육목적을 반영해야 한다. 그렇지만 다른 한편으로는 같은 연령의 학생이라 하더라도, 학생들의 서로 다른 개성과 능력의 차이를 인정하고 이를 반영해야 한다. 이것은 성공적인 교수·학습을 계획할 때, 교사가 직면하게 되는 가장 큰 문제 중의 하나이다. 따라서 교사는 교수·학습을 설계할 때, 학생들의 능력과 흥미에 따른 '교육과정 차별화(differentiation)'를 신중하게 고려해야 한다. 교육과정 차별화가 없다면, 학습에 어려움을 가진 학생들은 학업성취에 실패할 가능성이 높다.

교사가 전체 학급의 성취수준을 끌어올리기 위해서는 교육과정 차별화에 대한 전략을 세워야 한다. 대부분의 학교에서 이루어지는 교수는 평균적인 능력을 가진 학생들에게 맞추어져 있다. 이로 인해 일반적인 수업에서 학생들에게 제공되는 과제는 개별 학생들의 능력에 맞지 않을 때가 많기 때문에, 학생들이 불만족스럽게 생각하는 경향이 있다. 또한 성취수준이 매우 높은 학생들에게는 더 도전적인 과제가 제공될 필요성도 제기되고 있다. 뿐만 아니라, 구조화된 교사 중심의 수업은 학생들의 독립적인 탐구를 제한할 수도 있다. 왜냐하면 성취수준이 매우 높은 학생들은 조사, 토론, 협동과 계획 등의 환경에서 학습을 더 잘 수행하는 경향이 있기 때문이다(Leat, 1998; Roberts, 2003). 그러나 수업에서 학생들의 개별적인 능력에 따라 과제를 부여한다는 것

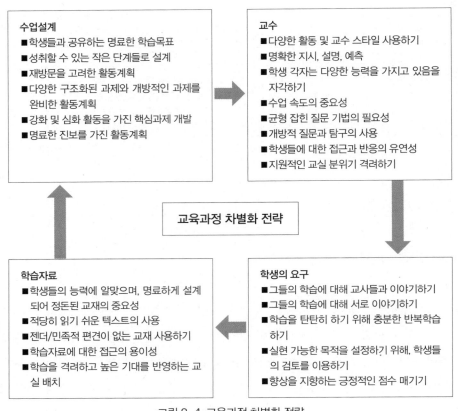

그림 8-4. 교육과정 차별화 전략
(Waters, 1995: 81-84)

표 8-8. 교육과정 차별화를 고려한 교육과정 설계에 영향을 주는 원리들

• 학생들의 지식과 이해, 기능, 가치와 태도의 관점에서 명료화된 학습목표와 학습결과
• 학생들의 학습경험을 차별화하기 위한 다양한 교수·학습 전략
• 학생들의 학습을 지원하기 위한 다양한 학습자료
• 학생들의 학습과 상이한 학습결과를 위해, 상이한 기회를 제공하는 다양한 과제와 활동
• 학습의 속도와 깊이의 다양화
• 학생들의 학습에 대한 평가를 위한 상이한 전략
• 학생들의 학습결과에 대한 효과적인 피드백과, 다음의 학습을 위한 목표 설정

(Battersby, 1995: 26)

은 그렇게 쉬운 과업은 아니다.

　교육과정 차별화는 그냥 저절로 일어나는 것이 아니며, 의도적으로 무언가를 해야 이루어질 수 있다. 다시 말하면, 교육과정 차별화는 계획적인 과정이다. 교사는 교육과정 차별화 전략을 위해 수업의 설계 단계에서 계획을 해야 한다. 하지만 여기에서 중요한 것은, 교육과정 차별화 전략이 일회성으로 끝나는 하나의 이벤트(event)가 아니라 연속적인 과정(process)이라는 것이다. 이러한 과정은 개별 학생의 학습 발달 정도에 관한 교사와 그 학생 간의 지속적인 대화를 통해 이루어질 것이다.

　교사가 성공적으로 차별화된 수업을 실행하기 위해서는, 수업에 영향을 미치는 다양한 여건들을 고려해야 한다. 교육과정 차별화는 단순히 학습과제의 설계에 관한 것만은 아니다(Waters, 1995). 워터스(Waters, 1995)는 성공적인 수업 실천을 위한 지리학습의 원리를 검토한 후, 효과적인 교육과정 차별화를 성취하기 위한 일련의 전략들을 제안했다(그림 8-4).

2) 교육과정 차별화 방법

　교육과정 차별화 전략은 다양한 방법으로 이루어질 수 있다. 배터스비(Battersby, 1997)는 지리에서 교육과정 차별화를 성취하기 위한 다양한 전략들을 '결과에 의한 교육과정 차별화', '진보의 비율에 의한 교육과정 차별화', '과제에 의한 교육과정 차별화', '이용 가능한 자료에 의한 교육과정 차별화', '이런 것들의 결합에 의한 교육과정 차별화' 등 5가지로 분류하여 제시하였다(그림 8-5). 그는 교사들이 이 방법들을 유연하게 사용해야 한다고 주장한다. 왜냐하면 학생들은 예상했던 것보다 더 잘할 수도 있으며, 그 반대로 그들의 발달 단계의 범위를 벗어남으로써 목표에 도달하는 데 실패할 수도 있기 때문이다. 따라서 교사들은 학생들의 학습에서의 발달을 관찰하고 평가하면서, 학생들이 성취할 수 있는 것에 대한 기대를 계속해서 조절해야 한다.

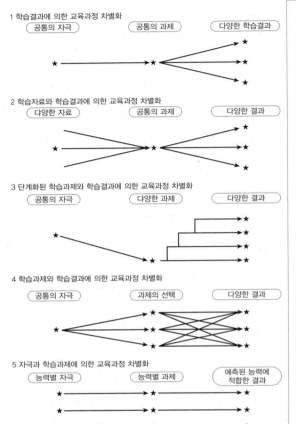

1 학습결과에 의한 교육과정 차별화
공통의 자극 · 공통의 과제 · 다양한 학습결과

2 학습자료와 학습결과에 의한 교육과정 차별화
다양한 자료 · 공통의 과제 · 다양한 결과

3 단계화된 학습과제와 학습결과에 의한 교육과정 차별화
공통의 자극 · 다양한 과제 · 다양한 결과

4 학습과제와 학습결과에 의한 교육과정 차별화
공통의 자극 · 과제의 선택 · 다양한 결과

5 자극과 학습과제에 의한 교육과정 차별화
능력별 자극 · 능력별 과제 · 예측된 능력에 적합한 결과

---

1. 학습결과에 의한 교육과정 차별화
학생들은 공통의 학습자료를 통해 공통의 과제를 수행한다. 교육과정 차별화는 학생들이 공통의 과제에 반응하여 도출해 낸 상이한 결과에 의해 나타난다.

2. 학습자료와 학습결과에 의한 교육과정 차별화
모든 학생들은 동일한 학습과제를 일련의 상이한 학습자료를 가지고 활동한다. 이러한 학습자료는 제공된 교재를 읽고 이해하며 해석할 수 있는 학생들 각각의 능력을 고려하여, 개별 학생들에게 맞추어져 있다. 학생들이 모두 동일한 활동을 할 필요가 없고, 그들 자신이 그렇게 하지 않는 것이 더 나을지도 모른다는 것을 받아들이는 것은, 특히 초보교사들에게 큰 발전을 의미한다. 그러나 이것은 교사에게 매우 신중하고 정확한 계획을 요구한다.

3. 단계화된 학습과제와 학습결과에 의한 교육과정 차별화
학생들은 동일한 자극과 교재 및 자료를 사용하지만, 그들은 점점 더 어려워지고 노력을 요하는 일련의 과제나 질문을 수행해야 할 것이다. 모든 학생들은 동일한 '출발자(starter)'로 시작하지만, 난이도가 높아짐에 따라 학생들 간 과제에 있어 수행의 차이가 나타날 것이다. 이론적으로 '단계적 과제(stepped tasks)'는 고안하기가 매우 어렵다. 많은 중등교육자격시험(GCSE)의 질문들은 이런 방식으로 고안되어 분석하기에 유용할 것이다.

4. 학습과제와 학습결과에 의한 교육과정 차별화
이 범주는 세 번째 교육과정 차별화에서 언급된 내용의 어려움을 솔직하게 인정한다. 학생이 단지 더 어려운 단계로 '도달하는' 것이 곧 높은 수준의 성취를 보장하는 것은 아니기 때문이다(반대로도 마찬가지이다). 이러한 점은 교사들이 학생들이 생산한 활동결과에 대해 열린 마음을 유지해야 한다는 것을 상기시켜 준다.

5. 자극과 학습과제에 의한 교육과정 차별화
이 범주에서 교사는 처음의 자극(아마도 학생들이 읽어야 할 텍스트를 포함해서)을 제공한 뒤, 과제의 난이도를 학생들의 요구에 맞추기 위해 매우 빠른 결정을 내린다. 이것은 학생들에 대한 상세하고 정확한 지식의 기초 위에서만 수행될 수 있다. 이 다이어그램은 일직선의 형태를 취하고 있다. 즉 그것은 어느 정도 '자기충족적 예언(self-fulfilling prophecy)'을 보여 주고 있는 것이 아닐까? 그러므로 학생들의 성취를 극대화하는 것은 불가능(방해)할까? 항상 마음을 넓게 가져라.

이러한 교육과정 차별화 전략의 이론적 표현 속에 '숨겨져' 있는 진정한 핵심은 다음과 같다. 즉 교사는 학생 개인이 모두 가장 경이로운 성취를 시도할 수 있도록, 개별 학습자를 차별적으로 도와주어야 한다.

그림 8-5. 교육과정 차별화 전략의 사례
(Davis, 1990; Battersby, 1997 수정)

4. 지리 수업자료

1) 자료의 선정 원리

(1) 자료의 의미와 종류

자료(resources)란 일반적으로 교사의 교수를 지원하고, 학생의 학습을 도와주기 위해 사용되는 것이다. 교수·학습을 위해 사용되는 자료의 종류는 교과서, 잡지, 상업용으로 제공되는 활동

꾸러미와 자료시트, 시청각자료(DVD, TV 프로그램, 사진 이미지, 음악), 교사가 수집한 모형, 인공물, 재료, 교사가 직접 만든 자료시트, 활동시트, 삽화자료 등 매우 광범위하다. 특히 최근에는 인터넷을 통한 이러닝(e-learning) 자료가 빠르게 증가하고 있고, 그 유용성 또한 높아지고 있다.

교사와 학습자 자신 역시 명백히 지리학습을 위한 소중한 자료가 될 수 있다. 교사와 학생들은 종종 여행을 하는데, 이러한 과정에서 수집된 인간과 장소에 대한 이미지, 시각자료, 경험들 또한 훌륭한 자료가 될 수 있다. 자연적 현실이거나 실제적 경험(authentic experiences, 또는 개인 지리)인 이러한 자료들은 내러티브 방식을 사용하여 얼마든지 교실수업으로 가져와 사용할 수 있다.

(2) 자료의 역할과 선정 기준

지리 교과의 다양하고 풍부한 자료는 학생들을 흡입하는 중요한 요인 중의 하나이다. 지리수업에서 지리 교과를 활기 넘치게 하는 것은, 지리교사의 교수의 질뿐만 아니라 그들이 사용하는 자료의 질에 달려 있다(Robinson, 1987). 지리교사가 사용하는 자료의 질과 다양성, 그리고 활용 방법은 학생들의 학습에 대한 흥미와 동기를 유발하고, 성공적인 지리 교수·학습을 촉진할 수 있는 잠재력을 가지고 있다(Kyriacou, 1991). 자료는 학생들의 학습을 능력에 따라 교육과정을 차별화하기 위해 가장 빈번하게 사용되는 전략들 중의 하나이다. 따라서 지리교사들은 이러한 점을 염두에 두면서, 그들이 만나게 되는 지리자료에 대한 비판적 평가를 할 수 있어야 한다. 표 8-9의 질문들은 교수·학습자료를 평가하기 위한 일반적인 준거를 제공해 준다.

한국교육과정평가원(2009)의 연구보고서 역시 교수·학습자료 선정 기준을 '사회과 교육과정 요인', '학습자 요인', '교수·학습 환경 및 매체 요인', '교수자 요인'으로 구분한 후(표 8-10), 교수·학습자료 선정 기준을 적용한 사례를 제시했다.

(3) 수업매체와 데일의 경험의 원추

수업매체란 수업목표를 효과적이고 효율적이며 매력적인 방법으로 달성될 수 있도록 교수자와 학습자 간에 또는 학습자와 학습자 간에 학습에 필요한 커뮤니케이션이 발생하도록 도와주는 다양한 형태의 매개수단이다.

데일(Dale)의 '경험의 원추'는 이러한 수업매체를 하단부터 상단으로 '직접·목적적 경험→고

표 8-9. 지리 교수·학습자료를 평가하기 위한 일반적인 준거

핵심 질문	• 이 자료는 학생들의 지리학습에 중요한 기여를 할까?

내용	• 지리적 내용은 적절하고, 정확하며, 최신의 것인가?
	• 지리적 내용은 학생들의 지적인 발달에 어떻게 기여할까?
	   – 습득되어야 할 지식은?
	   – 개발되어야 할 개념들은?
	   – 사용되거나, 개발되어야 할 기능은?

디자인	• 이 자료는 잘 제시되어 있고, 명료한가? • 내용, 표현, 접근방식이 독창적이거나 창의적인가? • 학생들은 이러한 표현과 접근방식이 흥미롭고 동기를 유발한다고 생각할까? • 이미지와 텍스트는 명료하고, 서로를 지원하는가?
학생들의 학습요구	• 이미지, 텍스트, 활동은 서로 다른 학습요구를 가진 학생들이 접근하기 쉽도록 사용되었는가? • 자료는 특별한 능력을 가지거나, 능력의 한계를 가지고 있는 학생들을 위해 적절한가?
언어	• 언어의 수준/가독성은 적절한가? • 이 자료는 학생들의 지리언어의 이해와 사용을 발달시킬까? • 이 자료는 학생의 문해능력을 강화시킬까?
공정한 기회	• 이미지, 텍스트, 활동은 편견이 없는가? • 이 자료는 인간과 장소에 관한 고정관념적 이미지와 관점에 의문을 제기하는가 아니면 그것을 강화하는가? • 이 자료에 사용된 이미지와 사례들은 젠더의 균형과 인종적/문화적 균형을 이루고 있는가?
학생들의 참여	• 학생들은 이 자료를 사용하는 데 흥미를 가질까? • 학생들은 이 자료를 능동적인 방법으로 사용할 수 있을까? • 이 자료의 사용을 통해 학생들은 탐구기능의 발달과 이해를 촉진할 수 있을까?

(Lambert and Balderstone, 2010: 231 일부 수정)

표 8-10. 교수·학습자료 선정 기준

선정 요인	특징
사회과 교육과정 요인	• 사회과 교육목표인 고등사고능력을 기르는 데 필요한 자료를 선정한다. • 해당 차시의 수업목표와 내용을 고려하여 선정한다. • 내용이 정확하고 출처를 신뢰할 수 있는지 고려하여 선정한다. • 수업 단계와의 적합성을 고려하여 선정한다.
학습자 요인	• 학습자의 경험이나 실생활과 관련하여 선정한다. • 학습자의 수준을 고려하여 선정한다.
교수·학습 환경 및 매체 요인	• 수업시간을 고려하여 선정한다. • 교실의 물리적 환경을 고려하여 선정한다. • 자료의 가독성과 디자인을 고려하여 선정한다.
교수자 요인	• 자료를 조작하여 활용할 수 있는 교사의 능력을 고려한다.

(교육과정평가원, 2009)

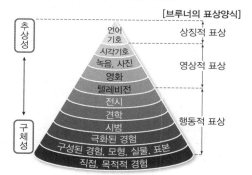

데일(E.Dale)의 '경험의 원추' 수업매체와 학습효과

그림 8-6. 데일의 경험의 원추 및 수업매체와 학습효과

안(구성)된 경험→극화된 경험→시범·연기→견학→전시→TV→영화→라디오 녹음·사진→시각기호→언어기호'의 순으로 제시하고 있다. 이 구조는 가장 구체적이고 직접적인 경험을 밑면으로 해서 점차 상위로 올라갈수록 추상성이 강해지는 간접 경험으로 배열되어 있다. 이것은 발달 단계가 낮은 학습자일수록 직접적 경험에 가까운 방법과 수업매체를 사용하는 것이 좋다는 사실을 보여 준다.

2) 자료의 제작 및 준비

지리교사들은 자료를 찾거나 선택할 때 또는 새로운 자료를 설계하고 준비할 때, 자료의 목적에 대한 명료한 생각을 가지고 있어야 한다. 달리 말하면, 자료의 선정은 의도된 학습결과를 성취하거나 특정 탐구질문을 조사하기 위해 계획된 교수전략과 학습활동에 의해 결정된다.

교사의 수업설계에 있어서 워크시트(work sheet, 활동지)와 다른 자료시트(resource sheet)의 준비는 중요한 부분을 차지한다. 그러나 주의해야 할 점은 워크시트를 과도하게 만들어서는 안 되며, 워크시트지에 너무 심하게 의존하지 않아야 한다는 것이다. 워크시트의 과도한 사용과 의존을 경계하는 말로 '워크시트 피로(worksheet fatigue)'가 있다. 워크시트 피로는 학생의 동기부여에 오히려 악영향을 줄 수 있다. 그러므로 교사가 제작하는 워크시트에는 분명한 목표가 있어야 하고, 내용이 신중하게 계획되어 잘 표현되어야 한다.

현재 지리수업에서 활용되는 워크시트는 일반적으로 '자료 제시용 워크시트(resources work-

표 8-11. 워크시트의 유형

자료 제시용 워크시트 (resources worksheet)	학생 탐구를 위한 자극과 자료를 제공하기 때문에, 선택된 자료는 가능한 한 흥미롭고 자극적이어야 한다.
학생 활동용 워크시트 (exercise worksheet)	학생들을 위한 모든 지시를 담고 있어야 하고, 자료와 연계시켜 제시하거나 참고한 자료를 토대로 해야 한다.

(Fien, 1989: 75)

표 8-12. 워크시트를 통한 탐구학습의 장점

- 내용과 활동이 차별화되고 상이한 미디어를 통해 자극과 반응을 제공한다면, 학생들의 상이한 능력을 개발할 수 있는 개별화가 가능하다.
- 학생들에게 선택의 기회가 제공된다면, 학생들의 상이한 관심을 발전시킬 수 있다.
- 워크시트는 항상 자기충족적이기 때문에, 교사는 수업 중에 자유롭게 이동하면서, 비형식적인 방법으로 진도를 체크할 수 있다.
- 어려움에 처한 학생의 활동을 도울 수 있으며, 소집단활동에서 이탈하는 학생을 체크할 수 있다.

sheet)'와 '학생 활동용 워크시트(exercise worksheet)'로 나눌 수 있지만, 통합된 형식으로도 제시될 수 있다. 둘 중 어떤 것을 선택하든 간에, 워크시트는 학생들이 탐구해야 할 내용과 활동을 잘 구조화해야 한다.

3) 자료의 역할: 증거와 기능의 실습

(1) 자료(data)의 유형

여기에서는 자료를 일반적인 수업자료(resource)가 아니라, 학생들의 지리탐구를 위한 데이터(data)로서 살펴본다.* 우리나라를 비롯한 대부분의 국가 또는 주 지리 교육과정에서는, 학생들이 정보를 수집하고 분석하며 표현하는 '정보처리기능' 또는 '정보처리역량'을 강조한다. 그러므로 지리수업에서 '자료(data)'의 역할은 매우 중요하다. 지리수업에 사용되는 이러한 자료는 학생들이 직접 가져올 수도 있고, 교사들이 자료를 선택하여 제공할 수도 있다.

실제로 교실 탐구수업에서는 1차 자료보다 2차 자료가 많이 사용된다. 왜냐하면 학생들이 1차

---

* 사실 우리말의 '자료'에 해당하는 영어 단어로 material, source, information, resource, data 등이 있다. 이 단어들은 의미의 차이가 있지만, 우리말로는 '자료' 또는 '정보'라는 의미로 번역되어 사용된다.

표 8-13. 1차 자료와 2차 자료

1차 자료 (first-hand data)	• 야외조사, 설문조사 등을 통해 직접 수집하여 가공하지 않은 원자료 • 비조작자료, 경험적 자료 • 설문, 통계, 관찰자료 등
2차 자료 (secondary data)	• 1차 자료를 가공한 자료 • 조작자료, 직접 수집하지 않은 자료, 간접적인 자료 • 그래프, 다이어그램, 문헌·인터넷 자료 등

(Roberts, 2003)

표 8-14. 지리 탐구학습을 위한 자료: 객관적 자료와 주관적 자료

객관적 자료	• 과학적 지식을 탐구하기 위한 자료 • 통계 수치와 보고서, 지도, 사진, 신문 등에서 수집된 증거
주관적 자료	• 개인의 가치탐구를 위한 자료 • 인간주의적 딜레마에 봉착한 학생들의 반응

(Slater, 1993: 148-149)

자료를 직접 수집하기에는 한계가 있을 뿐만 아니라, 많은 주제들이 학생들에게 1차 자료의 수집을 요구하지도 않기 때문이다. 지리수업에서 탐구활동을 위해 사용할 수 있는 자료는 매우 다양하다.

(2) 자료의 역할

교과서에 있든 교사가 만든 워크시트에 있든, 이러한 자료들이 탐구활동을 위해 그렇게 유용하지 못한 이유는 중요한 결과(중간언어)만 요약하여 핵심적인 사고로 제공하고 있기 때문이다. 이러한 자료 또는 정보는 학생들에게 학습의 종착점으로 당연한 것이 무엇인지를 제공할 수 있지만, 학생들이 자신의 사고를 통해 이러한 결론에 도달할 수 있는 기회를 제공하지는 못한다(Roberts, 2003). 즉 지리수업에 사용되는 자료는 지리적 현상에 대한 사실적 지식과 결과를 확인하기 위한 목적으로 사용되기 때문에, 학생들이 자신의 사고를 통해 이러한 자료를 분석하고 해석할 수 있는 기회를 제공하지 못하는 것이다(Roberts, 2003). 그리하여 지리수업에 사용되는 자료는 지리적 사실과 개념을 보다 쉽게 습득하기 위한 보조적 자료 정도로 전락하게 되고, 학생들의 학습에 있어 사고 활동을 유발하는 유의미한 학습자료가 되지 못한다.

지리탐구를 위해서는 이러한 자료들이 사실로서보다는 증거로서 사용되어야 한다. 즉, '증거

로서 자료를 사용하는 것(using data as evidence)'이 지리탐구의 본질적인 양상이라고 할 수 있다(Roberts, 2003). 슬레이터(Slater, 1993) 역시 지리탐구에 있어서 자료는 일반화의 근거가 되면서, 일반화가 정리되어 도출되는 근거 및 증거로서 기능해야 한다고 주장한다.

특히 일반화가 암기학습으로 전락되지 않도록, 자료에 '처리 방법'과 '기능의 실습'을 동시에 결합시켜야 한다. 즉 자료 처리에 있어서, 학습자는 결론에 도달하기 위하여 많은 기능을 적용하거나 일련의 과제를 수행해야 한다. 따라서 학습자들은 제시된 과제(자료 수집과 처리)에 자료 처리방법(인지적 기능, 사회적 기능, 실천적 기능)을 적용하는 과정을 통해 기능이 숙달된다(Slater, 1993: 61).

지리교사가 학생들에게 지리적 사고를 유발하고 싶다면, 학생들에게 '지리적 구조틀(geographical frameworks)' 또는 '보는 방법(ways of seeing)'을 소개할 필요가 있다(Roberts, 2003). 교사가 학생들이 자료를 분석하거나 해석하는 데 비계를 제공하기 위한 지리적 구조틀의 사례로는 '비전프레임(vision frame)', '개발나침반(DCR: Development Compass Rose)' 등을 들 수 있다.

4) 수업자료: 교과서

(1) 교과서란?

우리나라는 국가 수준의 교육과정을 채택하여, 교과서가 학교교육에 차지하는 비중이 거의 절대적이라고 할 수 있다. 이는 지리교사들이 하나의 교과서에 의존하는 경향성이 높다는 것을 의미한다. 스미스(Smith, 1997)는 지리교사들이 교과서에 너무 심하게 의존하는 현상의 위험성에 대해 경고하면서, 지리교사들에게 무엇보다 중요한 것은 교과서 자료를 평가할 수 있는 능력과 관점을 가지는 것이라고 주장한다.

현실적으로 교과서는 학생들이 사용하는 근본적인 자료가 된다. 교과서는 교육과정을 반영하여 구성되지만, 실제로는 교과서 그 자체가 교육과정이 되어버리는 위험이 있을 수 있다(Lambert and Balderstone, 2000). 왜냐하면 국가에서 고시한 지리 교육과정은 지리 교과를 위한 공통의 내용을 제시하고 있지만, 이러한 요구사항들은 교과서의 저자들에 의해 상이하게 해석되어 반영될 수 있기 때문이다.

지리교사가 교과서를 중심으로 교수·학습 활동을 계획하는 것은, 확실히 학생들에게 공통의 교육과정을 경험하도록 할 수 있다. 그러나 교사가 교육과정을 전달하는 것은 교과의 내용을 전달하는 것 그 이상이다. 여기에서 중요한 것은, 교과서의 자료와 활동을 활용하여 학생들이 학습에 더 참여할 수 있는 방법을 생각해 볼 필요가 있다는 것이다. 이것은 학생들에게 단지 활동과 과제를 바쁘게 수행하도록 하는 것이 아니라, 학생들이 지리를 학습함으로써 사고를 강화시킬 수 있도록 노력해야 한다는 것을 의미한다.

(2) 교과서의 유형

① 내용 중심 교과서 vs 활동 중심 교과서

월포드(Walford, 1995)는 지리 교과서의 텍스트, 삽화, 활동 간 균형의 변화에 대한 연구를 수행하였다. 그에 의하면, 지난 20년간 지리 교과서에서 텍스트는 점점 사라져 왔고, 학습을 위한 자료와 활동이 증가해 왔다. 이처럼 '내용 또는 텍스트 중심의 교과서'에서 '활동 또는 과제 중심의 교과서'로 전환된 것은 매우 환영할 만한 일이다. 그러나 '활동/과제 중심 교과서' 역시 문제점을 안고 있다고 지적한다.

워프(Waugh, 2000)는 교과서를 개방형 교과서와 폐쇄형 교과서로 구분한다. 개방형 교과서가 바람직하지만, 실제 학교수업에서는 폐쇄형 교과서가 선호된다는 문제가 존재한다.

② 설명식 교과서 vs 내러티브 교과서

텍스트의 서술 방식에 따라, 교과서는 '설명식 텍스트(expository text)'로 서술된 교과서와 '내

표 8-15. '활동/과제 중심 교과서'의 잠재적 문제점

- 문해력과 언어 발달을 위한 잠재력 저해 가능성
- 많은 과제들이 단순한 정보를 전이하거나 재조직하는 활동(예를 들면, 복사하거나 문장과 표에 있는 빈칸을 채우는 활동)이다. 이러한 과제들을 제공받는 학생들은 정보를 분석·종합·평가하는 데 요구되는 기능들보다, 단지 이해와 관련한 기능을 발달시킬 수 있다.
- 문제해결 및 의사결정 등 고차사고력을 요하는 과제는 부족하고, 다양한 반복적인 활동으로 인해 지리탐구의 폭과 깊이가 제한될 수 있다. 따라서 성취수준이 높은 학생들에게는 적합한 도전을 제공하지 못하는 한계를 안고 있다.
- 사실적인 사진을 사용하기보다는 과도한 단순화와 고정관념화로 이어질 수 있는 삽화 또는 그래픽의 남용 가능성

(Walford, 1995)

표 8-16. 워프의 교과서 분류

개방형 교과서	• 학습지형 내지 활동형 교과서로 다양한 탐구활동으로 구성된다. • 학생들이 탐구하도록 하는 점에서, 활동 중심 교과서로 볼 수 있다. • 장점: 다양한 접근을 장려하여 교사나 학생들에게 보다 많은 유연성을 제공한다. • 단점: 사용하는 데 좀 더 시간 낭비적으로 보일 수 있다.
폐쇄형 교과서	• 자료집형 교과서로 정확하고 최신의 넓은 범위의 자료로 구성된다. 보다 구조화되고 형식적이다. • 주어진 정보들을 학생이 받아들이도록 한다는 점에서, 내용 중심 교과서로 볼 수 있다. • 장점: 교사나 학생에게 많은 안내를 제공하며, 사용하기에 쉽다. • 단점: 학생들이 탐구하기보다는 주어진 정보를 수동적으로 받아들이도록 한다.

(Waugh, 2000)

표 8-17. 설명식 교과서와 내러티브 교과서

설명식 교과서	• 논리적 방식 또는 순서에 따라 서술하거나 설명하는 것을 원칙으로 삼는다.
	• 특정 주제를 중심으로 개념이나 원리를 범주화하여 나열하거나, 보다 쉽게 풀어서 설명하는 방식으로 진술한다.
	• 시간적·공간적 계열에 따라 쉬운 것에서 어려운 것으로, 구체적인 것에서 추상적인 것으로, 부분에서 전체로, 일반적인 것에서 구체적인 것으로 진술한다.
	• 진리 또는 실재에 기반하여 설명을 중시하는 소위 객관적인 지리 서술을 지향한다. 즉, 지리적 연구성과 만을 담는다.
	• 한계
	  – 그러한 지식에는 '목소리(voice)'와 '관점(view)'이 들어 있지 않으며, 어떠한 인격적 특성도 찾아 볼 수 없다.
	  – 교과서들이 마치 이론의 여지도 없어 보이는 기정사실들만을 영구불변한 것처럼 제시하고 있다.
	  – 교과서에서 주로 다루어지는 지식은 학습자의 학습과정이나 지식의 탐구과정은 배제한 채, 결과적 측면에서의 완결형 지식을 지나치게 강조하고 있다.
	  – 학생들은 지리를 딱딱하고, 어렵고, 재미없고, 지루한 과목으로 인식하게 되어 흥미와 관심을 떨어뜨리게 된다.
	  – 인간의 행위와 의도를 배제하여 인간의 정서와 감정을 전달하지 못한다.
	  – 텍스트에 대한 학생들의 적극적인 개입을 이끌어 내지 못한다.

내러티브 교과서	• 학생들은 저자가 드러난 글이나, 이야기 형식의 내러티브 텍스트에 적극적으로 관심을 보인다. • 스토리 전개 방식으로 내용이 구성된다. • 스토리를 가진 이야기가 일정한 과정이나 에피소드를 중심으로 이루어진다. • 학생들은 내러티브 텍스트를 통해 저자의 의도를 파악하고 비판을 제기하거나 지리적 사건을 저자와 다른 의미로 해석할 수 있게 된다. • 교과서는 학생들이 이해하기 쉬워야 하며, 흥미롭게 학습할 수 있으며, 학습과정을 친절하게 이끌고, 누구에게나 활용성이 높아야 한다. 내러티브 교과서는 보다 쉽고, 재미있고, 친절하며, 현장 친화적인 교과서를 지향한다.

(안정애, 2007; Lidstone, 1992; 김한종·이영효, 2002)

러티브 텍스트(narrative text)'로 서술된 교과서로 구분된다. 이러한 교과서의 구분은 기존의 교과서들이 설명식 텍스트로 이루어져 있다는 한계를 지적하면서, 내러티브 텍스트로의 전환을 강조하는 데 있다. 이에 대한 인식론적 배경은 최근 학습에 대한 사고방식의 변화, 즉 '패러다임 사고(paradigmatic thinking)'에서 '내러티브 사고(narrative thinking)'로의 전환에 대한 브루너 (Bruner, 1996)의 강조에서 찾을 수 있다.

(3) 교육과정 차별화 문제

교과서가 안고 있는 쟁점 또는 문제 중의 하나는 다양한 능력을 가진 학생들을 위한 배려이다. 많은 학자들이 교과서가 다양한 잠재적 독자들의 요구를 충족시킬 수 있어야 한다고 주장한다. 즉, 교과서는 다양한 능력을 가진 학생들의 요구를 충족시킬 수 있어야 한다. 그러나 교과서의 대부분은 주로 중간 정도 이상의 능력을 가진 학생들에게 초점이 맞추어져 있다. 따라서 지리교사들이 효과적으로 교육과정을 차별화하기 위해서는 학생들의 능력에 맞는 적절한 활동을 개발할 필요가 있으며, 교과서를 보충하기 위한 부가적인 자료를 만들 필요가 있다.

(4) 왜곡, 편견, 고정관념 문제

지리교사들은 교과서들이 사람과 장소에 관해 전달하는 메시지를 알 필요가 있다. 지리교사들은 교수와 학습을 위해 사용되는 다른 자료와 마찬가지로, 교과서를 사용함으로써 초래할 수 있는 잠재적 학습결과(지식과 이해, 기능, 가치와 태도)를 고려해야 하며, 교과서의 내용도 비판적으로 검토해야 한다. 지리교사들은 학생들이 사람과 장소에 대해 부정적인 고정관념을 발달시키거나 강화하지 않도록 해야 한다. 또한 일부 교과서들에서 발견될 수 있는 오개념(misconceptions)과 과도한 일반화(over-generalization)에 주의를 기울여야 한다.

① 왜곡, 편견, 고정관념의 의미

표 8-18. 왜곡, 편견, 고정관념의 차이점

왜곡 (bias)	• 특정 사물이나 사람에게 갖는 호의적(편애)이거나 비호의적인(편견) 경향 또는 성질 • 왜곡은 실재로부터 편견을 갖게 하는 것으로, 편견과 구분없이 사용한다.
편견 (prejudice)	• 개인이나 집단에 대해 미리 인지된 부정적인 태도 • 어떤 대상에 대해 불충분하거나 잘못된 정보 또는 자료에 근거하여 부정적인 태도를 가지는 것 • 인종, 민족, 성, 계층, 연령 등과 같은 특성에 기초한 불관용과 차별을 보여 주는 것으로서, 종종 무지와 미지에 대한 두려움으로부터 초래된다. • 고정관념이 다소 가치중립적 의미로 사용된다면, 편견은 주로 부정적 의미를 내포하는 정의적 개념이다.

고정관념 (stereotype)	• 개인과 집단에 대해 일반화되거나 과도하게 단순화된 관점 • 어떤 집단의 일부 구성원들이 가지는 특성을 마치 그 집단의 모든 사람들이 가지는 것으로 간주한다. • 교과서는 복잡한 실재(현실)를 일반화하고 단순화하기 때문에, 고정관념적 이미지가 만들어질 수 있는 위험을 내포하고 있다.

(Butt, 2000)

② 왜곡, 편견, 고정관념의 원천

교과서는 특정 기득권층의 사회적, 정치적 이데올로기를 반영한다. 이로 인해 교과서의 내용은 편파적으로 선정되며, 그로 인해 내용의 왜곡을 동반할 수밖에 없다(Gilbert, 1984: 178).

표 8-19. 교과서에 나타나는 왜곡의 두 측면

피할 수 없는 왜곡 (undue/unfair bias)	• 내용의 선택과 배제에서 항상 존재할 수밖에 없다.
불공정한 왜곡 (unavoidable bias)	• 불공정한 왜곡이 적절하게 고려되지 않는다면, 학생들은 그들이 직접적으로 접촉하는 세계에서 이루어지는 더욱 과장된 왜곡으로부터 보호받지 못하게 된다.

교과서의 왜곡에 대한 책임은 출판업자, 자료를 자신의 가치로 전환시키는 저자, 교과서를 채택하는 행위자, 교과서를 가르치는 교사, 교과서를 통해 배우는 학생에게 있다(Marsden, 2001). 하지만 무엇보다도 교과서의 집필자와 이를 가르치는 교사가 가장 큰 편견의 원천이 될 수 있다. 따라서 교과서 집필자들과 교사들이 편견으로부터 벗어날 수 있다는 환영에 빠지는 것보다는, 차라리 학생들에게 왜곡과 편견을 인식할 수 있는 소양을 갖게 하고 설득과 교화에 저항하도록 하는 것이 더 유용하다.

표 8-20. 교과서 왜곡의 원천

출판업자	• 교과서를 출판하는 출판업자들이 왜곡의 출발점이 된다. • 출판사 또는 출판업자가 어떤 이데올로기를 가지고 있느냐에 따라 집필자가 선정되며, 이러한 선정을 통해 그들의 의도가 교과서에 투영될 수 있다.
집필자/ 교사	• 왜곡의 중요한 원천이 된다. • 그들이 가지고 있는 학문적, 이데올로기적 관점, 지식과 이해의 수준에 영향을 받는다. • 그들에 의한 과도한 단순화와 일반화도 문제가 될 수 있다. • 모든 지역을 다루지 않고 특정 주제와 가장 밀접한 지역을 사례로 선정하여 내용을 조직할 때, 집필자의 왜곡이 관여할 수 있다(예: 콩고 삼림의 황폐를 피그미족과 결부시키거나, 스페인을 관광산업에 국한시키거나, 일본을 공업과 연계할 때 왜곡이 발생할 수 있다). • 그들의 연령, 성, 인종, 출신 국가 및 지역, 사회적 계층

③ 왜곡, 편견, 고정관념의 유형

교과서에 나타난 왜곡 및 편견의 양상은 다양하다. 특히 반즈(Barnes, 1926)는 왜곡 및 편견의 유형에 대한 단초를 제공하였다. 그는 편견의 유형을 다음과 같이 제시했다. 즉 가장 지속적인 것은 종교적 편견으로, 가장 불가사의하고 비속한 것은 인종적 편견으로, 야만스러운 것은 애국적 열정으로, 바보스러운 것은 당파적인 정치적 제휴로, 신과의 동맹은 특별한 경제적 계층과 관련되어 있다는 매우 황당한 카스트 제도 등으로 제시하고 있다. 최근 여러 학자들의 의견을 종합하면, 편견은 대개 종교적 편견, 국가 및 인종적 편견, 젠더 편견, 사회계층·연령·장애와 관련한 편견 등으로 구분할 수 있다.

표 8-21. 교과서에 나타나는 왜곡, 편견, 고정관념의 유형

종교적 편견	• 진실과 거짓이라는 이분법적 사고에 의해 나타난다.
국가 및 인종적 편견	• 지리 교과서가 인간과 장소를 재현하는 과정에서 자문화중심주의와 유럽중심주의의 관점에 근거한다. • 문화적 헤게모니에 근거한 국가정체성을 성립하려는 움직임과 관련되는 것으로 해석 가능 • 예: 개발도상국 사람들을 무식하고 비합리적이며 방탕한 사람들로 이미지화한다.
젠더 편견	• 교과서에서 여자들은 양적으로 적고, 평범하며, 복종적·수동적·보조적 역할로 묘사된다. • 최근 교과서 자료는 언어와 삽화의 사용에 있어서 젠더 편견을 감소시키기 위해 노력한다.
사회계층·연령·장애와 관련한 편견	• 지리 교과서에서 산업의 입지와 관련하여 주로 자본가에게 초점이 맞춰지며, 노동자는 소외된다. • 노령인구는 생산활동에 참여할 수 없는 무능력과 가난의 소유자로 취급된다. • 사적 공간보다는 공적 공간에 대한 조명을 하고 있으며, 장애인을 위한 배려의 공간으로서 장소에 대한 조명이 부족하다.

(Marsden, 2001)

제9장

지리학습을
위한 평가

1. 평가의 목적

평가는 교수·학습의 필수적인 부분이다. 평가의 목적은 학생들로 하여금 지리학습에서 발전하도록 도와주는 것이다(Balderstone, 2000: 9). 따라서 지리교사들은 학생들이 지리 교과를 학습함으로써 무엇을 성취하는지에 대해 반드시 관심을 가져야 한다. 학생들의 성취에 대한 증거를 수집하는 것은 교사들에게 있어서 매우 중요하다. 왜냐하면 그것은 지리교사들이 이후의 학습에서 학생들에게 무엇을 격려해야 하며, 특정 토픽을 가르칠 때 무엇을 피해야 할지를 알려 주기 때문이다. 램버트(Lambert, 1997)에 의하면, 평가의 가장 중요한 목적은 학생들을 '알게 되는' 과정이다. 성취에 대한 증거 수집은 학생들에게도 마찬가지로 중요하다. 이를 통해 학생들은 그들의 강점을 확인할 수 있고, 학습에서의 성공을 확신할 수 있으며, 동기를 지속적으로 부여받을 수 있기 때문이다. 그리고 평가는 학생들이 어떻게 진보하고 있는지를 알기 원하는 학부모에게도 중요하다. 뿐만 아니라 평가는 성취를 예측하고, 분류하고, 선정하고, 책무성을 보여 줄 필요가 있는 학교에도 중요하다.

2. 평가의 유형

1) 목적에 따른 분류: 진단평가, 형성평가, 총괄평가

평가는 목적에 따라 주로 진단평가(diagnostic assessment), 형성평가(formative assessment), 총괄평가(summative assessment)로 구분된다(표 9-1).

표 9-1. 진단평가, 형성평가, 총괄평가

구분 내용	진단평가	형성평가	총괄평가
시기	• 교수·학습 시작 전	• 교수·학습 진행 도중	• 교수·학습 완료 후
목적	• 적절한 교수 투입	• 교수·학습 진행의 적절성 • 교수법 개선	• 교육목표 달성 • 교육프로그램 선택 결정 • 책무성

평가방법	• 비형식적, 형식적 평가	• 수시평가 • 비형식적, 형식적 평가	• 형식적 평가
평가주체	• 교사, 교육내용 전문가	• 교사	• 교육내용 전문가, 평가전문가
평가기준	• 준거 참조	• 준거 참조	• 규준 혹은 준거 참조
평가문항	• 준거에 부합하는 문항	• 준거에 부합하는 문항	• 규준 참조: 다양한 난이도 • 준거 참조: 준거에 부합하는 문항

(성태제, 2005: 66)

2) 참조 유형에 따른 분류: 규준참조평가 vs 준거참조평가

평가는 참조 유형에 따라 크게 '규준참조평가(norm-referenced evaluation)'와 '준거참조평가(criterion-referenced evaluation)'로 구분된다(표 9-2). 규준참조평가와 준거참조평가 중에서 준거참조평가가 훨씬 바람직하고, 공정한 시험인 것으로 보인다. 그러나 어느 평가가 더 옳고 그른지는 판단할 수 없다. 맥락에 따라서 규준참조평가와 준거참조평가 모두 잘 적용될 수도 있고, 잘못 적용될 수도 있다.

표 9-2. 규준참조평가와 준거참조평가의 비교

구분 내용	규준참조평가	준거참조평가
강조점	상대적인 서열(상대평가) 평가도구의 변별도와 신뢰도 강조 정상분포 가정	특정 영역의 성취(절대평가) 성취기준을 결정하는 것이 중요 평가도구의 타당도 강조 부적분포 강조
교육신념	개인차 인정	완전학습
비교대상	개인과 개인	준거와 수행
개인차	극대화	극대화하지 않으려고 함
이용도	분류, 선별, 배치 행정적 기능 강조	자격 부여 교수적 기능 강조

(성태제, 2005)

표 9-3. 규준참조평가와 준거참조평가의 장단점

규준 참조 평가	• 개인차를 비교적 신뢰할 수 있게 변별함으로써 순위를 매기고 학생을 선발하는 데 유용하게 활용된다. 　- 그러나 서열에 의한 정보를 중시함으로써 원점수가 무슨 의미를 지니는지 해석하기 어렵다. 　- 의도한 학습목표를 어느 정도 달성한 것인지에 대한 정보가 없으므로 학생 성취에 대한 내적 강화자료로 활용되기 어렵다. 　- 지나치게 개인차 변별에 관심을 기울인 나머지 사회과 교육과정과 교육프로그램이 적절했는지 판단하기 어렵다. • 학생을 비교하고 서열화함으로써 학생들로 하여금 경쟁심을 갖게 하고, 이를 통해 강한 외재적 동기를 유발한다. 　- 장기적으로 볼 때 학습의 필요성 등을 스스로 느낄 수 있도록 하는 내재적 동기가 중요하다. 　- 사회과에서 지향하는 목표 중 하나인 협력적 문제해결능력을 기르는 데 걸림돌로 작용할 수 있다. 　- 우등한 학생집단과 열등한 학생집단을 구분하여 일정 비율의 학생들은 항상 학습 실패를 경험할 수밖에 없다.
준거 참조 평가	• 교육적 처방과 노력에 의해 개인차를 없앨 수 있고, 모든 학생은 교육목표에 도달할 수 있다. 　- 교사가 기울여야 하는 노력과 시간 부담이 크고, 주관이 많이 작용하기 때문에 평가의 신뢰성과 객관성 확보가 어렵다. • 경쟁보다는 학생들 간의 협력을 강조한다는 점에서 사회과 교육목표에 부합한다. 　- 상급학교 진학이나 취업 등에서 상대적 서열에 따른 선발가능이 강조되는 경향으로 인해 중요성이 떨어진다.

(박선미, 2009)

3. 학습에 대한 평가 vs 학습을 위한 평가

최근 평가는 크게 '학습에 대한 평가(assessment of learning)' 또는 '총괄평가'와, '학습을 위한 평가(assessment for learning)' 또는 '형성평가'로 구별된다. 이와 같은 평가에 대한 구분은 우리에게 중요한 메시지를 제공해 준다. 특히 최근에는 '학습에 대한 평가(assessment of learning)' 보다는, '학습을 위한 평가(assessment for learning)'에 대한 관점이 더 중요해지고 있다.

블랙과 윌리엄(Black and Wiliam, 1998: 6)은 이미 잘 발달된 체계를 가지고 있는 '학습에 대한 평가(assessment of learning, 성취에 대한 총괄적 피드백)'가 여전히 중요하지만, 형성피드백의 중요한 구성요소와 함께 '학습을 위한 평가(assessment for learning)'에 대해서도 더 주의를 기울일 필요가 있다고 제안한다(표 9-5).

표 9-4. '학습에 대한 평가'와 '학습을 위한 평가'의 비교

학습에 대한 평가	• 학습이 얼마나 많이 일어났는지를 평가하기 위한 다양한 기술적인 장치(시험, 의사결정 연습, 논술 등)를 적용하는 것과 관련된다. • 학습에 대한 평가는 주로 학습의 정도를 측정하기 위한 양적인 방법에 초점을 두며, 학습의 질에 덜 관심을 가진다. • 총괄평가와 관련된다. • 단점 　－ 학생들이 학습에 대해 얼마나 성공 또는 실패했는지를 판단할 뿐이며, 학습을 진단하고 촉진하는 평가 본연의 역할을 충분히 수행하지 못함 → 학습을 위한 평가인 형성평가가 강조된다. 　－ 점수를 주고 등급을 매기는 기능은 지나치게 강조되는 반면, 유용한 조언을 해 주고 학습을 도와주는 기능은 덜 강조된다. 　－ 학생들을 서로 비교하는 데 치중하면서, 학생들의 개인적 향상보다는 경쟁에 최우선적인 목적을 두고 있다. 그 결과, 평가 피드백은 학생들에게 '능력'이 부족하다는 것을 의미하는 낮은 성취도만을 깨닫게 한다.
학습을 위한 평가	• 학습자에 초점을 두며, 학습의 질과 훨씬 더 관련된다. • 학습을 위한 접근은 계량적 방법(등급 또는 점수)을 전혀 사용하지 않을 수도 있다. • 목적은 교사들과 학습자들이 학습을 이해하고, 그것을 개선하는 데 집중하도록 하는 것이다. • 형성평가와 관련된다. • 검사나 평가의 실시를 통해 도출된 결과에 대한 가치판단인 '결과 타당도(consequential validity)'를 중요시한다. 즉 평가가 학습을 개선하기 위한 결과를 가져야 한다는 것을 의미한다. • 효과적인 피드백(feedback)과 피드포워드(feedforward)를 제공한다. • 자기평가(self-assessment)와 동료평가를 강조한다.

(Black et al., 2003)

표 9-5. 학습을 위한 평가의 특징

학습을 개선하기 위한 평가의 요소	학습을 촉진하는 평가의 특징
• 학생들에게 효과적인 피드백을 제공하기 • 학생들이 자신의 학습에 능동적으로 참여하도록 하기 • 평가의 결과를 고려하여, 가르치는 것을 적합하도록 하기 • 평가가 학생들의 동기와 자존감에 미치는 심오한 영향력에 대해 인식하기. 이러한 동기와 자존감은 학습에 중요한 영향을 미칠 수 있다. • 학생들이 스스로를 평가할 수 있고, 스스로 (학습을) 향상시킬 수 있는 방법을 이해하도록 하기	• 교수와 학습의 관점에 뿌리를 두고 있다. • 학생들과 학습목표를 공유한다. • 학생들이 지향하고 있는 표준을 알도록 도와준다. • 학생들의 자기평가를 포함한다. • 학생들이 그들의 다음 단계와 그것에 도달하는 방법을 인식하도록 안내하는 피드백을 제공한다. • 모든 학생들이 향상될 수 있다는 자신감에 의해 지지된다. • 교사와 학생이 평가자료에 대해 재검토하고 반성하는 것을 포함한다.

(Black and Wiliam, 1999: 4-5, 7)

4. 수행평가 vs 참평가

1980년대 후반부터 미국과 영국 등 선진국을 중심으로 '전통적 평가(traditional assessment)'에 대한 한계를 지적하면서, '대안적 평가(alternative assessment)'인 '수행평가(performance assessment)'와 '참평가(authentic assessment)'의 중요성이 부각되었다. 기존의 전통적인 평가 방식과 차별되는 수행평가와 참평가의 개념과 특징에 대해서 살펴보자.

1) '전통적 평가'의 한계와 '대안적 평가'의 등장

'수행평가(performance assessment)'는 새로운 교수·학습 이론의 등장과, 그에 따른 전통적인 선택형 표준화 검사의 문제점을 보완하기 위해 개발된 대안적 평가(alternative assessment) 방법 중 하나이다.

표 9-6. 전통적 평가체제와 대안적 평가체제의 비교

구분	전통적 평가체제 (예: 선택형 시험)	대안적 평가체제 (예: 수행평가)
진리관	절대주의적 진리관	상대주의적 진리관
지식관	객관적인 사실이나 법칙 개인과 독립적으로 존재	상황이나 맥락에 따라 변함 개개인에 의해 창조되고, 구성되고, 재조직됨
철학적인 근거	합리론, 경험론, 행동주의 등	구성주의, 현상학, 해석학, 인류학, 생태학 등
시대적 상황	산업화 시대, 소품종 대량 생산	정보화 시대, 다품종 소량 생산
학습관	직선적·위계적·연속적 과정 추상적·객관적 상황 중시 학습자의 기억·재생산 중시	인지구조의 계속적 변화 구체적·주관적 상황 중시 학습자의 이해·성장 중시
평가체제	상대평가, 양적평가, 선발형 평가	절대평가, 질적평가, 충고형 평가
평가 목적	선발·분류·배치, 한 줄 세우기	지도·조언·개선, 여러 줄 세우기
평가 내용	선언적(결과적, 내용적) 지식 학습의 결과 중시 학문적 지능의 구성요소	절차적(과정적, 방법적) 지식 학습의 결과 및 과정도 중시 실천적 지능의 구성요소
평가 방법	선택형 평가 위주, 표준화 검사 중시, 대규모 평가 중시, 일회적·부분적인 평가, 객관성·일관성·공정성 강조	수행평가 위주, 개별 교사에 의한 평가 중시, 소규모 평가 중시, 지속적·종합적인 평가, 전문성·타당도·적합성 강조

평가시기	학습활동이 종료되는 시점 교수·학습과 평가활동 분리	학습활동의 모든 과정 교수·학습과 평가활동 통합
교사의 역할	지식의 전달자	학습의 안내자·촉진자
학생의 역할	수동적인 학습자 지식의 재생산자	능동적인 학습자 지식의 창조자
교과서의 역할	교수·학습·평가의 핵심 내용	교수·학습·평가의 보조 자료
교수·학습 활동	교사의 획일적 전달과 학습자의 암기, 암기 위주, 인지적 영역 중심, 기본학습 능력 강조	학생에 의한 능동적인 정보의 이해와 의미의 구성, 탐구 위주, 지·정·체 모두 강조, 창의성 등 고등사고기능 강조

(백순근, 2002: 47~48)

2) 수행평가의 개념과 특징

(1) 수행평가의 개념

원래 수행평가는 직업 관련 분야나 예체능 분야에서, 이론시험이 아닌 실기시험이라는 제한적인 의미로 사용되었다. 그러다가 1990년대부터 수행평가라는 말을 종래의 평가체제와는 대비되는 새로운 대안적 평가체제라는 의미로 사용하기 시작하였다. 즉 수행평가는 선택형(객관식) 시험이 아닌 다른 평가방법들을 포괄적으로 지칭하는 의미로서, 서술형이나 논술형, 실기시험 등 다양한 형태의 평가방법을 모두 포괄하는 것이다. 최근에는 수행평가라는 용어를 대안적 평가, 참평가, 직접적인 평가, 실기시험, 포트폴리오법, 과정(중심)평가 등이 가지는 주요 특성들을 모두 포괄하는 의미로 사용하고 있다.

넓은 의미의 수행평가란 교사가 학생이 학습과제를 수행하는 '과정'이나 그 결과를 보고, 학생의 지식, 기능, 가치와 태도 등에 대해 전문적으로 판단하는 평가방식이다. 즉 학생 스스로 답을 작성(서술 혹은 구성)하거나, 발표하거나, 산출물을 만들거나, 행동으로 표현함으로써, 자신의 지식, 기능, 가치와 태도를 나타내도록 요구하는 평가방식이라고 정의할 수 있다(백순근, 2002).

(2) 수행평가의 특징

전통적 평가방식은 주어진 선다형 문제에서 정답을 고르는 능력을 파악하여, '간접적으로' 학생의 지적 수준이나 학업성취도를 측정한다. 이와 달리 대안적 평가로서 수행평가는 학습자가

핵심 지리교육학

표 9-7. 수행평가의 일반적인 특징

- 학생의 지식, 기능, 가치와 태도 등을 평가할 때, 교사의 전문적인 판단에 의거하여 평가하는 방식이다.
- 학생이 정답을 선택하게 하는 것이 아니라, 자기 스스로 답을 작성(서술 혹은 구성)하거나 행동으로 나타내도록 하는 평가방식이다.
- 추구하고자 하는 교육목표의 달성 여부를 가능한 한 실제 상황에서 파악하고자 하는 평가방식이다.
- 교수·학습의 결과뿐만 아니라, 교수·학습의 과정도 함께 중시하는 평가방식이다.
- 학생의 학습과정을 진단하고 개별 학습을 촉진하려는 노력을 중시하는 평가방식이다.
- 개개인을 단위로 해서 평가하기도 하지만, 집단에 대한 평가도 중시하는 평가방식이다.
- 단편적인 영역에 대해 일회적으로 평가하기보다는, 학생 개개인의 변화·발달 과정을 종합적으로 평가하기 위해 전체적이면서도 지속적으로 평가하는 것을 강조한다.
- 학생의 인지적 영역(창의력이나 문제해결력 등 고등사고기능을 포함)뿐만 아니라 학생 개개인의 행동발달 상황이나 흥미·태도 등과 관련된 정의적인 영역, 그리고 운동기능과 관련된 심동적 영역에 대한 종합적이고 전인적인 평가를 중시하고 있다.

(백순근, 2002)

스스로 어떤 결과물을 산출하거나 행동으로 나타낸 것을 파악하여, '직접적으로' 학생의 사고기능과 행동을 평가하는 것이다. 최근에는 학습한 지식의 적용, 비판적 사고력, 문제해결력, 창의적 사고력 등이 실제 생활에서 어떻게 사용되는가를 측정하는 참평가가 강조되고 있다(남명호 외, 2000: 24-27).

수행평가는 검사의 신뢰도보다는 타당도에 비중을 둔다. 수행평가는 학생들의 능력이 드러날 수 있도록 구조화된 상황에서 수행되는 상황 맥락적 평가이고, 학습의 결과뿐만 아니라 과정에 대한 평가이며, 전문가의 판단을 중시하는 평가이다. 수행평가는 본질적으로 방법론적 문제로 '피험자의 수행'과 '전문가의 판단과정'이라는 요인에 의하여 전통적인 평가와 구별된다(박선미, 2009). 이러한 수행평가는 학교현장에서 학생, 교사, 학습내용, 교수·학습 과정을 개선하는 자료로 활용할 수 있다는 점에서 의의가 있다.

3) 참평가의 개념과 특징

'참평가(authentic assessment)'는 '대안적 평가(alternative assessment)' 또는 '평가를 위한 변화하는 의제'라고 불린다(Stimpson, 1996). 깁스(Gipps, 1994)는 평가가 '정신 측정 평가'에서 폭넓은 '교육적 평가'의 모델로, '검사와 시험문화'에서 '평가의 문화'로 패러다임적 이동을 겪고 있다고 주장한다. 이와 함께 등장한 용어 중 하나가 바로 '실제성(authenticity)'이다. 교육의 실제성 문제는 교육이 가르치려고 목표하는 바를 정말로 가르치느냐와 관련된 것이다. 가르치려고 하는 것을 정말로 가르치는 교육은 실제성이 있는 교육이고, 그렇지 못한 교육은 실제성이 없는 교육이다. 평가 역시 같은 맥락에서 살펴볼 수 있다. 참평가는 교육의 실제적 성취(authentic performance)를 측정하는 것이 목적이다.

최근 인지과학에서는 교사가 학생들의 지리적 이해 정도를 진정으로 이해하고, 그들의 학습을 도와주고 지원해 주려고 한다면, 교사는 학생들이 의미를 구성하는 방법을 관찰할 필요가 있다고 주장한다. 이는 학생들의 학습을 위한 평가에 중요한 함의를 가진다. 여기에서 교사는 학생들의 교실 내 학습과 교실 밖 학습을 분리할 수 없으며, 분리해서도 안 된다. 왜냐하면 그것들은 상호의존적이기 때문이다.

표 9-8. 참평가의 특징

- 상황학습과 관련되어 상황평가(situated assessment)에 초점을 둔다.
  - 평가 상황이나 내용이 가능한 한 실제 세계(real-world)나 내용과 유사해야 한다. 즉 학생들의 실제 생활(real life) 속에서의 성취를 측정하는 것이다. 평가는 학습의 맥락 그 자체만큼 '실제적(authentic)'이어야 한다.
- 단순한 지식보다는 고차사고력이나 문제해결력을 얼마나 실제 생활에서 발휘할 수 있는 수준으로 습득하고 있는지를 측정하는 평가이다.
- 교사들로 하여금 학습과 평가에 관해 생각하도록 하며, 특히 타당도를 강조한다.

(Stimpson, 1996)

표 9-9. 참평가와 비참평가의 비교

참평가 (authentic assessment)	비참평가 (non-authentic assessment)
• '실제 세계'의 맥락에서 이해와 관련된 삶에 대한 평가이다. • 강한 자기의존적 요소(ipsative element)를 가지며, 학생의 학습 지향을 유도한다. • 타당도, 특히 구인타당도에 대한 최우선적인 관심을 가진다. • 사용된 다양한 수업기법에 대해 강조한다. 그러나 더욱더 개방적인 수업기법에 대해서도 강조한다. • 학습과 평가를 완전히 통합하려는 명백한 욕구를 가진다. • 학생의 성취에 대한 매우 상세한 기술적 요소를 요구한다.	• 대개 지식과 관련된 학문에 대한 평가이며, 또한 교과의 학문 맥락과 관련된 쟁점들에 대한 평가이다. • 대개 규범적이며, 학문/학교 교과 지향적이다. • 타당도(주로 내용 타당도)에 대해 관심을 가지지만, 종종 신뢰도와 관련된 쟁점이 가장 중요한 특징이다. • 일반적으로 더 폐쇄적인 형식에 대한 강조와 함께, 보다 협소한 범주의 기법을 사용한다. • 학습과 평가가 별개의 활동이다. • 강력한 판단의 구성요소를 가지지만, 이는 보다 덜 상세하게 기술된다.

(Stimpson, 1996: 121)

표 9-9는 실제성에 기반하여 참평가와 비참평가를 구분하고 있다. 참평가의 초점은 평가과제가 학생들로 하여금 '실제 세계'에서 생각하고, 결정하고, 행동하도록 하는 것이다. 즉 참평가를 위해서는 학생들이 교실 밖에서 경험하게 되는 '실제적 과제(authentic tasks)'가 평가의 대상으로 들어와야 한다. 따라서 참평가는 실제적 활동 또는 실제적 과제 수행에 대한 평가를 말한다. 지리의 관점에서 참평가는 특히 야외조사나 일상생활문제를 대상으로 하는 문제기반학습(PBL) 등에서 이루어지는 실제적 과제 수행에 대한 평가라고 할 수 있다.

4) 아이즈너의 '교육적 감식안'

최근 학습목표를 준거로 평가하는 타일러(Tyler)식의 준거지향 평가모형에 대한 반성으로, 아이즈너(Esiner)의 '교육적 감식안(educational connoisseurship) 및 교육적 비평(educational criticism)'에 따른 평가(assessment)의 개념이 주목받고 있다.

표 9-10. 아이즈너의 교육적 감식안

- 타일러(Tyler)식의 준거지향 평가모형에 대한 반성으로 출현했다.
- '과정으로서의 교육'을 강조하고, 평가에 대한 관점으로 '학습을 위한 평가'가 되어야 함을 강조한다.
- '교육적 감식안'이란 교사가 교육적 현상을 관찰하고 해석하며 가치를 판단하는 일련의 행위에서 요구되는 능력을 말하며, 교육 현상의 질을 포착하는 눈을 의미한다.
- '교육적 비평'은 교실에서 일어나는 일련의 사태를 말로 생생하게 그려내는 것으로, 단순히 교실 상황을 기술하는 것뿐 아니라 활동의 의미를 해석하고 의미나 가치를 판단하는 것을 포함한다.

(Eisner, 1977; 1991; 곽진숙, 2000; 박선미, 2009)

5) 참평가와 수행평가의 비교

참평가와 수행평가는 유사한 점이 많지만, 엄연한 차이점 역시 존재한다. 예를 들어, 해안단구를 연구하는 학생의 경우, 수행평가에서는 지형도를 분석하여 해안단구의 특징을 찾고 입체모형을 만드는 것 등이 평가의 대상이 될 수 있다. 그러나 참평가에서는 실제로 해안단구를 찾아 조사하고, 그 결과를 제출하는 것만이 평가의 대상이 된다. 이처럼 참평가는 수행평가 중에서도 '실제성(authenticity)' 또는 '실제적 과제(authentic tasks)'에 초점을 둔 평가방식이다.

표 9-11. 참평가와 수행평가의 공통점과 차이점

공통점	• 모두 전통적 평가방식의 한계로 등장한 대안적 평가이다. • 모두 학습의 결과나 산출물보다는, 학습의 과정에 대한 평가를 중시한다
차이점	• 참평가는 단지 수행평가의 부분집합에 지나지 않는다. 따라서 참평가는 모두 수행평가이지만, 모든 수행평가가 반드시 참평가가 되는 것은 아니다. • 수행평가가 종종 선다형 문제를 사용하지 않은 평가의 형식을 의미하는 것으로 간주되는 반면, 참평가는 실제 생활의 상황들이 사용되는 수행평가의 특별한 사례라고 언급해 왔다. • 참평가는 학교를 넘어선 실제적인 상황에서의 수행능력을 측정하는 반면, 수행평가는 반드시 실제적인 맥락에서 이루어지는 것만을 평가하는 것이 아니다.

(Gipps, 1994)

6) 수평평가의 유형

수행평가는 보통 서술형 및 논술형 검사, 구술시험, 토론법, 실기시험, 실험·실습법, 면접법, 관찰법, 자기평가 및 동료평가 보고서법, 연구보고서법, 포트폴리오법 등 다양한 형태로 실시될 수 있다(남명호 외, 2000: 60-83; 백순근, 2002: 61-114).

(1) 서술형 및 논술형 검사

서술형 및 논술형 검사는 '주관식 평가'라고 하기도 하다. 이는 학생들로 하여금 출제자가 제시한 답을 '선택'하도록 하는 평가방식이 아니라, 학생들이 답이라고 생각하는 지식이나 의견 등을 직접 '서술'하도록 하는 평가방식이다. 이러한 서술형 및 논술형 검사는 학생의 생각이나 의견을 직접 서술하도록 하기 때문에, 학생의 창의성, 문제해결력, 비판력, 판단력, 통합력, 정보 수집력 및 분석력 등 고등사고기능을 쉽게 평가할 수 있다는 것이 가장 큰 특징이다(백순근, 2002: 63).

표 9-12. 서술형 평가와 논술형 평가

서술형 평가	• 정답이 정해지지 않은 주관식 문제에 학생들이 직접 서술하는 평가방식이다. • 질문의 형태가 종전에는 단편적 지식을 묻는 것이 대부분이었으나, 최근에는 분석적 사고, 비판적 사고, 창의적 사고 등 고차적사고를 평가하는 것이 중심을 이루고 있다.
논술형 평가	• 서술형 평가의 한 종류이다. • 서술형 평가에 비해 서술해야 할 분량이 많고 개인이 스스로 자신의 생각과 주장을 창의적이고 설득력 있게 조직하여 작성하는 것을 강조한다. • 서술된 내용의 깊이와 넓이뿐만 아니라, 글의 표현력과 글을 조직하고 구성하는 능력 또한 동시에 평가한다.

(2) 구술시험 및 면접법

구술시험과 면접법은 유사하지만, 차이점 역시 존재한다(표 9-13).

표 9-13. 구술시험과 면접법의 비교

구술시험	• 학생들이 교육내용이나 주제에 대한 자신의 생각과 의견 및 주장을 발표하도록 함으로써, 학생의 이해력·표현력·판단력·사고력·의사소통능력 등을 평가하는 방법 • 교사는 평가기준표를 작성하여 학생들에게 평가요소와 내용을 알려 주고, 최대한 공정하게 평가하도록 노력해야 한다. • 주로 특정 주제나 문제에 대한 인지적 능력을 평가함
면접법	• 교사와 학생이 서로 대화를 하면서 필요한 정보를 수집하여 평가하는 방법 • 교사가 학생과 직접 대면한 상황에서 교사가 질문하고 학생이 대답하는 과정을 통해, 지필식 시험이나 서류만으로 파악할 수 없는 사항들을 알아보고 평가하는 방법 • 장점: 학생들에 대한 심층적인 정보를 얻을 수 있고, 미처 생각하지 못했거나 예측하지 못한 추가정보를 획득할 수 있음 • 지리 교과에서 면접법은 다양한 스케일(로컬, 국가, 글로벌)에서의 시민성, 환경에 대한 가치와 태도 및 책임성, 공간적 불평등을 합리적으로 해결하려는 태도와 실천하려는 행동 등을 확인하고 자극하는 방식으로 사용될 수 있음 • 주로 정의적 영역이나 행동적 영역을 평가함

(백순근, 2002: 78)

(3) 토론법

토론법이란 교수·학습 활동과 평가활동을 종합적으로 수행하는 대표적인 방법으로, 특정 주제와 문제 또는 쟁점에 대해 학생들이 서로 토론하는 것을 보고 평가하는 방법이다(백순근 2002: 81). 토론법은 학생의 분석력, 비판적 사고력, 문제해결력 같은 고등사고기능뿐만 아니라 의사소통능력, 협동능력, 대인관계기능 등을 기를 수 있다.

특히 찬반 토론법은 서로 다른 의견을 제시할 수 있는 토론 문제 또는 쟁점을 제시하고, 개인별 또는 소집단별로 찬반 토론을 하게 하는 것이다. 이를 통해 교사는 학생들이 토론을 위해 사전에 준비한 자료의 다양성이나 충실성, 토론 내용의 충실성과 논리성, 반대 의견을 존중하는 태도, 토론의 진행 태도 등을 종합적으로 평가할 수 있다. 찬반 토론법을 시행할 때는 구술시험과 마찬가지로, 평가기준표(루브릭)를 작성하여 학생들에게 미리 알려 주고 공정하게 평가해야한다.

(4) 연구보고서법(프로젝트법)

연구보고서법은 '자기평가 및 동료평가 보고서법', '연구보고서법', '프로젝트법'으로 구분하고 있지만(백순근, 2002: 98-105), 이들 간에는 유사점이 많아 일반적으로 통칭하여 연구보고서법이라 부른다. 또한 연구보고서법은 보통 '프로젝트법(project)'이라고 불리기도 한다.

연구보고서법은 학생들이 다양한 연구주제에 대하여 스스로 자료를 수집하여 분석한 후, 최종적으로 연구보고서를 제출하도록 하는 평가방법이다. 연구주제는 교사가 제시할 수도 있고, 학생들이 스스로 선정할 수도 있다. 연구주제의 선정에서 보고서 제출은 연구의 주제와 범위에 따라 개별적으로 수행할 수도 있고, 관심있는 학생들 3-4명이 소모둠을 형성하여 함께 수행할 수도 있다.

학생들은 연구를 수행하고 보고서를 작성하는 과정에서 연구방법, 자료를 수집하고 분석하는 방법, 결론 도출 방법, 보고서의 작성법 등을 학습하게 된다. 또한 연구보고서의 발표회나 연구보고서의 상호 교환을 통해 표현력이나 의사소통능력 등 더 많은 것을 배울 수도 있다.

(5) 포트폴리오법

포트폴리오법(portfolio)은 학생들 자신이 쓰거나 만든 작품 또는 결과물을 일정 기간 누적적이면서도 체계적으로 모아 둔 개인별 작품집 혹은 서류철을 이용한 평가방법이다. 예컨대 어떤 화가 지망생이 유명한 화가에게 지속적으로 지도를 받으면서 자신이 그린 그림을 순서대로 모아 둔다면, 자기 자신의 변화 과정을 스스로 파악할 수 있고 그 작품집을 이용하여 자기의 스승이나 다른 사람에게 평가를 받을 수 있을 것이다(백순근, 2002: 105).

마찬가지 방식으로 교사는 학생의 과제물, 연구보고서, 실험보고서 등을 정리한 자료집을 이용하여 평가할 수도 있다. 포트폴리오법은 특정한 영역 또는 주제에 대해 일회적으로 평가하는 것이 아니라, 학생 개개인의 변화과정을 누적적이면서도 종합적으로 평가하기 위해 일정 기간 동안 지속적으로 평가하는 방법이다. 따라서 포트폴리오법은 수행평가의 대표적인 방법 중 하나로 각광받고 있다.

학생들은 자신이 제작한 포트폴리오를 통해 자신의 변화과정을 쉽게 파악할 수 있으며, 자신의 강점이나 약점, 잠재 가능성, 변화과정 등을 스스로 인식할 수 있다. 또한 교사는 포트폴리오를 통해 학생들의 과거와 현재 상태를 쉽게 파악할 수 있을 뿐만 아니라, 학생의 발전 방향에 대해 조언을 하기 위한 참고자료를 얻을 수 있다.

7) 수행평가 자료의 기록

수행평가는 평가자의 관찰 및 판단에 많이 의존할 수밖에 없다. 이로 인해 평정자의 관찰기술에 따라 평가의 신뢰성이 좌우된다. 수행평가는 무엇보다도 평가자의 관찰로부터 평가가 시작된다. 따라서 교사에게는 학생의 수행이나 결과물을 정확하고 객관적으로 관찰할 수 있는 능력이 필요하다. 관찰 내용을 기록하는 데 어떤 도구를 이용하느냐에 따라 평정법, 체크리스트, 행동기록법, 일화기록법 등으로 나눌 수 있다(남명호 외, 2000: 137-156).

(1) 평정법

평정척도(rating scale)는 평정자가 주어진 문항들을 일정한 연속선상의 한 점이나 의미있게 배열된 몇 개의 범주들 가운데 하나에 위치시켜, 평가대상의 속성이나 가치를 평정하는 방법이다. 평정척도를 만들 때 범하기 쉬운 잘못은, 평정척도를 구성하는 수준(또는 범주)을 지나치게 많이 설정하는 것이다. 평정척도로는 숫자평정법(numerical rating scale), 도식평정법(graphic rating scale), 기술도식평정법(descriptive rating scale) 등이 활용된다(표 9-14).

표 9-14. 평정척도의 종류

숫자평정법	• 평정하려는 속성의 단계를 숫자로 표시하는 방법으로, 제작이 간편하고 결과를 통계적으로 처리하기 쉬우므로 가장 널리 사용된다. • 숫자를 1, 2, 3…과 같이 주는 것을 단극 척도라고 하며, -2, -1, 0, 1, 2와 같이 0을 중심으로 양쪽 방향으로 대칭을 이루는 것을 양극 척도라고 한다. • 평정의 단계는 3, 5, 7, 9 단계를 사용하는 것이 보통이며, 그 중 가장 많이 사용하는 것이 5단계와 7단계이다.
도식평정법	• 평정을 선으로 나타내도록 하는 방법이다. 수평선이나 수직선 모두 사용할 수 있으나, 주로 수평선을 사용하는 경향이 있다. • 일정 단위의 간격을 수치로 표시한 선만 제시되는 경우도 있고, 선의 중간중간에 숫자나 간단한 형용사, 부사가 함께 지시되는 형태도 있다. • 이 평정법이 갖는 뚜렷한 특징은 각각의 특성이 수평선을 따라 제시된다는 점이다. 평정은 선 위에 체크를 하면 된다.
기술도식평정법	• 척도의 각 유목을 간단한 단어나 구, 문장으로 표시하는 방법이다. • 학생이 얼마나 다른 단계로 행동했는지 나타내기 위해 척도의 각 유목에 행동 용어로 간단하게 설명하는 것이 보통이다. • 평정자가 평정을 좀 더 정확하게 하기 위해, 그래프 아래에 공란을 두어 코멘트를 할 수 있게 하기도 한다.

평정법은 평정자가 대상을 정확하고 객관적으로 관찰 또는 판단할 수 있다는 가정에 기초를 두고 있다. 그러나 평정자는 실제 행동이 아닌 기억된 행동이나 지각된 행동에 의해 평정하기 때문에 여러 가지 오류를 범할 가능성이 있다.

(2) 체크리스트법

체크리스트(checklist)는 관찰하려는 행동단위를 미리 자세히 분류하고, 이것을 기초로 그러한 행동이 나타났을 때 체크하거나 빈도로 표시하는 방법이다(황정규, 1998). 체크리스트는 외형이나 쓰임이 평정법과 유사하지만, 요구되는 판단의 형식에 있어 근본적으로 차이가 있다.

평정법에서는 어떤 특성이나 특징이 나타난 정도 또는 어떤 행동이 발생한 빈도를 표시할 수 있지만, 체크리스트는 단순히 '예/아니오'와 같은 판단만을 요구한다. 체크리스트는 어떤 특성이 있는지 없는지, 또는 어떤 행위를 했는지 안 했는지를 기록하는 방법이다. 그러므로 발생의 정도나 빈도가 중요한 요소가 되는 평가의 경우, 체크리스트를 사용해서는 안 된다. 초등학교 수준에서의 평가는 시험보다 관찰에 많이 의존하기 때문에, 체크리스트가 유용하게 쓰일 수 있다. 체크리스트는 복잡한 평정이 별로 요구되지 않으며, 평정자가 비교적 경험이 적고 미숙한 경우에 많이 사용된다.

(3) 행동기록법

행동기록법(behavior tally)이란 특정 행동이 일어날 때마다 기록하는 것이다. 기록지에 수록될 행동은 관찰 가능한 용어로 정의되어야 한다.

행동기록법은 체크리스트와 비슷하지만, 차이점 또한 존재한다. 일반적인 체크리스트는 예상되는 여러 가지 관찰행동 목록으로 제시되는 반면에, 행동기록법은 대체로 행동단위에 한정하여 그 빈도나 지속시간을 체크하는 데 용이한 기록유형이다. 특히 빈도를 기록하는 방식은 평정법과 유사하기 때문에, 행동기록법은 체크리스트와 평정법의 특성을 혼합한 형태라고 할 수 있다.

(4) 일화기록법

일화기록법(anecdotal record method)이란 교사가 관찰한 의미있는 사고나 사건을 사실적으로 기술하는 것이다. 즉, 발생하는 사건, 행동, 혹은 현상에 대해 언어적으로 묘사하는 방법이다. 그 사람의 입장을 통해 구체적인 사태 혹은 사건을 관찰함으로써 개성적, 질적으로 대상을 기술하려는 것이다(황정규, 1998).

일화기록법을 통해 얻은 정보는 체크리스트나 평정법과 같은 객관적인 방법으로 얻은 자료를 보완해 준다. 일화기록을 잘 작성하기 위해서는, 사건의 객관적인 기록과 행동의 의미에 대한 해석을 구별하여 적어야 한다.

5. 선택형 문항 분석

일반적으로 문항은 문항난이도(item difficulty, 곤란도), 문항변별도(item discrimination), 문항추측도, 문항 교정난이도, 오답지 매력도 등의 관점에서 계산·추정된다. 여기에서는 문항난이도, 문항변별도, 오답지 매력도, 타당도와 신뢰도를 중심으로 살펴본다.

1) 문항난이도(곤란도)

'문항난이도(item difficulty, 곤란도)'란 문항의 쉽고 어려운 정도를 나타내는 지수로서, 총피험자 중 답을 맞힌 피험자의 비율이다. 지수가 높을수록 문항이 쉽다는 것을 의미하므로, Item easiness라고 표현해야 한다고 주장하는 학자들도 있다. 그러나 오랜 기간 동안 Item difficulty로 사용하여 왔기에 그대로 사용하고 있으며, 영문을 그대로 해석하여 '문항곤란도'라고 하기도 한다. 그렇지만 의미상 문항의 쉽고 어려운 정도를 나타내므로, 문항난이도로 표현되기도 한다(성태제, 2005).

문항난이도 지수는 0~1 사이에 분포한다. 문항난이도 지수가 높으면 쉬운 문항이고 낮으면 어려운 문항이다. 그러나 실제로 학교에서는 주로 문항난이도를 말할 때 '상'이라면 어려운 문항, '하'라면 쉬운 문항으로 이해한다. 또한 문

$$P = \frac{R}{N}$$

N: 총피험자 수
R: 문항의 답을 맞힌 피험자 수

항난이도를 높인다면 어렵게, 낮춘다면 쉽게 하는 것을 의미한다고 습관적으로 통용되고 있다.

2) 문항변별도

'문항변별도(item discrimination)'란 문항이 피험자를 변별하는 정도를 나타내는 지수를 말한다. 능력이 높은 피험자가 문항의 답을 맞히고 능력이 낮은 피험자가 문항의 답을 틀렸다면, 이 문항은 피험자들을 제대로 변별하는 문항으로 분석된다. 반대로 그 문항에 능력이 높은 피험자의 답이 틀리고 능력이 낮은 피험자의 답이 맞았다면, 이 문항은 검사에 절대로 포함되어서는 안 될 부적 변별력을 가진 문항이라 할 수 있다. 또한 답을 맞힌 피험자나 답이 틀린 피험자 모두 같은 점수를 받은 문항이 있다면, 이 문항은 변별력이 없는 변별도 지수가 0인 문항이 될 것이다. 그러므로 문항의 변별도 지수는 문항 점수와 피험자 총점의 상관계수에 의하여 추정된다.

문항변별도 지수는 −1.00~1.00 사이에 분포하며 −가 붙으면 역변별(부적 변별력)이 된다. 대체로 0.30 이상이면 변별력이 있고, 0.40을 넘어서면 변별력이 높은 문항으로 간주된다. 문항변별도가 0.20 미만인 문항은 수정하거나 제거되어야 할 문항이며, 특히 문항변별도가 음수인 문항은 나쁜 문항이므로 검사에서 제외되어야 한다. 문항변별도가 높으면 검사도구의 신뢰도가 높아진다.

$$R = \frac{N\Sigma XY - \Sigma X \Sigma Y}{\sqrt{N\Sigma X^2 - (\Sigma X)^2}\sqrt{N\Sigma Y^2 - (\Sigma Y)^2}}$$

N: 총피험자 수
R: 각 피험자의 문항 점수
Y: 각 피험자의 총점

3) 오답지 매력도

선다형 문항에서 답지 작성은 문항의 질을 좌우할 뿐만 아니라, 고등정신능력의 측정에도 영향을 준다. 답지들이 그럴 듯하고 매력적일 때 문항이 어려워지며, 비교·분석·종합 등의 고등정신능력을 측정할 수 있게 된다. 만약 문항에서 매력이 전혀 없는 답지가 있는 경우, 그 답지는 기능을 상실하게 되어 5지 선다형 문항이 4지 선다형 문항으로 변하게 된다. 따라서 선다형 문항에서 답지에 대한 분석은 문항의 질을 향상시키는 중요한 작업이 된다.

답지 중 오답지를 선택한 피험자들은 문항의 답을 맞히지 못한 피험자들이며, 이들은 확률적으로 균등하게 다른 오답지들을 선택

$$P_0 = \frac{1-P}{Q-1}$$

P_0: 답지 선택 확률
P: 문항난이도
Q: 보기 수

하게 된다. 그러므로 문항의 답을 맞히지 못한 피험자들이 오답지를 선택할 확률은 공식과 같다.

각 오답지들이 매력적인지 아닌지는 각 오답지에 대한 응답 비율에 의해 결정된다. 오답지에 대한 응답 비율이 오답지 매력도보다 높으면 매력적인 답지이며, 그 미만이면 매력적이지 않은 답지로 평가된다.

4) 타당도와 신뢰도

타당도(validity)와 신뢰도(reliability)는 종종 형식적인 평가에서 가장 쟁점이 된다. 타당도와 신뢰도는 기본적으로 기회의 공정정(fairness)과 균등성(equality)에 관한 것이다. 즉 실제로 사용된 평가방법이 교사가 평가하기를 원하는 정보를 제공하는지(타당도), 그리고 이러한 평가들이 표준화되고 반복해서 이루어지더라도 동일한 결과를 생산할 수 있는지(신뢰도)와 관련된다.

(1) 타당도

'타당도(validity)'는 검사가 원래 의도한 것을 제대로 잘 측정하고 있는 정도를 말한다. 따라서 실재(reality)에 대한 근접 정도, 생각하고 있는 것을 측정하고 있는 정도, 검사도구와 측정 목적의 부합 정도 등을 의미한다. 이러한 타당도는 표 9-15와 같이 여러 종류로 구분된다.

(2) 신뢰도

'신뢰도(reliability)'는 지속적으로 검사·측정할 수 있는 역량, 측정치의 안정성을 재현할 수 있는 정도, 동일한 측정결과를 얻을 수 있는 역량, 측정도구의 정확성과 정밀성 등을 의미한다. 따라서 신뢰도는 평가방법이나 도구를 이용하여 수집한 검사의 점수가 얼마나 정확하고 일관성이 있느냐의 정도를 말한다. 즉 측정의 오차가 얼마나 적은가를 의미한다. 이러한 신뢰도 또한 표 9-16과 같이 여러 종류로 구분된다.

(3) 객관도

'객관도(objectivity)'는 평가자 혹은 채점자에 대한 신뢰도로, 평가자 신뢰도라고도 한다. 객관도는 채점자의 채점이 어느 정도 신뢰성과 일관성이 있는지와 관련되며, 사람이나 시간 간격에

표 9-15. 타당도의 유형

구분	의미
안면타당도 (face validity)	• 안면(顔面)타당도란 관련 분야 전문가나 평가 전문가가 특정 평가방법이나 도구에 대해, 전문가 입장에서 나름대로 검토하여 타당성 여부를 판단하는 것
내용타당도 (content validity)	• 평가하고자 하는 내용이 평가방법이나 평가도구에 제대로 반영되었는지를 연역적·논리적으로 검토하는 것(논리적 타당도라고 부르기도 함) • 평가방법이나 도구가 평가하고자 의도한 목표나 내용을 모두 포괄할 수 있는 대표성을 가지고 있는지, 평가요소들이 적절하게 구성되어 있는지 등을 검토하는 것 • 학교 현장에서 가장 많이 사용될 뿐만 아니라 주로 교육성취도 평가에서 많이 사용되기 때문에, 교과타당도(혹은 교육과정타당도)라고 부르기도 함
구인타당도 (construct validity)	• 구인(構因)이란 어떤 개념이나 특성을 구성한다고 생각할 수 있는 가상적인 하위 개념 혹은 하위 특성이라고 할 수 있음 • 구인타당도를 검토하는 과정이란 특정 평가방법이나 도구가 어떤 심리적 특성을 측정하고 있다고 주장하는 경우에, 그것이 정말로 그러한 특성을 측정하고 있는지를 이론적인 가설을 세워서 경험적·통계적으로 검증하는 과정
공인타당도 (concurrent validity)	• 공인(共因)타당도란 이미 널리 사용하고 있는 평가도구와 그것과 비슷한 내용을 평가한다고 상정되는 새롭게 제작한 평가도구와의 상호관련성을 검토함으로써, 새롭게 제작한 평가도구의 타당성을 검토하는 것
예언타당도 (predictive validity)	• 특정 평가방법이나 평가도구를 사용한 평가결과가 피험자의 미래에 발생할 행동이나 특성을 얼마나 잘 예언하느냐에 관한 것 • 예언타당도가 공인타당도와 다른 점은, 타당성을 검토하기 위해 사용하는 준거가 현재에 있는지 아니면 미래에 있는지와 관련됨 • 예언타당도와 공인타당도의 공통점은 타당성을 검토하기 위해 외부의 다른 준거를 사용한다는 것 • 예언타당도와 공인타당도를 합하여 준거타당도라고도 부름

(백순근, 2002: 126-140)

표 9-16. 신뢰도의 유형

구분	의미
재검사 신뢰도	• 같은 사람에게 동일한 평가방법이나 평가도구를 시간적인 간격을 두고 두 번 실시한 다음 각각의 평가결과에 일관성이 있느냐를 확인하는 방법으로, 흔히 두 결과 간의 상관계수를 이용함
동형검사 신뢰도	• 미리 두 개의 동형검사를 제작하고 그것을 같은 피험자에게 거의 같은 시간에 실시해서, 두 동형검사에서 얻은 점수 사이의 상관계수를 산출하는 방법
반분 신뢰도	• 한 개의 평가도구 혹은 검사를 같은 피험자집단에 실시한 다음, 그 검사에 포함된 문항들을 가능한 한 동형검사에 가깝도록 두 부분으로 나눈다. 그후 각 부분을 독립된 하나의 동형검사인 것처럼 생각하여, 반분된 검사의 점수들 간의 상관계수를 산출하는 방법
채점자 간 일치도	• 2명 이상의 채점자가 채점을 하였을 때, 그 결과가 어느 정도 일치하는가를 확인하는 것

(백순근, 2002: 126-140)

따라 차이가 얼마나 적은가의 문제이다. 즉 신뢰도가 측정도구의 변화에 의해 결정된다면, 객관도는 채점자의 변화에 의해 결정되는 신뢰도이다.

· 참고문헌 ·

강 완, 1991, 수학적 지식의 교수학적 변환, 수학교육, 한국수학교육학회, 30(3), 71-89.

강창숙, 2007, 교생의 지리 수업 경험에서 나타나는 실천적 지식의 내용, 한국지리환경교육학회지, 15(4), 323-343.

강창숙·박승규, 2004, 지리적 사고력 신장을 위한 기능의 상세화, 한국지역지리학회지, 10(3), 579-591.

곽진숙, 2000, 아이즈너의 교육평가론, 교육원리연구, 5(1), 153-194.

교육과학기술부, 2009, 고등학교 교육과정 해설 ④ 사회(역사), 교육과학기술부.

교육과학기술부, 2009, 사회과 교육과정, 교육과학기술부.

교육과학기술부, 2009, 중학교 교육과정 해설 Ⅱ-국어, 도덕, 사회-, 교육과학기술부.

교육과학기술부, 2011, 사회과 교육과정, 교육과학기술부.

교육과학기술부, 2012, 사회 과목 교육과정, 교육과학기술부.

교육부, 1998, 사회과 교육과정, 교육부.

교육부, 2015, 사회과 교육과정, 교육부.

구정화, 1995, 사회과 동위개념의 효과적인 학습방법 연구, 서울대학교 대학원 박사학위논문.

김민성, 2007, 공간적 사고와 GIS의 교육적 사용에 대한 가능성 탐구, 15(3), 233-245.

김민정, 2002, 지리수업에서 교수학적 변환에 근거한 극단적인 교수현상 연구, 한국교원대학교 대학원 석사학위논문.

김병연, 2011, 생태 시민성 논의의 지리과 환경 교육적 함의, 한국지리환경교육학회지, 19(2), 221-234.

김진국, 1998, 지리교육에서의 오개념(misconception) 연구, 한국교원대학교 대학원 석사학위논문.

김한종·이영효, 2002, 비판적 역사 읽기와 역사 쓰기, 역사교육, 81.

김현미, 2013, 21세기 핵심역량과 지리 교육과정: 21세기 핵심역량과 지리 교육과정 탐색, 한국지리환경교육학회지, 21(3), 1-16.

김현미, 2014, 오스트레일리아의 핵심역량 기반 국가 수준 지리 교육과정 탐색, 한국지리환경교육학회지, 22(1), 33-43.

남명호·김성숙·지은림, 2000, 수행평가-이해와 적용-, 문음사.

류재명, 2003, 지리교육이 나아갈 방향과 앞으로의 과제, 대한지리학회보, 78.

마경묵, 2007, 수행평가 과정을 통해서 본 지리교사의 실천적 지식, 대한지리학회지, 42(1), 96-120.

마경묵, 2011, 공간적 사고의 평가를 위한 지리 평가 도구의 개발, 한국지리환경교육학회지, 19(2), 69-89.

박경환, 2014, 글로벌 시대 인문지리학에 있어서 행위자-네트워크 이론(ANT)의 적용 가능성, 한국도시지리학회지, 17(1), 57-78.

박도순, 2007, 교육평가-이해와 적용-, 교육과학사.

박도순·홍후조, 1998, 교육과정과 교육평가, 문음사.

박배균·김동완, 2013, 국가와 지역: 다중스케일 관점에서 본 한국의 지역, 알트.

박상준, 2009, 사회과교육의 이론과 실제, 교육과학사.

박선미, 2006, 협력적 설계가로서 사회과 교사 전문성 개발을 위한 패러다임 탐색, 사회과 교육, 45(3), 189-208.

박선미, 2009, 사회과 평가론, 학지사.

박선미·최정호·정이화, 2012, 텍스트와 그림 자료 제시 방식에 따른 지리 학습의 효과 분석, 한국지리환경교육학회지, 20(3), 19-32.

박성익·임철일·이재경·최정임, 2011, 교육방법의 교육공학적 이해 (4판), 교육과학사.

백순근, 2002, 수행평가: 이론적 측면, 교육과학사.

서태열, 2002, 지리 교과서 내용구성에서 활동중심접근의 의의와 전망, 한국지리환경교육학회지, 10(2), 1-11.

서태열, 2003, 지구촌 시대의 '환경을 위한 교육'의 개념적 모형의 재정립, 한국지리환경교육학회지, 11(1), 1-12.

서태열, 2003, 지평확대 역전 모형에 대한 옹호, 대한지리학회보, 79.

서태열, 2005, 지리교육학의 이해, 한울.

성태제, 2005, 현대교육평가, 학지사.

심광택, 2007, 사회과 지리 교실수업과 지역 학습, 교육과학사.

안정애, 2007, 내러티브 역사교재의 개발과 적용, 전남대학교 대학원 박사학위논문.

오선민, 2013, 중등학교 지리교사들의 야외 답사 실행에 관한 사례 연구, 이화여자대학교 대학원 석사학위논문.

이 찬, 1975, 지리과 교육, 능력개발사.

이경한, 2001, 추상성 정도에 따른 지리교과의 개념학습방법 개발에 관한 연구, 한국지리환경교육학회지, 9(1), 1-18.

이경한, 2004, 사회과 지리 수업과 평가, 교육과학사.

이경한 옮김, 1995, 국제 지리 교육 헌장, 한국지리환경교육학회지, 3(1), 85-97.

이근호·곽영순·이승미·최정순, 2012, 미래 사회 대비 핵심역량 함양을 위한 국가 교육과정 구상, 한국교육과정평가원.

이무용, 2005, 공간의 문화정치학, 논형.

이상우, 2009, 살아있는 협동학습, 시그마프레스.

이양우, 1990, 사고력 신장을 위한 지리과 학습방법 연구, 사회과교육연구, 6, 89-156.

이홍우·유한구·장성모, 2003, 교육과정이론, 교육과학사.

임덕순, 1979, 중학교 현행 지리 교육과정의 특징, 지리학, 19.

임덕순, 1993, 지리교육원리, 법문사.

임은진, 2009, '실제적 활동'에 대한 이론적 고찰 및 지리 수업에의 적용, 사회과교육, 48(4), 1-17.

임은진, 2009, 상황인지론에 근거한 지리 수업 모델의 개발과 적용, 고려대학교 대학원 박사학위논문.

장의선, 2004, 지리교과 교수요소간 유기적 정합성: 내용특성과 학습스타일, 스캐폴딩을 중심으로, 한국교원대학교 대학원 박사학위논문.

장의선, 2007, 시스템 사고를 배경으로 한 지리적 사고의 재구성, 한국지리환경교육학회, 15(1), 77−92.

정문성, 2006, 협동학습의 이해와 실천 (개정판), 교육과학사.

정문성, 2013, 토의·토론 수업방법, 교육과학사.

정문성·김동일, 1999, 협동학습의 이론과 실제, 형설출판사.

조성욱, 2009, 지리 지식의 유형별 교수학적 변환 방법, 한국지리환경교육학회지, 17(3), 211−224.

조철기, 2011, 지리 교과서에 서술된 내러티브 텍스트 분석, 한국지리환경교육학회지, 19(1), 49−85.

조철기, 2011, 내러티브를 활용한 지리 수업의 가치 탐색, 한국지리환경교육학회지, 19(2), 153−170.

조철기, 2012, 미디어 리터러시 함양을 위한 지리교육, 한국지역지리학회, 18(4), 445−463).

조철기, 2013, 비주얼 리터러시에 기반한 사진 활용 지리수업 방법, 한국사진지리학회지, 23(1), 13−23.

조철기, 2014, 지리교육학, 푸른길.

조철기, 2015, 지리 교재 연구 및 교수법, 푸른길.

조철기, 2016, 지리 교과내 융합 교육과정 및 융합적 사고에 대한 탐색, 한국지리환경교육학회지, 24(3), 47−63.

차경수·모경환, 2008, 사회과교육, 동문사.

최석진 외, 1989, 사회과 사고력 신장 프로그램 개발을 위한 방안 탐색, 한국교육개발원.

최재영, 2007, 지리교육에서 만화의 도입과 만화의 유형에 따른 학습자 선호도 및 학습효과, 서울대학교 대학원 석사학위논문.

한국교육과정평가원, 2009, 교수·학습자료 선정 기준 개발 연구—중학교 사회과, 기술·가정과를 중심으로−, 한국교육과정평가원.

홍미화, 2005, 교사의 실천적 지식에 대한 이론적 논의: 사회과 수업을 중심으로, 사회과교육, 44(1), 101−124.

황정규, 1998, 학교학습과 교육평가, 교육과학사.

ACARA, 2011, *Shape of the Australian Curriculum: Geography,* Australian Curriculum, Assessment and Reporting Authority. retrieved from http://www.acra.edu.au/vreve/_resources/Shape_of_the_Australian_Curriculum_Geography.pdf.

Adey, P. and Shayer, M., 1994, *Really Raising Standards*, London: Routledge.

Ainsworth, S., 1999, The functions of multiple representations, *Computers & Education*, 33, 131-152.

Ananiadou, K. and Claro, M., 2009, 21st Century skills and Competences for New Millennium Learners in OECD countries, *OECD Education Working Papers*, No. 41, OECD Publishing.

Anderson, L. W. and Krathwohl, D. R., (Eds.), 2001, *A Taxonomy for Learning, Teaching, and Assessing: A Revision of Bloom's Taxonomy of Educational Objectives*, New York: Longman(강현석·강이철·권대훈·박영무·이원희·조영남·주동범·최호성 공역, 2005, 교육과정과 수업평가를 위한 새로운 분류학, 아카데미프레스).

Anderson, L. W. and Sosniak, L. A., 1994, *Bloom's taxonomy: A forty-year retrospective: Ninety-third yearbook of the National society for the study of education,* Chicago: University of Chicago Press(강현석·강이철·권대훈·박영무·이원희·조영남·주동범·최호성 공역, 2005, 신교육목표분류학의 설계. 아카데미프레스).

Aronson, A., Blaney, N., Stephan, C., Sikes, J. and Snapp, M., 1978, *The Jigsaw Classroom*, CA: Sage pub.

Aronson, E. et al, 1978, *The Jigsaw Classroom*, CA: Sage.

Ausubel, D.P., 1963, *The Psychology of Meaningful Verbal Learning*, New York: Grune and Stratton.

Ausubel, D.P., 1968, *Educational Psychology: A Cognitive view*, New York: Holt, Rinehart and Winston.

Ausubel, D.P., 2000, *The acquisition and retention of knowledge: a cognitive view*, Boston: Kluwer Academic Publishers.

Ausubel, D.P., Novak, J.D. and Hanesian, H., 1978, *Educational psychology: A cognitive view*, 2nd (ed.), NY: Holt, Rinehart and Winston.

Balchin, W. and Coleman, A., 1965, Graphicacy should be the Fourth Ace in the Pack, *The Times Educational Supplement*, 5/Nov.

Balchin, W., 1972, Graphicay, *Geography*, 57.

Balderstone, 2000, Beyond testing: some issues in teacher assessment in geography, in Hokin, J., Telfer, S. and Butt, G. (eds.), *Assessment Working*, Sheffield: The Geographical Association.

Bale, J., 1987, *Geography in the Primary School*, London: Routledge and Kegan Paul.

Banks, J.A. and Clegg, Jr., A.A., 1977, *Teaching Strategies for the Social Studies: Inquiry, Valuing and Decision Making*, Addison-Wesley Publishing Company Inc.

Barnes, D. and Todd, F., 1977, *Communication and Learning Small Group*, London: Routledge.

Barnes, D. and Todd, F., 1995, *Communication and Learning Revisited*, Portsmouth, USA: Boynton/Cook Publisher Inc.

Barnes, D., 1976, *From Communication to Curriculum*, Harmondsworth: Penguin Books.

Barnes, D., Johnson, G., Jordan, S., Layton, D., Medway, P. and Yeoman, D., 1987, *The TVEI Curriculum 14-16: An Interim Report Based on Case Studies in Twelve Schools*, University of Leeds.

Barnes, H., 1926, *History and Social Intelligence,* New York: Alfred A. Knopf.

Bartlett, V.L., 1989, Critical Inquiry: The Emerging Perspective in Geography Teaching, in Fien J., Gerber, R. and Wilson, P., (eds.), *The Geography Teacher's Guide to the Classroom*, 2nd (ed.), Melbourne: Macmillan, 22-34.

Bartlett, V.L., 1989, Look into my mind: Qualitative inquiry in teaching geography, in Fien J., Gerber, R. and Wilson, P., (eds.), *The Geography Teacher's Guide to the Classroom*, 2nd (ed.), Melbourne: Macmillan, 141-152.

Battersby, J., 1995, *Teaching Geography at Key Stage 3*, Cambridge: Chris Kington Publishing.

Battersby, J., 1997, Differentiation in teaching and learning geography, in Tilbury, D. and Williams, M. (eds.), *Teaching and Learning Geography*, London: Routledge.

Battersby, J., 2000, Does differentiation provide access to an entitlement curriculum for all pupils?, in Fisher, C. and Binns, T. (eds), *Issues in Geography Teaching*, London: RoutledgeFalmer.

Bennett, N., 1995, Managing learning through group work, in Desforges, C. (ed.), *An Introduction to Teaching: Psychological Perspectives*, Oxford: Blackwell.

Bennetts, T., 2008, Improving geographical understanding at KS3, *Teaching Geography*, 32(2), 55-60.

Bennetts, T., 2010, Whatever has happened to 'understanding' in geographical education?, *Geography*, 95(1), 38-41.

Best, B., 2011, *The Geography Teacher's Handbook*, London: Continuum.

Billington, R., 1996, *The Historian's Contribution to Anglo-American Misunderstanding*, London: Routledge and Kegan Paul.

Black, P. and Wiliam, D., 1998, Assessment and classroom learning, *Assessment in Education*, 5(1), 7-74.

Black, P. and Wiliam, D., 1998, *Inside the black box*, University of London: Department of Education, King's College.

Black, P. and Wiliam, D., 1999, *Assessment for Learning: Beyond the black box*, Cambridge: University of Cambridge, School of Education.

Black, P., Harrison, C., Lee, C., Marshall, B. and Wiliam, D., 2003, *Assessment for Learning: Putting it into Practice*, Maidenhead: Open University Press.

Bland, K., Chambers, B., Donert, K. and Thomas, T., 1996, Fieldwork, in Bailey, P. and Fox, P. (eds.), *Geography Teacher's Handbook*, Sheffield: The Geographical Association, 165-175.

Bloom, B.S. (ed.), 1956, *Taxonomy of Educational Objectives, Handbook I: Cognitive Domain*, Longman.

Board of Studies NSW, 2003, *Syllabus: Geography Years 7-10*, Board of Studies NSW.

Boardman, D. and Towner, E., 1980, Problems of correlating air photographs with Ordnance Survey maps, *Teaching Geography*, 6(2), 76-79.

Boardman, D., 1983, *Graphicay and Geography Teaching*, London: Croom Helm.

Boardman, D., 1985, Spatial concept development and primary school mapwork, in Boardman, D. (ed.), *New Directions in Geographical Education*, London: Falmer Press.

Boardman, D., 1986, Planning, Teaching and Learning, in Boardman, D. (ed.), *Handbook for Geography Teachers*, Sheffield: The Geographical Association.

Boardman, D., 1987, Maps and mapwork, in Boardman, D. (ed.), *Handbook for Geography Teachers*, Sheffield: The Geographical Association.

Boardman, D., 1989, The development of graphicacy: children's understanding of maps, *Geography*, 74(4), 321-331.

Boardman, D., 1996, Learning with Ordnance Survey maps, in Bailey, P. and Fox, P. (eds.), *The Geography Teachers' Handbook*, Sheffield: The Geographical Association.

Bobbitt, J.F., 1918, *The Curriculum*, Boston: Houghton Mifflin.

Brainerd, C.J., 1978, *Piaget's theory of intelligence*, Englewood Cliffs, New Jersey: Prentice-Hall, Inc.

Brooks, C. and Morgan, A., 2006, *Theory into Practice: Cases and Places*, Sheffield: The Geographical Association.

Brooks, C., 2013, How do we understand conceptual development in school geography?, in Lambert, D. and Jones, M. (eds.), *Debates in Geography Education*, London and New York: Routledge.

Brousseau, G., 1997, *Theory of Didactical Situation in Mathematics*, Dordrecht: Kluwer Academic Publishers.

Brown, A.L., 1987, Metacognition, executive control, self regulation and other more mysterious mechanisms, in Weinert, Franz, Kluwe and Rainer (eds.), *Metacognition, Motivation and Understanding*, London: Lawrence Erlbaum Associates.

Bruner, J.S, 1966, *Towards a Theory of Instruction*, New York: W.W. Norton and Company Inc.

Bruner, J.S. and Haste, H., 1987, *Making Sense*, London: Methuen.

Bruner, J.S., 1960, *The process of education*, Cambridge: Harvard University Press.

Bruner, J.S., 1964, The course of cognitive growth, *American Psychologist*, 19, 1-15.

Bruner, J.S., 1967, *Towards a Theory of Instruction*, Cambridge: Belknap Press.

Bruner, J.S., 1968, *Toward a theory of instruction*, New York: W.W. Norton & Company, Inc.

Bruner, J.S., 1986, *Active Minds, Possible World*, Cambridge, MA: Harvard University.

Bruner, J.S., 1996, *The Culture of Education*, Cambridge MA: Harvard University Press.

Buckingham, D., 2003, *Media Education: Literacy, Learning and Contemporary Culture*, Cambridge: Polity Press

Butt, G., 1990, Political understanding through geography teaching, *Teaching Geography*, 15(2), 62-65.

Butt, G., 1991, Have we got a video today?, *Teaching Geography* 16(2), 51-55.

Butt, G., 1993, The effects of audience-centered teaching on children's writing in geography, *International Research in Geography and Environmental Education*, 2(1), 11-25.

Butt, G., 1997, Language and learning in geography, in Tilbury, D. and Williams, M. (eds.), *Teaching and Learning in Geography*, London: Routledge.

Butt, G., 2000, *Continuum Guide to Geography Education,* London: Continnum.

Butt, G., 2001, *Theory into Practice: Extending writing skills*, Sheffield: The Geographical Association.

Buzan, T., 1974, *Use Your Head*, London: BBC Books.

Carroll, J., 1993, *Human Cognitive Abilities: A Survey of Factor-analytical Studies*, New York: Cambridge University Press.

Carter, R. (ed.), 1991, *Talking about Geography: The Work of the Geography Teachers in the National Oracy Project*, Sheffield: The Geography Association.

Carter, R., 2000, Aspects of global citizenship, in Fisher, C. and Binns, T., (eds.), *Issues in Geography Teaching*, London: Routledge/Falmer, 175-189.

Catling, S.J., 1973, *A Consideration of the Relationship Between Children's Spatial Conceptualization and the Structure of Geography as a Theoretical Guide to the Objectives in Geographical Education*, unpublished M.A. dissertation, University of London.

Catling, S.J., 1976, Cognitive mapping: judgements and responsibilities, Architectural Psychology, *Newsletter*, VI(4), New York, USA.

Catling, S.J., 1978, Cognitive mapping exercises as a primary geographical experience, *Teaching Geography*, 3(3), 120-123.

Catling, S.J., 1978, The child's spatial conception and geographi education, *Journal of Geography*, 77(1), 24-28.

Caton, D., 2006, Real world learning through geographical fieldwork, in Balderstone, D. (ed.), *Secondary Geography Handbook*, Sheffield: The Geographical Association.

Caton, D., 2006, *Theory into Practice: New Approaches to Fieldwork*, Sheffield: The Geographical Association.

Chevallard, Y., 1985, *The didactical transposition*, Grenovel, France: Le Pansee Sauvage.

Clandinin, D. J., 1985, Personal Practical Knowledge: A Study of Teacher's Classroom Images, *Curriculum Inquiry*, 15(4), 361-385.

Clifford, N., Holloway, S., Rice, S. and Valentine, G. (ed.), 2009, *Key Concepts in Geography*, London: Sage.

Cloke, P. and Johnston, R., 2005, *Spaces of Geographical Thought: Deconstructing Human Geography's Binaries*, London: Sage Publications.

CSTS(Committee on Support for Thinking Spatially), 2006, *Learning to Think Spatially*, Washington, D.C.: The National Academies.

Daugherty, R. (ed.), 1989, *Geography in the National Curriculum: A Viewpoint from the Geographical Association*, Sheffield: The Geographical Association.

Daugherty, R. and Lambert, D., 1994, Teacher assessment and geography in the National Curriculum, *Geography*, 79(4), 339-349.

Daugherty, R., 1990, Assessment in Geography Curriculum, *Geography*, 75(4), 289-301.

Davidson, G., 1996, Using Ofsted criteria to develop classroom practice, *Teaching Geography*, 21(1), 11-14.

Davidson, G., 2002, Planning for enquiry, in Smith, M., *Aspects of Teaching Secondary Geography: Perspectives on practice*, London and New York: The Open University, 77-94.

Davidson, G., 2006, Start at the beginning, *Teaching Geography*, 31(3), 105-108.

Davies, M., 2011, Concept mapping, mind mapping, argument mapping: what are the differences and do they matter?, *Higher Education*, 62(3), 279-301.

Davies, P., 1990, *Differentiation in the Classroom and in the Examination Room: Achieving the Impossible?*, Cardiff: Welsh Joint Education Committee.

Davis, F., 1986, *Books in the School Curriculum*, London: Educational Publishers Count and National Book League.

Dewey, J., 1933, *How We Think: A Restatement of the Relation of Reflective Thinking to the Educative Process*, Boston: D.C. Heath and Company.

DfEE, 1999, *Geography: the National Curriculum for England*, London: DfEE.

Di Landro, C., 1993, Some Food for Thought, *Teaching Geography*, 18(4), 179.

Dickenson, C. and Wright, J., 1993, *Differentiation: A Practical Handbook of Classroom Strategies*, Conventry: NECT.

Diekhoff, G.M. and Diekhoff, K.B., 1982, *Cognitive maps as a tool in communicating structural knowledge*, Educational Technology, April, 28-30.

Dobson, A., 2000, Ecological Citizenship: a disruptive influence?, in Pierson, C. and Tormey, S. (eds.), *Politics at the Edge: the PSA yearbook 1999*, New York: St. Martin's Press.

Dove, J., 1999, *Theory into Practice: Immaculate Misconceptions*, Sheffield: The Geographical Association.

Driver, R. and Easley, J., 1978, Pupils and paradigms: A review of literature related to concept development in adolescent science students, *Studies in Science Education*, 5, 61-84.

Driver, R., Squires, A., Rushworth, P. and Wood-Robinson, V., 1994, *Making Sense of Secondary Science: Research into children's ideas*, London: Routledge.

Duplass, J.A., 2004, *Teaching Elementary Social Studies*, Boston: Houghton Mifflin Co.

Egan, K., 1986, *Teaching as story telling*, The University of Chicago Press.

Eggen, P.D. and Kauchak, D., 2004, *Educational Psychology: Windows on Classroom*, 6th (ed.), Pearson Education(신종호·김동민·김정섭·김종백·도승이·김지현·서영석 옮김, 교육심리학: 교육실제를 보는 창, 2010, 학지사).

Eisner, E.W., 1969, Instructional and expressive educational objectives: their formulation and use in curriculum, *Curriculum Evaluation*, A.E.R.A. Monograph no. 3, Rand McNally.

Eisner, E.W., 1977, On the uses of educational connoisseurship and criticism for evaluating classroom life, *Teachers College Record*, 78(3), 345-358.

Eisner, E.W., 1979, *The Educational Imagination: on the design and evaluation of school programs*, New York: Macmillan.

Eisner, E.W., 1993, Reshaping assessment in education: some criteria in search of practice, *Journal of Curriculum Studies*, 25(3), 219-233.

Elbaz, F., 1981, The teacher's practical knowledge: Report of a case study, *Curriculum Inquiry*, 11(4), 43-71.

Elbaz, F., 1983, *Teacher Thinking: A Study of Practical Knowledge*, New York: Nichols.

Elbaz, F., 1991, Research on teacher's knowledge: The evolution of a discourse, *Curriculum Studies*, 23(1), 1-19.

Eliot, J., 1970, Children's spatial visualization, in Bacon, P. (ed.), *Focus on Geography*, 40th Year Book, National Council for the Social Studies in Education, Washington DC, USA.

EXEL, 1995, *Writing Frames*, Exter: University of Exter School of Education.

Fairgrieve, J., 1926, *Geography in School*, London: University of London Press.

Ferretti, J., 2007, *Meeting the Needs of Your Most Able Pupils: Geography*, Abingdon: A David Fulton Book.

Fielding, M., 1992, *Descriptions of learning styles*, unpublished INSET resource.

Fien, J. and Slater, F., 1981, Four strategies for values education in geography, *Geographical Education*, 4(1), 39-52.

Fien, J., 1983, Humanistic geography, in Huckle, J. (ed.), *Geographical Education: Reflection and Action*, Oxford University Press, 43-55.

Fien, J., 1984, Planning and teaching a geography curriculum unit, in in Fien J., Gerber, R. and Wilson, P., (eds.), *The Geography Teacher's Guide to the Classroom*, 2nd (ed.), Melbourne: Macmillan, 248-257.

Fien, J., 1988, Skills for living: a geographical perspective, in Gerber, R. and Lidstone, J., (eds.), *Developing Skills in Geographical Education*, IGU Commission on Geographical Education, 121-128.

Fien, J., 1989, Planning and Teaching a Geography Curriculum Unit, in Fien, J., Gerber, R. and Wilson, P., (eds.), *The Geography Teacher's Guide to the Classroom*, 2nd (ed.), Melbourne: Macmillan, 346-358.

Fien, J., 1993, *Education for the Environment: Critical Curriculum Theorizing and Environmental Education*, Geelong: Deakin University Press.

Fien, J., 1999, Towards a Map of Commitment: A Socially Critical Approach to Geographical Education, *International Research in Geographical and Environmental Education*, 8(2), 140-158.

Firth, R., 2011, Debates about Knowledge and the Curriculum: Some Implications for Geography Education, in Butt, G. (ed.), *Geography, Education and the Future*, London: Continuum, 141-164.

Firth, R., 2013, What constitutes knowledge in geography?, in Lambert, D. and Jones, M. (eds.), *Debates in Geography Education*, London and New York: Routledge.

Fisher, K. and Lipson, J., 1986, Twenty questions about student errors, *Journal Research in Science Teaching*, 23, 783-803.

Fisher, R., 2003, *Teaching Thinking: Philosophical Enquiry in the Classroom* (2nd), Cassell.

Fisher, T., 1998, *Developing as a Geography Teacher*, Cambridge: Chris Kington Publishing.

Freeman, D. and Hare, C., 2006, Collaboration, collaboration, collaboration, in Balderstone, D. (ed.), *Secondary Geography Handbook*, Sheffield: The Geographical Association.

Freeman, D. and Morgan, A., 2009, Living in the future-education for sustainable development, in Mitchell, D., *Living Geography*, Chris Kington Publishing, Cambridge, 29-52.

Gagné, R.M., 1966, The Learning of principles, in Klausmeier, H.J. and Harris, C.W. (eds.), *Analysis of Concept Learning*, Academic Press.

Gagné, R.M., 1985, *The conditions of learning*, 4th (ed.), New York: Holt, Rinehart an Winston.

Gardner, H., 1983, *Frames of Mind: The theory of multiple intelligences,* New York: Basic Books.

Garlake, T., 2007, Interdependence, in Hicks, D. and Holden, C., (eds), *Teaching the Global Dimension: Key principles and effective practice*, London: Routledge, 114-126.

Gerber, R. and Wilson, P., (eds.), 1989, *The Geography Teacher's Guide to the Classroom*, Melbourne: Macmillan

Gerber, R., 1989, Teaching graphics in geography lessons, in Fien, J. Gerber, R. and Wilson, P., (eds.), *The Geography Teacher's Guide to the Classroom*, Melbourne: Macmillan, 179-196.

Gersmehl, P., 2008, *Teaching Geography (2ed)*, New York: Guilford Press.

Ghaye, A. and Robinson, E., 1989, Concept maps and children's thinking: a constructivist approach, in Slater, F. (ed.), *Language and Learning in the Teaching of Geography*, London: Routledge.

Gilbert, R., 1984, *The Impotent Image: reflection of ideology in the secondary school curriculum*, Lewes: The Falmer Press.

Ginnis, P., 2002, *The Teacher's Toolkit*, Carmarthen: Crown House Publishing.

Gipps, C., 1994, *Beyond Testing: Towards a Theory of Educational Assessment*, Brighton: Falmer Press.

Goleman, D., 1996, *Emotional Intelligence: Why it can matter more than IQ,* London: Bloomsbury.

Golledge, R.G. and Stimson, R.J., 1997, *Spatial Behavior: A Geographic Perspective*, New York: Guilford Press.

Golley, F. B., 1998, *A Primer for Environmental Literacy*, Yale University Press.

Graves, N., 1980, *Geography in Education*, 2nd (ed.), London: Heinemann Educational Books (이희연 옮김, 1984, 지리교육학개론, 교육과학사).

322

Graves, N., 1982, *New Unesco Source Book for Geography Teaching*, Essex: Longman/The Unesco Press (이경한 옮김, 1995, 지리 교육학 강의, 명보문화사).

Graves, N., 1984, *Geography in Education*, 3rd (ed.), London: Heinemann Educational Books.

Grenyer, N., 1986, *Geography for Gifted Pupils*, London: School Curriculum Development Committee.

Gudmundsdottir, S., 1995, The narrative nature of pedagogical content knowledge, in NcEwan, H. and Egan, K. (eds.), *Narrative in teaching, learning and research*, Teachers College, Columbia University.

Habermas, J., 1972, *Knowledge and Human Interests*, London: Heinemann.

Hall, D., 1989, *Knowledge and Teaching Styles in the Geography Classroom*, in Fien J., Gerber, R. and Wilson, P., (eds.), *The Geography Teacher's Guide to the Classroom*, 2nd (ed.), Melbourne: Macmillan, 10-21.

Hanson, S., 2004, Who ar "we"? An important question for geography's future, *Annals of the Association of American Geographers*, 94(4), 715-722.

Hart, R.A., and Moore, G.T., 1973, The Development of spatial cognition, a review, in Downs, R.M. and Stea, D. (eds.), *Image and Environment*, London: Arnold.

Hartwick, E., 1998, Geographies of consumption: a commodity chain approach, *Environment and Planning D: Society and Space*, 16, 423-437.

Harvey, D., 1973, *Social Justice and City*, The Johns Hopkins University Press.

Hashweh M., 1986, Toward an explanation of conceptual change, *European Journal of Science Education*, 8(3), 229-249.

Hill, A.D. and Natori, S.J., 1996, Issues-Centered Approach to Teaching Geography, in Evans, R. W. and Saxe, D. W., (ed.), *Handbook on Teaching Social Issues*, National Council for Social Studies, 167-176.

Hill, D., Dunn, J. M. and Klein, P., 1995, *Geographic Inquiry into Global Issues*, Student DataBook & Teacher's Guide, Encyclopaedia Britannica Educational Corporation.

Hirst, P., 1974, *Knowledge and the Curriculum*, London: RKP.

Hirst, P.H. and Peters, R.S., 1970, *The Logic of Education*, London: Routledge and Kegan Paul.

Hoepper, B., 1989, Designing Worksheet to Promote Student Inquiry in Geography, in Fien J., Gerber, R. and Wilson, P., (eds.), *The Geography Teacher's Guide to the Classroom*, 2nd (ed.), Melbourne: Macmillan, 75-84.

Holloway, S., Rice, S. and Valentine, G., (eds.), 2003, *Key concepts in geography*, London: Sage

Honey, P. and Mumford, A., 1986, *The Manual of Learning Styles*, Maidenhead: Honey.

Huckle, J. (ed.), 1983, *Geographical Education: reflection and action*, Oxford: Oxford University Press.

Huckle, J., 1981, Geography and values education, in Walford, R. (ed.), *Signposts for Geography Teaching*, Harlow: Longman.

Huckle, J., 1997, Toward a critical school geography, in Tilbury, D. and Williams, M., (ed.), *Teaching and learning geography*, London: Routledge, 241-252.

Jackson, P., 2000, New directions in human geography, in Kent, A., (ed.), *Reflective Practice in Geography Teaching*, London: Paul Chapman Publishing, 50-56.

Jackson, P., 2006, Thinking Geographically, *Geography*, 91(3), 189-204.

Jacobs, G.M. et al., 1997, *Learning cooperative learning via Cooperative Learning*, San Clemente, CA: Kagan Co-operative Learning.

Job, D., 1996, Geography and environmental education: an exploration of perspectives and strategies, in Kent, A., Lambert, D., Naish, M. and Slater, F. (eds.), *Geography in Education: Viewpoints on Teaching and Learning*, Cambridge: Cambridge University Press, 22-49.

Job, D., 1999, *Beyond the Bikesheds: Fresh Approaches to Fieldwork in the School Locality*, Sheffield: The Geographical Association.

Job, D., 1999, *New Directions in Geographical Fieldwork*, Cambridge: Cambridge University Press.

Job, D., 2002, Towards Deeper Fieldwork, Smith, M. (ed.), *Aspects of Teaching Secondary Geography*, London: RoutledgeFalmer.

Johnson, D.W. and Johnson, R.T., 1989, *Cooperation and competition: Theory and research*, Edina, MN: Interaction Book Co.

Johnson, D.W. and Johnson, R.T., 1994, Pro-con Cooperative Group Strategy Structuring Academic Controversy within the Social Studies Classroom, Stahl, R. J. (ed.), *Cooperative Learning in Social Studies: A Handbook for Teachers*, NY: Addison-Wesley Publishing Company, 306-331.

Johnson, D.W. and Johnson, R.T., 1999, Making cooperative learning work, *Theory into Practice*, 38(2), 67-73.

Johnson, D.W. et al., 1981, Effects of cooperative, competitive and individualistic structures on achievement: A Meta-Analysis, *Psychological Bulletin*, 89(1), 47-62.

Johnson, D.W., Johnson, R.T. and Holubec, E., 1998, *Cooperation in the classroom*(7th ed.), Edina, MN: Interaction Book Co.

Johnson, P. and Gott, R., 1996, Constructivism and evidence from children's idea, *Science Education*, 80(5), 561-577.

Johnston, R., 1986, *On Human Geography*, Oxford: Blackwell.

Jones, F.G., 1989, Expository Teaching for Meaningful Learning in Geography, in Fien J., Gerber, R. and Wilson, P., (eds.), *The Geography Teacher's Guide to the Classroom*, 2nd (ed.), Melbourne: Macmillan, 35-43.

Jones, M., 1986, Evaluation and Assessment 11-16, in Boardman, D., (ed.), *Handbook for Geography Teachers*, Sheffield: The Geographical Association, 234-249.

Joyce, B. and Weil, M., 1980, *Models of Teaching*, 2nd (ed.), Englewood Cliffs, New Jersey: Prentice Hall.

Joyce, B. R., Weil, M. and Calhoun, E., 2006, *Models of teaching* (7th ed.), Boston: Allyn and Bascon.

Kagan, S., 1985, Co-op Co-op: A flexible cooperative learning technique, in Slavin, R. E. (ed.), *Learning to cooperate, cooperating to learn*, NY: Plenum Press.

Kagan, S., 1994, *Cooperative learning*, San Juan Capistrano, CA: Kagan Cooperative Learning (기독초등학교 협동학습 연구모임 역, 1999, 협동학습, 서울: 디모데).

Kalafsky, R., and Conner, N., 2014, Examining the Geographies of Supply Chains in Introductory Coursework,

Journal of Geography, DOI: 10.1080/00221341.2014.938685

Kent, M., Gillderstone, D. and Hunt, C., 1997, Fieldwork in geography teaching: A critical review of the literature and approaches, *Journal of Geography in Higher Education*, 21(3), 313-332.

Kinder, A. and Lambert, D., 2011, The National Curriculum Review: what geography should we teach?, *Teaching Geography*, 36(3), 93-95.

King, S., 1999, Using questions to promote learning, *Teaching Geography*, 24(4), 169-172.

Kitchin, R. and Blades, M., 2002, *The Cognition of Geographic Space*, London: I.B.Tauris.

Kohlberg, L., 1981, *The Philosophy of Moral Development*, Harper & Row (김민남·김봉소·진미숙 공역, 2000, 도덕발달의 철학, 교육과학사).

Kolb, D., 1976, *Learning Style Inventory: Technical Manual*, Boston: McBer and Company.

Krathwohl, D.R., Bloom, B.S. and Masia, B.B, 1964, *Taxonomy of Educational Objectives, Handbook II: Cognitive Domain*, Longman.

Krathwohl. D.R. 2002, A revision Bloom's taxonomy: An overview, *Theory into Practice*, 41(4), 212-218.

Kuiper, J., 1994, Student ideas of science concepts: alternative frameworks, *International Journal of Science Education*, 80(5), 561-577.

Kymlicka, W., 1995, Multicultural Citizenship: A Liberal Theory of Minority Rights, Oxford: Oxford University Press.

Kyriacou, C., 1986, *Effective Teaching in Schools: Theory and Practice*, Oxford: Basil Blackwell.

Kyriacou, C., 1991, *Essential Teaching Skills*, Oxford: Basil Blackwell.

Kyriacou, C., 1997, *Essential Teaching Skills*, 2nd ed., Cheltenham: Stanley Thornes.

Kyriacou, C., 2007, *Essential Teaching Skills*, Cheltenham: Nelson Thornes.

Lambert, D. and Balderstone, D., 2000, *Learning to Teach Geography in the Secondary School*, London: Routledge.

Lambert, D. and Balderstone, D., 2010, *Learning to Teach Geography in the Secondary School*, 2nd (ed.), London: Routledge.

Lambert, D. and Morgan, J., 2010, *Teaching Geography 11-18: A Conceptual Approach*, Open University Press.

Lambert, D., 1997, Principles of pupil assessment, in Tilbury, D. and Williams, M. (eds.), *Teaching Learning in Geography*, London: Routledge, 255-265.

Lambert, D., 2007, Curriculum making, *Teaching Geography*, 32(1), 9-10.

Lambert, D., 2011, Reviewing the case for geography, and the "knowledge turn" in the English National Curriculum, *Curriculum Journal*, 22(2), 243-264.

Laws, K., 1984, Teaching the gifted student in geography, in Fien J., Gerber, R. and Wilson, P., (eds.), *The Geography Teacher's Guide to the Classroom*, Melbourne: Macmillan, 226-234.

Leask, M., 1995, Teaching styles, in *Learning to Teach in the Secondary School a Companion to School Experience*, London: Routledge, 245-254.

Leat, D. and Chandler, S., 1996, Using concept mapping in geography teaching, *Teaching Geography*, 21(3), 108-

112.

Leat, D. and McAleavy, T., 1998, Critical thinking in the humanities, *Teaching Geography*, 23(3), 112-114.

Leat, D., 1997, Cognitive acceleration in geographical education, in Tilbury, D. and Williams, M. (eds.), *Teaching and Learning Geography*, London: Routledge.

Leat, D., 1998, *Thinking through Geography*, Cambridge: Chris Kington Publishing (조철기 옮김, 2012, 사고기능 학습과 지리수업 전략, 교육과학사).

Lidstone, J., 1992, In Defence of Textbooks, in Naish, M., (ed.), *Geography and Education*, Institute of Education, University of London, 177-193.

Lipman, M., 2003, *Thinking in Education (2nd ed.)*, Cambridge: CUP.

Lohman, D.F., 1979, *Spatial Ability: Review and Re-analysis of the Correlational Literature. Aptitude Research Project, Report #8*, Stanford University, CA: Press Stanford.

Lowenthal, D., 1961, Geography, experience and imagination: toward a geographical epistemology, *Annals, AAG*, 60, 241-260.

Mackintosh, M., 2004, Images in geography: using photographs, sketches and diagrams, in Scoffham, S.(ed.), *Primary Geography Handbook*, Sheffield: The Geographical Association, 121-133.

Marsden, B., 2001, Citizenship education: permeation or pervasion?, in Lambert, D. and Machon, P., (eds.), *Citizenship through Secondary Geography*, RoutledgeFalmer, 11-30.

Marsden, W., 1989, All in a good cause: geography, history and the politicization of the curriculum in nineteenth and twentieth century England, *Journal of Curriculum Studies*, 21(6), 509-526.

Marsden, W., 1992, Cartoon geography: the new stereotyping?, *Teaching Geography*, 17(3), 128-130.

Marsden, W., 1995, *Geography 11-16: Rekindling Good Practice*, London: David Fulton.

Marsden, W., 2001, *The School Textbook: Geography, History and Social Studies*, London: Woburn Press.

Martin, F. and Owens, P., 2011, Well, what do you know? The forthcoming curriculum review, *Primary Geography*, Summer, 28-29.

Martin, F., 2006, *Teaching Geography in Primary Schools*, Cambridge: Chris Kington Publishing.

Massey, D., 1991, A global sense of place, *Marxism Today*(June), London: Arnold.

Massey, D., 2005, *For Space*, Sage, London.

Masterman, L., 1984, Introduction, in Masterman, L. (ed.), *Television Mythologies: Stars, Shows and Signs*, Comedia/MK Media Press, 1-6.

Masterman, L., 1985, *Teaching the Media*, London: Comedia.

Matthews, J.A. and Herbert, D.T., 2004, *Unifying Geography: Common Heritage, Shared Future*, London: Routledge.

May, S. and Richardson, P., 2005, *Managing Safe and Successful Fieldwork*, Sheffield: The Geographical Association/Field Studies Council.

McEwen, N., 1986, Phenomenology and the curriculum: the case of secondary-school geography, in Taylor, P. (ed.), *Recent Developments in Curriculum Studies*, Windsor: NFER-Nelson, 156-67.

핵심 지리교육학

Mcgee, M.G., 1979, Human Spatial Abilities: Psychometric Studies and Environmental, Generic, Hormonal, and Neurological Influences, *Psychological Bulletin*, 86(5), 889-918.

McLaren, P., 1998, Culture or canon? Critical pedagogy and the politics of literacy, *Harvard Educational Review*, 58(1), 211-234.

McPartland, M., 1998, The use of narrative in geography teaching, *The Curriculum Journal*, 9(3), 341-355.

McPartland, M., 2001, *Theory into Practice: Moral Dilemmas*, Sheffield: The Geographical Association.

McPartland, M., 2006, Strategies for approaching values education, in Balderstone, D. (ed.), *Secondary Geography Handbook*, Sheffield: The Geographical Association, 170-179.

Michael, W.G., Guilford, J. P., Fruchter, B., and Zimmerman, W. A., 957, The Description of Spatial-Visualization Abilities, *Education and Psychological Measurement*, 17, 185-199.

Miller, J.P., 1983, *The Educational Spectrum: Orientations to Curriculum*, New York: Longman.

Miller, P. and Seller, W., 1985, *Curriculum: Perspectives and Practice*, Longman.

Ministere de I'Education, 2004, *Québec Education Program: Secondary school education*, cycle one.

Moore, A., 2000, *Teaching and Learning: Pedagogy, Curriculum and Culture*, London: RoutledgeFalmer.

Morgan, J. and Lambert, D., 2005, *Geography: Teaching School Subjects 11-19*, London: Routledge (조철기 옮김, 2012, 지리교육의 새 지평: 포스트모더니즘과 비판지리교육, 논형).

Morgan, J., 1996, What a Carve Up! New times for geography teaching, in Kent, A., Lambert, D., Naish, M. and Slater, F., 1996, *Geography in Education: Viewpoints on Teaching and Learning*, London: Cambridge University Press, 50-70.

Morgan, J., 2002, Teaching Geography for a Better World? The Postmodern Challenge and Geography Education, *International Research in Geographical and Environmental Education*, 11(1), 15-29.

Morgan, J., 2003, Teaching Social Geographies: Representing Society And Space, *Geography*, 88(2), 124-134.

Naish, M., 1982, Mental development and the learning of geography, in Graves, N. (ed.), *New UNESCO Source Book for Geography Teaching*, Harlow: Longman.

Naish, M., 1988, Teaching styles in geographical education, in in Gerber, R. and Lidstone, J. (ed.), *Developing Skills in Geography Education*, Brisbane: IGU Commission on Geographical Education/Jacaranda Press, 11-19.

Naish, M., Rawling, E. and Hart, C., 1987, *Geography 16-19. The Contribution of a Curriculum Project to 16-19 Education*, Harlow: Longman.

Newman, F.M., 1970, *Clarifying Public Controversy: An Approach to Teaching Social Studies*, Boston: Little Brown and Co.

Nichols, A. and Kinninment, D., 2001, *More Thinking through Geography*, Cambridge: Chris Kington Publishing.

Nichols, A., 1996, Who's to Blame for Sharpe Point Flats? in *Northumberland 'Thinking Skills' in the Humanities Project: A Report on the First Year 1995-96*, Northumberland Advisory/Inspection Division.

Novak, J., 2010, *Learning, Creating and Using Knowledge: Concept maps as facilitative tools in schools and corpora-*

tions, London: Routledge.

Novak, J.D. and Cañas, A.J., 2008, The theory underlying concept maps and how to construct them, *Technical Report IHMC Cmap Tools* 2006-01 *Rev* 01-2008.

Novak, J.D. and Gowin, D.B., 1984, *Learning how to learn*, Cambridge: Cambridge University Press.

Novak, J.D., 1977, *A theory of education*, Ithaca: Cornell University Press.

Novak, J.D., 1977, *A theory of education*, Ithaca: Cornell University Press.

Oakeshott, M., 2001, Learning and Teaching, in Fuller, T.(ed.), *The Voice of Liberal Learning*, Indianapolis: Liberty Fund, *35-61*.

Oliver, D.W. and Shaver, J.P., 1966, *Teaching Public Issues in the High School*, Boston: Houghton Mifflin Co.

O'Riordan, T., 1976, *Environmentalism*, London: Pion.

Orr, D., 1992, *Ecological Literacy: Education and the Transition to A Postmodern World*, State University of New York Press.

Oxfam, 1997, *A curriculum for Global Citizenship*, Oxford: Oxfam.

Oxfam, 2006, Teaching controversial issues, *Global Citizenship Guides*, Oxford: Oxfam.

Paivio, A., 1991, Dual Coding Theory: Retrospect and current status, *Canadian Journal of Psychology*, 45(3), 255-287.

Paivio, R.E. and Sims, 1994, For whom is a picture worth a thousand words Extension of a dual-coding theory of multimedia learning, *Journal of Educational Psychology*, 86(3), 389-401.

Panelli, R. and Welch, R., 2005, Teaching research through field studies: A cumulative opportunity for teaching methodology to human geography undergraduates, *Journal of Geography in Higher Education*, 29(2), 255-277.

Pantiz, T., 1996, *A definition of collaborative vs cooperative learning*, http://www.city.londonmet.ac.uk/delibrations/collab.learning/panitz2.html.

Parry, L., 1996, The geography teacher as curriculum decision maker: perspectives on reflective practice and professional development, in Gerber, R. and Lidstone, J. (eds), *Developments and directions in geographical education*, Clevedon: Channel View Publications, 53-62.

Perkins, D., 1996, *Outsmarting IQ: The Emerging Science of Learnable Intelligence*, Cambridge, MA: Harvard University Press.

Peters, R.S., 1959, *Authority, Responsibility and Education*, London: Allen and Unwin.

Peters, R.S., 1965, *Education as Initiation Inaugural Lecture*, London: Institute of Education, University of London.

Peters, R.S., 1966, *Ethics and Education*, London: George Allen and Unwin (이홍우·조영태 옮김, 2003, 『윤리학과 교육』(수정판), 교육과학사).

Piaget, J. and Inhelder, B., 1948, *The child's conception of space*, London: Routledge & Kegan Paul.

Piaget, J., 1929, *The Child's Conception of the World*, London: Routledge & Kegan Paul.

Piaget, J., 1930, *The Child's Conception of Physical Causality*, London: Kegan Paul/Trench, Trubner & Co.

Piaget, J., 1964, Development and learning, in Ripple, R. and Rockcastle (eds.), *Piaget rediscovered*, NY: Cornell University Press, 7-20.

Piaget, J., 1965/1995, *Sociological Studies*, New York: Routledge.

Piaget, J., 1969, *Science of education and the psychology of the child*, New York: Viking.

Pinar, W. F., (eds.), 1975, *Curriculum theorizing: The reconceptualists*, Berkeley: McCutchan.

Polanyi, M., 1958, *Personal Knowledge: Towards a Post-Critical Philosophy* (표재명·김봉미 옮김, 2001, 개인적 지식: 후기비판적 철학을 향하여, 서울: 아카넷).

Polkinghorne, D., 1988, *Narrative knowing and the human science*, State University of New York Press.

Pring, R., 1973, *Objectives and innovations: the irrelevance of theory*, London Educational Review, 2, 3.

QCA, 2001, Citizenship: *A scheme of work for key stage 3*, Teachers' Guide, London: QCA.

QCA, 2007, *Geography: Programme of Study for key stage 3 and attainment target*, London: QCA(www.qca.org.uk/curriculum)

Raths, J.D., 1971, Teaching without specific objectives, *Educational Leadership*, April: 7, 20.

Raths, L.M., Harmin, M., Simon, S.B., 1978, *Value and Teaching*, 2nd (ed.), Columbus: Charles E. Merrill.

Rawding, C., 2013, *Effective Innovation in the Secondary Geography Curriculum: A Practical Guide*, London: Routldege.

Rawling, E., 2001, *Changing the Subject: The impact of national policy on school geography 1980-2000*, Sheffield: The Geographical Association.

Rawling, E., 2008, Planning Your Key Stage 3 Curriculum, *Teaching Geography*, 33(3), 114-119.

Roberts, M., 1986, Talking, reading and writing, in Boardman, D., (ed.), *Handbook for Geography Teachers*, Sheffield: The Geographical Association, 68-78.

Roberts, M., 1996, Teaching styles and strategies, in Kent, A., Lambert, D., Naish, M. and Slater, F. (eds.), *Geography in Education: Viewpoints on Teaching and Learning*, Cambridge: Cambridge University Press, 231-259.

Roberts, M., 2002, Curriculum planning and course development, in Smith, M. (ed.), *Teaching Geography in Secondary Schools*, London: The Open University, 70-82.

Roberts, M., 2002, Curriculum planning and course development: a matter of professional judgement, in Tilbury, D. and Williams, M. (eds), *Teaching and Learning Geography*, London: Routledge.

Roberts, M., 2003, *Learning through enquiry: Making Sense of Geography in the Key Stage3 Classroom*, Sheffield: The Geographical Association.

Roberts, M., 2013, *Geography Through Enquiry*, Sheffield: Geographical Association, 141-147.

Robinson, R. and Serf, J.(eds.), 1997, *Global Geography: Learning through Development Education at Key Stage 3*, Birmingham: GA/DEC.

Robinson, R., 1987, Discussing photographs, in Boardman, D. (ed.), *Handbook for Geography Teachers*, Sheffield: The Geographical Association.

Robinson, R., 1995, Enquiry and Connections, *Teaching Geography*, 202(2), 71-73.

Romey, W.D. and Elberty, Jr., W., 1984, On being a geography teacher in the 1980s and beyond, in Fien, J., Gerber, R. and Wilson, P., (ed.), *The Geography Teacher's Guide to the Classroom*, Melbourne: Macmillan, 306-316.

Rosaldo, R., 1997, Cultural citizenship, inequality, and multiculturalism, in Florres, W.V. and Benmayor, R. (eds.), Latino Cultural Citizenship: Claiming Identity, Space, and Rights, Boston: Beacon, 27-28.

Rose, G., 2001, *Visual methodologies*, London: Paul Chapman Publishing.

Ross, E.W., 1994, Teacher as Curriculum Theorizers, in Ross, E.W. (ed.), *Reflective Practice in Social Studies*, NCSS, Bulletin No.88.

Ruddock, J., 1983, *The Humanities Curriculum Project: An Introduction*, Norwich: University of East Anglia.

Ryle, G., 1949, *The Concept of Mind*, New York: Barnes & Nobles, Inc.

Sadler, R., 1989, Formative assessment and the design of instructional systems, *Instructional Science*, 18, 119-144.

SCAA, 1997, *Curriculum, Culture and Society*, London: SCAA.

Schmidt, H., Rotgans, J. and Yew, E., 2011, The Process of problem-based learning: what works? and why?, *Medical Education*, 45, 792-806.

Schön, D.A., 1983, *The reflective practitioner: How professionals think in action*, N.Y.: Basic Books.

Schön, D.A., 1987, *Educating the Reflective Practitioner: Toward a New Design for Teaching and Learning in the Professions*, San Francisco: Jossey-Bass.

Schön, D.A., 1991, *The Reflective Turn: Case Studies In and On Educational Practice*, New York: Teachers College Press.

Schunk, D.H., 2004, *Learning Theories: An Educational Perspective*, 4th (ed.), Pearson Education(노석준·소효정·오정은·유병민·이동훈·장정아 옮김, 2006, 교육적 관점에서 본 학습이론, 아카데미프레스).

Scoffham, P., 2011, Core knowledge in the revised curriculum, *Geography*, 96(3), 124-130.

Scoffham, S. (ed.), *Teaching Geography Creatively*, Routledge.

Self, C.M. and Golledge, R.G., 1994, Sex-Related Differences in Spatial Ability: What every geography educator should know, *Journal of Geography*, 93(5), 234-243.

Shaftel, F.R. and Shaftel, G., 1982, *The Role of Playing in Social Intellectual Development*, Oxford: Oxford University Press.

Sharan, S. and Sharan, Y., 1976, *Small group teaching*, NJ: Educational Technology Publication.

Sharan, S. and Sharan, Y., 1989, Group investigation expands cooperative learning, *Educational Leadership*, 47(4), 17-21.

Sharan, S. and Sharan, Y., 1992, *Expanding Cooperative Learning through Group Investigation*, NY: Teachers College Press.

Sharan, S., 1980, Cooperative learning in small groups: Recent methods and effects on achievement and ethnic relations, *Review of Education Research*, 50, 241-271.

Shayer, M. and Adey, P., 2002, *Learning intelligence: Cognitive acceleration across the curriculum demand*, London: Heinemann Educational Books.

Shulman, L.S., 1986, Those who understand: knowledge growth in teaching, *Educational Researcher*, 15(2), 4-14.

Shulman, L.S., 1987, Knowledge and Teaching: Foundations of the New Reform, *Harvard Educational Review*, 57(1), 1-22.

Skemp, R., 1987, *The Psychology Learning Mathematics*, London: Routledge(황우혁 역, 2000, 수학학습심리학, 사이언스북).

Slater, F. (ed.), 1989, *Language and Learning in the Teaching of Geography*, London: Routledge.

Slater, F., 1982, *Learning Through Geography*, London: Heinemann Educational Books.

Slater, F., 1992, ...to Travel With a Different View, in Naish, M., (ed.), *Geography and Education*, Institute of Education, University of London, 97-113.

Slater, F., 1993, *Learning Through Geography*, National Council For Geographic Education.

Slater, F., 1994, Education through geography: knowledge, understanding, values and culture, *Geography*, 79(2), 147-163.

Slater, F., 1996, Values: toward mapping their locations in a geography education, in Kent, A., Lambert, D., Naish, M. and Slater, F., (eds.), *Geography in Education: Viewpoints on Teaching and Learning*, London: Cambridge University Press, 200-230.

Slavin, R.E., 1980, Cooperative Learning, *Review of Educational Research*, vol.50.

Slavin, R.E., 1986, *Using student team learning*, Baltimore, John Hopkins University: Center for Research on Elementary and Middle Schools.

Slavin, R.E., 1989, Cooperative learning and student achievement, in Slavin, R. E. (ed.), *School and Classroom Organization*, Hillsdale, N.J.: Erlbaum.

Slavin, R.E., 1990, *Cooperative learning: theory, research and practice*, Englewood Cliffs, NJ: Prentice Hall.

Slavin, R.E., 1995, *Co-operarive Learning*, Needham Height MA: Allyn and Bacon.

Smith, P., 1997, Standards achieved: a review of geography in secondary schools in England, 1995-96, *Teaching Geography*, 22(3), 123-124.

Steinbrink, J.E. & Stahl, R.J., 1994, Jigsaw III=Jigsaw+Cooperative Test Review: Applications to the social studies Classroom In Cooperative Learning in Social Studies: A Handbook for Teachers, edited by R. J. Stahl, New York: Addison-Wesley Publishing, Company, 134.

Steiner, C. and Perry, P., 1997, *Achieving Emotional Literacy,* London: Bloomsbury.

Stenhouse, L., 1975, *An Introduction to Curriculum Research and Development*, London: Heinemann.

Stimpson, P., 1994, Making the most of discussion, *Teaching Geography*, 19(4), 154-157.

Stimpson, P., 1996, Reconceptualising Assessment in Geography, in Gerber, R. and Lidstone, J. (eds.), *Developments and Directions in Geographical Education*, Channel View Publications, 117-128.

Taba, H., 1962, *Curriculum Development: Theory and Practice*, Brace: Harcourt.

Talyor, R., 2004, *Re-presenting Geography*, Cambridge: Chris Kington Publishing (조철기·김갑철·이하나 옮김, 2012, 교실을 바꿀 수 있는 지리수업 설계, 교육과학사).

Tanner, J., 2004, Geography and the Emotions. in Scoffham, S. (ed.) *Primary Geography Handbook,* Sheffield:

The Geographical Association, 35-47.

Tanner-Bisset, R., 2001, *Expert Teaching: Knowledge and Pedagogy to lead the Profession*, David Fulton.

Taylor, L., 2008, Key concepts and medium term planning, *Teaching Geography*, 33(2), 50-54.

Thelen, H., 1960, *Education and the Human Quest*, NY: Harper & Row.

Thompson, L. and Clay, T., 2008, Critical literacy and the geography classroom: including gender and feminist perspectives, *New Zealand Geographer*, 64, 228-233.

Tide-, 1995, *Development Compass Rose: a consultation pack*, Birmingham: DEC.

Tolley, H. and Biddulph, M. and Fisher, T., 1996, *Beginning Initial Teacher Training*, Cambridge: Chris Kington Publishing.

Tolley, H. and Reynolds, J.B.,, 1977, *Geography 14-18. A Handbook for School-based Curriculum Development*, Basingstoke: Macmillan Education.

Torrance, E.P., 1966, *Torrance tests of creative thinking—norms technical manual research edition—verbal tests, forms A and B—figural tests, forms A and B,* Princeton: Personnel Pres. Inc.

Traves, P., 1994, Reading, in Brindley, S. (ed.), *Teaching English*, London: Routledge, 91-97.

Tyler, R., 1949, *Basic Principle of Curriculum and Instruction*, Chicago: University of Chicago Press.

Vygotsky, L.S., 1962, *Thought and Language*, Cambridge, MA: MIT Press.

Vygotsky, L.S., 1978, *Mind in society: The development of higher mental process*, Cambridge, MA: Harvard University Press.

Vygotsky, L.S., 1986, *Thought and Language*, Cambridge, MA: MIT Press.

Walford, R., 1981, Language, ideologies and geography teaching, in Walford, R., (ed.), *Signposts for Geography Teaching*, London: Longman, 215-222.

Walford, R., 1987, Games and simulations, in Boardman, D. (ed.), *Handbook for Geography Teachers*, Sheffield: The Geographical Association.

Walford, R., 1991, *Viewpoints on Geography Teaching*, London: Longman.

Walford, R., 1995, Geographical textbooks 1930-1990: the strange case of the disappearing text, *Paradigm*, 18, 1-11.

Walford, R., 1996, The simplicity of simulation, in Bailey, P. and Fox, P. (eds.), *Geography Teachers' Handbook*, Sheffield: The Geographical Association.

Walford, R., 2007, *Using Games in School Geography*, Cambridge: Chris Kington Publishing.

Waters, A., 1995, Differentiation and classroom practice, *Teaching Geography*, 20(2), 81-84.

Waugh, D. and Bushell, T., 1992, *Key Geography Connections*, Cheltenham: Stanley Thornes.

Webb, N.M. and Kenderski, C.M., 1985, Gender differences in small group interaction and achievement in high and low achieving classes, in Wilkinson, L.C. and Marrett, C.B. (eds.), *Gender Differences in Classroom Interaction*, New York: Academic Press.

Webb, N.M., 1989, Peer interaction and learning in small group, *International Journal of Educational Research*, 13, 21-39.

Weeden, P., 2005, *Feedback in the classroom: Developing the use of assessment for learning, Teaching and Learning Geography*, London: Routledge.

Weedon, P. and Butt, G., 2009, *Assessing progress in your key stage 3 geography curriculum*, Sheffield: The Geographical Association.

Weedon, P. and Hopkin, J., 2006, Assessment for learning in geography, in Balderstone, D. (ed.), *Secondary Geography Handbook*, Sheffield: The Geographical Association.

Weedon, P., 1997, Learning through Maps, in Tilbury, D. and Williams, M. (eds.), *Teaching and Learning Geography*, London: Routledge.

Whitehead, A.N., 1929, *The aims of education*, New York: Macmillan.

Williams, M., 1981, *Language Teaching and Learning in Geography*, London: Ward Lock.

Williams, M., 1997, Progression and Transition, in Tilbury, D. and Williams, M. (eds.), *Teaching and Learning Geography*, London: Routledge.

Wilson, R.J., 1990, Classroom processes in evaluation student achievement, *The Alberta Journal of Educational Research*, 36, 1-17.

Wood, D., Bruner, J. and Ross, G., 1976, The role of tutoring in problem solving, *Journal of Child Psychology and Psychiatry*, 17(2), 89-100.

Wood, P., Hymer, B. and Michel, D., 2007, *Dilemma-based Learning in the Humanities*, Cambridge: Chris Kington Publishing.

Woolever, R.M. and Scott, K.P., 1988, *Active Learning in Social Studies K-12*, Belmont: Wadworth Pub. Co.

Woolfolk, A., 2007, *Educational Psychology*, 10th (ed.), Pearson Education(김아영·백화정·정명숙 옮김, 2007, 교육심리학, 박학사).

Young, M., 2011, Discussion to part 3(mediating forms of geographical knowledge), in Butt, G. (ed.), *Geography Education and the future*, London: Continuum.

Young, M., 2011, The return to subjects: a sociological perspective on the UK Coalition government's approach to the 14-19 curriculum, *The Curriculum Journal*, 22(2), 265-278.

부록

사회과 교육과정

1. 사회과 교육과정의 변천(1차~2007 개정)

1) 1차 교육과정: 고등학교(1955.08) 〉 사회과 〉 지리

2) 2차 교육과정: 고등학교(1963.02) 〉 사회과 〉 지리Ⅰ(공통과정), 지리Ⅱ(인문과정)

3) 3차 교육과정: 고등학교(1974.12) 〉 사회과 〉 국토지리, 인문지리

4) 4차 교육과정: 고등학교(1981.12) 〉 사회과 〉 지리Ⅰ(공통 필수 과목), 지리Ⅱ(과정별 선택 과목)

5) 5차 교육과정: 고등학교(1988.03) 〉 사회과 〉 한국지리(공통 선택 교과), 세계지리(과정별 선택 교과)

6) 6차 교육과정: 고등학교(1992.10) 〉 사회과 〉 공통사회(공통 필수 과목), 세계지리(과정별 필수 과목)

7) 7차 교육과정: 고등학교(1997.12) 〉 사회과 〉 사회(국민공통기본교과), 한국지리·세계지리·경제지리(심화 선택 과목)

  (1) 국민공통기본 교육과정: 3~10학년

  (2) 수준별 교육과정

8) 2007 개정 교육과정: 고등학교(2009.03) 〉 사회과 〉 사회(국민공통기본교과), 한국지리·세계지리·경제지리(심화 선택 과목)

  (1) 교육내용의 진술수준: 대강화 강조

    ① 제7차 사회과 교육과정: 교육내용의 진술수준이 주제(대단원)-소주제(중단원)-성취기준(소단원 및 학습내용)의 체제로 상세화 → 교육내용을 획일화시키고 교과서 저자 및 현장교사의 자율성을 크게 제약

    ② 2007 개정 사회과 교육과정: 주제-성취기준 중심으로 대강화하여 제시 → 교과서 집필자와 학교, 특히 교사에게 더 많은 자율성 부과

  (2) 수준별 교육 폐지

2. 2009 개정 사회과 교육과정

1) 주요한 변화

  (1) 국민공통기본 교육과정의 단축

    ① 공통 교육과정이 중학교까지 단축되면서 고등학교 전 과정이 선택 교육과정으로 운영됨

• 공통 교육과정을 우리나라의 6-3-3 학제와 조화시키고, 의무교육연한과 일치시키는 것이 바람직하므로
• 고등학교 1학년 사회 과목의 일부 요소를 중학교 수준에 통합, 나머지 내용은 선택 과목에 포함시키도록 개정

(2) 학년군제 도입

① 1년 단위의 학년제로 운영되던 기존 교육과정이 2~3개 학년을 하나의 학년군으로 묶어 교육과정 운영 → 학생 개인 간 발달 단계의 차이를 고려하고, 시기별 교육 중점을 강조한다는 취지에서 도입

② 초등학교 1~2학년, 3~4학년, 5~6학년, 중학교 3개 학년, 고등학교 3개 학년을 각각 하나의 학년군으로 편성

③ 사회과에서는 학년별로 제시되었던 성취기준이 학년군 단위로 제시됨

(3) 교과군제 도입

① 교과의 교육목적 근접성, 학문탐구 대상이나 방법상의 인접성 등을 고려하여 일부 교과를 하나로 묶어 제시 → 교육과정 편성과 운영의 경직성을 해소하고, 개별 학교 수준에서 교육과정의 탄력적이고 자율적인 운영을 도모하기 위해

② 사회과는 도덕과와 함께 사회도덕 교과군으로 묶이고, 교과군을 단위로 하는 기준 시수만을 할당받음 → 교과군의 기준 시수를 지리, 역사, 일반사회, 도덕의 각 영역별로 분담하는 권한은 단위 학교가 가짐

(4) 집중이수제

① 학교의 여건과 교과별 특성에 따라 개별 교과의 이수 시기를 특정한 학년이나 학기에 집중하여 편성, 운영할 수 있는 제도 → 학기당 이수 교과목 수를 8개 이내로 편성, 각 교과군별 기준 수업 시수를 학년 단위가 아닌 학년군 단위에 따라 제시

② 기존의 교육과정에서 학생들이 동시에 많은 교과를 학습하게 되면서 수업, 과제, 평가 등에 부담을 느꼈으며, 교사들도 다학급을 담당하는 까닭에 수업의 질을 향상시키는 데 어려움이 따른다는 비판 반영

③ 장점: 수업의 효율성↑, 집중력↑, 다양한 체험활동 가능

④ 단점: 집중저하, 교사의 질 하락, 전학 시 문제 발생

2) 목표·방법·평가

(1) 목표

① 2009 개정 교육과정에서는 사회과의 성격이 삭제되고 이 내용이 목표에 통합됨

② 목표는 기존의 교육과정과 같이 총괄 목표와 하위 영역별 목표로 구성되어 있으며, 일부 항목에 있어서 수정을 실시함

(2) 교수·학습 방법

① 가장 효과적인 교수·학습 방법을 자율적으로 선택하여 실시하도록 함

② 사회현상에 대한 종합적인 인식을 위하여 다양한 교수·학습 방법 강조

(3) 평가

① 내용의 대강화와 교수·학습 방법의 자율화에 맞는 다양한 평가방법 활용

② 지식 영역에 치우지지 않고, 기능과 가치·태도 영역에 대해 균형 있게 시행할 필요가 있음을 강조

3) 내용구성 및 조직원리

(1) 초등학교에서 고등학교까지 거의 모든 지리과목의 내용구성이 계통지리로 전환 → 지리의 정체성 문제를 우려

(2) 중학교 사회-지리 영역

① 영역별 표시

- 제7차 사회과 교육과정: 인간과 공간(지리), 인간과 시간(역사), 인간과 사회(일반사회)

- 2007, 2009 개정 사회과 교육과정: 지리 영역, 역사 영역, 일반사회 영역

② 내용체계

- 제7차 사회과 교육과정: 중학교 1학년 사회 지리영역은 지역지리, 중학교 3학년 사회 지리영역은 계통지리

- 2007 개정 사회과 교육과정: 중학교 1학년 사회 지리영역이 계통지리로 전환 → 중학교 1학년과 중학교 3학년 모두 계통지리

- 2009 개정 사회과 교육과정: 학년군제의 도입으로 중학교 1~3학년 사회의 지리영역이 한 권으로 합본, 단원수 증가(11개→14개), 모두 계통지리로 구성

(3) 고등학교 사회(선택 과목)

① 2009 개정 교육과정에 의해 지리와 일반사회의 통합적인 주제(쟁점 또는 문제 포함)로 구성됨 → 법, 정치, 경제, 사회문화, 자연지리, 인문지리, 문화지리 등의 기본개념들이 적절하게 균형을 이루면서, 다양한 사회현상을 파악하는 데 이들이 자연스럽게 융합되도록 내용구성

② 사회 구성원으로서 갖추어야 할 최소한의 사회적 소양을 함양하기 위한 목적

- 중학교 『사회』에서 배운 내용을 토대로 학생들이 통합적인 시각을 가지고 자신의 삶에 영향을 미치는 다양한 사회현상을 바라보는 능력을 기르는 데 중점을 둠
- 이 과목은 학생 자신으로부터 시작하여 삶의 공간을 확장시키면서, 지구촌과 미래라는 공간과 시간까지 포괄하여 사회 전반에 대한 이해를 중시함
- 다양한 공간 안에서 나타나는 사회현상이 복합적임을 파악하고, 그에 따라 자신의 삶을 어떻게 설계해야 하는지를 다각적으로 파악하도록 유도

2009 개정 교육과정에 의한 고등학교 『사회』의 내용체계

영역	내용 요소		
사회를 바라보는 창	• 개인 이해	• 세상 이해	
공정성과 삶의 질	• 개인과 공동체	• 다양성과 관용	
합리적 선택과 삶	• 고령화와 생애 설계	• 일과 여가	• 금융 환경과 합리적 소비
환경 변화와 인간	• 과학 기술의 발달과 정보화	• 공간 변화와 대응	• 세계화와 상호의존
미래를 바라보는 창	• 인구, 식량 그리고 자원	• 지구촌과 지속가능한 발전	• 인류 미래를 위한 선택

(4) 고등학교 한국지리(선택 과목): 7단원 '다양한 우리 국토'만 지역지리고, 나머지는 계통지리

① 1단원은 과목 소개 및 도입부, 2~3단원은 자연환경과 생태계, 4~5단원은 도시, 촌락, 산업활동 등의 계통 중심 인문지리, 6단원은 지역조사와 지리정보처리로서 주로 핵심기능에 초점, 7단원은 지역지리 관련 단원으로 구성, 8단원은 국토 공간이 당면한 주요 과제 제시

② 한국지리의 과목 성격을 고려하여, 1개의 지역 관련 단원 이외에도 각 단원마다 사례를 통해 지리적 지식을 구체화함

2009 개정 교육과정에 의한 『한국지리』의 내용체계

영역	내용 요소	
국토 인식과 국토 통일	• 국토에 대한 인식 변화 • 국토 통일의 당위성	• 우리나라의 위치 특성 • 국토의 정체성과 영토 문제

지형 환경과 생태계	• 산지 지형과 우리나라의 지형 형성 과정 • 해안 지형과 경관 특성	• 하천 지형과 물 자원 • 생태계로서 인간과 지형의 관계
기후 환경의 변화	• 우리나라의 기후 특성과 주민 생활 • 자연 재해와 주민 생활	• 기후변화와 주민 생활 • 자연 생태계에 대한 인간의 영향
거주 공간의 변화	• 촌락의 변화 • 도시의 내부 구조 • 도시 재개발과 주민 생활	• 정주 및 도시 체계 • 대도시권의 형성과 주민 생활 • 도시와 농촌의 여가 공간
생산과 소비 공간의 변화	• 자원의 의미와 특성 • 공업 입지와 공업 지역의 변화 • 교통·통신의 발달과 공간 변화	• 농업 구조의 변화와 농촌 문제 • 상업 및 소비 공간의 변화 • 정보화 사회와 서비스 산업의 고도화
지역 조사와 지리정보처리	• 지역의 의미와 지역 구분 • 지리정보의 수집과 분석 방법	• 지역 조사 방법
다양한 우리 국토	• 우리나라 각 지역의 특성 • 각 지역의 지역 문제와 주민 생활	• 각 지역의 구조 변화
국토의 지속가능한 발전	• 인구 문제와 대책 • 환경보전과 지속가능한 발전	• 지역 격차와 공간적 불평등

(교육과학기술부, 2011)

(5) 고등학교 세계지리(선택 과목)

① 2007 개정 교육과정까지는 지역지리로 내용이 구성되었지만, 2009 개정 교육과정에서는 모든 단원이 계통지리로 구성

② 경제지리 과목이 없어지면서 그 내용을 수용하게 되어 학습량 증가

③ 1단원은 과목 소개 및 세계화와 지역화에 대한 이해 및 지리정보처리와 관련한 핵심기능, 2단원은 기후, 식생, 지형 등 자연환경 중심의 계통지리, 3~5단원은 문화, 인구와 도시, 산업활동 등 인문환경 중심의 계통지리, 6단원은 세계가 당면한 주요 과제가 제시됨

2009 개정 교육과정에 의한 『세계지리』의 내용체계

영역	내용 요소	
세계화와 지역 이해	• 세계 인식의 시공간적 차이 • 지리정보 수집 방법과 지리정보 체계	• 세계화와 지역화 • 세계의 지역 구분
세계의 다양한 자연환경	• 열대 우림과 열대 사바나 • 건조 기후와 건조 지형 • 세계 주요 대지형	• 온대 동안 기후와 서안 기후 • 냉·한대 기후와 빙하 지형 • 세계의 하천 및 해안 지형
세계 여러 지역의 문화적 다양성	• 민족 및 언어 분포의 특징 • 음식 문화의 발생과 전파	• 종교의 분포와 확산 • 지역 문화의 특성

변화하는 세계의 인구와 도시	• 인구 성장과 인구 문제 • 도시화의 차이	• 인구 이동과 지역 변화 • 세계화와 세계 도시
경제활동의 세계화	• 에너지 자원의 특성 • 세계의 공업 활동과 변화 • 서비스 산업의 변화	• 농업 및 목축업의 특성 • 기업 활동의 세계화
갈등과 공존의 세계	• 세계의 영역 분쟁 • 세계 경제 환경의 변화와 환경문제	• 문화적 차이와 교류

(교육과학기술부, 2011)

3. 2015 개정 사회과 교육과정

1) 주요한 변화

(1) 창의융합형 인재 양성: 인문학적 상상력과 과학·기술 창조력을 두루 갖추고 바른 인성을 겸비해 새로운 지식을 창조·융합하여 가치화할 수 있는 인재 양성

(2) 핵심역량 기반 교육과정: 창의융합형 인재가 갖추어야 할 핵심역량 제시 → 각 과목마다 핵심역량이 무엇인지 바라보는 게 중요함
  ① 단편지식보다는 핵심개념과 원리를 제시하고 학습량을 적정화하여, 토의·토론 수업, 실험·실습 활동 등 학생들이 수업에 직접 참여하면서 역량을 함양하도록 함
  ② 핵심 역량의 종류

자기관리 역량	자아정체성과 자신감을 가지고 자신의 삶과 진로에 필요한 기초 능력과 자질을 갖추어 자기주도적으로 살아갈 수 있는 능력
지식정보처리 역량	문제를 합리적으로 해결하기 위하여 다양한 영역의 지식과 정보를 처리하고 활용할 수 있는 능력
창의융합사고 역량	폭넓은 기초 지식을 바탕으로 다양한 전문 분야의 지식, 기술, 경험을 융합적으로 활용하여 새로운 것을 창출하는 능력
심미적 감성 역량	인간에 대한 공감적 이해와 문화적 감수성을 바탕으로 삶의 의미와 가치를 발견하고 향유할 수 있는 능력
의사소통 역량	다양한 상황에서 자신의 생각과 감정을 효과적으로 표현하고 다른 사람의 의견을 경청하며 존중하는 능력
공동체 역량	지역, 국가, 세계 공동체의 구성원에게 요구되는 가치와 태도를 가지고 공동체 발전에 적극적으로 참여하는 능력

(3) 고등학교 과정에서 문·이과 구분을 없애 모든 학생이 배우는 공통 과목(국어, 수학, 영어, 한국

사, 통합사회, 통합과학, 과학탐구실험) 도입

① 문·이과의 진로와 관계없이 모든 학생들이 인문·사회·과학기술에 대한 기초 소양을 함양하고, 미래사회가 요구하는 역량을 기르도록 함 → 문·이과로 나뉘어 지나치게 특정 계열에 편중하여 이루어지던 지식 교육에서 탈피하고, 균형잡힌 소양교육이 가능하도록 함

② 통합사회와 통합과학은 필수로 지정하여 문·이과 상관없이 이수해야 함 → 수능과의 연계는 아직 정해지지 않음, 학습부담 경감을 위해 과목 수를 줄이는 것이 목적이었으나, 이를 위해서 선택 과목은 어떻게 해야 할지 논란이 됨

③ 문·이과 대신 경상계열, 어문계열, 예술계열, 이공계열로 세분화

(4) 학생의 희망과 적성을 고려하여 진로에 따른 다양한 선택 과목 개설

① 일반 선택: 고등학교 단계에서 필요한 각 교과별 학문의 기본적 이해를 바탕으로 한 과목으로, 기본 이수단위는 5단위이며 2단위 범위 내에서 증감 운영 가능 → 한국지리, 세계지리, 세계사, 동아시아사, 경제, 정치와 법, 사회문화, 생활과 윤리, 윤리와 사상

② 진로 선택: 교과 융합학습, 진로 안내학습, 교과별 심화학습 및 실생활 체험학습 등이 가능한 과목으로, 기본 이수단위는 5단위이고 3단위 범위 내에서 증감 운영 허용 → 여행지리, 사회문제 탐구, 고전과 윤리

(5) 소프트웨어 교육, 안전교육 강화

① '정보' 과목이 중학교에서 선택에서 필수 과목으로 바뀌고, 고등학교에서도 심화 선택에서 일반 선택으로 전환됨

② 안전 교과 또는 단원 신설

(6) 중학교 자유학기제 전면 실시

(7) 2009 개정과 2015 개정 교육과정 비교

구분	주요 내용	
	2009 개정	2015 개정
교육과정 개정 방향	• 창의적인 인재 양성 • 전인적 성장을 위한 창의적 체험활동 강화 • 국민공통교육과정 조정 및 학교교육과정 편성·운영의 자율성 강화 • 교육과정 개편을 통한 대학수능시험 제도 개혁 유도	• 창의 융합형 인재 양성 • 모든 학생이 인문·사회·과학기술에 대한 기초 소양 함양 • 학습량 적정화, 교수·학습 및 평가 방법 개선을 통한 핵심역량 함양 교육 • 교육과정과 수능·대입제도 연계, 교원 연수 등 교육 전반 개선

핵심역량 반영	• 명시적 규정 없이 일부 교육과정개발에서 고려	• 총론 추구하는 인간상에 6개 핵심역량 제시 • 교과별 교과 역량을 제시하고, 역량 함양을 위한 성취기준 개발
인문학적 소양 함양	• 예술고 심화 선택 '연극' 신설	• 연극교육 활성화 → 초중학교 국어에 연극 단원 신설
소프트웨어 교육 강화	• 실과 교과에 ICT 활용교육 단원 포함	• 실과 교과 내용을 SW 기초소양교육으로 개편
안전교육 강화	• 교과 및 창체에 안전 내용 포함	• 안전 교과 또는 단원 신설 – 초1~2: 안전한 생활 단원 신설 – 초3~고3: 관련 교과에 단원 신설
범교과 학습주제 개선	• 39개의 범교과 학습 주제 제시	• 10개 내외 범교과학습 주제로 재구조화

2) 중학교 사회

(1) 교과 역량: 민주 시민으로서 갖추어야 할 자질을 함양하는 데 필요한 역량

창의적 사고력	새롭고 가치있는 아이디어를 생성하는 능력
비판적 사고력	사태를 분석적으로 평가하는 능력
문제해결력 및 의사결정력	다양한 사회적 문제를 해결하기 위해 합리적으로 결정하는 능력
의사소통 및 협업 능력	자신의 견해를 분명하게 표현하고 타인과 효과적으로 상호작용하는 능력
정보활용 능력	다양한 자료와 테크놀로지를 활용하여 정보를 수집, 해석, 활용, 창조할 수 있는 능력

(2) 내용체계

영역	핵심개념	일반화된 지식	내용 요소	기능
지리 인식	지리적 속성	지표상에 분포하는 모든 사건과 현상은 절대적, 상대적 위치와 다양한 규모의 영역을 차지하며, 위치와 영역은 해당 사건과 현상의 결과이자 주요 요인으로 작용한다.	• 위치와 인간생활	인식하기 표현하기 지도읽기 수집하기 기록하기 비교하기 활용하기 실행하기 해석하기
	공간 분석	다양한 공간 자료와 도구를 활용한 지리 정보 수집과 지리 정보 시스템의 활용은 지표상의 현상과 사건들을 분석하고 해석하며 추론하는 데에 필수적이다.	• 지도 읽기 • 지리 정보 • 지리정보기술	
	지리 사상	지표상의 일정한 위치와 영역을 차지하는 인간 집단들은 자신들을 둘러싼 주변의 장소와 지역, 다양한 세계에 대한 고유하고도 지속적인 경험, 인식, 관점을 갖고 있다.	• 자연-인간 관계	

장소와 지역	장소	모든 장소들은 다른 장소와 차별되는 자연적, 인문적 성격을 지니며, 어떤 장소에 대한 장소감은 개인이나 집단에 따라 다양하다.	• 우리나라 영역 • 국토애	설계하기 수집하기 기록하기 분석하기 평가하기 의사결정하기 비교하기 구분하기 파악하기 공감하기
	지역	지표 세계는 장소적 성격의 동질성, 기능적 상호 관련성, 지역민의 인지 등의 측면에서 다양하게 구분되며, 이렇게 구분된 지역마다 고유한 지역성이 나타난다.	• 세계화와 지역화	
	공간관계	장소와 지역은 인구, 물자, 정보의 이동 및 흐름을 통해 네트워크를 형성하고 상호작용한다.	• 인구 및 자원의 이동 • 지역 간 상호 작용	
자연 환경과 인간 생활	기후 환경	지표상에는 다양한 기후 특성이 나타나며, 기후 환경은 특정 지역의 생활양식에 중요하게 작용한다.	• 기후 지역 • 열대우림 기후 지역 • 온대 기후 지역 • 기후 환경 극복 • 자연재해 지역	도출하기 활용하기 구성하기 의사소통하기 그리기 해석하기 도식화하기 공감하기
	지형 환경	지표상에는 다양한 지형 환경이 나타나며, 지형 환경은 특정 지역의 생활양식에 중요하게 작용한다.	• 산지지형 • 해안지형 • 우리나라 지형 경관	
	자연–인간 상호작용	인간 생활은 자연환경과 상호작용하면서 이루어지고, 자연환경은 인간 집단의 활동에 의해 변형된다.	• 열대우림 지역의 생활 • 온대 지역의 생활 • 기후 환경 극복 • 산지 지역의 생활 • 해안 지역과 관광 • 자연재해와 인간 생활	
인문 환경과 인간 생활	인구의 지리적 특성	인구는 지표상의 특성에 따라 차별적으로 분포하며, 인구 밀도와 인구 이동, 인구 성장 단계는 지역의 특성을 반영하고 동시에 지역의 변화에 영향을 미친다.	• 인구 분포 • 인구 이동 • 인구 문제	도출하기 수집하기 기록하기 분석하기 평가하기 의사결정하기 해석하기 그리기 비교하기 설명하기 구분하기 탐구하기 공감하기
	생활공간의 체계	촌락과 도시는 인간의 생활공간을 이루는 기본 단위이고, 입지, 기능, 공간 구조와 경관 등의 측면에서 다양한 유형이 존재하며, 여러 요인에 의해 변화한다.	• 도시 특성 • 도시화 • 도시구조 • 살기 좋은 도시	
	경제활동의 지역구조	지표상의 자원은 공간적으로 불균등한 분포를 보이고, 인간의 경제 활동은 지역에 따라 다양한 구조를 나타내며, 여러 요인에 의해 변화한다.	• 농업 입지와 변화 • 공업 입지와 변화 • 서비스업 입지와 변화 • 자원의 편재성 • 자원과 인간생활 • 지속가능한 자원 개발	
	문화의 공간적 다양성	인간은 자연환경 및 인문환경에 적응하거나 이를 극복하는 과정에서 장소나 지역에 따라 다양한 문화를 형성하고, 문화는 여러 요인에 의해 변동된다.	• 문화권 • 지역의 문화 변동 • 지역의 문화공존과 갈등	

344

지속 가능한 세계	갈등과 불균등의 세계	자원이나 인간 거주에 유리한 조건은 공간적으로 불균등하게 분포하고, 이에 따라 지역 간 갈등이나 분쟁이 발생한다.	• 지역 불균형	수집하기 기록하기 분석하기 평가하기 설명하기 공감하기 탐구하기 의사결정하기 그리기 해석하기 조사하기
	지속 가능한 환경	자연환경과 조화를 이루며 살아가려는 인간의 신념 및 활동은 지구환경의 지속가능성을 담보한다.	• 지구환경문제 • 지역 환경문제 • 환경 의식	
	공존의 세계	인류는 공동의 번영을 위해 지역적 수준에서 지구적 수준까지 다양한 공간적 스케일에서 상호 협력 및 의존한다.	• 인류공존을 위한 노력	

(3) 내용 구성

① 12개 단원: 중1(1~6단원), 중3(7~12단원), 중1(지리+일사), 중3(일사+지리)

② 계통적 주제 중심 방법, 다층적 스케일(로컬, 국가, 글로벌)의 적용

③ 2009 개정과 유사: 단원 간 내용 일부 조정

④ 1단원에 '지도 읽기', 8단원에 '세계의 다양한 도시'와 '도시화 과정의 지역차', 9단원에 '세계화와 서비스업 입지 변화', 10단원에 '환경문제 유발 산업의 국제적 이동', 12단원에 '개발 지리(development geography)' 내용 신설

영역	내용 요소	성취기준
내가 사는 세계	• 지도 읽기 • 공간 규모에 따른 위치 표현 • 경·위도에 따른 생활 모습 • 지리 정보와 지리 정보 기술	• 다양한 지도에 나타난 자연환경과 인문환경의 위치와 분포 특징을 읽는다. • 공간 규모에 맞게 위치를 표현하고, 위치의 차이가 인간 생활에 미친 영향을 설명한다. • 지리 정보가 공간적 의사 결정에 미친 영향을 분석하고, 일상생활에서 지리 정보 기술을 다양하게 활용한다.
우리와 다른 기후, 다른 생활	• 세계 기후 지역 • 열대 우림 기후와 생활 모습 • 지중해성 기후와 생활 모습 • 서안 해양성 기후와 생활모습 • 건조 기후와 생활 모습 • 툰드라 기후와 생활 모습	• 기온과 강수량 자료를 분석하여 이를 기준으로 세계 기후 지역을 구분하고, 인간 거주에 적합한 기후 조건에 대해 논의한다. • 열대 우림 기후 지역의 위치를 확인하고, 열대 우림 기후 지역의 다양한 생활 모습을 조사하여 그 공통점과 차이점을 분석한다. • 지중해성 기후와 서안 해양성 기후를 우리나라 기후와 비교하고, 이들 지역의 농업과 생활 모습을 조사한다. • 건조 기후와 툰드라 기후 지역에서 살아가는 사람들이 기후 환경에 적응하거나 극복한 생활 모습을 조사한다.

자연으로 떠나는 여행	• 산지지형의 경관 특징과 형성 과정 • 산지 지역에서의 생활 모습 • 해안지형의 경관 특징과 형성 과정 • 관광 산업으로 인한 해안 지역의 변화 • 우리나라 자연경관	• 세계적으로 유명한 산지지형과 관련된 지역을 파악하고, 그 경관 특징과 형성 과정 및 그곳에서 살아가는 사람들의 독특한 생활 모습을 조사한다. • 해안지형으로 유명한 세계적 관광지를 선정하여 그 지형의 형성 과정을 파악하고, 관광산업이 현지에 미친 영향을 평가한다. • 우리나라의 세계 자연유산과 매력적인 자연경관을 조사하고, 그 경관 특징과 형성과정을 탐구한다.
다양한 세계, 다양한 문화	• 문화지역 • 지역 간 문화 접촉 • 지역 간 문화 전파 • 문화 변용 • 문화 공존 • 문화 갈등	• 다양한 기준으로 문화지역을 구분해 보고, 지역별로 문화적 차이가 발생하는 이유를 지역의 자연환경, 경제·사회적 환경의 관점에서 파악한다. • 지역 간 문화 접촉과 문화 전파에 따른 문화 변용의 사례를 조사하고, 세계화가 문화 변용에 미친 영향을 평가한다. • 서로 다른 문화가 공존하는 지역과 갈등이 있는 지역을 비교하여, 그 차이가 발생하는 이유를 분석한다.
지구 곳곳에서 일어나는 자연재해	• 자연재해 발생 지역 • 자연재해 발생 원인 • 자연재해 발생 지역의 주민 생활 • 자연재해 대응 방안	• 자연재해가 빈번히 발생하는 지역을 조사하고, 그 이유를 설명한다. • 자연재해가 지역 주민의 삶에 미친 영향을 사례를 중심으로 탐구한다. • 자연재해로 인한 피해가 증가하거나 감소한 지역을 비교하여, 자연재해로 인한 피해를 줄일 수 있는 방안을 모색한다.
자원을 둘러싼 경쟁과 갈등	• 자원 분포의 편재성 • 자원 소비량의 지역적 차이 • 자원 갈등 • 자원 개발과 주민 생활 • 지속가능한 자원 개발	• 자원 분포의 편재성과 자원 소비량의 지역적 차이를 파악하고, 이로 인해 발생하는 국가 간 경쟁과 갈등을 조사한다. • 자원이 풍부한 지역을 사례로 자원이 그 지역 주민의 삶에 미친 영향을 평가한다. • 지속가능한 자원의 개발 사례를 조사하고, 그것의 긍정적·부정적 효과를 평가한다.
인구 변화와 인구 문제	• 세계와 우리나라의 인구 분포 • 인구 이동 • 인구 유입 지역 • 인구 유출 지역 • 선진국의 인구 문제 • 개발도상국의 인구 문제	• 세계 및 우리나라의 인구 분포 특징을 파악하고, 이에 영향을 미치는 지리적 요인을 탐구한다. • 인구 이동의 다양한 요인을 조사하고, 인구 유입 지역과 인구 유출 지역의 특징과 문제점을 분석한다. • 우리나라를 포함한 선진국과 개발도상국의 인구 문제를 비교하여 분석하고, 그 원인과 대책을 논의한다.
사람이 만든 삶터, 도시	• 도시의 위치와 특징 • 도시 경관의 변화 • 선진국과 개발도상국의 도시화 과정 • 도시 문제 • 살기 좋은 도시	• 세계적으로 유명하거나 매력적인 도시의 위치와 특징을 조사한다. • 도시 중심부에서 주변지역으로 나가면서 관찰되는 경관과 지가의 변화를 분석한다. • 선진국과 개발도상국의 도시화 과정을 비교하고, 선진국과 개발도상국의 도시 문제를 탐구한다. • 도시 문제를 해결하여 살기 좋은 도시로 변화된 사례를 조사하고, 살기 좋은 도시가 갖추어야 할 조건을 제안한다.

글로벌 경제활동과 지역 변화	• 농업의 기업화와 세계화 • 다국적 기업의 공간적 분업 체계 • 서비스업의 세계화 • 세계화와 경제 공간의 변화	• 농업 생산의 기업화와 세계화가 농작물 생산 지역과 소비 지역의 변화에 미친 영향을 조사한다. • 세계화에 따른 다국적 기업의 공간적 분업 체계가 생산 지역의 변화에 미친 영향을 탐구한다. • 세계화에 따른 서비스업의 변화를 조사하고, 이러한 변화가 지역 변화와 주민 생활에 미친 영향을 평가한다.
환경 문제와 지속가능한 환경	• 기후 변화 • 환경 문제 유발 산업의 국가 간 이전 • 생활 속의 환경 이슈	• 전 지구적인 차원에서 발생하는 기후 변화의 원인과 그에 따른 지역 변화를 조사하고, 이를 해결하기 위한 지역적·국제적 노력을 평가한다. • 환경 문제를 유발하는 산업이 다른 국가로 이전한 사례를 조사하고, 해당 지역 환경에 미친 영향을 분석한다. • 생활 속의 환경 이슈를 둘러싼 다양한 의견을 비교하고, 환경 이슈에 대한 자신의 의견을 제시한다.
세계 속의 우리나라	• 우리나라 영역 • 독도의 중요성 • 지역화 전략 • 우리나라의 위치 • 통일의 필요성 • 통일 이후의 변화	• 우리나라의 영역을 지도에서 파악하고, 영역으로서 독도가 지닌 가치와 중요성을 파악한다. • 우리나라 여러 지역의 특징을 조사하고, 지역의 특색을 살리는 지역 브랜드, 장소 마케팅 등 지역화 전략을 개발한다. • 세계 속에서 우리 국토의 위치가 갖는 중요성과 통일의 필요성을 이해하고, 통일 이후 우리 생활의 변화를 예측한다.
더불어 사는 세계	• 지리적 문제의 현황과 원인 • 저개발 지역의 발전 노력 • 지역 간 불평등 완화 노력	• 지도를 통해 지구 상의 다양한 지리적 문제를 확인하고, 그 현황과 원인을 조사한다. • 다양한 지표를 통해 지역별로 발전 수준이 어떻게 다른지 파악하고, 저개발 지역의 빈곤 문제를 해결하기 위한 노력을 조사한다. • 지역 간 불평등을 완화하기 위한 국제 사회의 노력을 조사하고, 그 성과와 한계를 평가한다.

3) 고등학교 통합사회

(1) 성격

① 인간, 사회, 국가, 지구 공동체 및 환경을 개별 학문의 경계를 넘어 통합적인 관점에서 이해하고, 이를 기반으로 기초 소양과 미래사회의 대비에 필요한 역량을 함양하는 과목

② 초·중학교 사회의 기본 개념과 탐구방법을 바탕으로 지리, 일반사회, 윤리, 역사의 기본적 내용을 대주제 중심의 통합적 접근을 통해 사회현상을 종합적으로 이해할 수 있도록 구성

③ 교과 역량: 글로벌 지식 정보 사회와 개인의 일상에서 성공적으로 삶을 영위하기 위해 필요한 능력을 키우는 데 초점

비판적 사고력 및 창의성	자료, 주장, 판단, 신념, 사상, 이론 등이 합당한 근거에 기반을 두고 그 적합성과 타당성을 평가하는 능력과 새롭고 가치 있는 아이디어를 생성해 내는 능력
문제해결능력과 의사결정능력	다양한 문제를 인식하고 그 원인과 현상을 파악하여 합리적인 해결 방안들을 모색하고 가장 나은 의견을 선택하는 능력
자기 존중 및 대인관계 능력	자기 자신을 존중하고 자신의 삶을 주체적으로 관리하며, 나와 다른 사람들과의 관계의 중요성에 대한 인식을 토대로 다른 사람을 존중·배려하고, 다양성을 인정하고 갈등을 조정하여 원만한 대인 관계를 유지하고 협력하는 능력
공동체적 역량	지역, 국가, 세계 등 다양한 공동체의 구성원으로 필요한 지식과 관점을 인식하고, 가치와 태도를 내면화하여 실천하면서 공동체의 문제 해결 및 발전을 위해 자신의 역할과 책임을 다하는 능력
통합적 사고력	시간적, 공간적, 사회적, 윤리적 관점에 대한 폭넓은 기초 지식을 바탕으로 자신, 사회, 세계의 다양한 현상을 통합적으로 탐구하는 능력

(2) 목표: 사회과(역사 포함)와 도덕과의 교육목표를 바탕으로 한 통합적 성격을 가짐

① 시간적(역사), 공간적(지리), 사회적(일사), 윤리적(윤리) 관점을 통해 인간의 삶과 사회현상을 통합적으로 바라보는 능력을 기른다. → 기존 사회과는 지리와 일사가 양분하였으나, 윤리가 추가되면서 교과별 경쟁이 심화됨

② 인간과 자신의 삶, 이를 둘러싼 다양한 공간, 그리고 복합적인 사회현상을 과거의 경험, 사실 자료와 다양한 가치 등을 고려하면서 탐구하고 성찰하는 능력을 기른다.

③ 일상생활과 사회에서 발생하는 다양한 문제에 대한 합리적인 해결 방안을 모색하고 이를 통해 공동체 구성원으로서 자신의 삶을 통합적인 관점에서 성찰하고 설계하는 능력을 기른다.

(3) 내용 구성

① 단원이 어느 영역(지리, 일사, 윤리)에 해당되는지 구분되지 않도록 함 → 과거에는 병렬적 구성으로 이루어져 각 단원별로 나눠서 가르치면 되므로 통합이라는 취지에 맞지 않았으나, 이제는 완전히 통합되어 제시됨

ex) 1-1 행복 단원도 여러 가지 교과 관점을 통합하여 제시함 → 질 높은 정주 환경의 조성(지리), 경제적 안정(일사), 민주주의의 발전(일사), 도덕적 실천(윤리) 등 행복과 관련된 각 영역별 내용이 모두 섞여 있음

② 핵심개념이 단원명이 되고, 일반화된 지식을 통하여 학생들이 단원을 통해 무엇을 할 수 있게 되는지 알 수 있음. 내용 요소는 핵심개념보다 더 구체적이며, 기능은 단원마다 넣기에는 다소 모호하므로 단원을 통합하여 제시함

영역	대단원명	핵심 개념	일반화된 지식	내용 요소	기능
삶의 이해와 환경	인간, 사회, 환경과 행복	행복	질 높은 정주 환경의 조성, 경제적 안정, 민주주의의 발전 그리고 도덕적 실천 등을 통해 인간 삶의 목적으로서 행복을 실현한다.	• 통합적 관점 • 행복의 조건	파악하기 설명하기 조사하기 비교하기 분석하기 제안하기 적용하기 추론하기 분류하기
	자연환경과 인간	자연환경	자연환경은 인간의 삶의 방식과 자연에 대한 인간의 대응방식에 영향을 미친다.	• 자연환경과 인간생활 • 자연관 • 환경문제	
	생활공간과 사회	생활공간	생활공간 및 생활양식의 변화로 나타난 문제에 대한 적절한 대응이 필요하다.	• 도시화 • 산업화 • 정보화	
인간과 공동체	인권보장과 헌법	인권	근대 시민 혁명 이후 확립된 인권이 사회제도적 장치와 의식적 노력으로 확장되고 있다.	• 시민 혁명 • 인권 보장 • 인권 문제	예측하기 탐구하기 평가하기 비판하기 종합하기 판단하기 성찰하기 표현하기
	시장경제와 금융	시장	시장경제 운영 과정에서 나타난 문제 해결을 위해서는 다양한 주체들이 윤리 의식을 가져야 하며, 경제 문제에 대해 합리적인 선택을 해야 한다.	• 합리적 선택 • 국제 분업 • 금융 설계	
	정의와 사회 불평등	정의	정의의 실현과 불평등 현상 완화를 위해서는 다양한 제도와 실천 방안이 요구된다.	• 정의의 의미 • 정의관 • 사회 및 공간 불평등	
사회 변화와 공존	문화와 다양성	문화	문화의 형성과 교류를 통해 나타나는 다양한 문화권과 다문화 사회를 이해하기 위해서는 바람직한 문화 인식 태도가 필요하다.	• 문화권 • 문화 변동 • 다문화 사회	
	세계화와 평화	세계화	세계화로 인한 문제와 국제 분쟁을 해결하기 위해서는 국제 사회의 협력과 세계시민 의식이 필요하다.	• 세계화 • 국제사회 행위 주체 • 평화	
	미래와 지속 가능한 삶	지속가능한 삶	미래 지구촌이 당면할 문제를 예상하고 이의 해결을 통해 지속가능한 발전을 추구한다.	• 인구 문제 • 지속가능한 발전 • 미래 삶의 방향	

4) 고등학교 한국지리

(1) 개정의 주요 방향 및 중점

① 국토 공간의 최근 이슈 및 쟁점과 관련한 내용 강화

• 기존의 국토 공간의 최근 이슈 및 쟁점과 관련한 부분보다 강화: 영역과 영토 문제

- 저출산, 고령화로 대표되는 인구 지리 관련 내용을 대단원으로 설정

② 학습 내용 적정화를 통한 학습 부담 완화 추구

- 대단원 수 축소(8개에서 7개로), 성취기준 수 축소(37개에서 28개로)
- 주로 계통지리 대단원의 성취기준 감축

(2) 개정의 주요 내용과 교육과정의 변화

① 대단원 수준에서의 변화

- 인구 관련 대단원 설정: 저출산, 고령화, 초국적 이주와 다문화가정 반영
- 2009 개정 교육과정의 8단원(국토의 지속가능한 발전)을 해체함: 인구 문제와 관련된 것은 신설된 6단원(인구 변화와 다문화 공간)으로, 지역격차와 공간적 불평등 관련 내용은 4단원 (거주공간의 변화와 지역개발)으로, 환경 및 지속가능한 발전과 관련한 내용은 3단원(기후환경과 인간생활)로 각각 분산, 재구조화

② 성취기준(또는 중단원) 수준에서의 주요 변화

- 가급적 내용 중복성을 완화하는 차원에서 이루어짐
- 2009 개정 교육과정에서 배제되었던 화산 및 카르스트 지형의 경우 성취기준 수준으로 다시 환원시킴
- 2009 개정 교육과정에서 6단원에 배치되었던 '지역조사와 지리정보'와 관련한 성취기준을 도입 단원인 1단원으로 재배치
- 2009 개정 교육과정에서는 지역지리 관련 대단원(7단원)의 지역 관련 성취기준이 주로 경제 및 도시 지리적 측면에 중심-2015 개정 교육과정에서는 이에 더해 문화적 측면에서도 지역을 이해할 수 있도록 성취기준 기술함

(3) 교과 목표

① 국토의 다양한 지리적 현상을 종합적으로 이해하고, 세계화의 흐름 속에서 우리의 삶이 이루어지는 공간이 가지고 있는 의미를 파악한다.

② 우리나라 각 지역의 특성과 지역 구조의 변화 과정을 다양한 관점에서 파악하고, 이를 통해 다면적이고 복합적인 국토 공간의 특성을 인식한다.

③ 국토 공간 및 자신이 살고 있는 지역의 당면 과제를 인식하고, 이를 합리적으로 해결할 수 있는 지리적 기능 및 사고력, 창의력 그리고 의사결정능력을 기른다.

④ 일상생활에서 접하게 되는 다양한 지리 정보를 선정, 수집, 분석, 종합하고, 이를 생활공간의

문제 파악 및 해결에 활용할 수 있는 능력을 기른다.

⑤ 자연환경 및 인문환경과 주민 생활의 연관성을 유기적·생태적인 사고를 바탕으로 이해함으로써 국토 공간과 환경에 대한 올바른 가치관을 형성하고 행동할 수 있는 능력과 태도를 기른다.

⑥ 국토 분단, 주변국과의 영역 갈등과 같은 우리 국토가 당면하고 있는 국토 공간의 정체성 문제를 올바른 시각에서 이해하고, 바람직한 국토관과 국토애를 함양할 수 있는 태도를 기른다.

(4) 내용 구성

① 7단원 '우리나라의 지역 이해'만 지역지리, 나머지는 계통지리

② 인구가 대단원으로 새롭게 들어옴 → 세계지리가 계통지리+지역지리의 내용·체계로 변하면서, 세계지리의 인구 단원이 한국지리로 들어옴

③ 내용체계

영역	내용 요소	성취기준
국토인식과 지리정보	• 국토의 위치와 영토 문제 • 국토 인식의 변화 • 지리 정보와 지역 조사	• 세계 속에서 우리나라의 위치와 영역의 특성을 파악하고, 독도 주권, 동해 표기 등의 의미와 중요성을 이해한다. • 고지도와 고문헌을 통하여 전통적인 국토 인식 사상을 이해하고, 국토 인식의 변화 과정을 설명한다. • 다양한 지리 정보의 수집·분석·표현 방법을 이해하고, 지역 조사를 위한 구체적인 답사 계획을 수립한다.
지형환경과 인간생활	• 한반도의 형성과 산지의 모습 • 하천 지형과 해안 지형 • 화산 지형과 카르스트 지형	• 한반도의 형성 과정을 이해하고, 이를 중심으로 우리나라 산지 지형의 특징을 설명한다. • 하천 유역에 발달하는 지형과 해안에 발달하는 지형의 형성과정 및 특성을 이해하고, 인간의 간섭에 의해 발생하는 문제점에 대해 토론한다. • 화산 및 카르스트 지형 형성과정과 특징을 파악하고, 이를 중심으로 관광 자원으로 활용되는 지형 경관의 사례를 제시한다.
기후환경과 인간생활	• 우리나라의 기후 특성 • 기후와 주민생활 • 기후 변화와 자연재해	• 우리나라의 기후 특성을 기후 요소 및 기후 요인과 관련지어 설명한다. • 다양한 기후 경관을 사례로 기후 특성이 경제생활 등 주민들의 일상생활에 미치는 영향을 설명한다. • 자연재해 및 기후 변화의 현상과 원인, 결과를 조사하고, 인간과 자연환경 간의 지속가능한 관계에 대해 토론한다.
거주공간의 변화와 지역개발	• 촌락의 변화와 도시 발달 • 도시 구조와 대도시권 • 도시 계획과 재개발 • 지역 개발과 공간 불평등	• 우리나라 촌락의 최근 변화상을 파악하고, 도시의 발달 과정 및 도시체계의 특성을 탐구한다. • 도시의 지역 분화 과정 및 내부 구조의 변화를 이해하고, 대도시권의 형성 및 확대가 주민생활에 미친 영향을 설명한다. • 주요 대도시를 사례로 도시 계획과 재개발 과정이 도시 경관과 주민생활에 미친 영향에 대해 분석한다. • 지역 개발의 영향으로 나타나는 공간 및 환경 불평등과 지역갈등 문제를 파악하고, 국토 개발 과정이 우리 국토에 미친 영향에 대해 평가한다.

생산과 소비의 공간	• 자원의 의미와 자원 문제 • 농업의 변화와 농촌 문제 • 공업의 발달과 지역 변화 • 교통·통신의 발달 과 서비스업의 변화	• 자원의 특성과 공간 분포를 파악하고, 이의 생산과 소비에 따른 문제점 및 해결 방안에 대해 모색한다. • 농업 구조 변화의 원인 및 특성을 이해하고, 이로 인해 발생하는 다양한 문제의 해결 방안을 탐구한다. • 공업의 발달 및 구조 변동으로 인한 공업 입지와 공업 지역의 변화를 파악 하고, 이러한 현상이 지역 경관과 주민의 생활에 미친 영향을 설명한다. • 상업 및 서비스 산업의 입지에 영향을 미치는 요인과 최근의 변화상을 파 악하고, 교통·통신의 발달이 생산 및 소비 공간에 미치는 영향을 평가한 다.
인구변화와 다문화 공간	• 인구 구조의 변화와 인구 분포 • 인구 문제와 공간 변화 • 외국인 이주와 다문 화 공간	• 우리나라 인구 분포의 특성을 파악하고, 인구 구조의 변화 과정 을 이해한 다. • 저출산·고령화 등 인구 문제와 이에 따른 공간적 변화를 파악하고, 이의 해결 방안을 제시한다. • 외국인 이주자 및 다문화 가정의 증가와 이로 인한 사회·공간적 변화를 조사·분석한다.
우리나라의 지역이해	• 지역의 의미와 지역 구분 • 북한 지역의 특성과 통일 국토의 미래 • 각 지역의 특성과 주민생활	• 구체적인 사례를 통해 지역의 의미와 지역 구분 기준의 다양성을 이해하 고, 학생 스스로 선정한 기준에 의해 우리나라를 여러 지역으로 구분한다. • 북한의 자연환경 및 인문환경 특성, 북한 개방 지역과 남북 교류의 현황을 파악하고 통일 국토의 미래상을 설계한다. • 수도권의 지역 특성 및 공간 구조 변화 과정을 경제적·문화적 측면에서 이해하고, 수도권이 당면하고 있는 문제점 및 이의 해결 방안에 대해 탐구 한다. • 강원 지방에서 영동·영서 지역의 지역차가 나타나는 원인을 파악하고, 지역의 산업 구조 변화가 주민생활에 미친 영향을 조사한 다. • 충청 지방의 지역 구조 변화를 교통 발달, 도시 및 산업단지 개발 등을 중 심으로 설명한다. • 호남 지방의 농지 개간 및 주요 간척 사업이 지역 주민의 삶에 미친 영향 을 이해하고, 최근의 산업 구조 변화를 파악한다. • 영남 지방의 인구 및 산업 분포를 통해 지역의 공간 구조를 파악하고, 이 지역 주요 도시의 특성을 경제적·문화적 측면에서 설명한다. • 세계적인 관광지로서 제주도의 자연 및 인문 지리적 특성을 조사하고, 이 를 바탕으로 지역 발전의 현안과 전망에 대해 분석한다.

5) 고등학교 세계지리

(1) 개발 중점

① 지구촌 변화에 대응할 수 있는 과목의 성격 및 목표 제시

• 세계시민성(global citizenship), 글로벌 리더십(global leadship)

② 핵심역량 중심 과목 및 성취기준 진술

• 핵심역량: 학습자에게 요구되는 지식, 기능, 태도의 총체, 초중등 교육을 통해 모든 학습자가
길러야 할 기본적이고, 필수적이며, 보편적인 능력

- 지리과 공통의 5대 영역과 핵심개념 제시: 영역—교과의 성격을 가장 잘 드러내면서도 교과의 학습 내용을 범주화하는 최상위의 틀 혹은 체계

③ 핵심개념과 빅아이디어(big idea) 중심의 내용 요소 선정

- 반복적 지역 세분화에 의한 내용 조직 극복
- 지형, 기후, 인구, 자원, 산업 등으로 전개되는 종래의 토픽 중심의 접근 극복
- 핵심개념 선정
  - 특정 교과의 학습에 대한 핵심을 제공하는 것, 특정한 교과의 가장 기본적인 구조, 핵심을 보여주는 것, 학년에 관계없이 그 교과에서 가르쳐야 할 공통적인 개념
  - 지리적 속성, 공간분석, 지리사상, 장소, 지역, 공간관계, 기후환경, 지형환경, 자연과 인간의 상호작용 등
- 5대 빅아이디어 중심으로 한 주제적 접근
  - 빅아이디어: 유사성을 지닌 여러 개념을 서로 묶어주는, 전이가 높은 차상위의 개념
  - 5대 빅아이디어: 자연환경에 적응한 삶의 모습, 종교와 문화의 지역적 다양성, 거주 공간의 형성과 도시화, 자원의 분포와 산업 구조, 최근의 지역 쟁점
  - 각 지역 단원마다 5대 빅아이디어 적용하면 학습량 과다 문제 발생
  - 지역 단원마다 상대적 중요성을 지니는 빅아이디어를 3가지씩 선별하여 편성
  - 모든 지역 단원들을 총괄해 보면 5대 빅아이디어들이 지역 단원에 고르게 배분되도록 함

④ 계통적 접근과 지역적 접근의 상호보완적 내용체계

- 2009 개정에 의한 세계지리—계통적 접근의 한계 극복
- 지구적 규모에서 일반화된 지식을 토대로 이해할 필요성이 있는 주제들: 자연환경, 인문환경 등은 기존처럼 계통 단원으로 구성
- 지역 단원을 새롭게 편성: 세계를 4개의 권역(realm, major region)으로 나누고 주요 빅아이디어를 매개로 학습할 수 있게 함
- 종합적 지역 개념을 적용 지역 단원 수를 4개로 설정: 몬순 아시아와 오세아니아, 건조 아시아와 북부 아프리카, 유럽과 북부 아프리카, 사하라 이남 아프리카와 중남부 아메리카
- 위에 제시된 지역 구분은 고정된 것이 아니라 변용 가능함
- 필요에 따라 지역적, 지구적 쟁점 중심의 접근을 부분적으로 가미함

(2) 교과 역량

① 세계의 자연환경 및 인문환경에 대한 체계적, 종합적 이해를 바탕으로, 다양한 자연환경 및 인문환경의 특징과 이에 적응해 온 각 지역의 여러 가지 생활 모습을 파악하고, 지역적, 국가적, 지구적 규모에서 다양하게 대두되는 지구촌의 주요 현안 및 쟁점들을 탐구한다.

② 세계 여러 국가 및 지역의 지리 정보에 대한 수집과 분석, 도표화와 지도화 작업을 바탕으로 주요 국가나 권역 단위의 지리적 속성 및 공간적 특징을 비교하고 평가한다.

③ 세계의 자연환경 및 인문환경의 공간적 다양성과 지역적 차이에 대한 공감적 이해를 통해 여러 국가나 권역 사이의 상호 협력 및 공존의 길을 모색하는 한편 지역 간의 갈등 요인 및 분쟁지역의 본질과 합리적 해결 방안을 탐색한다.

(3) 내용 구성: 계통지리와 지역지리가 혼합된 형태로 변화

① 2009 개정 교육과정에서 한국지리와 세계지리를 모두 계통지리(주제 중심)로 내용구성을 하면서, 같은 내용이 중복되는 문제가 발생함

② 계통지리를 통해 먼저 보편적 원리를 배우고, 지역지리를 통해 실제 각 지역의 사례와 특수성을 배우도록 함

③ 2~3단원: 계통지리

• 지역 단원을 배우기에 앞서 세계 각 지역의 일반적 특징이나 세계의 보편적 원리를 학습함

• 세계를 관통하는 지리적 주요 개념이나 원리를 학습하는 단원 → 설명식 수업을 위주로 하되 시청각 자료를 매개로 문답식 토론을 병행하는 것이 효과적

④ 4~7단원: 지역지리

• 세계의 지역적 특수성에 대해 배우는 단원으로, 이전의 계통 단원에서 학습한 주요 지리적 개념이나 보편적 특성, 일반적 원리가 지역적 맥락에서 어떻게 적용될 수 있는가 혹은 어떤 편차를 보이는가에 주안점을 두고 학습

• 세계적 보편성에 비추어 본 지역적 차이를 학습하는 단원으로, 큰 틀에서 문제해결학습, 가치탐구학습 등을 중심으로 학생 중심의 참여형 수업이 이루어져야 함 → 기본적 지리 개념과 세계의 보편적 특성, 일반적 원리는 앞서서 배웠으므로

⑤ 쟁점 중심 교육과정 반영 → 지역지리로 나열식 구성을 하면 학습량이 많아지고 무미건조해지므로, 각 지역의 쟁점을 학습함으로써 학생들의 흥미를 돋우고 활동 중심의 수업을 장려

⑥ 2009 개정 교육과정에서 세계지리가 주제 중심으로 되면서 학생들에게 인기가 많아짐(학습

부담이 줄어들면서) → 다시 지역지리로 회귀하면서 학습량 증가로 학생들이 다시 피할 우려도 존재함

(4) 내용 체계

영역	내용 요소	성취기준
세계화와 지역 이해	• 세계화와 지역화 • 지리 정보와 공간 인식 • 세계의 지역 구분	• 세계화와 지역화가 한 장소나 지역의 정체성의 변화에 영향을 주는 사례를 조사하고, 세계화와 지역화가 공간적 상호작용에 미치는 영향을 파악한다. • 동·서양의 옛 세계지도에 나타난 세계관 및 지리 정보의 차이를 조사하고, 오늘날의 세계지도에 표현된 주요 지리 정보들을 옛 세계지도와 비교하여 분석한다. • 세계의 권역들을 구분하는 데에 활용되는 주요 지표들을 조사하고, 세계의 권역들을 나눈 기존의 여러 가지 사례들을 비교 분석하여 각각의 특징과 장·단점을 평가한다.
세계의 자연환경과 인간 생활	• 열대 기후 환경 • 온대 기후 환경 • 건조 및 냉·한대 기후 환경과 지형 • 세계의 주요 대지형 • 독특하고 특수한 지형들	• 기후 요인과 기후 요소에 대한 기본 이해를 바탕으로 열대 기후의 주요 특징과 요인을 분석한다. • 온대 동안 기후와 온대 서안 기후의 특징 및 요인을 서로 비교하고, 이러한 기후 환경에 적응한 인간 생활의 모습을 파악한다. • 건조 기후와 냉·한대 기후의 주요 특징을 이해하고, 이러한 기후 환경에서 형성된 주요 지형들을 탐구한다. • 지형형성작용에 대한 기본 이해를 바탕으로 세계의 주요 대지형의 분포 특징과 형성 원인을 분석한다. • 세계적으로 환경 보존이나 관광의 대상지로 주목받고 있는 주요 사례를 중심으로 카르스트 지형, 화산 지형, 해안 지형 등 여러 가지 특수한 지형들의 형성과정을 이해한다.
세계의 인문환경과 인문 경관	• 주요 종교의 전파와 종교 경관 • 세계의 인구 변천과 인구 이주 • 세계의 도시화와 세계도시체계 • 주요 식량 자원과 국제 이동 • 주요 에너지 자원과 국제 이동	• 세계의 주요 종교별 특징과 주된 전파 경로를 분석하고, 주요 종교의 성지 및 종교 경관이 지닌 상징적 의미들을 비교하고 해석한다. • 세계의 일반적 인구 변천 단계와 그 지역적 차이를 파악하고, 국제적 인구 이주의 주요 사례 및 유형을 도출한다. • 세계도시의 선정 기준과 주요 특징을 이해하고, 세계도시체계론과 관련지어 세계도시들 사이의 상호작용과 위계 관계를 탐구한다. • 세계 주요 식량 자원의 특성과 분포 특징을 조사하고, 식량 생산 및 그 수요의 지역적 차이에 따른 국제적 이동 양상을 분석한다. • 세계 주요 에너지 자원의 특성과 분포 특징을 조사하고, 에너지 생산 및 그 수요의 지역적 차이에 따른 국제적 이동 양상을 분석한다.

몬순 아시아와 오세아니아	• 자연환경에 적응한 생활모습 • 주요 자원의 분포 및 이동과 산업 구조 • 최근의 지역 쟁점: 민 족(인종) 및 종교적 차 이	• 몬순 아시아에서 나타나는 전통적 생활 모습을 지역의 자연환경과 관련 지어 탐구한다. • 몬순 아시아와 오세아니아의 주요 국가의 산업 구조를 지역의 대표적 자원 분포 및 이동과 관련지어 비교 분석한다. • 몬순 아시아와 오세아니아의 주요 국가들에서 보이는 민족(인종)이나 종교적 차이를 조사하고, 이로 인한 최근의 지역 갈등과 해결 과제를 파 악한다.
		〈학생활동 예시〉 • 주제: 동남 아시아와 오세아니아의 민족(인종) 차별 사례와 요인 ① 말레이시아의 종교적 다양성과 과제 ② 오스트레일리아의 민족(인종) 차별 사례와 그 요인 ③ 인도네시아에서 다양한 민족(인종)과 종교가 나타난 지리적 배경
건조 아시아와 북부 아프리카	• 자연환경에 적응한 생활모습 • 주요 자원의 분포 및 이동과 산업 구조 • 최근의 지역 쟁점: 사 막화의 진행	• 건조 아시아와 북아프리카에서 나타나는 전통적 생활 모습을 지역의 자 연환경과 관련지어 탐구한다. • 건조 아시아와 북아프리카의 주요 국가의 산업 구조를 화석 에너지 자 원의 분포와 관련지어 비교 분석한다. • 건조 아시아와 북아프리카의 주요 사막화 지역과 요인을 조사하고, 사 막화의 진행으로 인한 여러 가지 지역 문제를 파악한다.
		〈학생활동 예시〉 • 주제: 서남 아시아와 북부 아프리카의 사막화의 진행과 과제 ① 과도한 목축과 사막화 ② 지나친 관개농업과 사막화 ③ 지구 온난화와 사막화 ④ 사막화로 인한 각 지역의 분쟁과 과제
유럽과 북부 아메리카	• 주요 공업 지역의 형 성과 최근 변화 • 현대 도시의 내부 구 조와 특징 • 최근의 지역 쟁점: 지 역의 통합과 분리 운 동	• 유럽과 북부 아메리카의 주요 공업 지역과 그 형성 배경을 조사하고, 최 근의 변화 과정을 비교 분석한다. • 유럽과 북부 아메리카의 세계적 대도시들을 조사하여 현대 도시의 내부 구조의 특징을 추론한다. • 유럽과 북부 아메리카에서 나타나는 정치적 혹은 경제적 지역 통합의 사례를 조사하고, 지역의 통합에 반대하는 분리 운동의 사례와 주요 요 인을 탐구한다.
		〈학생활동 예시〉 • 주제: 유럽과 북부 아메리카의 지역 통합과 분리 운동 ① 유럽연합의 탄생 배경과 회원국의 변화 ② 캐나다 퀘벡 주의 분리 운동 ③ 문화[종교나 민족(인종), 언어 등]의 차이로 인한 분리운동지역 ④ 경제의 지역차로 인한 분리운동지역

		• 중·남부 아메리카의 주요 국가들에서 나타나는 도시 구조의 특징 및 도시 문제를 지역의 급속한 도시화나 민족(인종)의 다양성과 관련지어 탐구한다. • 사하라 이남 아프리카의 주요 국가들이 겪고 있는 분쟁 및 저개발의 실태를 파악하고, 그 주요 요인을 식민지 경험이나 민족(인종) 및 종교 차이와 관련지어 추론한다. • 사하라 이남 아프리카와 중·남부 아메리카에서 나타나는 자원 개발의 주요 사례들을 조사하고 환경 보존이나 자원의 정의로운 분배라는 입장에서 평가한다.
사하라 이남 아프리카와 중·남부 아메리카	• 도시 구조에 나타난 도시화 과정의 특징 • 다양한 지역 분쟁과 저개발 문제 • 최근의 지역 쟁점: 자원 개발을 둘러싼 과제	〈학생활동 예시〉 • 주제: 사하라 이남 아프리카와 중·남부 아메리카의 자원 개발과 지속가능한 발전 ① 저개발의 주요 요인과 과제 ② 다국적 기업의 진출과 자원 개발 ③ 자원 개발에 대한 지역민, 국가, 국제 사회의 서로 다른 입장
평화와 공존의 세계	• 경제의 세계화에 대응한 경제 블록의 형성 • 지구적 환경 문제에 대한 국제 협력과 대처 • 세계 평화와 정의를 위한 지구촌의 노력들	• 경제의 세계화가 파생하는 효과들이 무엇인지 파악하고, 경제의 세계화에 대응하여 여러 국가들이 공존을 위해 결성한 주요 경제 블록의 형성 배경 및 특징을 비교 분석한다. • 지구적 환경 문제에 대처하기 위한 국제적 노력이나 생태 발자국, 가뭄지수 등의 지표들을 조사하고, 우리가 일상에서 실천할 수 있는 방안들을 제안한다. • 세계의 평화와 정의를 위한 지구촌의 주요 노력들을 조사하고, 이에 동참하기 위한 세계 시민으로서의 바람직한 가치와 태도에 대해 토론한다.

6) 고등학교 여행지리

(1) 진로 선택 과목

① 교과 융합학습, 진로 안내학습, 교과별 심화학습, 실생활 체험학습 가능 과목

② 수학, 과학은 심화학습, 융합학습에 초점

③ 사회과는 지리(여행지리), 일반사회(사회문제탐구), 도덕(고전과 윤리)에서 1과목, 역사는 한국사가 필수로 제외

④ 기본 이수단위는 5단위, 3단위 범위 내 증감 운영 가능

⑤ 단위 학교에서는 학생의 선택에 따라 진로 선택 과목을 3과목 이상 이수해야 함

(2) 사회과 진로 선택 과목의 특징

① 계열(이과, 예술, 외고/마이스터고)에 관계없이 다양한 학생이 쉽게 배울 수 있어야 하고 심도 깊은 지식을 배우지 않고 학생 스스로 흥미에 따라 조사하는 학생중심 수업이 가능한 과목

② 〈참고〉 지리과의 경우, 처음에 계열별로 '환경과 문명', '풍경과 문화', '세계여행지리'

(3) 여행지리 교육과정 개발 방향

① '여행'이라는 주제와 틀로 유용성과 흥미, 공감하는 능력을 높일 수 있도록 접근

② 미래사회의 변화와 진로 탐색에 통찰력과 상상력을 제공할 수 있도록 접근

③ 초안: 8개 대단원과 24개의 성취기준, 확정안: 6개 대단원과 21개의 성취기준

④ 교육과정 심의회 등의 의견: 가벼운 흥미 위주의 과목이라는 부정적 견해

⑤ 1단원명 수정: '일상으로부터 떠나는 여행 스케치'에서 '여행을 왜, 어떻게 할까?'

(4) '여행지리' 개발 과정에서 도출된 논의

① 여행의 의미와 공간적 범위

• 여행, 관광, 답사는 어떻게 다른가?

– 여행, 관광, 답사의 사전적, 학술적 의미에 구속되지 않고 광의로 사용

– 여행을 여가 활동으로서 관광에 한정하지 않는다.

– '4단원 인류의 성찰과 공존을 위한 여행' 대표적

– '여행지'와 '관광지', '여행자'와 '관광객' 중 어떻게 표현하는 것이 맞는가?

• 단원구성상 해외여행 비중이 많은데, 해외여행을 경험하지 못하는 학생에 대한 배려는 어떠 한가?

– 2단원 매력적인 자연을 찾아가는 여행, 3단원 다채로운 문화를 찾아가는 여행의 4번째 성 취기준은 모두 우리나라의 자연과 우리나라의 문화를 다루도록 함

② 타 지리과목과의 관계 설정 및 차별성

• 일반 선택 과목인 한국지리와 세계지리와의 차별성 문제

• 세계지리를 흥미롭고 활동 중심으로 구성하기 위한 대안으로 여행지리를 주장함. 그러나 진 로 선택 과목으로서의 여행지리는 한국지리와 세계지리가 존치하는 상태에서 신설됨. 그러 므로 이들 과목과의 차별성이 요구됨

• 차별화를 위한 3가지 차원의 접근

– 세계지리 과목보다 학습 분량을 줄이고 내용수준도 쉽게 구성

– 내용구성상 세계지리를 지역지리적으로 구성, 여행지리를 계통지리, 즉 주제 중심으로 구 성

– 세계지리가 수능과목으로서 지식 위주로 구성, 여행지리는 프로젝트 학습 등 활동 중심으 로 구성

• 성취기준 상당수는 프로젝트형 학습의 가능성을 염두에 두고 구성

• 교과서 형태가 아닌 워크북 형식 모색 주장도 있었음

③ 성취기준 내용 및 서술 방식

• 일반 선택 과목에 학생 중심, 활동 중심에 초점

• 프로젝트 학습 등 학생 활동 중심

• 대단원과 성취기준에 이를 반영

• 교수학습 및 평가방법, 예시 개발 제공

④ 진로 선택 과목으로서의 정체성

• 비수능과목으로 다양한 교과서 개발 한계

• 진로 선택 과목은 인정 교과서로서 개발에 참여할 출판사 많지 않을 것으로 판단(실제, 천재교육 1곳 출판)

• 특정 분야(여행 및 관광업)로의 진로에 초점을 맞추는 것의 한계

• 특성화고교가 아닌 일반고교 교육과정에 적합하지 않기 때문

(5) 교과 역량

① 의미있고 바람직한 여행에 필요한 지식, 기능, 가치 및 태도를 익힘으로써 통합적 탐구력과 비판적 사고력, 문제해결능력 및 의사결정능력을 기른다.

② 국내 및 세계적으로 널리 알려진 지역별 자연환경 및 인문환경 특성과 그곳에서 살아가는 사람들의 다양한 생활모습을 이해하고 존중·배려 그리고 소통과 공감하는 태도를 기른다.

③ 여행의 특성과 그 변화를 통해 현대사회의 특성과 미래사회의 변화 방향을 탐색하고, 자신뿐 아니라 인류 공동체의 바람직하고 행복한 삶을 만들어 나가는 데 필요한 진로 탐색 능력, 공동체에 대한 책임 의식, 사회참여 능력을 기른다.

(6) 내용 구성

영역	내용 요소	성취기준
여행을 왜, 어떻게 할까?	• 여행의 의미와 종류 • 교통수단과 여행 방식 • 지도 및 지리 정보 시스템의 활용 • 여행에 필요한 지식, 기능, 가치 및 태도 • 안전 여행	• 책이나 대중매체에 나타난 여행 사례를 통해 다양한 여행의 의미와 종류를 찾아보고 여행이 개인 삶과 세계 인식에 미치는 영향을 탐구한다. • 교통수단의 발전에 따라 여행의 일정, 경로, 방식 등이 어떻게 변화했는지 탐구함으로써 교통수단과 여행의 관계를 이해한다. • 다양한 지도 및 지리정보시스템을 활용하여 여행지 및 여행 경로에 대한 정보를 수집·정리·조직한다. • 바람직하고 안전한 여행을 위한 여행 계획 수립의 중요성을 이해하고 여행 준비에 필요한 지식과 기능, 가치 및 태도를 탐구하고 이를 몇몇 사례 지역에 적용한다.

매력적인 자연을 찾아가는 여행	• 지형의 관광적 매력 • 지형과 인간 생활 • 기후의 관광적 매력 • 기후와 인간 생활 • 지구환경의 다양성과 지속 가능성 • 우리나라의 자연	• 매력적인 지형으로 널리 알려진 지역을 선정하여 관광적 매력을 조사하고, 지형과 인간생활의 관계와 관광으로 인한 지역 특색을 탐구한다. • 매력적인 기후로 널리 알려진 지역을 선정하여 관광적 매력을 조사하고, 기후와 인간생활의 관계와 관광으로 인한 지역 특색을 탐구한다. • 천연기념물, 국립공원, 남극 같은 지구환경의 다양성과 지속가능성을 위해 여행이 제한되고 있는 지역의 가치를 이해하고, 보존과 개발의 갈등 속에서 변화하고 있는 모습을 탐구한다. • 우리나라의 매력적인 생태 및 자연여행이라는 주제로 우리나라의 생태 및 자연에 대한 이해를 높이고 즐길 수 있는 여행지를 선정하고 소개한다.
다채로운 문화를 찾아가는 여행	• 문화지역 • 세계 문화유산 • 문화 전파와 변동 • 촌락여행과 도시여행 • 우리나라의 문화	• 스포츠, 문화, 엑스포 등 세계 각국에서 벌어지는 축제의 사례를 선정하여 축제의 개최 배경, 의미, 성공적인 축제 관광의 조건을 탐구한다. • 종교, 건축, 음식, 예술 등 다양한 문화로 널리 알려진 지역을 사례로 각 문화의 형성 배경과 의미를 이해하고 관광적 매력을 끄는 이유를 탐구한다. • 촌락 여행과 도시 여행이 제공해줄 수 있는 매력을 촌락과 도시의 기능적 특성과 관련시켜 사례 중심으로 탐구한다. • 우리나라의 다채로운 문화여행이라는 주제로 우리나라의 문화에 대한 이해를 높이고 즐길 수 있는 여행지를 선정하고 소개한다.
인류의 성찰과 공존을 위한 여행	• 산업 유산과 기념물 여행 • 인류의 공존과 봉사 여행 • 생태, 첨단, 문화 도시	• 산업유산이나 전쟁박물관 같은 다양한 기념물을 통해 인류의 물질적·정신적 발전 과정을 성찰할 수 있는 여행 계획을 세우고, 이를 통해 시민의식을 고취한다. • 분쟁, 재난, 빈곤, 환경 문제 등으로 고통받는 지역으로의 봉사여행이 지역과 여행자에게 주는 긍정적 변화를 탐구하고 인류의 행복한 공존을 위한 노력에 공감하고 실천 방법을 모색한다. • 생태, 첨단 기술, 문화 창조 등으로 미래를 지향하는 지역을 사례로 인류의 미래를 탐색하고 실현할 수 있는 방안을 모색한다.
여행자와 여행지 주민이 모두 행복한 여행	• 여행 산업과 지역 • 책임있는 여행 • 공정여행, 대안여행 • 지속가능한 관광 개발	• 여행 산업이 여행지에 미치는 경제적·환경적·문화적 영향을 파악하고 책임있고 바람직한 여행을 위한 실천 방법을 모색한다. • 공정여행, 생태관광 등 다양한 대안여행이 출현한 배경과 각 대안여행별 특징을 사례를 통해 조사하고 특히 관심이 가는 대안여행에 대해 분석·탐구한다. • 여행자에게는 의미있는 경험이 되고 여행지 주민에게는 경제적 이익과 긍지, 지속가능한 개발이 된 사례를 찾아 분석한 뒤 우리 지역 여행 상품 개발에 적용한다.
여행과 미래 사회 그리고 진로	• 여행 산업 • 여행 관련 직업 • 미래 세계와 여행 • 진로 탐색	• 여행 산업의 특성과 변화 과정을 조사하고 미래 사회의 변화에 따라 여행 산업이 어떻게 변화할지 탐구한다. • 여행 산업과 관련된 직업의 종류와 특성에 대해 탐구하고 관심있는 직업에 대해서는 간접 또는 직접 체험한다. • 자신의 진로 탐색에 도움이 될 여행 주제를 탐구하여 정한 뒤 구체적인 여행 계획을 세우는 과정으로 실천적인 진로를 탐색한다.